应用型本科院校计算机“十三五”规划教材

应用型大学计算机教程

——基于 SPOC 混合式智慧学习环境

主　编　王　力　余廷忠

副主编　张仕学　贺道德　金艳梅

参　编　黄正鹏　代宏伟　赵芳云

冯德尹　李卓芸

中国铁道出版社有限公司

CHINA RAILWAY PUBLISHING HOUSE CO., LTD.

内 容 简 介

本书根据《教育部、国家发展改革委、财政部关于引导部分地方普通本科高校向应用型转变的指导意见》(教发〔2015〕7 号)文件精神编写而成。全书以“强化办公应用、训练计算思维、拓展 IT 视野”为导向，以突出“应用”和强化“能力”为目标。全书共 11 章，体现四方面的应用：一是计算机基础知识，主要介绍计算机系统，特别是 Windows 7 的使用方法；二是介绍 Word、Excel、PowerPoint 及 Access 等 Office 2010 办公信息处理方法，这是本书的核心内容；三是计算机应用技术基础，主要介绍计算机网络、多媒体技术及程序设计初步；四是计算机新技术及计算思维，主要介绍物联网、云计算、大数据，特别介绍了计算思维的形成发展、本质特征、培养及应用。本书体现计算机技术及 SPOC 教学的新理念、新思想及新要求，注重基础性及实用性。

本书还编有配套的《应用型大学计算机教程实训指导》；同时教材编写团队还开发了与本书同步的基于 SPOC 混合式智慧学习环境的教学资源，主要内容包括相应的教学课件及微课教学视频。

本书适合作为应用型大学计算机专业或计算机公共基础课程教材，也可作为高职高专教材，亦可供其他学习者参考。

图书在版编目（CIP）数据

应用型大学计算机教程：基于 SPOC 混合式智慧学习环境 / 王力，余廷忠主编. — 北京：中国铁道出版社，2016.8 (2020.9 重印)
应用型本科院校计算机“十三五”规划教材
ISBN 978-7-113-22067-9

Ⅰ. ①应… Ⅱ. ①王… ②余… Ⅲ. ①电子计算机－高等学校－教材 Ⅳ. ①TP3

中国版本图书馆 CIP 数据核字(2016)第 193117 号

书　　名： 应用型大学计算机教程——基于 SPOC 混合式智慧学习环境
作　　者： 王　力　余廷忠

策　　划： 李志国　　　　**编辑部电话：** (010) 63551926
责任编辑： 曾露平　包　宁
封面设计： 余廷忠
封面制作： 白　雪
责任校对： 王　杰
责任印制： 樊启鹏

出版发行： 中国铁道出版社有限公司（100054，北京市西城区右安门西街 8 号）
网　　址： http://www.tdpress.com/51eds/
印　　刷： 三河市宏盛印务有限公司
版　　次： 2016 年 8 月第 1 版　　2020 年 9 月第 5 次印刷
开　　本： 787 mm×1 092 mm　1/16　**印张：** 21.5　**字数：** 521 千
书　　号： ISBN 978-7-113-22067-9
定　　价： 48.00 元

前　　言

2014年5月，经教育部批准，毕节学院更名为贵州工程应用技术学院。根据《教育部、国家发展改革委、财政部关于引导部分地方普通本科高校向应用型转变的指导意见》（教发〔2015〕7号）文件精神，贵州工程应用技术学院正在全面向应用型大学转型。为了实现特色鲜明的高水平应用技术创新性人才培养目标，量身匹配合适的教材便是当前主要问题之一。在我校领导及相关部门的大力支持下，这套面向应用型大学及高职高专院校的计算机教材——《应用型大学计算机教程——基于SPOC混合式智慧学习环境》及《应用型大学计算机教程实训指导》的编写工作从2014年开始启动，历经教材编写组近两年时间撰写及多次修订，终于正式出版。

本书以“强化办公应用、训练计算思维、拓展IT视野”为主导，以突出“应用”和强化“能力”为目标，结合MOOC+SPOC资源建设及混合式教学新理念、新思想、新要求，汇聚了编者多年的教改实践及建设成果。

本书针对应用型人才培养，深入系统地介绍了计算机基础知识、Office 2010办公信息处理、计算机应用技术基础、计算机新技术及计算思维等领域的理论知识、应用方法及操作技能。计算机基础知识，主要介绍计算机文化及计算机系统的组成，特别介绍了Windows 7操作系统的使用方法；Office 2010办公信息处理，主要介绍Word、Excel、PowerPoint及Access的作用及方法，是本书的核心内容；计算机应用技术基础，主要介绍计算机网络基础、多媒体技术及程序设计初步；计算机新技术及计算思维，主要介绍物联网、云计算、大数据等IT新技术，特别介绍了计算思维的形成发展、本质特征、培养及应用。全书共分11章，每章内容皆紧贴学习、生活、工作事务及日常办公处理事务，或综合设计性办公事务。

本书内容新颖、图文并茂、生动直观、重点突出，既注重实际应用及操作，又强调知识的提升和拓展。在传授、讨论、训练和拓展大学生计算机基础知识和应用能力的同时，着重培养学生的计算思维和用计算机解决和处理问题的思维和能力，提升大学生的综合素质，强化创新实践能力。全书内容组织循序渐进，对基本概念、基本技术与应用方法的阐述准确清晰、通俗易懂。对实践性较强的内容采用任务驱动方式，对体验性及设计性的内容采用启发式及引申思考等方法，各章皆精心设计带有普遍性、实用性、可操作性及代表性等特色的例题，注重培养学生知能结合、学以致用及触类旁通的思维和技能，从而提升学生的计算思维能力和信息素养。

本书由王力、余廷忠任主编，由张仕学、贺道德、金艳梅任副主编，黄正鹏、代宏伟、赵芳云、冯德尹、李卓芸参与编写。其中，第1章由王力编写，第2章、第7章、第9章和第11章由余廷忠编写，第3章由黄正鹏、赵芳云和李卓芸编写，第4章由张仕学、冯德尹和余廷忠编写，第5章由金艳梅编写，第6章、第10章由贺道德编写，第8章由代宏伟编写。本书及配套书的统稿由王力、余廷忠、金艳梅、黄正鹏、贺道德、代宏伟负责。

此外，本书编有配套的《应用型大学计算机教程实训指导》，该书具有以样例为任务驱动，强化Office基础应用、综合应用及能力目标实训，以及覆盖面广、题型丰富的总复习题库（其中包括21个案例，代表计算机在不同方面的日常应用），该书主要用于上机强化训练及各类计算机考试复习；同时教材编写团队还开发了与本书内容同步的基于SPOC混合式智慧学习环境的教学资源，主要内容包括相应的各章教学课件及微课教学视频，使用本书的读者皆可与作者联系索取。

E-mail 地址为 2530663744@qq.com。

本书编者均具有多年“大学计算机基础”课程教学经验，本书结合计算机最新技术及基于 MOOC+SPOC 教学改革的新理念、新思想、新方法编写而成。在编写过程中参考了大量的文献资料，并得到了许多同行的帮助与支持，在此向他们表示衷心的感谢。

由于本书涉及计算机多方面相关知识，内容更新快，加之编者水平有限，疏漏与不足之处在所难免，恳请广大读者与专家批评指正。

编　者

2016 年 6 月

目　录

第 1 章　计算机基础知识

学习目标

1. 了解计算机的诞生、发展，计算机的特征、类型、应用等计算机文化知识。

2. 了解计算机的系统结构，了解微型机的基本组成结构，认识微型机的重要部件，掌握组装一台微型机的基本流程。

3. 了解计算机软件的特征、分类及应用，掌握当前最常用软件的安装方法。

4. 了解计算机内信息的表示，掌握数据的存储单位及进制的互换方法。

1.1　计算机概述

1.1.1　基本定义

1. 什么是计算机

计算机是具有计算和记忆能力、能够在程序控制下自动执行的设备，计算机不像人一样，具有自动获取知识的能力，而只能按照人们输入的程序或指令进行工作。可以简单地认为计算机是收集信息、处理信息和输出信息的机器。现代个人计算机外观如图 1-1 所示。

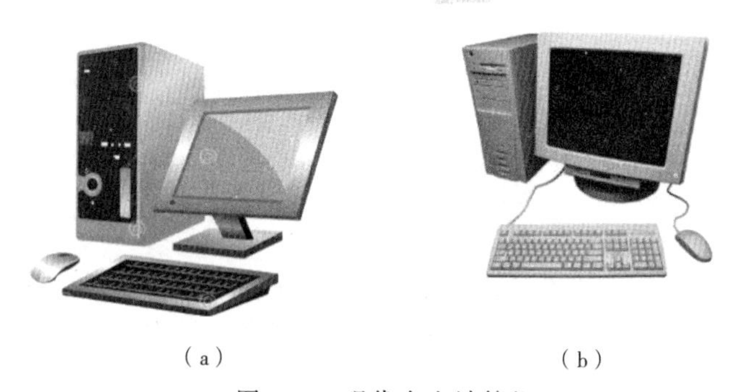

（a）　（b）

图 1-1　现代个人计算机

2. 数据和信息

数据：数据是现实世界事物、事件等的符号化表示。数据的表示应该具有适于人类或机器进行通信、解释和处理的能力。

信息：信息是数据加工的结果或数据的内涵。信息对接收的人具有价值，对生产过程和商业活动决策具有指导作用。

例如，在计算机内部看到的数据是“01000001”，它所表达的信息可能是十进制数 65，也可能是大写字母'A'。

3. 数据处理

数据处理又称数据加工，是对采集到的数据进行“清洗”“规范化”“排序”“分类汇总”等。进入 21 世纪，计算机更多地用于数据处理上。如 Google、Baidu、Bing 等搜索引擎，为了加快查找速度和准确性，首先要用“爬虫”程序采集全球范围的网页或互联网资源，然后按词频等对网页进行排序；企业要了解产品的销售情况，对近年来的销售数据要进行统计、汇总、排序等。

图 1-2 所示为数据处理的三个基本步骤。

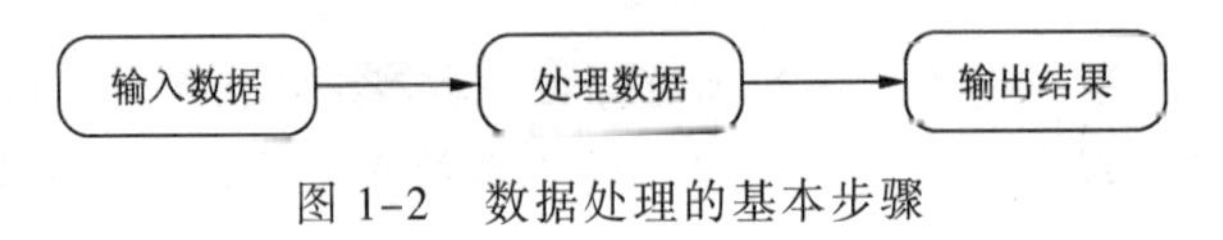

图 1-2　数据处理的基本步骤

（1）输入

采集外部数据并存入计算机存储器的过程。输入数据一般要借助输入设备完成。常见的输入设备有：键盘、鼠标、条码扫描仪、二维码扫描仪、RFID 射频接收、图像扫描仪、麦克风等。

（2）处理

对计算机内存中的数据进行计算、变换、排序、分类汇总等。如：单位员工的奖励工资可以通过输入的出勤记录计算获得；销售额可以通过销售订单中所有销售项汇总得到。

（3）输出

对处理结果，通过输出设备展现给用户。输出可以是文本、表格，也可以是图形等，输出的结果应该让用户能轻松读懂。

“输入—处理—输出”模型（IPO 模型）既是计算机数据处理的基本过程，也是计算机程序设计的基本模型，谨记这个模型，对使用计算机的一般工作者或对于计算机程序学习者，都有重要意义。

1.1.2　计算机的特点与不足

1. 计算机的特点

（1）高速

计算机是计算速度非常快的设备，速度单位通常以微秒（百万分之一秒）、纳秒（十亿分之一秒）和皮秒（万亿分之一秒）计，一般计算机能在几秒内完成数百万条计算，一些巨型机甚至在 1 s 内可以完成十亿亿次计算。

（2）准确

计算机完成工作非常准确，精度也很高，如在计算机指令的操纵下，医院用机器人完成手术的误差远远低于人类。计算机内部采用二进制计算，所以在存储或表示实数上不够精确，即使是表示十进制 0.1 也会存在一定误差。但这并不妨碍计算机完美的工作。如计算机控制火箭升空并精确进入轨道、太空中航天器对接等，都是计算机精确计算的结果。

（3）记忆能力强

计算机可以把采集到的数据存储起来，只要存储介质不被损坏、不被人为篡改，数据永远不会丢失或自动发生改变。早期用来记忆数据或信息的介质有：纸带、磁芯、磁鼓、磁带、软盘、光盘等，技术的进步也让用来“记忆”的介质体积越来越小、容量越来越大，单价却越来越便宜。现在，人们已经有能力存储世界上任何类型的数据，如图像、视频、文本、音频、地理信息和其他任意类型数据。

（4）勤奋

计算机不会感觉到累，不会失去对工作的注意力，可以任劳任怨地持续工作，可以以相同的速度和准确性做重复、单调的工作，而且计算机不怕生物病毒、不怕脏累差的环境、不怕冷、不怕热。计算机控制下的机器人是世界上最好的员工，所以很多国家在大力发展机器人技术。

（5）可靠

计算机是非常可靠的机器，因为现代的电子元件长期工作而不会失败，计算机的模块化设计也使对计算机本身的维护变得非常简单。由于计算机元件已十分便宜，计算机哪儿坏了，替换掉就行了。如“显卡”坏了使屏幕不能显示，换一块显卡即可，CPU 如果不能工作，同样换一块 CPU 就行了。

（6）自动化

计算机是一种自动化的机器，即计算机有能力自动完成任务。计算机一旦获得正确的程序和数据，开机后就可以在程序的控制下自动执行，其间不需要人工干预。现在全球很多大数据中心，每天同时运行数万万台计算机服务器，为几十亿人提供计算或存储服务，根本不需要人工干预。

2．缺点

尽管计算机有很多优点，但在短时期内计算机不能代替人，原因是计算机有以下缺点：

（1）智商低

计算机就是一台机器，基本上很难自动获得经验。计算机能高速、自动化工作，但计算机完成的所有任务都是人赋予的，它不会自己学习，也不能独自做出任何决策。

（2）依赖性

只能完成用户指定的功能，完全依赖于人类。

（3）没有情感

计算机虽然有中央处理器（CPU），但计算机没有“心”，它感觉不到喜、怒、哀、乐、悲。虽然计算机可以凭借传感器精确知道温度、湿度、CO_2 浓度等，但是人类感觉、情绪、焦虑、味道等，计算机是从无知晓的。

1.1.3　计算机的发展

1．早期的计算机模型

计算机的产生是人类计算技术发展的必然，从最早的结绳记事开始，人们就一直在如何进行快速计算上作不懈的努力。中国宋朝时代发明的“算盘”（见图 1-3）是人类公认的最早的计算机模型。18 世纪的机械式计算机巴贝奇差分机（见图 1-4）是西方研究计算机的杰出代表。

另外，1673 年出现的莱布尼茨四功能计算器（见图 1-5）、1886—1903 年出现了 Felt & Tarrant 木制计算器（见图 1-6）都曾名噪一时。

图 1-3　中国的算盘

图 1-4　巴贝奇（Babbage）差分机

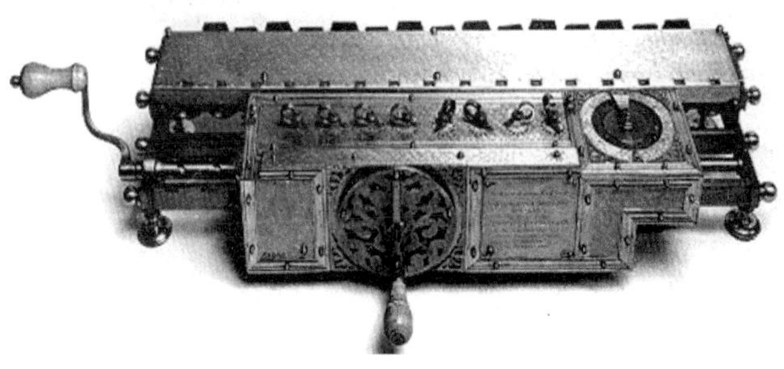

图 1-5　莱布尼茨四功能计算器（1673 年）

图 1-6　Felt&Tarrant 木制计算器（1886 至 1903 年之间）

2. 第一台电子计算机

（1）现代计算机模型的提出

现代计算机的发展与很多科学家的努力是分不开的，图灵与冯·诺依曼（John von Neumann）是其中的代表，他们在 1945 年左右相继提出了现代计算机原理，即存储程序原理。

① 计算机由五个基本部件构成：输入设备、输出设备、存储设备、控制单元、算术处理单元。

② 计算机程序和数据都以二进制形式存储在内存中。

③ 计算机可以从内存中取出程序指令到 CPU 执行，也可以从内存中取出数据进行加工，加工后的数据存回内存中。

冯·诺依曼为现代计算机之父，他主持研发了 IAS 计算机（见图 1-7）。

（2）第一台电子计算机的产生

应该说，世界上第一台电子计算机是为了军事目的而催生的。1946 年，美国为了计算火炮的运行轨迹，提高火炮的命中率，开始研制现代电子计算机。美国宾夕法尼亚大学的教授莫奇利和他的学生埃克特根据存储程序工作原理共同研究成功世界上第一台电子计算机——电子数字积分计算机（ENIAC，见图 1-8），这台计算机占地面积约 170 m^2，重约 30 t，由 18 000 多个电子管构成。这台计算机虽然体积庞大，但每秒只能运行 5 000 次加法运算。与现代计算机相比，速度就像蜗牛，但却是划时代的发明。

图 1-7　冯·诺依曼和他主持研发的 IAS 计算机

图 1-8　ENIAC 计算机与他的研制者

3. 计算机分代

第一台电子计算机产生后，根据计算机逻辑元件、计算机软件、计算机存储介质、计算机的外围设备的发展，人们倾向于把计算机发展分为四个阶段或五个阶段。

第一代计算机（1946—1956 年），计算机存储器和 CPU 电路主要以真空管（Vacuum Tube）为主。真空管发热大、消耗能量较高。操作系统主要是批处理操作系统，输入/输出设备主要是穿孔卡片、纸带、磁带等。主要使用机器语言和汇编语言编程。代表机器有 ENIAC、EDVAC、UNIVAC（见图 1-9）、IBM 701 和 IBM 650 等。

图 1-9　UNIVAC 计算机

第二代计算机（1957—1964 年），计算机的逻辑元件以晶体管（Transistor Tube）为主。主存储器以磁芯和磁带为主，辅助存储器以磁盘为主。操作系统有批处理操作系统和多道程序操作系统。程序设计语言出现了类似 Fortran 这样的高级语言。主流代表机型为 IBM 1620（见图 1-10）、IBM 7094、CDC 1604、CDC 3600、UNIVAC 1108 等。

第三代计算机（1965—1970 年），计算机逻辑元件以集成电路（Integrated Circuit）替代了晶体管。单个集成电路（IC）有许多晶体管、与电路相关的电阻和电容。有了集成电路，计算机可以变得更小、更可靠和效率更高。这个时期出现了真正意义上的现代操作系统，这样，用户在使用计算机时就不必亲自写程序保存数据到文件中，一切都由操作系统管理。主要操作系统有分时操作系统、实时操作系统、多道程序操作系统等。这个时期，高级语言被广泛应用，如 Fortran II-IV、COBOL、PASCAL PL/1、BASIC、Algo L-68 等。主流代表机型为 IBM 360Series 机、Honeywell 6000 系列机、PDP（Personal Data Processor，见图 1-11）、IBM 370/168、TDC 316 等。

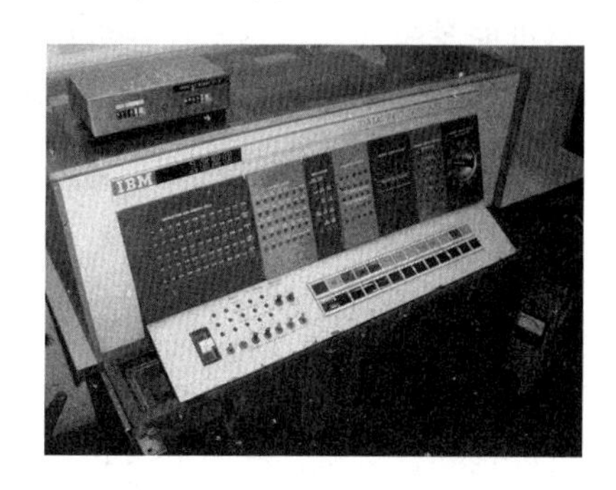

图 1-10　IBM 1620 计算机

图 1-11　PDP 计算机

第四代计算机（1971—1980 年），超大规模集成电路（Very Large Scale Integrated，VLSI）微处理器（VLSI microprocessor）是这代计算机的主要标志。VLSI 电路在一个芯片上集成了 5 000 个以上的晶体管，使制造微型计算机（Microcomputers）成为可能。这代计算机主要使用分时操作系统、实时操作系统、网络操作系统、分布式操作系统管理计算机资源。编程语言主要以高级语言 C、DBASE、DB-II 等被使用。计算机更便宜、更便携、更可靠、尺寸更小。这代计算机出现了关系型数据库、PC 开始被使用、互联网（Internet）概念的提出、网络得到极大发展。典型计算机有 DEC 10（见图 1-12）、STAR 1000、PDP 11.CRAY-1 和 CRAY-X-MP、国产曙光星云计算机（见图 1-13），后面 3 款为超级计算机。

图 1-12　DEC 10 计算机

图 1-13　国产曙光星云计算机

第五代计算机（1981 年至今），极大规模（Ultra Large Scale Integration，ULSI）微处理器得到了较大发展，促使 1 000 万个以上电子单元封装在一个微处理器芯片中成为可能。这代计算机出现了并行处理硬件和人工智能（AI）软件。AI 只不过是计算机科学的一个分支，提供了试图让计算机像人类一样思考的手段和方法。高级语言主要有 C、C++、Java、.Net 等。AI 的研究范围主要包括机器人、神经网络、游戏、真实生活中用于决策的专家系统、自然语言理解（如谷歌翻译、金山翻译）等。自然语言理解的发展、并行处理的发展（网格计算、云计算）、超导技术的发展、大数据的发展、具有多媒体特征的多用户图形用户界面、更低价格下的更强大和更小的计算机等是这代计算机的主要应用特征。

注：也有观点认为真正的第五代计算机还没有出现，因为这些计算机的模型都还停留在冯·诺依曼存储程序设计原理上，第五代计算机应该以光计算机、生物计算机、量子计算机等为主要特征。

1.1.4　计算机类型

当听到“计算机”这个词时，浮想在我们脑海中的可能是桌面或便携式计算机这类个人计算机，然而，计算机有不同的形状和尺寸、它们在人们的日常生活中完成不同工作。

1. 主流品牌的个人计算机

目前流行的个人计算机主要有两种：PC 和 Mac，两种计算机都能完成相似的功能，但是却有不同的外观和使用感受，不同的人偏爱不同。

PC 是 Personal Computer 的简称，1981 年由 IBM 公司首次推出，初始时以 PC-DOS 或 MS-DOS 为操作系统。由于其采用了开放的结构，所以很多公司仿效推出类似于 IBM PC 架构的计算机，各款软件都可以在这种架构的 PC 上运行，所以这些计算机都称为 IBM PC 兼容机，其外观如图 1-14（a）所示。

Mac 是 Macintosh 计算机的简称，于 1984 年正式推出，是第一款被广泛销售的带图形界面（GUI）的个人计算机。由于 Mac 个人计算机系统相对封闭，所以到目前为止，只有 Apple 一家公司生产 Mac 计算机，并且主要运行 Mac OS X 操作系统，其外观如图 1-14（b）所示。

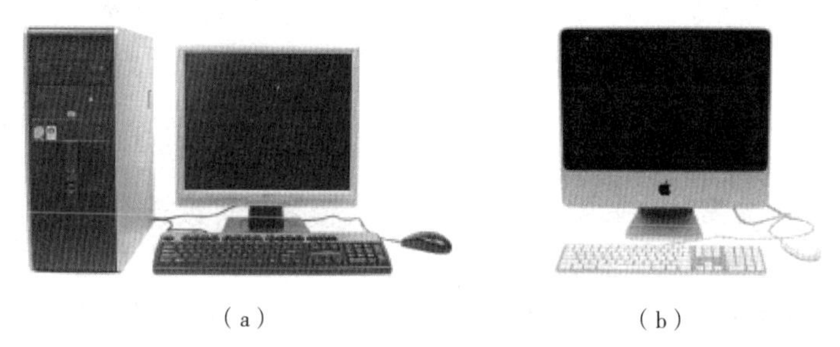

（a）　　　　（b）

图 1-14　IBM-PC 及 Mac 计算机

2. 常见的计算机类型

（1）个人计算机（Personal Computer，PC）

现在的 PC 常指体积小、相对不贵且为单个用户设计的计算机。PC 是基于微处理器技术的架构，允许把整个 CPU 放在单个芯片上。用 PC 可以完成字处理、会计、桌面印刷、电子表格处理、数据库管理、玩游戏、在线学习、网上冲浪、即时聊天。虽然，PC 设计的目的是满足个人或单用户的使用需要，但是，可以利用网络、虚拟机技术、Map-Reduce 技术把很多 PC 连接在一起，形成一个超级强大的系统（见图 1-15）。其计算能力可以媲美或超越于像 Sun Micro Systems、Hewlett-Packard 和 Dell 等工作站的强大计算能力。

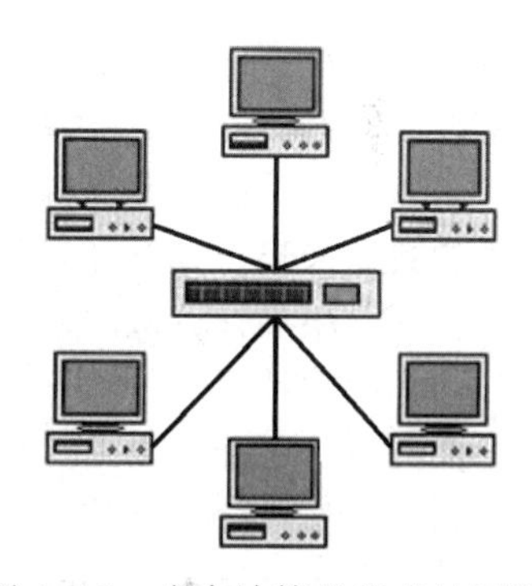

图 1-15　多台计算机组成的网络

目前，PC 具有不同尺寸和操作方式，如桌面计算机（Desktop Computers）、便携式计算机（Laptop Computers）、平板电脑（Tablets Computers）等。当前使用的智能手机（Smart Phone）实际上也是一台更小巧的 PC，如运行在 IOS 上的 iPhone、运行在 Android 平台下的华为手机等。各种形式的 PC 如图 1-16 所示。

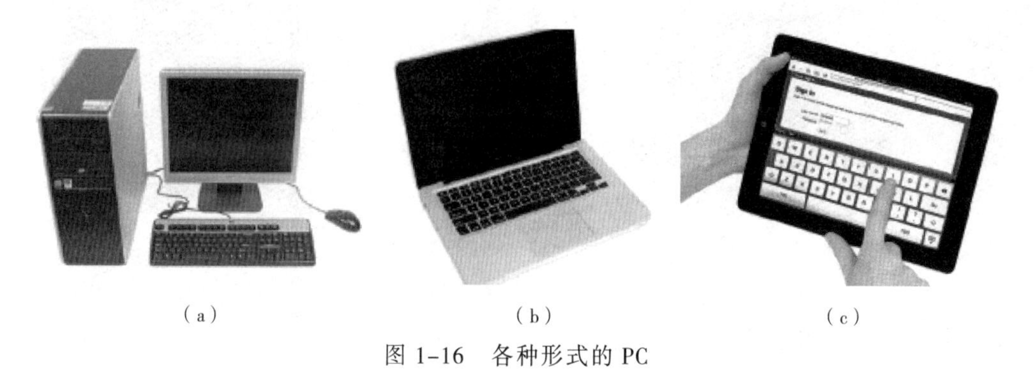

（a）　　　　（b）　　　　（c）

图 1-16　各种形式的 PC

（2）工作站（Workstation）

工作站是一种介于小型机与微型机之间的高档计算机系统，主要用在 CAD/CAM 等工程应用、桌面印刷、软件开发等方面。其他需要图形处理能力和计算能力相对较强等方面的应用也需要工作站。与 PC 相比，工作站通常具有较大的、高分辨率的图形屏幕、较大的内存、内建的网络支持和图形用户接口（GUI）。大多数工作站也有大容量（如硬盘）的存储设备，而无盘工作站是一种特殊的工作站，不带硬盘。

（3）服务器（Server）

服务器是在网络上给其他计算机提供信息服务的计算机，在有文件服务器的公司中，员工可以在服务器中存储和分享文件。服务器看起来与桌面计算机很像，但它可以有更多的处理器、并行处理的能力更强、运算速度更快。数据库服务器可以为用户提供数据库创建、数据库管理、安全管理、决策分析和报表输出等；网站服务器可以为用户提供网站建设、管理，提高网页浏览服务等；邮件服务器可以提供邮件的收发、用户邮箱管理等。

服务器主要可以提供更强的共享业务，服务器的作用取决于用户需要或安装什么样的管理软件。

（4）小型计算机（Minicomputer)

小型计算机又称小型机，具有中等尺寸。小型机是可以同时支持多达 250 个用户的多处理器系统。小型计算机在性能上比一般的微型计算机（PC）更强大，可以用于工业自动控制大型分析器、测量仪器，用于医疗设备中的数据采集、分析计算及企业、大学或研究所的科学计算等。小型计算机的外观如图 1-17 所示。

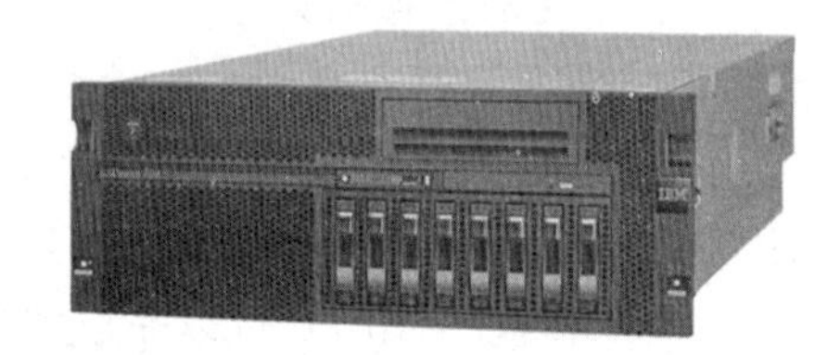

图 1-17　小型计算机

（5）大型计算机（Mainframe Computer)

大型机体积确实很大且费用高昂，同时支持数百，甚至数千用户同时使用。大型机可以并行运行很多程序、支持许多程序并发执行。大型计算机的外观如图 1-18 所示。

（6）超级计算机（Super Computer)

超级计算机是目前运行速度最快的计算机，是最昂贵的、用于需要巨量的数学运算的特殊应用的计算机。如天气预报、科学仿真、动画和图像处理、流体动力学计算、核能研究、电子设计、地质学数据分析等。超级计算机的外观如图 1-19 所示。

图 1-18　大型计算机

图 1-19　超级计算机

1.1.5　计算机基本组成

任何计算机都由两个部分组成：硬件和软件。硬件是计算机内看得见、摸得着具有物理结构的部分，如显示器、键盘；软件像数据一样藏于计算机存储器中，看不见、摸不着。软件是一组有顺序的指令序列，每个指令告诉计算机做什么。软件用来指导硬件如何完成每个任务，如网页浏览器、游戏、Word字处理软件等。

通常把没有安装软件的计算机称为“裸机”，没有安装软件的计算机就是一堆废铁。因此，软件是计算机的“灵魂”。

硬件一般由主机和外围设备构成，主机包括CPU、内存、寄存器和总线等（见图1-20）。CPU由控制器（CU）和运算器（ALU）组成，内存分为只读存储器（ROM）与随机存储器（RAM）。

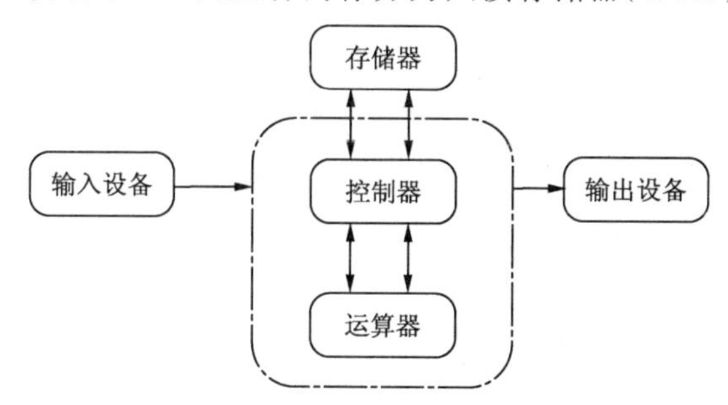

图1-20　计算机硬件基本组成

外围设备通常指的是输入设备、输出设备或兼具输入/输出的设备（如磁备用驱动器）构成。把数据或信息传送到计算机内部（内存）的设备称为输入设备。常用的输入设备有键盘、鼠标、扫描仪、摄像头、麦克风等；输出设备的作用是把计算机结果呈现出来给计算机用户或其他计算机设备使用。常用的输出设备有显示器、打印机、绘图仪等；输入/输出设备同时具有输入和输出的功能，常用输入/输出设备有磁盘驱动器、调制解调器Modem等。

软件一般分为系统软件与应用软件两大类。系统软件一般与计算机硬件系统联系最紧密，由引导程序、操作系统、工具软件、数据库系统及编译程序等组成；应用软件一般离计算机硬件较远，通过操作系统等才能操控计算机硬件，如数据库应用软件、用户自编实用程序、Word文档处理软件、Excel电子表格软件等都属于应用软件。

1.1.6　计算机应用

计算机的产生开始主要用于科学计算，但是1950年后，开始逐步用到数据处理上来，如美国的人口普查、飞机票销售等。到现在，计算机的应用已经渗透到人类生活的方方面面。一般认为计算机可以进行科学计算、数据处理、过程控制、计算机辅助工程、网络通信、电子商务和游戏娱乐等。实际上，计算机的应用不止列出的这些，现在计算机已经深入到社会生活的方方面面，可以说，没有计算机，现代人将不知道如何做事。

以下从行业的角度来看看计算机有哪些应用：

1. 商业应用

主要有网上商店、网上购物、网上支付、工资计算、制作预算、销售分析、金融预测、管理员工数据库和库存维护等。

2. 银行业应用

主要有银行在线会计应用，包含现金余额、存款、取款、转账、网上交费、利息费用、股份和受托人记录；ATM机使客户更方便地处理银行业务。

3. 保险业应用

如何保险策略、如何继续策略、下次到期付款、到期日期、利润到期、剩下利润和奖金等。

4. 教育业应用

计算机辅助教育CBE（Computer Based Education，CBE)，包括学习的传播和变革。从最早期单机的辅助教学软件，如背单词、打字练习、英汉或汉英翻译、英语或其他课程学习到早期的e-Learning，如通过网络传播课件、网络辅导、讨论，网上提交和批改作业。而近年来，基于Web学习2.0的出现，如MOOC（Massive Open Online Course）更是吸引了全球学生、教师和其他人员去参与世界上最好的教师所授的课程。最经典的当属美籍华人AndrewNG主导的https://www.coursera.org；麻省理工的开放课件http://ocw.mit.edu；由MIT和哈佛联合在2013年5月份推出的非营利性网站https://www.edx.org；由斯坦福大学教授创办的营利性网站https://www.udacity.com等等。

5. 在市场上的应用

为了销售更多的产品，用计算机制作艺术和图形图像、设计和制作广告、打印和传播广播；人们可以使用计算机在家购物，如商品浏览、比较产品价格、查看对商品的评价、下订货单以及网上支付等。

6. 健康护理上的应用

计算机可以应用在医院里保存病人和医疗记录，可以用来扫描和诊断不同疾病，如ECG、脑电图（EEG）、超声波和CT扫描设备也是由计算机来支持的。目前在健康领域主要有：收集和识别病理的诊断系统；出所有试验或检查报告的实验诊断系统；检查病人（如心脏停搏和心电图（ECG）等）的异常信号的病人诊断系统；检查药品标签；过期日期、有害药物的副作用等制药公司信息系统；当前正在研发使用计算机进行外科手术系统。

7. 军事方面的应用

计算机在国家防卫中起着重要的应用，现代坦克、导弹和武器等应用计算机控制系统，一些计算机还被用在导弹控制、军事通信、军事运作规划和智能武器上。

8. 通信方面的应用

通信意味着传递信息、思想、图片或语音，使接收者能清晰和正确地理解。如电子邮件（E-mail)，网络聊天、Usenet、文件传输（FTP)、Telnet和视频会议等。

9. 在政府工作方面的应用

主要应用领域为政府预算、销售税务部门、收入税入部门、男/女的比率、驾驶证系统计算机化、电子政务和天气预报等。

1.2 计算机硬件系统组成

计算机硬件是物理的、可触摸的计算机元件，即这些元件可以被看到和摸到，如键盘、鼠标等输入设备；打印机、监视器等输出设备、硬盘、CD、DVD等存储设备；CPU、主板、主存储器等内部元件等，如图1-21所示。

图 1-21　基本硬件

1.2.1　计算机的基本组成与工作原理

1. 基本组成

现代计算机都是按照冯·诺依曼存储程序原理构建的，其内部主要采用二进制表示和存储数据或程序，程序可以完成对计算机硬件操控以使计算机自动完成任务。计算机至少包括输入设备、输出设备、运算器、控制器和存储设备五大部分（见图 1-22）。计算机采用地址总线来对内存进行寻址以获取数据，采用数据总线在 CPU 与内存或各输入/输出接口之间传输数据，为了实现各设备协调有序运行，采用控制总线来发送控制信号以实现对设备的控制。

2. 工作原理

计算机是在二进制指令的控制下完成任务的（见图 1-22），一条计算机指令一般由“操作码”和“操作数”两部分构成，“操作码”描述了指令要完成的任务，“操作数”是“操作码”要加工的对象。

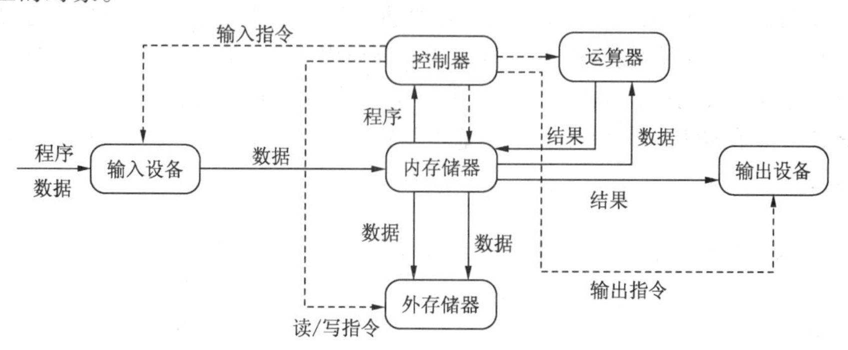

图 1-22　计算机基本工作原理

程序或数据通过输入设备送入计算机内存，在输入过程中，控制器会给输入设备发出输入指令以控制输入设备正确、有序地完成输入过程；控制器从内存储器中取出指令，并对指令进行解析后变成控制信号控制对应的部件工作，为了完成计算，控制器会让运算器从内存储器取数据并进行相应运算，然后把运算结果重新存入到内存储器中。计算结果既可以通过输出设备进行呈现（如显示、打印等），也可以以文件形式保存到外存储器中。外存储器的数据也可以在控制器的控制下载入到内存储器中，通过控制器与运算器完成相关运算后重新保存到外存储器中或通过输出设备输出。

1.2.2 计算机主机

计算机主机是相对于外围设备而言的，是计算机最重要的组成部分，由中央处理器（CPU）和内存构成。

1. 中央处理器

中央处理器（CPU）是计算机的核心部件，相当于人的"大脑"，中央处理器由运算器、控制器和通用寄存器组成。

（1）运算器

又称算术逻辑单元（ALU），主要完成基本的算术运算和逻辑运算。运算器可以在控制器的作用下，不断从内存获得数据，并进行加、减、乘除和各种逻辑运算，处理结果送回内存储器暂时保存。

（2）控制器（Controller）

是计算机的指挥中枢，基本功能是从内存中获得程序指令并分析、译码形成控制指令，指挥计算机各部件协调工作。

（3）寄存器

速度非常快的数据或指令暂存部件，用以保存CPU或相关部件的运行状态，并缓存从内存中取得的数据以及运算器运行的结果。

2. 内存储器

是计算机内部存储程序或数据的场所。一般内存储器是按0、1、2、……等顺序进行线性编址，每块基本内存空间占1字节且拥有唯一的地址，计算机通过这个地址存取数据。

内存储器可以分为随机存储器（RAM）和只读存储器（ROM）两类。一般情况下，RAM中保存的数据具有临时性、易失性等特点，计算机系统一旦关闭电源，RAM中存储的数据将全部丢失。但是ROM中的数据就不会因为断电等原因丢失，除非人为损坏或通过专门的手段擦除其中的信息。计算机开机后之所以能够完成启动过程，就是因为计算机内部有一块ROM-BIOS芯片，存储基本的引导程序和基本的输入、输出程序模块，芯片中的程序和数据不会因断电而丢失。

1.2.3 计算机外围设备

1. 计算机输入设备

输入是把数据送入到计算机内存的重要手段，也是主要的数据采集手段。计算机输入设备主要就是完成数据或程序的工作。当前，计算机输入设备很多，如键盘、鼠标、扫描仪、指纹仪、RFID传感器等。但是最基本输入设备还是键盘和鼠标。

（1）键盘

数字或符号的输入一般通过键盘手工完成。一般标准键盘有 101 个键，主要分为功能键(【F1】～【F12】)、数字键（0～9）、符号键、字母键大小写（A～Z，a～z），控制键(【Ctrl】、【Shift】等)、光标键、编辑键等。

（2）鼠标

图形用户界面环境中最方便和快捷的输入设备，通常有左键、右键和滚轮。单击可以选择图标，双击可以执行命令或打开窗体，右击可以弹出快捷菜单，转动滚轮可以上下滚动窗体。

2. 计算机输出设备

（1）显示器

显示器是用户与计算机进行交互的主要界面，主要用于呈现程序运行结果。早期常用的显示器为 CRT 显示器，由于比较笨重且所占面积大，现在基本被淘汰。现在流行的显示器基本上都是 LED 平板显示器，这种显示器体积小、质量小，所以现在成了购买计算机的基本配置。

（2）打印机

打印机可以把内存储器中的数据或信息以文字、表格或图形印刷在纸上。一般有机械式针式打印机、喷墨打印机和激光打印机等三大类，如图 1-23 所示。三种打印机的打印原理和工作方式不一样，针式打印机打印成本低，一般有 16 针打印机、24 针打印机等；喷墨打印机初次购买成本较低、但是原厂墨盒更换成本较高，现在市面上打印彩色照片的营业点基本上都采用第三方墨盒供墨技术，成本比原厂便宜很多；激光打印机打印出的图文精度较高，且可以媲美于印刷厂的效果，加上成本越来越便宜，且技术上实现鼓盒分离，更换墨粉成本较便宜等，现在成为办公或家用的首选打印机。

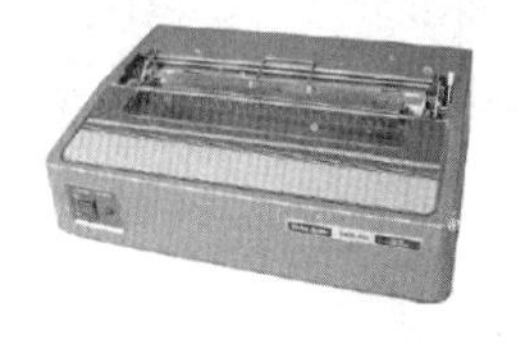

（a）针式打印机

（b）激光打印机

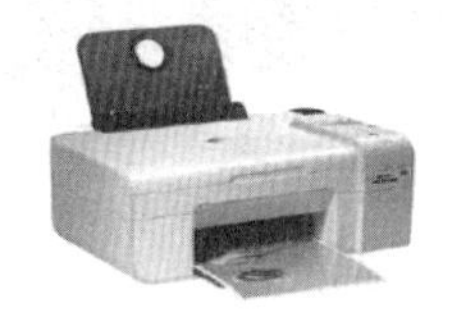

（c）喷墨打印机

图 1-23　常见的打印机

3. 外部存储设备

外部存储设备既可以作为输入设备、又可以用作输出设备。通常有磁盘、磁盘驱动器、调制解调器（Modem）、路由器和交换机等。其中 Modem、路由器或交换机属于网络设备。

（1）软盘

最早用来存储和携带数据和程序的磁盘，一般分为 5.25 英寸 360 KB、5.25 英寸 1.2 MB 和 3.5 英寸 1.44 MB 三种类型。软盘在 10 多年前曾经起着非常重要的作用，可以用来存储和传输数据、较小程序等。但是随着多媒体技术的发展，软盘已经被淘汰，现在市面上很难见到，如图 1-24 所示。

（a）3.5 英寸软盘

（b）5.25 英寸软盘

图 1-24　软盘

（2）硬盘

硬盘是目前计算机必备的存储设备，其存储介质与驱动器固定在一起，所以硬盘不像软盘一样容易携带，经常固定在计算机内部。硬盘读/写速度比软盘快并且存储容量大，所以标准配置的 PC 或一般服务器都要有硬盘。硬盘的发展速度很快，经历了 20 世纪后期的 20 MB、160 MB、320 MB 等发展，到 21 世纪初期的 20 GB、160 GB，到现在主流的 2 TB。硬盘的存储速度越来越快、存储容量越来越大，单位存储价格越来越便宜，如图 1-25 所示。

现在，相当多的计算机（如 Macintosh）等使用固态硬盘，又称为“闪硬盘（Flash Hard Drives），这是一种比普通硬盘更快、更耐用的磁盘，但是价钱也贵得多。

（a）硬盘的内部视图

（b）硬盘外观

图 1-25　硬盘

（3）光盘

光盘又称 CD-ROM，曾经有过辉煌的历史。随着图形界面用户操作系统和多媒体技术的发展，软件需要的存储容量越来越大、企业或部门日常工作的数据量越来越大。这就要求发明大容量、方便携带的存储介质，光盘技术因此产生，早期的光盘最多可以存储 700 MB，大概一部 50 min 的 VCD 电影的容量。后来又出现了 DVD-ROM 技术，使光盘的存储容量达到 4 GB，这样可以完整地存储一部高清电影，如图 1-26 所示。

（a）正面

（b）数据存储面

图 1-26　光盘

（4）U 盘

U 盘又称 USB 盘或优盘。随着 USB 接口技术的发展，产生了体积更小、速度更快、更加可靠的存储介质，由于价格便宜、存储容量大、携带方便，计算机使用者基本上人手一个。现在市面上常见的 U 盘主要有 32GB 和 64GB 等，如图 1-27 所示。

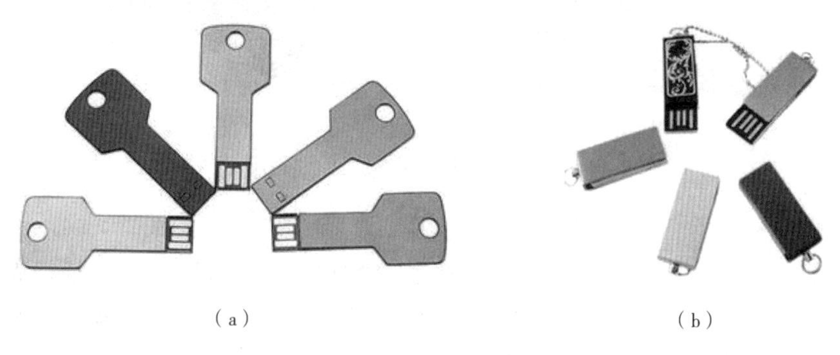

（a） （b）

图 1-27 U 盘

（5）SD 卡

SD 卡是一种基于半导体快闪记忆器的新一代记忆设备，SD 卡具有大容量、高性能、安全等多种特点的多功能存储卡。它被广泛应用于便携式装置上使用，如数码照相机、个人数码助理（PDA）和多媒体播放器等。SD 卡（Secure Digital Memory Card）是一种基于半导体闪存工艺的存储卡。SD 卡已成为目前消费数码设备中应用最广泛的一种存储卡。

（6）MicroSD 卡

MicroSD 卡属于超小型存储卡产品，是 T-Flash 的一种。卡片只有指甲般大小，2008 年手机就已经普及这种极小的存储卡。体积超小，优势更大，可以运用于各类数码产品，不浪费产品内部设计的空间。目前 MircoSD 卡存储容量可在 32 GB、64 GB、128 GB、256 GB、512 GB 等，并且价格便宜，是个人存储信息的好帮手如图 1-28 所示。

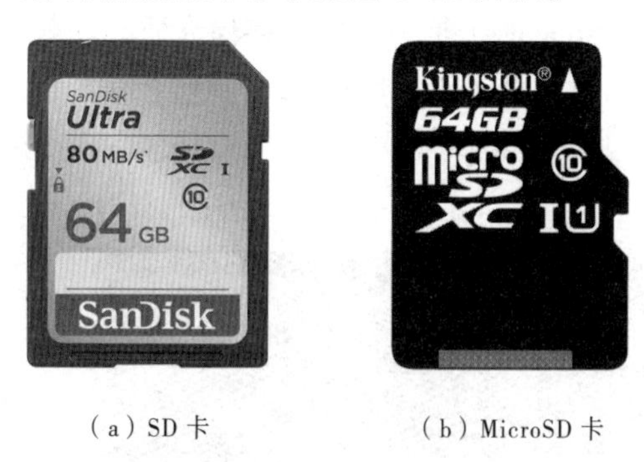

（a）SD 卡 （b）MicroSD 卡

图 1-28 存储卡

1.2.4 个人计算机购买与组装

1. 主板

主板（Mother Board）是计算机主电路板，是安装 CPU、内存、硬盘和光驱连接头、控制视频和音频扩展插槽，以及 USB 等计算机端口的薄电路板。计算机的每个部分直接或间接通过主板进行连接，如图 1-29 所示。

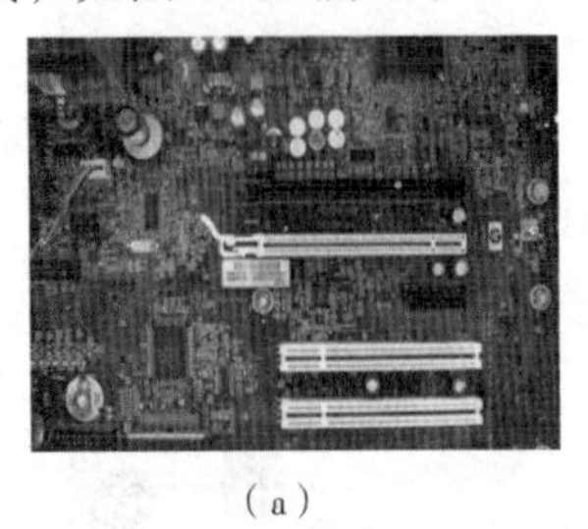

（a）

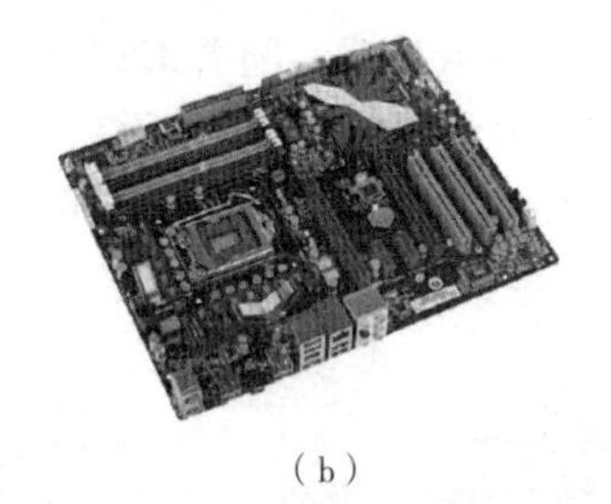

（b）

图 1-29　主板

2. 中央处理器

中央处理器（Central Processor Unit）又称为“处理器”，直接通过 CPU 插槽固定在主板上。通常，CPU 要依据其型号插入具有与其相匹配插槽的主板。中央处理器有时看作计算机的大脑，其工作就是执行命令。无论是按键、单击鼠标或启动一个应用程序,都会把其指令送给 CPU。CPU 内部有一块大拇指见方的芯片，外部用 2 英寸左右的陶瓷材料封装。由于 CPU 运行会产生大量热量，因此通常在 CPU 上方覆盖一块散热片，并通过风扇排出热量，如图 1-30 所示。

图 1-30　CPU

处理器用 MHz（Megahertz）或每秒执行的百万指令数（MIPS）、GHz（Gigahertz）或每秒十亿指令数等来标定速度。处理器越快，执行的指令就越快。但是，计算机的真实速度还有赖于其他许多组件，如主板、硬盘、显卡等。当前主流个人计算机品牌的 CPU 架构主要有 Intel 和 AMD 两种。

3. 内存条

RAM（Random Access Memory）是一种短期存储介质，一般计算机加电后就具有存储作用，当断电后，存储的信息将全部丢失。RAM 是“临时”存储需要计算的数据、需要执行的程序和计算结果存放的地方。如图 1-31 所示。

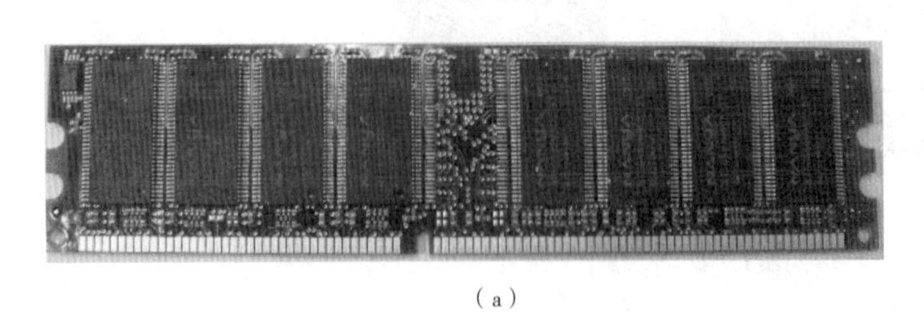

（a）

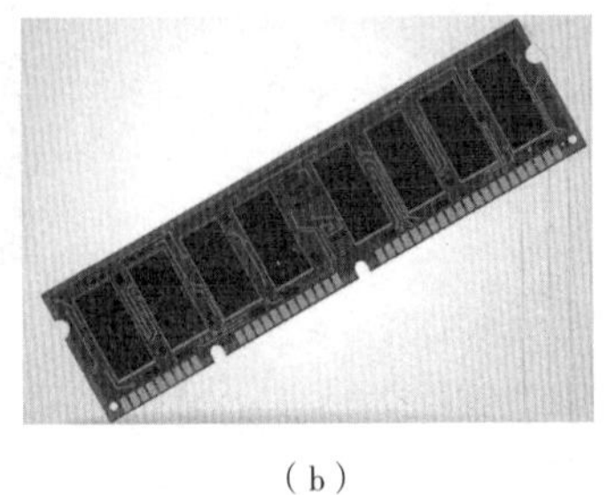

（b）

图 1-31　内存条

数据最小存储单位是位（bit），一个位只能表示 0 和 1 两种状态之一，因此常用连续的 8 个位表示信息，称为字节（Byte），1 字节可以表示 256 种状态（数值 0～255），因此可以用 1 字节（代表一个 0～255 的数）来表示所有英文大小写字母、字符或数字，如大写字母“A”就用 65 表示，小写字母 a 就用 97 表示。

实际上用 1 B 表达数据仍然太小，所以人们把 1 024 B 称为 1 KB，1 KB 可以存储 1 024 个英文字符的文章，可以存放 512 个汉字的文章，因为汉字的存储一般用 16 位或 2 字节来存储。为表示方便，引入了 MB（Megabyte）或 GB（Gigabyte）来表示更多的存储容量，通常 1 MB 就是 1 024 KB，差不多 1 百万字节，可以存储一本 50 万汉字的书；1GB 等于 1 024 MB，差不多 10 亿字节，可以存储 50 万汉字的书大概 1 024 本，相当于一个小型图书馆了。

内存是非常重要的指标，一般内存速度越快，计算机程序执行也会越快。内存越大，计算机程序也会执行越快，特别是计算机同时打开多个应用程序时，就需要足够的内存。所以，增加额外的内存对提高计算机的性能具有很大帮助。

4. 硬盘

硬盘（Hard Driver）具有更大的存储容量，即使在断电情况下可以永久保存数据，除非硬盘损坏。通常硬盘是计算机的数据中心，既是应用软件安装的地方，也是文档和其他文件保存的地方。

硬盘存储的数据并不会直接被 CPU 读取。当运行一个程序或打开一个文件时，计算机会把硬盘的数据先复制到内存（RAM）中，这样 CPU 才能获得数据或程序。如果在应用程序中执行了“保存”文件命令，内存中的数据才会被写回到硬盘上，以便长期保存。

图 1-32　硬盘

硬盘的速度也会影响机器的性能，硬盘的存取速度越快，计算机启动或应用程序载入内存也会更快。

大部分硬盘（Hard Disk Driver）实际上是一组“磁盘片”与磁盘驱动器的封装，如图 1-32 所示。

5. 显卡

显卡（Display Adapter Card）又称视频卡（Video Card），负责呈现在显示器上要看到的东西，如文字、图像等。大部分计算机的主板上内建有图形处理单元（GPU），代替了专门的、分离的显卡，由于图形处理单元使用部分内存作为显示存储器，所以会使显示能力和程序运行速度有所下降。一些应用如 CAD、图形、3D 建模、游戏等需要较快的图像处理能力，只能通过在扩展槽中插入高性能的显卡提高显示性能。显存的大小、显示的图形处理单元的速度也是影响计算机性能的重要指标，显存越大、图形处理单元速度越快，计算机性能越高。

6. 声卡

声卡（Sound Adapter Card）又称音频卡（Audio Card），负责用户在扬声器中要听到的东西，大多数主板有集成声卡，但是如果要获得更高质量的音频效果，可以购买高质量的声卡插入到扩展槽中。

7. 网卡

网卡（Network Card）允许计算机在网络上通信和访问 Internet，可以使用以太（Ethernet）网线或 Wi-Fi 无线连接。许多主板内建了网络连接功能，也可根据需要增加网卡到扩展槽中，如图 1-33 所示。

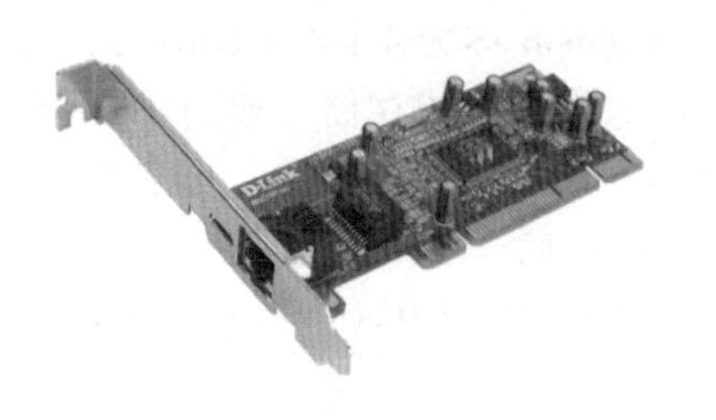

（a）以太网卡

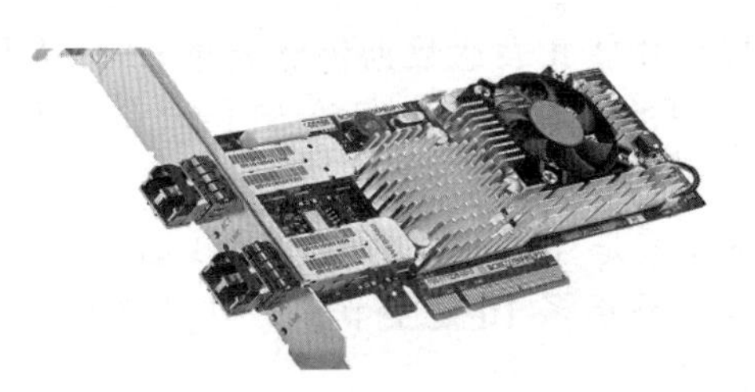

（b）光纤网卡

图 1-33　网卡

8．光驱

光驱（Optical Disk Driver）全称是光盘驱动器，光驱主要用来从光盘上读取或写入数据。光驱是通过来自于一个激光二极管的激光光源，产生波长约 0.54～0.68 μm 的光束，光束首先打在光盘上，再由光盘反射回来，经过光检测器捕捉信号，确定存储的位是 0 或 1，如图 1-34 所示。

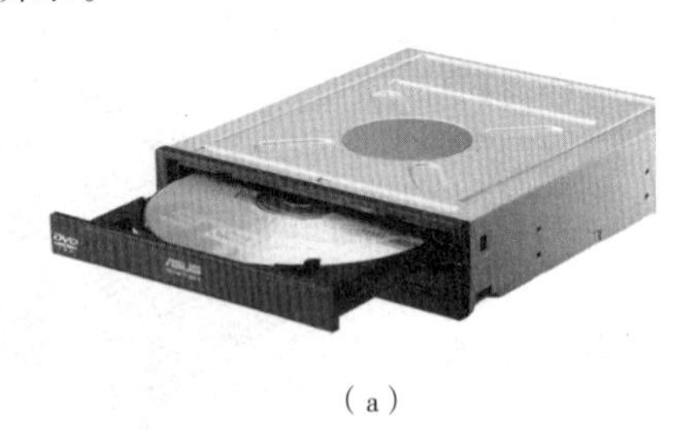

（a）

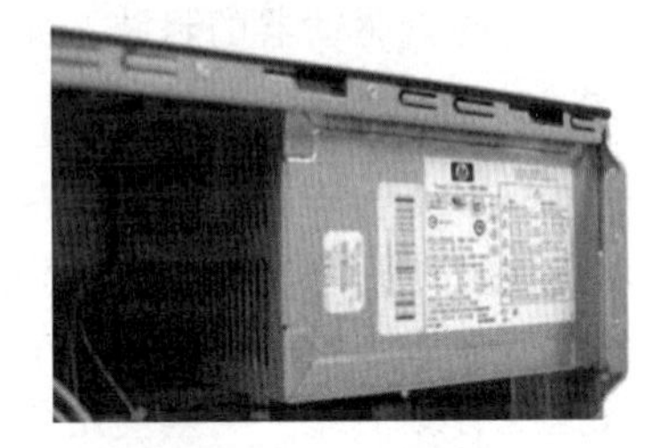

（b）

图 1-34　光盘驱动器

9．机箱与电源

机箱（Computer Case）用于对计算机硬件的封装，在机箱前面板中提供了“电源（Power）”和“重启（Reset）”功能和部分 USB 接口、音频接口、SD 存储卡接口等。机箱后面板，提供了显示器与显卡的接口、网卡接口、键盘和鼠标接口等。电源（Power Supply）用于供电，如图 1-35 所示。

图 1-35　机箱电源

10．键盘

键盘（Key Board）是常用的输入设备。一般给计算机配备标准键盘，由于键盘是易耗品，且只要用计算机就会使用到；因此，可以买价位稍高的键盘，这样才能经济耐用，如图 1-36 所示。

图 1-36　标准键盘

11. 鼠标

鼠标（Mouse）也是常用输入设备。用于操纵图形用户界面，如在 Windows 操作系统中就必须使用鼠标，鼠标一般有光电鼠标、机械鼠标两种。现在普遍使用光电鼠标。鼠标的灵敏度、耐用性等都很重要，如图 1-37 所示。

12. 麦克风

麦克风（Microphone）不是必备设备。但是如果想在网上冲浪，又懒得打字的话，麦克风就很重要了。有了麦克风，计算机就可以变成一台卡拉 OK 机，满足表现的欲望。当然，也可以变成一部电话，通过 IP 网络与远方的朋友交流，也不用给电信公司交话费了，如图 1-38 所示。

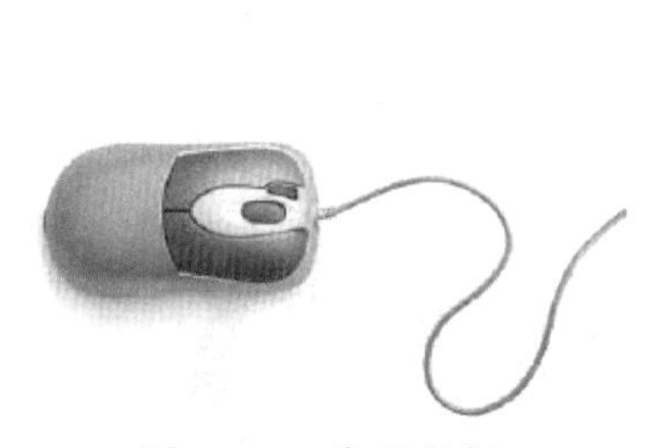

图 1-37　常用鼠标

图 1-38　麦克风

13. 显示器

除了后台服务器外，一般的计算机都要配置显示器（Monitor）。不仅是看程序运行结果那么简单。像玩游戏、看电影这样的活动就得有好的显示器。现在一般都用 LCD 显示器。基本上人们都喜欢大屏幕的显示器，分辨率当然是越高越好，色彩效果越鲜艳、越饱满越好。常用的显示器分辨率现在可以达到很高，如 1920×1080、2560×1600。常见屏幕的长宽比有 4:3、5:4、16:9、21:9 等，用户可以根据自己的喜好选配，如图 1-39 所示。

（a）CRT 显示器

（b）液晶显示器

图 1-39　显示器

1.3　计算机软件系统

1.3.1　基本概念

软件是计算机可执行的指令和数据的总称。“指令”告诉计算机如何工作，一系列指令按照时间顺序执行可以指挥计算机完成特定任务，特定相关指令组成一个“程序”。“数据”是计算机要处理的对象，处理结果是另外一种形式的“数据”或“信息”。

1.3.2 软件的分类

软件可以有不同的分法，但是根据软件与硬件接触的紧密程度可以把软件分为：系统软件与应用软件。

1. 系统软件

被设计来操作、控制和扩展计算机自身的处理能力的程序集，通常为计算机硬件所准备。这些软件由低级语言编写的程序构成，并可以直接与计算机硬件进行交互。系统软件为硬件和终端用户的交互提供必需的服务。操作系统、编译器/解释器、汇编器等都是系统软件。系统软件最接近硬件系统，速度快、难于设计、难于理解、与用户较少的交互、代码行数少、难于操纵、使用低级语编程等。操作系统软件图标示例如图 1-40 所示。

（a）　　（b）

图 1-40　操作系统软件图标示例

2. 应用软件

应用软件主要是为了满足环境或目标的需要而设计的软件，计算机中所有为用户准备的软件一般都可以归入应用软件的范围。应用软件可以由单个程序（如简单文字处理和编辑软件 Microsoft Notepad）构成，也可以是程序的集合或软件包，它们一起工作完成一个任务（如 Spread Sheet 电子表格软件包）。常见的应用软件有：工资管理软件、学生管理软件、库存管理软件、收入税收软件、铁路购票软件、微软的 Office 套装软件、Microsoft Word 字处理软件、Microsoft Excel 电子表格处理软件和 Microsoft PowerPoint 演示文稿制作软件等。应用软件图标示例如图 1-41 所示。

（a）　　（b）　　（c）

图 1-41　应用软件图标示例

一般来讲，应用软件具有接近用户、容易设计、更多的用户交互、运行速度较系统软件慢、使用高级语言编写、容易理解、容易操纵和使用、代码比较长且占用较长的存储空间等特点。

1.3.3　操作系统

操作系统（OS）是典型的系统软件，是用来管理、协调和控制计算机软硬件资源的系统软件。操作系统一般主要有进程管理、中断管理、存储管理、文件管理、输入/输出管理和作业管理等功能。现代的图形用户界面操作系统还提供了用户使用界面（Shell）。

1. MS-DOS/PC-DOS

MS-DOS/PC-DOS是20世纪80年代～90年代，通用20年的个人操作系统。MS-DOS由微软经营，PC-DOS由IBM公司使用。DOS操作系统容量仅有几百KB，占用很少的内存，但是可以完成操作系统的大部分功能，加上免费使用，所以，20年中，一直是个人计算机中最普遍使用的磁盘操作系统之一。

DOS是一种基于文本的用户界面（TUI），需要记住很多命令和参数才能很好地使用，因此，计算机用户需要专门的培训才能使用计算机。这是一种单用户单道作业的操作系统。

进入21世纪后，该操作系统逐渐隐退，完成了其历史使命。

2. UNIX

UNIX操作系统是一个强大的多用户、多任务操作系统。支持多种处理器架构，按照操作系统的分类，属于分时操作系统。最早于1969年在AT&T的贝尔实验室开发。

UNIX的系统结构可分为三部分：操作系统内核、系统调用、应用程序，其大部分是由C语言编写的，这使得系统易读、易修改、易移植。该操作系统提供了丰富的、精心挑选的系统调用，整个系统的实现十分紧凑、简洁。采用树状目录结构，具有良好的安全性、保密性和可维护性。系统采用进程对换（Swapping）的内存管理机制和请求调页的存储方式，实现了虚拟内存管理，大大提高了内存的使用效率。

3. Linux

Linux诞生于1991年10月5日，是一套开源、免费使用和自由传播的类UNIX操作系统。是一个基于POSIX和UNIX的多用户、多任务、支持多线程和多CPU的操作系统。它能运行主要的UNIX工具软件、应用程序和网络协议。它支持32位和64位硬件系统。

Linux存在着许多不同的版本，但它们都使用了Linux内核。Linux相比于UNIX更轻便，可安装在各种计算机硬件设备中，比如手机、平板电脑、路由器、视频游戏控制台、台式计算机、大型机和超级计算机。

4. Windows

Microsoft Windows操作系统由美国微软公司研发，第一个版本问世于1985年，起初仅仅是MS-DOS模拟环境，其内核仍然是DOS。1990年后，Windows 3.0在国内逐渐有很多用户，Windows取得大部分市场份额是1995年Windows 95发布之后。

Windows采用了图形用户界面，比基于文本模式的DOS系统更人性化、更方便使用，并且学习时间成本更低。Windows操作系统经历了Windows 2000、Windows 2003、Windows XP、Windows Vista、Windows 7、Windows 8、Windows 8.1、Windows 10等版本的升级。2015年夏季推出的Windows 10更是功能强大，融入了语音识别、人工智能、云计算等。

微软在主推Windows单用户多任务操作系统的同时，也在不断升级其多用户多任务的操作系统Windows Server。

5．iOS

iOS 是由苹果公司于 2007 年 1 月 9 日开发的移动操作系统，主要用于苹果公司手机、平板等移动硬件上。iOS 与苹果的 Mac OS X 操作系统一样，属于类 UNIX 的商业操作系统。原本这个系统名为 iPhone OS，因为 iPad，iPhone，iPod touch 都使用 iPhone OS，所以 2010 年改名为 iOS。

6．Android

Android 是一种基于 Linux 的自由及开放源代码的操作系统，主要使用于移动设备，如智能手机和平板电脑，由 Google 公司和开放手机联盟领导及开发。Android 操作系统最初由 Andy Rubin 开发，主要支持手机。2005 年 8 月由 Google 收购注资。2007 年 11 月，Google 与 84 家硬件制造商、软件开发商及电信营运商组建开放手机联盟共同研发改良 Android 系统。第一部 Android 智能手机发布于 2008 年 10 月。Android 逐渐扩展到平板电脑及其他领域上，如电视、数码照相机、游戏机等。2013 年 9 月，全世界采用 Android 这款系统的设备数量已经达到 10 亿台。

1.3.4 计算机语言

当人们想控制计算机进行工作时，第一步工作是选择一种语言来编写程序，编写的程序要符合一定的语言规定，就像人们说话一样，要具有让对方可以理解的语法结构。用户编写的程序通常称为源代码，要让计算机能够理解，通常需要把源代码转换成二进制机器代码，具有这种转换能力的软件称为“编译器”或“解释器”。当然，编译与解释是两个略有不同的过程，编译是把源代码一次性地转变成二进制机器代码，以后可以脱离编译器直接执行；解释器不具有这样的能力，每次执行程序，都需要解释器的帮助，边解释边执行。

计算机语言主要分为高级语言、汇编语言和机器语言三种。

1．高级语言

使用类似于人类自然语言的符号进行编写程序，这种程序容易阅读、生产效率高。但是高级语言编写的源程序，计算机硬件不认识，也执行不了，必须借助于编译器或解释器，把高级语言指令翻译成二进制机器指令，计算机才可以理解并执行。

目前常用的高级语言有结构化的编程语言和面向对象程序设计语言，用结构化编程语言编写的程序严重依赖于数据，当程序中的数据结构发生变化时，就不得不修改程序。如 C 语言、PASCAL 语言，就是结构化编程语言的代表；面向对象语言程序的构成不再是“数据+程序”的模型，而是“对象+对象+对象……”，并且对象间通过消息传递来协同工作，典型的面向对象语言有 Java、C++、C#等。

例如，计算 A=10+6 的 C 语言程序如下：

```
...
A=10+6;                /*10 与 6 相加后保存到变量 A 中*/
printf("%d\n",A);      /*在屏幕上显示 A 的值*/
...
```

2．汇编语言

汇编语言是基本上对机器语言进行符号化表示的语言，汇编语言与机器语言几乎能一一对应。不同于机器语言的是，汇编语言采用英文缩写符号，所以更容易阅读，编程也容易得多。汇编语言是严格依赖计算机硬件或指令系统的，所以不同计算机系统，对应汇编语言也是不同的。汇编语言虽然与硬件关系紧密，但是计算机也不能直接认识和执行，必须经过“汇编程序”处理并进行连接后，成为机器语言程序，计算机才能执行。

例如：10+6 的汇编程序如下：

```
MOV  AL,10          --把 10 放入累加器 AL 中
ADD  AL,6           --6 与累加器的 10 相加，结果存入 AL 中
HLT                 --停机
```

3. 机器语言

机器语言是计算机原生态的程序设计语言，计算机可以直接运行。这种语言基本上只有计算机硬件科学家才会使用，一般的计算机专家不必去学。这种语言所有指令和数据全部是二进制代码，如 10101010011111。没受过长期专门训练的人是不可能读懂的。

例如，10+6 的机器语言程序如下：

```
1011000000001010    --把 10 放入累加器 AL 中
0000100000000110    --6 与累加器的 10 相加，结果存入 AL 中
1110100             --停机
```

以上汇编语言与机器语言的例子都没有实现在屏幕上显示的程序，因为这段代码反而比运算更长。可以看出，高级语言编写的程序容易阅读得多。

1.3.5　计算机应用软件

应用软件是为解决特定问题而编写的实用程序和专门软件。应用软件种类很多，用途很广，一般可以分为以下几类：

1. 文字处理应用软件

文字处理软件主要对文字进行输入、编辑、排版和打印等。如微软 Office 办公套件中的 Word 就是比较流行的文字处理软件，国内金山软件公司推出全免费的 WPS 也是完全兼容 Word 文件格式的一款办公软件。

2. 图形处理软件

主要包括工程制图、动画设计与制作、图形编辑与设计等。常用的图形处理软件有 AutoCAD、3ds Max、Flash 和 Photoshop 等。

3. 声音处理软件

是一类对音频进行混音、录制、音量增益、高潮截取、男女变声、节奏快慢调节、声音淡入淡出处理的多媒体音频处理软件。如 CoolEdit Pro 由美国 Syntrillium 软件公司开发，面向音频和视频的专业设计人员，可提供音频混音、编辑和效果处理功能。

4. 视频处理软件

在计算机上播放和录制视频，或将家庭视频复制到计算机，使用视频和音频剪贴工具进行编辑、剪辑、增加一些很普通的特效效果，使视频可观赏性增强，称为视频处理。常用的视频处理软件有绘声绘影、Premiere Pro 等。

5. 工具软件

是指在使用计算机进行工作和学习时经常使用的软件。主要有系统类工具软件，如硬件

工具与系统维护工具和美化系统软件；图像类工具软件，包括众多针对创建、编辑、修改、查看等方面的软件；多媒体类工具软件，主要包括媒体的音频、视频播放以及文件格式转换；系统管理类工具软件，如杀毒软件、压缩软件、文件分割、虚拟光驱软件等。

1.4 计算机内信息的表示

数据是信息的主要表现形式。凡是能够被计算机存储和处理的一切数字、字母及符号的组合统称为数据。计算机内部的各种数据，必须经过数字化编码处理才能被存储、传送和处理。因此了解并掌握数据编码的概念及处理技术是学好计算机的基本要求。

1.4.1 数据的存储单位

1. 数据存储单位简介

bit（比特），简称“位”，是量度或表示信息量的最小单位，只有0和1两种二进制状态。1个Byte（字节）由8个bit组成，能够容纳一个英文字符，但一个汉字需要2字节的存储空间。1024字节就是1 KB（千字节）。计算机工作原理为高低电平（高为1，低为0）产生的二进制算法进行运算。

2. 计算机常用的存储单位及换算

8 bit = 1 B　（Byte）　字节
1024 B = 2^{10}B=1 KB　（KiloByte）　千字节
1024 KB = 2^{20}B=1 MB　（MegaByte）　兆字节
1024 MB = 2^{30}B=1 GB　（GigaByte）　吉字节
1024 GB =2^{40}B =1 TB　（TeraByte）　太字节
1024 TB = 2^{50}B =1 PB　（PetaByte）　拍字节
1024 PB = 2^{60}B =1 EB　（ExaByte）　艾字节
1024 EB = 2^{70}B =1 ZB　（ZetaByte）　皆字节
1024 ZB =2^{80}B =1 YB　（YottaByte）　佑字节
1024 YB =2^{90}B = 1BB　（BrontoByte）　珀字节

3. 字与字长

计算机一次存取、加工、运算和传送的数据长度称为字（Word）。一个字由若干字节组成，一般把组成一个字的二进制位数称为字长。例如，4字节组成的字的字长为32位。

字长是计算机的重要技术指标之一。字长反映了计算机的计算精度，为协调运算精度和计算机硬件造价，大多计算机都支持变字长运算，即机内实现半字长、全字长及双倍字长等运算。若不考虑其他指标的影响，一般字长越大，计算机处理数据的速度就越快。

1.4.2 数制

1. 基本概念

数制是指用一组固定符号和统一规则表示数值的方法，又称为进位计数制或记数法。

可将数制分为非进位计数制和进位计数制两种。

（1）非进位计数制

非进位计数制又称迭加数制。典型的非进位计数制是罗马数制，罗马数制是罗马人创造的计数系统。罗马数字的基本符号有 I、V、X、L、C、D、M，其中 I 表示 1，V 表示 5，X 表示 10，L 表示 50，C 表示 100，D 表示 500，M 表示 1000。这些基本数字，经过复合可以表示其他的数，记数的方法要则如下：

① 相同的数字列表示相加。例如：II 表示十进制数 2，III 表示十进制数 3，XXX 表示十进制数 30。

② 不同的数字并列，右边的小于左边的表示相加。例如：Ⅵ表示十进制数 6，LX 表示十进制数 60。

③ 不同的数字并列，左边的小于右边的表示右边的减去左边的。例如：Ⅳ表示十进制数 4，Ⅸ表示十进制数 9。

曾经在很长一段时间，欧洲人认为罗马数字系统做加减法运算非常容易，因而罗马数字在欧洲被长期用于记账，但使用罗马数字做乘除法则很难。相对于进位计数制来说，非进位计数制存在表示数据不便、运算较困难等缺点，但时至今日在一些钟表刻度、项目编号及图书目录页码表示中，不时还能看到罗马数字的身影。

（2）进位计数制

按进位方法进行计数称为进位计数制。例如，人们常用的十进制计数制，是根据“逢十进一”的原则进行的计数。对于进位计数制，下面内容是讨论的重点。

2. 进位计数制的数码、基数和位权

进位计数制有 3 个要素，分别是：数码、基数和位权。

（1）数码

数码是指数制中表示数值大小的数字符号。例如，二进制数有 0 和 1 两个数码；八进制数有 0、1、2、3、4、5、6、7 八个数码；十进制数有 0、1、2、3、4、5、6、7、8、9 十个数码。

（2）基数

基数是指在进位计数制中每个数位上所能使用的数码个数，一般用 R 表示。

（3）位权

位权是指在进位计数制中每个数位上的数码所表示的数值大小，它等于这个数位上的数码乘以一个固定数值，这个固定数值就是这种进位计数制在该数位上的位权。显然数码所处位置不同，代表的数的位权不同，因而代表的数的大小也不同。

3. 按权展开式

在计算机应用中，常用十进制、二进制、八进制及十六进制四种数制。鉴于二进制的优点及技术原因，计算机内部数据一律采用二进制来表示，但在编程中经常使用的又是大家都很熟悉的十进制。有时为了表述方便还经常使用八进制与十六进制，因此我们很有必要了解不同计数制的特点及它们之间的相互转换。

（1）十进制数及其特点

十进制数（Decimal Notation）：基数为 10，有十个数码“0，1，2，3，4，5，6，7，8，9”，逢十进一，各位的位权是以 10 为底的幂。

例如，十进制数$(2534.187)_{10}$表示为：

$(2534.187)_{10}=2\times10^3+5\times10^2+3\times10^1+4\times10^0+1\times10^{-1}+8\times10^{-2}+7\times10^{-3}$

这个式子称为十进制数2534.187的按位权展开式。

（2）二进制数及其特点

二进制数（Binary Notation）：基数为2，有两个数码“0，1”，逢二进一，各位的位权是以2为底的幂。

例如，二进制数$(1010.101)_2$可以表示为：

$(1010.101)_2=1\times2^3+0\times2^2+1\times2^1+0\times2^0+1\times2^{-1}+0\times2^{-2}+1\times2^{-3}$

（3）八进制数及其特点

八进制数（Octal Notation）：基数为8，有八个数码“0，1，2，3，4，5，6，7”，逢八进一，各位的位权是以8为底的幂。

例如，八进制数$(176.26)_8$可以表示为：

$(176.26)_8=1\times8^2+7\times8^1+6\times8^0+2\times8^{-1}+6\times8^{-2}$

（4）十六进制数及其特点

十六进制数（Hexadecimal Notation）：基数为16，用“0，1，2，3，4，5，6，7，8，9，A，B，C，D，E，F”16个数字符号来表示，其中A、B、C、D、E、F分别表示10、11、12、13、14、15六个数码。逢十六进一，即各位的位权是以16为底的幂。

例如，十六进制数$(6C.A7)_{16}$可以表示为：

$(6C.A7)_{16}=6\times16^1+C\times16^0+A\times16^{-1}+7\times16^{-2}$

（5）*R*进制数及其特点

将上述各种进制数的分析进行抽象，即对于基数为*R*，有*R*个数码“0，1，…，*R*-1”，且逢*R*进一，因此各位的位权是以*R*为底的幂。其按位权展开式的一般形式是：

$$(N)_R=k_{n-1}\times R^{n-1}+\cdots+k_0\times R^0+k_{-1}\times R^{-1}+k_{-2}\times R^{-2}+\cdots+k_{-m}\times R^{-m}$$

*N*表示有*n*位整数和*m*位小数，各位数码分别为k_{n-1}，k_{n-2}，…，k_0，k_{n-1}，…，k_{-m}。

说明：有些教材或参考书中，将形如$(2534.187)_{10}$、$(1010.101)_2$、$(176.26)_8$、$(6C.A7)_{16}$分别表示为2534.187D、1010.101B、176.26O、6C.A7H，其中最后的字母D、B、O、H分别表示十进制、二进制、八进制和十六进制，因为它们是所对应的进制的英文单词的首写字母。

（6）计算机中采用二进制的原因

在日常生活中因为二进制不太符合人们的习惯因而用得不多。但在计算机内部的数却是用二进制来表示的，这主要是因为：

① 二进制的电路简单，易于表示。因为计算机由逻辑电路组成，而逻辑电路通常只有两种状态，这两种状态正好与二进制的0和1两个数码对应。

② 可靠性高。两种状态只用两个数码表示，使数码在传输和处理中不容易出错。

③ 运算简单。二进制数的运算规则简单，无论是求和或是求积运算法都分别只有3种（即0与0，0与1，1与1），使得算术运算或逻辑运算都易于进行，因而简化了运算器等物理器件的设计。但十进制的运算规则就烦琐多了。我们不难证明对于*R*进制数，其求和与求积规则都各有*R*(*R*+1)/2种。例如，十进制数的求和（或求积）规则有55种。

④ 逻辑性强。计算机的运算包括算术运算和逻辑运算，而逻辑运算的基础是逻辑代数，而逻辑代数中的“真”（True）和“假”（False）刚好与二进制的1和0两个数码相对应。

1.4.3　进制间相互转换

1．任意十进制数转换成 *R* 进制数

虽然计算机内存使用二进制表示所有信息，但用户与计算机交互大多情形却采用便于阅读的自然语言形式。因此我们有必要学习几种常见的进位计数制之间的转换问题。

十进制数转换成其他 *R* 进制数，其转换规则分为整数转换和小数转换两个部分：

（1）整数转换规则

十进制整数转换为非十进制整数，采用“除基数取余法”。即把十进制整数做被除数，逐次用欲转换的 *R* 进制的基数去除，直到商为 0 为止，最后将每一步得到的余数按由下到上排列即可得到整数部分转换的目标 *R* 进制结果。

（2）小数转换规则

十进制小数转换为非十进制小数，采用“乘基数取整法”。即把十进制小数不断地用其欲转化的其他 *R* 进制的基数去乘，直到小数的值为 0 或达到所要求的有效位数为止，最后将每一步的积的整数部分按由上到下顺序排列即可得到小数部分转换的目标 *R* 进制结果。

【例 1-1】将$(179.48)_{10}$转换成二进制数（取 7 位近似值）。

解：将十进制数转换成二进制数，对其整数部分采用除以 2 取余法；对其小数部分采用乘以 2 取整法。

整数的转换过程如图 1-42 所示，$(179)_{10}=(10110011)_2$

小数的转换过程如图 1-43 所示，$(0.48)_{10}=(0.0111101)_2$（取 7 位近似值）

因此转换结果为：$(179.48)_{10}=(10110011.0111101)_2$

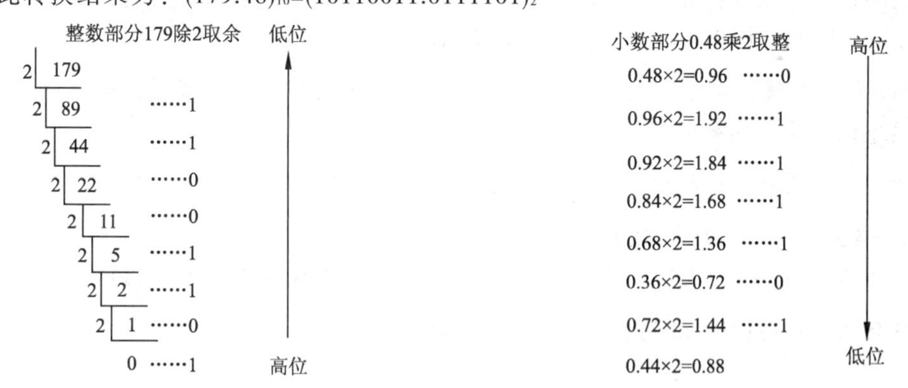

图 1-42　十进制整数转换为二进制过程　　图 1-43　十进制小数转换为二进制过程

注意：一个十进制整数可以精确转换为一个 *R* 进制整数，但是一个十进制小数不一定能够精确转换为一个 *R* 进制小数。

思考与讨论：①$(179.48)_{10}=(?)_8$；②$(179.48)_{10}=(?)_{16}$

2．其他 *R* 进制数转换为十进制数

非十进制数要转换为十制数，采用“位权法”。即把该非十进制数写成位权展开式，然后进行求和计算，就是转换成十进制数的结果。

【例 1-2】将$(5E.A7)_{16}$转换为十进制数。

解：$(5E.A7)_{16}=5\times16^1+14\times16^0+10\times16^{-1}+7\times16^{-2}=94.6523$（近似数）

思考与讨论：①$(127.4)_8=(?)_{10}$；②$(101.11)_2=(?)_{10}$

3．二进制数与八进制数或十六进制数之间的相互转换

因为 $2^3=8$, $2^4=16$, 说明任何一个八进制数码都能用唯一的三位二进制数表示，反之亦然；任何一个十六进制数码都能用唯一的四位二进制数表示，反之也亦然示。它们之间这种一一对应的关系，如表 1-1 所示。

表 1-1　常用数制的对应关系表

十进制	二进制	八进制	十六进制	十进制	二进制	八进制	十六进制
0	0	0	0	8	1000	10	8
1	1	1	1	9	1001	11	9
2	10	2	2	10	1010	12	A
3	11	3	3	11	1011	13	B
4	100	4	4	12	1100	14	C
5	101	5	5	13	1101	15	D
6	110	6	6	14	1110	16	E
7	111	7	7	15	1111	17	F

【例 1-3】将$(10110011.011110101)_2$转换为八进制数。

解：二进制数转换为八进制数的方法是：以小数点为中心，分别向着该二进制数的左右两边方向，按每三位划分成一组。对整数位数不足三位的在前面添 0 补齐三位；对小数位数不足三位的在后面添 0 补齐三位。最后将各组二进制数对应转换成八进制数即可。

$(10110011.011110101)_2=\underline{010}\ \underline{110}\ \underline{011}.\underline{011}\ \underline{110}\ \underline{101}=(263.365)_8$

说明：八进制数转换为二进制数的方法是：把 1 位八进制数码写成对应的 3 位二进制数，然后按顺序依次连接起来即可。

思考：十六进制数转换为二进制数的方法你可以想出来了吗？

【例 1-4】将$(1657.37)_8$转换为二进制数。

解：$(1657.37)_8$=1 6 5 7.3 7=$\underline{001}\ \underline{110}\ \underline{101}\ \underline{111}.\underline{011}\ \underline{111}=(001110101111.011111)_2$

思考与讨论：将$(2F9A.37)_{16}$转换为二进制数。

1.4.4　二进制的基本运算

二进制的运算有三种，即算术运算、逻辑运算和位运算，下面分别进行简单介绍。

1．算术运算

二进制数的算术运算包括：加、减、乘、除四则运算。

（1）二进制数的加法

根据“逢二进一”规则，二进制数加法的法则为：

$$0+0=0$$

$$0+1=1+0=1$$

$$1+1=0 \quad （进位为 1）$$

$$1+1+1=1 \quad （进位为 1）$$

例如：1010 和 1111 相加的过程如图 1-44 所示。

（2）二进制数的减法

根据“借一有二”的规则，二进制数减法的法则为：

$$0-0=0$$

$$1-1=0$$

$$1-0=1$$

$$0-1=1 \quad （借位为 1）$$

例如：1101 减去 1011 的过程如图 1-45 所示。

```
      1010   被加数
  +)  1111   加数
  ----------
     11001   和
```

图 1-44　二进制加法

```
      1101   被减数
  -)  1011   减数
  ----------
      0010   差
```

图 1-45　二进制减法

（3）二进制数的乘法

二进制数的乘法可仿照十进制数的乘法进行。由于二进制数只有两种可能数位码:0 或 1，因而二进制乘法比十进制乘法更简单。二进制数的乘法法则为：

$$0 \times 0=0$$

$$0 \times 1=1 \times 0=0$$

$$1 \times 1=1$$

例如：1011 和 1010 相乘的过程如图 1-46 所示。

（4）二进制数的除法

二进制数的除法运算与十进制数除法运算规则类似。即先从被除数最高位开始将被除数与除数比较：如果被除数大于除数，就商 1，并用被除数减去除数，得中间余数，否则商 0；再将被除数下一位数码补充到中间余数之末位，重复以上过程便可得到各位商数及最终余数。

例如：100110 ÷ 110 的过程如图 1-47 所示。

因此，100110 ÷ 110 = 110 余 10。

```
          1 0 1 1     被乘数
       ×) 1 0 1 0     乘数
       ----------
          0 0 0 0
        1 0 1 1       部分积
      0 0 0 0
    1 0 1 1
  --------------
  1 1 0 1 1 1 0       积
```

图 1-46　二进制数的乘法

```
          0 0 0 1 1 0      商
        ---------------
  1 1 0 ) 1 0 0 1 1 0
          1 1 0
        ---------------
          0 1 1 1
            1 1 0
        ---------------
              1 0          余数
```

图 1-47　二进制数的除法

2. 逻辑运算

二进制数的逻辑运算，包括逻辑加——“或”运算，逻辑乘——“与”运算，逻辑否定——“非”运算以及逻辑“异或”运算。

（1）逻辑“或”运算

即逻辑加运算，可以用“+”（或“∨”）符号表示。其运算规则为：

$$0+0=0（或 0\vee 0=0）$$
$$0+1=1（或 0\vee 1=1）$$
$$1+0=1（或 1\vee 0=1）$$
$$1+1=1（或 1\vee 1=1）$$

即两个进行“或”运算的逻辑变量中，只要有一个变量为1，“或”的运算结果就为1；仅当两个变量都取0时，或的运算结果才为0。在逻辑运算中，常用“0”和“1”分别表示逻辑真和逻辑假。在计算时首先应弄清楚是进行逻辑“或”运算，或是进行算术加法运算。

（2）逻辑“与”运算

又称逻辑乘运算，常用符号“×”（或“·”或“∧”）表示。其运算规则为：

$$0\times 0=0（或 0\cdot 0=0 或 0\wedge 0=0）$$
$$0\times 1=0（或 0\cdot 1=0 或 0\wedge 1=0）$$
$$1\times 0=0（或 1\cdot 0=0 或 1\wedge 0=0）$$
$$1\times 1=1（或 1\cdot 1=1 或 1\wedge 1=1）$$

即两个进行“与”运算的逻辑变量中，有一个为0的“与”运算结果都为0；仅当两个变量都取1时“与”的运算结果才是1。

（3）逻辑“非”运算

又称逻辑否定，即是将逻辑变量原来的值求反，其运算规则是：$\bar{0}=1$，$\bar{1}=0$。

即在变量上方加一横线表示“非”运算。且逻辑变量0的“非”运算为1；逻辑变量1的“非”运算为0。

（4）逻辑“异或”运算

“异或”运算常用符号“⊕”（或“∀”）来表示。运算规则为：

$$0\oplus 0=0 （或 0\forall 0=0）$$
$$0\oplus 1=1 （或 0\forall 1=1）$$
$$1\oplus 0=1 （或 1\forall 0=1）$$
$$1\oplus 1=0 （或 1\forall 1=0）$$

即当进行“异或”运算的两个逻辑变量取值相同时“异或”的结果为0；取值相异时“异或”的结果就为1。

1.5 计算机内部信息的存储与表示

计算机内部信息可以分成数据信息和控制信息两大类。

数据信息是计算机加工的对象，控制信息用于指挥计算机的操作，如图1-48所示。

在计算机内部，不管是数据信息或控制信息都是以二进制的方式存储或表示。

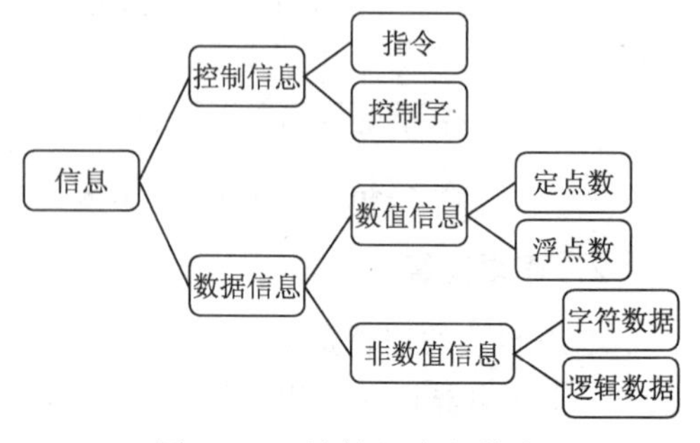

图1-48 计算机内部信息

1.5.1　计算机内部信息编码

1. 数值编码——BCD 码

在数字系统中，各种数据要转换为二进制数代码才能进行处理。但人们习惯使用十进制数，使得在系统输入/输出中仍然采用十进制数。为了有效解决“数字系统中的二进制数要求”与“人们习惯用十进制表示”的矛盾，用四位二进制数表示一位十进制数的 BCD 编码方法油然而生。

BCD 码（Binary Coded Decimal）可分为有权码和无权码两类：有权 BCD 码有 8421 码、5421 码和 2421 码，其中 8421 码最常用；无权 BCD 码有余 3 码及余 3 循环码等，如表 1-2 所示。

表 1-2　常见 BCD 编码对照表

十进制数	8421BCD 码	2421BCD 码	余 3 码
0	0000	0000	0011
1	0001	0001	0100
2	0010	0010	0101
3	0011	0011	0110
4	0100	0100	0111
5	0101	1011	1000
6	0110	1100	1001
7	0111	1101	1010
8	1000	1110	1011
9	1001	1111	1100

① 8421 码。8421 码是最基本和最常用的 BCD 码，它和四位自然二进制码相似，因为各位权值为 8、4、2、1，故称为有权 BCD 码。和四位自然二进制码不同的是，它只选用了四位二进制码中前 10 组代码，即用 0000～1001 分别代表它所对应的十进制数，余下的六组代码不用。

② 5421 码和 2421 码。5421 码和 2421 码均为有权 BCD 码，它们从高位到低位的权值分别为 5、4、2、1 和 2、4、2、1。这两种有权 BCD 码中，有的十进制数码存在两种加权方法：例如，5421 码中的数码 5，既可以用 1000 表示，也可以用 0101 表示；2421 码中的数码 6，既可以用 1100 表示，也可以用 0110 表示。这说明 5421 码和 2421 码的 BCD 编码方案都不唯一。表 1-2 中只列出了一种编码方案。

在表 1-2 的 2421 码的 10 个数码中，0 与 9、1 与 8、2 与 7、3 与 6、4 与 5 的代码对应位恰好一个是 0 时，另一个就是 1。称为互为反码。

③ 余 3 码。余 3 码是 8421 码的每个码组分别加 3（0011）形成的，常用于 BCD 码的运算电路中。

2. 字符编码

从计算机的诞生、发展到国际化的普及来看，字符编码的发展大致分为 ASCII、ANSI 编码（本地化）及 Unicode（国际化）三个阶段。

（1）ASCII 编码

ASCII 码（American Standard Code for Information Interchange，美国信息交换标准代码）

普遍用于微机及小型计算机中表示字符数据，被 ISO（国际化标准组织）采纳，是国际上通用的信息交换码，是现今最通用的单字节编码系统。ASCII 码由 7 位二进制数组成，表示 128 个字符数据，如表 1-3 所示。

表 1-3　ASCII　表

ASCII 值	控制字符	ASCII 值	控制字符	ASCII 值	控制字符	ASCII 值	控制字符
0	NUT	32	（space）	64	@	96	、
1	SOH	33	!	65	A	97	a
2	STX	34	”	66	B	98	b
3	ETX	35	#	67	C	99	c
4	EOT	36	$	68	D	100	d
5	ENQ	37	%	69	E	101	e
6	ACK	38	&	70	F	102	f
7	BEL	39	,	71	G	103	g
8	BS	40	(	72	H	104	h
9	HT	41	)	73	I	105	i
10	LF	42	*	74	J	106	j
11	VT	43	+	75	K	107	k
12	FF	44	,	76	L	108	l
13	CR	45	–	77	M	109	m
14	SO	46	.	78	N	110	n
15	SI	47	/	79	O	111	o
16	DLE	48	0	80	P	112	p
17	DCI	49	1	81	Q	113	q
18	DC2	50	2	82	R	114	r
19	DC3	51	3	83	X	115	s
20	DC4	52	4	84	T	116	t
21	NAK	53	5	85	U	117	u
22	SYN	54	6	86	V	118	v
23	TB	55	7	87	W	119	w
24	CAN	56	8	88	X	120	x
25	EM	57	9	89	Y	121	y
26	SUB	58	:	90	Z	122	z
27	ESC	59	;	91	[	123	{
28	FS	60	<	92	/	124	→
29	GS	61	=	93	]	125	}
30	RS	62	>	94	^	126	～
31	US	63	?	95	—	127	DEL

通过观察表 1-3，可得出 ASCII 码具有下列特点：

① 表中 0～31 及 127（共 33 个）是控制字符或通信专用字符，例如 LF（换行）、CR（回车）等。其他字符为可显示字符。

② 32 是空格，33～126 是字符。其中 48～57 为 0～9 十个阿拉伯数字，65～90 为 26 个大写英文字母，97～122 为 26 个小写英文字母。

③ 在 ASCII 字符编码中，最高位（b7）用作奇偶校验位。ASCII 码是 7 位编码，为便于处理，在 ASCII 码的最高位前增加 1 位 0 凑成 8 位，恰好一个字节。因此，一个字节可存储一个 ASCII 码，而一个 ASCII 码就是表示一个字符。

（2）ANSI 编码

ANSI（美国国家标准协会）编码是 ASCII 码扩展的一种，使用 8 比特来表示一个符号。8 比特（2^8=256）可以对 256 个字符进行编码。ANSI 码中开始的 128 个字符的编码和 ASCII 码定义一样，只是在最左边加了一个 0。例如，在 ASCII 编码中，字符“a”用 1100001 表示，而在 ANSI 编码中，则用 01100001 表示。

在 ANSI 编码中，除了 ASCII 码表示的 128 个字符外，另外的 128 个符号表示如版权符号、英镑符号、希腊字符等。

除了 ANSI 编码外世界上还存在着另外一些对 ASCII 码进行扩展的编码方案，例如编码中文、日文及韩文字符等编码方案。这些编码方案的使用导致了编码的混淆和不兼容性。

（3）EBCDIC 码

EBCDIC 码（Extended Binary Coded Decimal Interchange Code，扩展的二-十进制交换码）是 IBM 研制的为 IBM 大型机使用的 8 位字符编码。一个字符的 EBCDIC 码占用 1 字节，用 8 位二进制码表示信息，一共可以表示 256 种字符。

3．汉字编码

（1）Unicode 编码

Unicode 编码为 1988 年研究的一种替换 ASCII 码的编码。针对 ASCII 码的 7 位编码，Unicode 采用 16 位编码（每个字符需要 2 字节），使得 Unicode 的字符编码范围从 0000h～FFFFh 可以表示 65 536 个不同字符。

Unicode 编码中，开始的 128 个字符编码 0000h～007Fh 与 ASCII 码字符一致，并且中、日、韩三种文字占用了 0x3000～0x9FFF 的位置。Unicode 兼顾了已存在的编码方案，并有足够的扩展空间。Unicode 还适合于软件的本地化，即可以针对特定的国家修改软件。目前，Unicode 编码在 Internet 中有着较为广泛的使用，Microsoft 和 Apple 公司的操作系统均支持 Unicode 编码。

Unicode 目前普遍采用的是 UCS-2 规范，对汉字支持不太理想。现在使用的简体和繁体汉字有六七万个，而 UCS-2 最多能表示 65 536 个（六万多个），所以 Unicode 需要排除一些相对不常用的汉字。为了能表示所有汉字，Unicode 也有 UCS-4 规范，就是用 4 个字节来编码字符。

（2）国家标准汉字编码（GB 2312—1980）

1980 年，为了使每个汉字有一个全国统一的代码，我国颁布了第一个汉字编码的国家标准：GB 2312—1980《信息交换用汉字编码字符集　基本集》，这个字符集是我国中文信息处理技术的发展基础，也是目前国内所有汉字系统的统一标准。简称国标码。

GB 2312—1980 标准含有 6 763 个汉字，其中一级汉字（最常用）3 755 个，按汉语拼音顺序排列；二级汉字 3 008 个，按部首和笔画排列；另外还包括 682 个西文字符、图符。GB 2312—1980 标准将汉字分成 94 个区，每个区又包含 94 个位，每位存放一个汉字，因此人们经常将国标码称为区位码。例如汉字“岛”在 21 区 26 位，其区位码是 2126。

为了保持国际上的通用性和兼容性，汉字编码不能脱离国际标准的 ASCII 码，但由于 7 位的 ASCII 码最多只能够表示 128 个（7 位二进制数）不同的字符，而且已经被英文字符占用了，因此 GB 2312—1980 的国家标准采用了扩充编码的办法，使用 2 字节（16 位二进制数）表示一个汉字的编码。同时，由于 7 位的 ASCII 码最高位为“0”，为了与 ASCII 码区别，GB 2312—1980 标准中的两个字节的最高位均为“1”。按照这样的编码规则的编码通常称为汉字的国际码或机内码，是汉字信息在计算机内部进行存储、交换、检索等操作的代码。

（3）其他汉字编码

除了国标码之外还有其他一些汉字编码方案。例如，我国台湾省就使用 Big5 汉字编码方案。这种编码不同于国标码，因此在双方交流中需要汉字内码的转换。现在虽然推出了许多支持多内码的汉字操作系统平台，但是全球汉字信息编码的标准化在社会发展进程中越发凸显其重要性。

1.5.2 计算机中数值的表示

有符号数值型数据由符号及具体数字组成，表示为数量，用于算术运算操作中。例如，学生计算机期末统考成绩就是一个数值型数据，通常我们要将它与平时上机实验成绩、课堂表现成绩及网络自主学习成绩等按一定权重比例进行综合成绩的算术计算操作。那么计算机中数字信息是怎样表示的呢？

1. 定点数和浮点数的概念

计算机中数值型数据有两种表示方法：定点数和浮点数表示。所谓定点数就是指，在计算机中数的小数点的位置相对保持不变。定点数有定点小数和定点整数两种。定点小数的小数点被定位在数据最高位的左边，即是小于 1 的纯小数。定点整数的小数点被固定在数据最低位的右边，即定点整数表示的是纯整数。因此定点数所表示的数的范围较小。

扩展计算机中数值型数据表示范围的有效方法是采用浮点数表示。例如，可将 123.456 表示为 0.123456×10^3，其中 0.123456 称为尾数，10 称为基数，3 称为阶码。若改变阶码数值的大小，就相当于改变了实际数据小数点的位置。把这种数据称为浮点数。在浮点数的表示中，基数是固定不变的，尾数就是按照定点小数规则，阶码按照定点整数规则。

计算机中一切有符号的定点数还是浮点数都有正负之分。在表示数据的符号时，对于单符号位，通常用“0”或“1”分别表示负号或正号；对双符号位而言，用“00”或“11”分别表示负号或正号。通常，符号位都处于数据的最高位。

2. 定点数的表示

在计算机中表示一个定点数常用的码制有三种：分别是原码、反码和补码。但我们应知道，不论采用什么码制表示数据，数据本身的值都不会变化，我们把数据本身的值称为真值。下面分别讨论原码、反码和补码的表示方法。

（1）原码

原码的表示规则是：真值为正数的最高位用 0 表示，其他位保持不变；真值为负数的最高位用 1 表示，其他位保持不变。

【例 1-5】写出十进制 10 与 - 10 的原码（取 8 位码长）。

解：因为十进制 10（按 8421 规则）转换成二进制码是$(1010)_2$，所以 10 的原码是 00001010，-10 的原码是 10001010。

采用原码表示整数的优点是转换简单，只需根据整数的正负号将其二进制数的最高位写成 0 或 1 即可。但是原码表示的整数在做加减运算时符号位不能参与运算，而且因为整数 0 可以写成+0 和-0，所以其原码也有两种表示：+0 的原码是 00000000，-0 的原码是 10000000。

（2）反码

反码的表示规则是：真值为正数的最高位用 0 表示，其他位保持不变；真值为负数的最高位用 1 表示，其他位按数码求反（即“0”取反是“1”，反之亦然）。

【例 1-6】写出 10 和 - 10 的反码（取 8 位码长）。

解：因为 10=$(1010)_2$，所以 10 的反码是 00001010，-10 的反码是 11110101。

在采用反码的码制运算中，虽然符号位可作为数值参与运算，但其计算结果仍需要根据符号位进行调整。并且 0 的反码同样也有+0 的反码是 00000000，-0 的反码是 11111111 的两种表示方法。

为了弥补原码和反码的缺点，人们又引入了真值的补码表示法。

（3）补码

补码的表示规则为：真值为正数的最高位用 0 表示，其他位保持不变；真值为负数的最高位用 1 表示，其他位按数码求反再加 1。

引入补码后，真值的减法运算可以转化成加法运算来进行。现在的计算机一般都采用补码表示定点数。

【例 1-7】写出 10 和 - 10 的补码（取 8 位码长）。

解：因为 10=$(1010)_2$，所以 10 的补码是 00001010，-10 的补码是 11110110。

补码的符号可作为数值参与运算，且计算后不需要再按符号位进行调整。并且 0 的补码表示也是唯一的 00000000。

3．浮点数表示法

在使用浮点数表示数值型数据时，原则上任一数均可通过改变其阶码，使其小数点发生移动，从而将同一个数用不同的浮点数形式表示。例如，十进制数 123.456 可以写成：……、$10^{-2}\times12345.6$、$10^{-1}\times1234.56$、$10^{0}\times123.456$、$10^{1}\times12.3456$、$10^{2}\times1.23456$……实际上浮点数的表示法类似于科学计数法。下面给出表示二进制浮点数 N 的一般形式：

$$N=2^{E}\times D$$

其中，D 称为尾数，E 称为阶码。

小　结

本章用通俗易懂的语言以微型计算机的结构为主线，重点对计算机的基础知识做了较详细的介绍。

通过学习本章，读者可以了解到计算机的发展与应用，计算机的主要特点以及在人类生活中的具体应用；还可以学习到计算机的组成结构及所具有的性能指标，计算机的工作原理及计算机数据的表示和运算过程；还可以了解到微型计算机硬件系统和软件系统的组成。

第 2 章 Windows 7 操作系统

学习目标：

1. 了解操作系统概念、分类和作用，理解操作系统对计算机系统的组成及管理的重要意义。

2. 熟练掌握 Windows 操作系统中具有普适性的知识及操作技能：

（1）Windows 桌面及任务栏。

（2）图标、命令及按钮。

（3）文件及文件夹的管理。

（4）Windows 窗口及对话框。

（5）控制面板。

3. 掌握 Windows 操作系统的设置及维护。

4. 掌握 Windows 操作系统的一些高级实用工具。

2.1 操作系统概述

现代计算机系统由硬件和软件两部分组成。操作系统（Operating System，OS）是管理和控制计算机资源的计算机程序集合，是计算机硬件与应用软件之间的纽带和桥梁，也是用户和计算机之间的接口。计算机的启动和工作，任何应用软件的安装和执行，都离不开操作系统的支持。没有操作系统的计算机称为“裸机”。

2.1.1 操作系统的概念

操作系统是对计算机硬件系统的首次扩充，是配置在计算机硬件上的第一层软件。操作系统是计算机软件系统的核心，其他诸如编译程序、汇编程序、数据库管理系统等系统软件，以及几乎所有的应用软件都必须在操作系统的支持下才能使用。操作系统与计算机硬件、及其他系统软件和各种应用程序之间的层次关系，如图 2-1 所示。

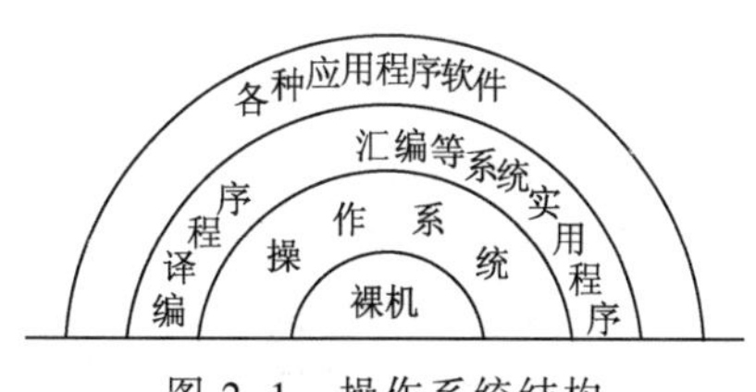

图 2-1 操作系统结构

2.1.2 操作系统的作用

操作系统的作用是调度、分配和管理所有的硬件系统设备和软件系统，使其统一协调地按照用户实际操作需求运行。其主要作用体现在如下两方面：

1．管理好计算机资源

操作系统要合理地组织计算机的工作流程，使硬件与硬件之间、软件和硬件之间、用户和计算机之间，以及系统软件和应用软件之间的信息传输和处理流程畅通无阻，使整个计算机系统时刻得到有效管理，从而使有限的系统资源发挥更大的作用。

2．为用户使用计算机带来方便

操作系统通过内部极其复杂的综合处理，为用户提供友好、直观、便捷的操作界面。使用户无须对计算机硬件或系统软件的有关细节进行了解，就能很好地操作计算机。

2.1.3　操作系统的功能

操作系统对整个计算机系统具有以下五大管理功能:

1．作业管理

包括任务、界面管理、人机交互、图形界面、语音控制和虚拟现实等。

（1）作业的概念

用户在一个事务处理过程中要求计算机系统所做的工作的集合称为作业。作业由程序、数据及作业说明书等组成。

（2）作业状态

① 提交状态：处于提交状态的作业，其信息正在进入系统。

② 后备状态：当作业的全部信息进入外存后，系统就为该作业建立一个作业控制块（JCB）。

③ 执行状态：一个后备作业被作业调度程序选中，并分配了必要的资源进入内存，作业调度程序同时为其建立了相应的进程后，该作业就由后备状态变成了执行状态。

④ 完成状态：当作业正常运行结束，它所占用的资源未全部被系统回收时的状态。

2．文件管理

在计算机系统中，总是把一切信息以文件形式存储在文件存储器（主要指外部存储器）中供用户使用。操作系统对文件资源的管理称为文件管理，又称信息管理。文件管理的主要任务是管理好用户文件和系统文件，同时保证所有文件的安全性。文件管理包括以下内容：

（1）目录管理

为了管理好整个文件资源，并方便用户找到所需文件，通常由系统为每一文件在文件存储器中建立一个目录项，文件的存储包括文件名、属性及存放位置等。目录管理的任务是为每一文件建立目录项，同时对每个目录项按树状结构加以有效的组织，以方便用户按名存取。

（2）文件存储空间管理

文件存储空间管理的任务是为新建文件分配存储空间，为文件被删除后释放所占用的存储空间。以便提高文件系统的工作速度和文件存储空间的利用率。

（3）文件读/写管理

文件系统根据用户提供的文件名从文件目录中去查找，得到文件存储的位置，然后利用文件读/写函数对文件进行读/写操作。文件读/写管理是文件管理中最基本的功能。

（4）文件存取控制

在文件系统中建立文件存取保护机制，以便防止文件被非法窃取或破坏，从而有效保证文件系统的安全性。

3. 存储管理

存储管理的主要任务是：为用户程序分配内存，以保证各个程序的内存存储区互不冲突。当某个用户程序的运行导致系统提供的内存不足时，便即时提供给用户比实际内存更大的虚拟内存，从而保证用户程序的顺利执行。因此，存储管理包括以下几个方面的内容：

（1）内存分配

主要任务是为每个程序分配内存空间，提高内存利用率。根据正在运行的程序数据动态增长的需要，提供附加的内存空间，在作业结束时将所占用的内存空间收回。

（2）地址映射

在编制程序的时候，每个程序动态装入内存，使用的是逻辑地址（从 0 开始），操作系统必须将逻辑地址变换成内存中真实的物理地址，这一转换称为地址映射。

（3）内存的保护

对于存储分配和地址转换的程序，都要通过操作数地址检查它是否在被分配到的存储空间之内，以便决定是否允许访问这个地址，从而保证每道程序都在自己的内存空间运行。

（4）虚拟内存

操作系统使用硬盘为用户提供了一个比实际内存更大的内存空间。在计算机运行过程中，将当前使用的程序保留在内存中，其他暂时不用的存放在外存中，操作系统根据需要灵活进行内外存的交换。

虚拟内存的最大容量与 CPU 的寻址能力有关。一般设置虚拟内存为 DRAM（Dynamic Random Access Memory，动态随机存储器）的 1.5 倍。

图 2-2 所示为笔者使用的笔记本式计算机 Windows 7 系统中虚拟内存的情况。它把 C 盘的一部分硬盘空间模拟成内存。

操作提示：

打开【虚拟内存】对话框的方法：右击【计算机】→选择【属性】→【高级系统设置】→【高级】选项卡→【性能】区域的【设置】按钮→【高级】选项卡→【更改】按钮，在此可以自定义虚拟内存的大小。

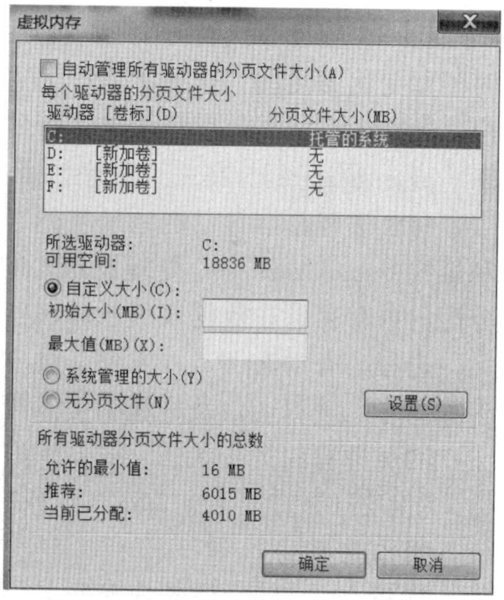

图 2-2 【虚拟内存】对话框

4. 设备管理

设备管理的主要任务是为用户提供外围设备使用服务，提高设备利用率。

（1）设备驱动程序

设备驱动程序是操作系统管理和驱动设备的程序，用户使用设备之前，该设备必须安装驱动程序才能使用。设备驱动程序与生产设备的厂家以及设备类型紧密相关。因此，操作系统的一个重要任务是：提供一套设备驱动程序的标准框架，由硬件厂商根据标准编写设备驱动程序并随同设备一起提交给用户。对于现在的个人计算机操作系统，在安装时一般都会自动检测设备并安装相关的设备驱动程序，给用户带来了很大的方便。

（2）即插即用

所谓即插即用（Plug and Play，PnP）就是指把设备连接到计算机后无须手动配置就可以立即使用。即插即用技术是指操作系统能自动检测到设备并自动安装驱动程序。至 1995 年以后生产的大多数设备都是支持即插即用的。

（3）集中管理

在 Windows 中，通过设备管理器和控制面板对设备进行集中统一的管理。

（4）提高使用效率

现代操作系统通过缓冲技术提高外围设备和 CPU 以及各种外围设备之间的工作的并行性。

① 缓冲区。缓冲区是一个介于设备与应用程序之间传递数据的内存区域，提供给不同速度的设备之间数据传递。

② 高速缓存。高速缓存是一种先将数据复制到速度较快的内存中再访问的技术。高速缓存的访问速度比一般内存快很多。为提高 I/O 性能，有时将高速缓存当缓冲区来使用。

5．进程管理

在单道程序系统中，任一时刻只允许一个程序在系统中执行，正在执行的程序控制了整个系统的资源，一个程序执行结束后才能执行下一个程序。后来的操作系统都允许同时有多个程序被加载到内存中执行，这样的操作系统称为多道程序系统。

进程（process）是多道程序系统出现后，为了刻画系统内部出现的动态情况，描述系统内部各道程序的活动规律引进的一个概念，所有多道程序设计操作系统都建立在进程的基础上。

（1）进程的概念

就一个程序和执行一个程序的活动来看，前者是一个静态的指令集，而后者是一个随着时间而变化的活动，这种活动称为进程。进程是系统进行资源分配和调度运行的一个独立单位，是程序在一个数据集合上运行的过程。一个进程包含了活动的当前状态，称此为进程状态（process state）。在一个程序执行的不同时间可以观察到不同的进程状态。

每个进程都有自己的地址空间，一般包括文本区域（text region）、数据区域（data region）和堆栈（stack region）。处理器执行的代码存储在文本区域；变量和进程执行期间使用的动态分配的内存存储在数据区域；堆栈区域存储着活动过程调用的指令和本地变量。

进程具有动态性、并发性、独立性和异步性等特征。CPU 提供了进程管理、进程控制、进程同步、进程通信及进程调度等管理功能。

（2）进程的运行状态

【例 2-1】打开【Windows 任务管理器】窗口，观察应用程序进程运行状态。

操作提示：

打开【Windows 任务管理器】的方法：按【Ctrl+Alt+Del】组合键→启动【任务管理器】。

在 Word 及 Excel 应用程序启动之前打开【Windows 任务管理器】窗口，显然在【应用程序】选项卡和【进程】选项卡的列表中都没有显示 Word 及 Excel 应用程序项；现在启动 Word 及 Excel 应用程序，再次观察【Windows 任务管理器】窗口就会发现，在【应用程序】选项卡和【进程】选项卡中增加了列表内容，增加的部分正好是执行的应用程序以及相应的进程。观察结果如图 2-3 所示。

（3）线程

线程是进程内一个相对独立的执行单元。线程是为了更好地实现并发处理、共享资源和提高 CPU 的利用率，由进程进一步细分得来。线程又被称为轻量级进程，用于呈现进程内的执行，是操作系统分配 CPU 时间的基本单位。一个进程可以有多个线程且共享地址空间和资源。

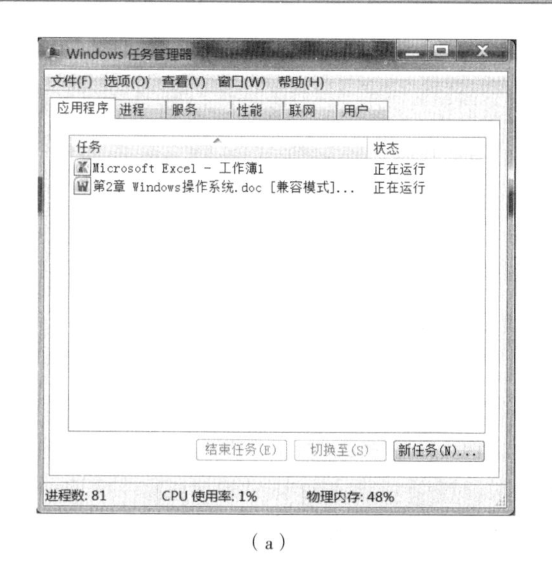

(a)

(b)

图 2-3 “应用程序”与“进程”选项卡

2.1.4 操作系统的分类

操作系统按操作环境和功能特征分为 3 种基本类型：批处理系统、分时系统和实时系统。随着计算机体系结构的发展，又出现了嵌入式操作系统、分布式操作系统和网络操作系统。

1. 批处理系统

批处理系统（Batch Processing System）的工作方式是：用户将作业交给系统操作员，系统操作员将许多用户的作业组成一批作业，输入到计算机中，在系统中形成一个自动的作业流，经过操作系统自动并依次执行每个作业，最后由操作员将作业结果交给用户。

批处理操作系统的特点是：用户脱机使用计算机，操作方便；成批处理，提高了 CPU 利用率。它的缺点是无交互性。即用户一旦将程序提交给系统后就失去了对它的控制能力。

2. 分时系统

分时系统（Time Sharing System）是指一台主机连接了若干个终端，每个终端作为一个独立的用户在使用。为使一个 CPU 为多道程序服务，将 CPU 划分为很小的时间片，采用循环轮转方式将这些 CPU 时间片分配给排队队列中等待处理的每个程序。由于时间片划分得很短，循环执行得很快，使得每个程序都能得到了 CPU 的响应，好像在独享 CPU。分时操作系统的主要特点是允许多个用户同时运行多个程序，每个程序都是独立操作、独立运行、互不干涉。现代通用操作系统中都采用了分时处理技术，UNIX 就是一个典型的分时操作系统。常见的通用操作系统是分时系统与批处理系统的结合，其原则是：分时优先，批处理在后。

3. 实时操作系统

实时操作系统（Real Time Operating System）分为实时控制系统和实时处理系统。所谓实时就是要求系统及时响应外部条件的要求，在规定的时间内完成处理，并控制所有实时设备和实时任务协调一致地运行。实时操作系统要求对外部请求在严格时间范围内做出反应，有高可靠性和完整性。其主要特点是资源的分配和调度首先要考虑实时性然后才是效率。

4. 嵌入式操作系统

嵌入式操作系统（Embedded Operating System）是指用于嵌入式系统的操作系统。是对整个嵌入式系统以及它所操作、控制的各种部件装置等资源进行统一协调、调度、指挥和控制的操作系统。嵌入式操作系统具有通用操作系统的基本特点，能够有效管理复杂的系统资源。嵌入式操作系统在系统实时高效性、硬件的相关依赖性、软件固态化以及应用的专用性等方面具有突出的特点。目前嵌入式操作系统广泛应用于工业过程控制、通信、仪器仪表、汽车船舶、航空航天、军事装备及消费类产品等领域。

5. 网络操作系统

网络操作系统（Network Operating System）是基于计算机网络的操作系统。它的功能包括网络管理、通信、安全、资源共享和各种网络应用。网络操作系统的目标是用户可以突破地理条件的限制，方便地使用远程计算机资源，实现网络环境下计算机之间的通信和资源共享。其主要特点是与网络的硬件相结合来完成网络的通信任务。例如，Windows NT、UNIX 和 Linux 都是网络操作系统。

6. 分布式操作系统

分布式操作系统（Distributed Operating System）是指通过网络将大量计算机连接在一起，以获取极高的运算能力、广泛的数据共享以及实现分散资源管理等功能为目的的一种操作系统。它的优点是：分布性、可靠性及并行处理。

2.1.5 个人计算机常用操作系统

1. DOS 操作系统

DOS（Disk Operating System，磁盘操作系统）是微软公司早期开发，面向 PC 的单用户单任务的磁盘操作系统。它以命令行形式显示，靠输入命令来进行人机对话，并通过命令把指令传给计算机，让计算机执行用户的操作。

DOS 操作系统主要使用在早期个人计算机上。1995 年微软公司开发了 Windows 操作系统。虽然 Windows 操作平台采用图形用户界面，使操作直观且简单易学，特别受用户的欢迎而逐渐成为主流的操作系统，但基于 DOS 的命令行方式仍在后台担负着至关重要的计算机系统的维护工作。

【例 2-2】 在 Windows 7 操作系统下，体验并观察 DOS 操作系统。

操作提示：

启动 DOS 操作系统运行状态的方法有如下几种：

- 【开始】→【所有程序】→【附件】→【命令提示符】。
- 【开始】→【所有程序】→【附件】→【运行】→输入“cmd”并按【Enter】键确认。
- 【Win+R】→输入“cmd”并按【Enter】键确认。
- 按住【Shift】键，右击某文件夹图标，在弹出的快捷菜单中选择【在此处打开命令窗口】命令。

2. UNIX 操作系统

UNIX 是一个强大的多用户、多任务操作系统。UNIX 具有较好的可移植性，可以运行于不同的计算机上；具有较好的可靠性和安全性；支持多种处理器架构，按照操作系统的分类，属于分时操作系统。缺点：缺乏统一的标准，应用程序不够丰富，不易学习，使其应用受到了一定的限制。

3. Linux 操作系统

Linux 操作系统是一种自由和开放源码的类 UNIX 操作系统。Linux 可安装在各种计算机硬件设备中，比如手机、平板电脑、路由器、视频游戏控制台、台式计算机、大型机和超级计算机。支持多用户、多任务、多进程和多 CPU 工作。具有良好的字符界面和图形界面。

4. Windows 操作系统

Window 操作系统是微软公司开发的图形用户界面操作系统，使用最为广泛。随着计算机软硬件不断升级，Windows 操作系统从 16 位、升级到 32 位，再升级到现在普遍应用的 64 位。在 Windows 操作系统发展历史进程中，产生过较大影响的有 Windows 95、Windows 98、Windows 2000 及 Windows XP，目前 PC 用户使用最广泛的是 Windows 7 操作系统及 Windows 10 操作系统。

本书将着重介绍 Windows 7 操作系统，它具有性能高、启动快、兼容性强等很多特性和优点。它提高了屏幕触控支持和手写识别，支持虚拟硬盘，改善多内核处理器，改善开机速度和内核改进等优点。

2.2 Windows 7 的基本操作技能

2.2.1 鼠标与键盘的操作

1. 菜单

菜单体现了 Windows 界面的友好支持，Windows 命令一般都包含在菜单中。Windows 菜单类型可分为 4 种：【开始】菜单、弹出式菜单、快捷菜单和控制菜单。

（1）【开始】菜单

【开始】菜单是指单击 Windows 桌面左下角的【开始】按钮弹出的菜单，此内容将在 2.2.4 节中详细说明。

（2）弹出式菜单

弹出式菜单是指窗口菜单栏中对应的每个子菜单。

（3）快捷菜单

快捷菜单是指用鼠标右击某对象所弹出的菜单。快捷菜单的内容根据鼠标右击的对象不同而不同。在 Windows 系统及应用软件操作中，右击不同的对象都可以弹出基于该对象的快捷菜单。充分使用快捷菜单可大大简化操作过程。

（4）控制菜单

控制菜单是每个应用程序都具有的独一无二的菜单。打开控制菜单的方法是：

用鼠标单击应用程序窗口标题栏最左边的图标；或用鼠标右击标题栏上任何地方。

【例 2-3】 启动 Word 应用程序，打开其控制菜单。

操作提示：

在 Windows 7 下，打开 Word 2010 控制菜单的操作方法是：

【开始】→【应用程序】→【Microsoft Office】→【Microsoft Word 2010】，单击左上角的W图标，如图 2-4 所示。

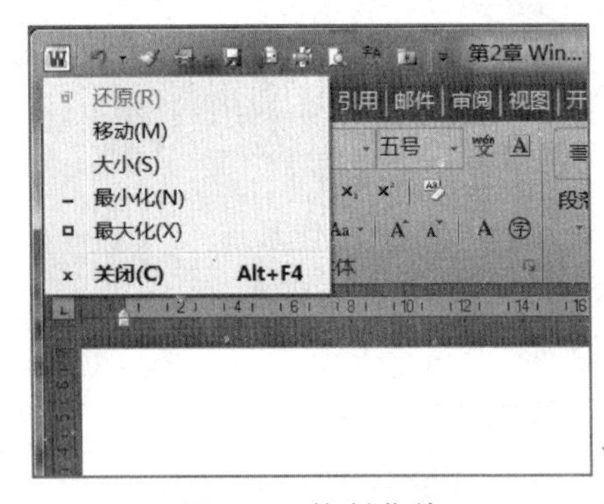

图 2-4 控制菜单

2. 鼠标的操作

常见的鼠标有左右两个按键和中间一个滚轮。其常用功能、操作方法及术语如下：

① 单击：按下鼠标左键后立即释放。

② 右击：按下鼠标右键后立即释放。当鼠标指向某个对象后右击，通常会弹出有关这个对象操作的快捷菜单。目前没有右键双击的用法。

③ 双击：快速地进行两次单击操作。

④ 指向：在不按鼠标按键的情况下，移动鼠标指针到某个对象上。"指向"操作主要使用在两个方面：一是打开菜单；二是突出显示，当用鼠标指针指向某些按钮时会显示该按钮的操作提示或功能。特别强调，在 Windows 7 操作系统中，当鼠标指针指向任务栏上已打开的程序图标时，还会出现该程序所有打开的窗口预览缩略图，这是 Windows 7 的一个新功能。

⑤ 滚动：指中间滚轮的应用。

操作试验：

- 启动浏览器或打开一个多页文档的应用程序，滚动鼠标，页面发生了什么变化？
- 启动浏览器或打开一个应用程序，按住【Ctrl】键的同时滚动鼠标，页面发生了什么变化？

结论：不按住【Ctrl】键的同时滚动鼠标，可使页面上下翻页；按住【Ctrl】键的同时滚动鼠标，可改变页面的显示比例大小。

【例 2-4】思考与观察验证操作结果：

- 打开 Windows 7【开始】菜单，用鼠标指针指向菜单项右边的"▸"图标时，所指菜单项会有何变化?结果如图 2-5 所示。

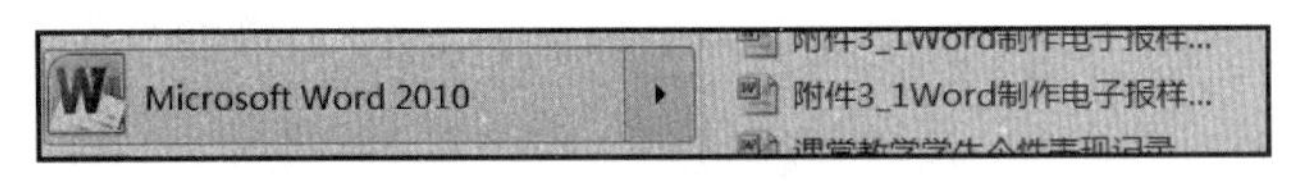

图 2-5 鼠标指向"▸"按钮

- 当鼠标指针指向 Windows 7【开始】按钮时，有什么提示信息再现？结果如图 2-6 所示。
- 当鼠标指针指向 Windows 7 任务栏上已打开的程序图标时，会出现什么呢？结果如图 2-7 所示；此时当鼠标指针进一步指向窗口缩略图，又有怎样的结果呢？

图 2-6 鼠标指向【开始】按钮

图 2-7 鼠标指向 Windows 7 任务栏上已打开的 Word 程序图标

⑥ 拖动：指将光标指向某个对象上，按住鼠标按键的同时移动鼠标指针，将对象置于新的位置。拖动前要先把鼠标指针指向想要拖动的对象上，再拖动，到达目标位置后松开鼠标按键。除特别说明外，拖动时按住的都是鼠标左键。

拖动体验：在执行“拖动”操作时，如果同时按住【Ctrl】键或【Shift】键，鼠标指针会发生什么变化并产生什么样的结果呢？

3. 键盘的操作

键盘操作主要有输入操作和命令操作两种形式：输入操作主要向计算机输入文字、数据等信息；命令操作主要是向计算机发布命令，让计算机执行指定的操作。命令操作由系统能够识别的键盘命令快捷键完成，用得最多的键盘命令形式是“键名 1 + 键名 2”，如【Ctrl + C】，表示按住【Ctrl】键不放的同时再按【C】键，然后同时释放这两个键。Windows 7 中常用的快捷键如表 2-1～表 2-3 所示。

表 2-1　Windows 7 键盘命令通用快捷键

快捷键（菜单操作）	功　　能
【Alt + Tab】	在当前打开的各窗口之间进行切换
【Win+ F】	在任何状态下，快速弹出搜索窗口
【Win+D】	将打开的所有窗口最小化
【Win+Tab】	将打开的窗口呈 3D 模式显示（Windows 7 Basic 和 Windows 经典主题无此功能）
【Win+→】(←、↑、↓)	活动窗口呈 1/2 宽度大小与桌面右对齐（左对齐、最大化覆盖桌面、最小化）
【Win+R】	在任何状态下打开【运行】对话框
【Win+E】	在任何状态下，快速打开资源管理器
【Alt + Space】	打开当前程序窗口控制菜单
【PrtSc】	复制当前屏幕图像到剪贴板
【Alt + PrtSc】	复制当前窗口或其他对象到剪贴板
【Alt + F4】	关闭当前窗口或退出应用程序
【Ctrl + Esc】	打开【开始】菜单
【Ctrl+Alt+Del】	打开【启动任务管理器】窗口，用于结束任务、终止进程
【Shift + F10】	弹出选中对象的快捷菜单
【F10】或【Alt】	激活菜单栏，进一步在键盘上按出现的数字或字母执行相关命令和操作
【Alt】+ 菜单栏上带下画线的字母	打开相应的菜单
【F1】	显示被选中对象的帮助信息

表 2-2　菜单通用快捷键

快捷键（对象操作）	功　　能
【Ctrl + A】	选中所有的显示对象
【Ctrl + X】	剪切选中的对象
【Ctrl + C】	复制选中的对象
【Ctrl + V】	粘贴对象

续表

快捷键（对象操作）	功　　能
【Ctrl + Z】	撤销对象
【Ctrl + Home】	回到文件或窗口的顶部
【Ctrl + End】	回到文件或窗口的底部
【Del】或【Delete】	删除选中的对象

表 2-3　【计算机】或【Windows 资源管理器】中常用的快捷键

快　捷　键	功　　能
在拖动文件或文件夹时按住【Ctrl】键	复制文件或文件夹
拖动文件或文件夹时按【Ctrl + Shift】组合键	创建文件或文件夹的快捷方式
【Shift + Delete】	删除一个对象而不放到回收站中
【F2】	重新命名对象
【F3】	打开“查找：所有文件”窗口
【F4】	打开“地址栏”下拉式列表
【F5】	刷新当前窗口
【Ctrl + A】	选取当前窗口的所有对象
【Alt + Enter】	显示选定对象的属性窗口
【Backspace】	切换到当前文件夹的上一级

2.2.2　Windows 的启动和退出

1．Windows 的启动

当计算机成功地安装 Windows 操作系统后，启动计算机时也将自动启动 Windows 操作系统。启动计算机之前要先将一切硬件的电源线、数据线等正确连接在各自的端口上。

启动计算机的顺序是：先打开外围设备电源开关（如显示器等），再打开主机箱电源。

计算机启动后，一般会首先出现系统登录界面。图 2-8 所示为 Windows 7 的登录界面。

图 2-8　Windows 7 登录界面

如果设定了用户名和密码，需要选定用户名并输入密码，才能进一步启动。系统缺省的用户名是系统管理员身份 Administrator，以后系统管理员用户根据需要有权限添加或删除其他用户名。系统启动成功后进入 Windows 桌面状态。

知识拓展：计算机后台启动的流程，可分为下列步骤：

① 计算机开机启动 BIOS（Basic Input Output System）进行 BIOS 自检。

② 通过自检 BIOS 找到硬盘主引导记录 MBR（Master Boot Record）。

③ MBR 开始读取硬盘分区表 DPT（Disk Partition Table），找到活动分区，并进一步找到该分区中的分区引导记录 PBR，并把控制权交给 PBR。

④ PBR 搜索活动分区中的启动管理器 bootmgr（Boot Manager 的缩写），找到后把控制权交给 bootmgr。

⑤ bootmgr 寻找活动分区中 BOOT 文件夹中的 BCD 文件。

⑥ 找到 BCD 后，bootmgr 首先从 BCD 中读取启动管理器 bootmgr 菜单语言版本信息，再调用 bootmgr 与相应语言组成的启动菜单，之后在显示器上显示多操作系统选择画面。

⑦ 如果安装的操作系统不止一个而且系统设置的等待时间不是 0，那么屏幕就显示多个操作系统的选择界面。否则直接进入 Windows 7 系统。

⑧ 选择 Windows 7 系统后，bootmgr 就会读取 BCD 里 Windows 7 系统所在盘里的 windows\system32\winload.exe 文件，并且将控制权交给 winload.exe。

⑨ winload.exe 加载 Windows 7 内核、硬件及服务等，之后加载桌面等信息，从而启动整个 Windows 7 系统。

上面过程可以概括为：

BIOS→MBR→DPT→PBR→bootmgr→BCD→系统选择界面→选择 Windows 7→ winload.exe→内核加载等→启动整个 Windows 7 系统。

2. Windows 的关闭

Windows 不同版本之间关机方法大同小异。下面以 Windows 7 为例介绍其关机操作方法：【开始】→【关机】，操作结果是关闭计算机。

若展开【关机】按钮右边的【▶】图标，将出现图 2-9（a）所示的下级菜单；若激活 Windows 桌面后按【Alt+F4】组合键，将弹出图 2-9（b）所示的“关闭 Windows”对话框。

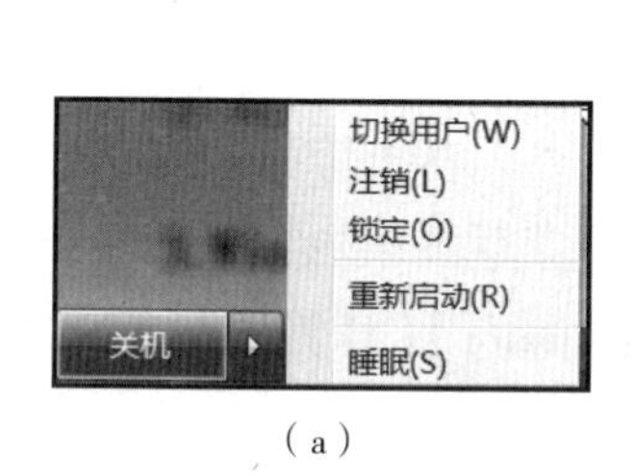

（a）

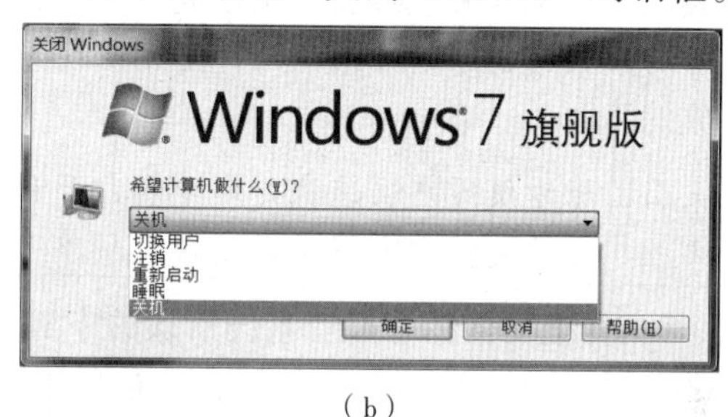

（b）

图 2-9　Windows 7 关机对话框及菜单项

“关闭 Windows”对话框中各个操作选项的功能简述如下：

（1）【切换用户】：就是用户可以使用其他账户登录，原用户使用机器的状态被保留。当用户重新切换回原用户时，可以继承上次登录的状态进行操作。

（2）【注销】：注销后，当前用户的操作状态被关闭。

（3）【锁定】：当用户需要临时离开本机时，锁屏是个好习惯，以防本机被其他人使用。锁定后，需要用户名和登录密码才能解锁。

（4）【重新启动】：又叫热启动。关闭操作系统但不关闭电源，然后重新启动操作系统。

（5）【睡眠】：把当前操作系统的状态保存在内存中，除内存电源外，切断本机所有其他电源。启动时，从内存读取保存的系统状态，直接恢复使用。

2.2.3　Windows 桌面

桌面是指计算机开机后操作系统运行到正常状态下显示的画面。桌面是用户和计算机交互的窗口。Windows 各版本的桌面设计几乎都一样，主要由背景、图标和任务栏等几部分组成。Windows 7 桌面如图 2-10 所示。

图 2-10　Windows 7 桌面

1. 桌面图标的含义

桌面图标由图片和说明文字两个部分组成，图片一般标识图标所表示对象的类别，文字描述图标所表示的对象含义。桌面上用不同的图标分别标识文件、文件夹、程序、快捷方式和其他项目等对象。当鼠标指针指向图标上稍等片刻，将会出现对图标所表示内容的说明或显示文件存放的路径。

说明：桌面图标方便用户快速执行命令和打开程序文件。双击图标可以启动对应的应用程序、打开文档、文件夹；右击图标通过快捷菜单可以打开对象的属性操作菜单。

Windows 7 桌面上的图标一般有系统默认的【Administrator】【计算机】【回收站】【网络】【Internet Explorer】及各种应用程序图标，其含义如表 2-4 所示。

表 2-4　Windows 7 默认图标含义

图　标	图标含义
	用于管理【我的文档】【我的音乐】【下载】【我的视频】等各种类型的文件夹资源，它是系统默认的文档保存位置
	实现对计算机硬盘驱动器、文件夹和文件的管理，还实现对照相机、扫描仪、摄像头及其他硬件的管理
	暂时存放用户删除的文件及文件夹等内容。当回收站中信息还没被清空时，被删除的对象可从回收站中还原
	提供公用网络和本地网络属性，在其窗口中用户可查看工作组中的计算机，查看网络位置和添加网络位置等工作
	用于浏览互联网上的信息，双击该图标可以访问网络资源

2. 桌面图标的创建

使用桌面图标的目的，就是给用户打开应用程序带来方便。桌面上的图标除了系统默认的以外，用户也可自行创建，Windows 桌面实质上就是一个特殊的文件夹。

创建桌面图标方法较多，下面以 Windows 7 桌面为例给出一些常用方法：

① 用户将文件或文件夹直接保存或复制在桌面上。

② 用户安装应用软件时选择【创建桌面快捷方式】复选框创建。

③ 鼠标指针指向某一文件夹中的某一对象（文件、文件夹或其他）并右击，在弹出的快捷菜单中选择【发送到】→【桌面快捷方式】命令，即可创建该对象的桌面快捷图标。操作过程如图 2-11 所示。

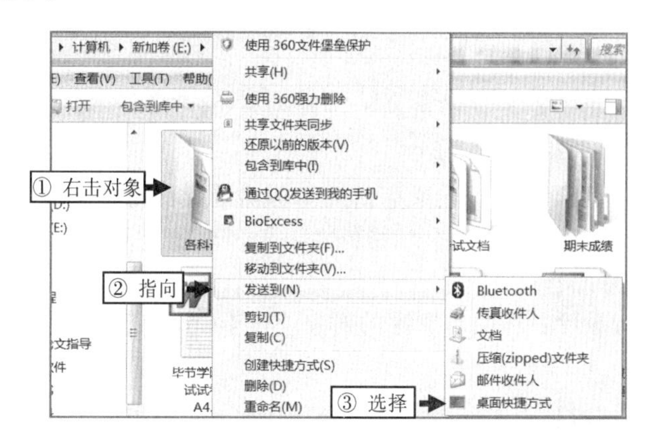

图 2-11　用【发送到】命令创建桌面快捷方式

④ 右击桌面空白处，在弹出的快捷菜单中选择【新建】命令。可在桌面创建文件夹、快捷方式以及许多类型的文件。

说明：快捷方式是 Windows 提供的一种快速启动程序、打开文件或文件夹的方法。它是应用程序的快速连接。快捷方式的扩展名一般为*.lnk。

3. Windows 桌面图标的管理和使用

要使 Windows 桌面保持简洁美观，需要用户随时对 Windows 桌面图标进行查看、排列及删除等处理。下面以 Windows 7 桌面为例分别介绍其处理方法：

（1）桌面图标的查看

桌面图标【查看】命令组位于桌面快捷菜单的顶部，其作用主要是改变桌面图标的显示方式。

【查看】命令组中的所有命令项分为两部分：第一部分由【大图标】【中图标】【小图标】组成一个单选组（只能单选），选定的一项前面用“•”表示；第二部分按多选组（可以同时选中多项）方式显示，被选中的项前面用“✓”表示。

（2）桌面图标的排列

桌面图标【排列方式】命令组的作用主要是改变桌面图标的排列方式。可以按【名称】【大小】【项目类型】【修改日期】四种方式排列。

（3）桌面图标的删除

在 Windows 操作系统中，对文件、文件夹等对象的删除有两种方法：一种是将要删除的对象移动到【回收站】文件夹中。【回收站】中存在的对象随时都可以还原到删除之前的文件夹位置；另一种是将要删除的对象永久地从磁盘中删掉而不是仅仅移动到【回收站】内，采用这种方式删除了的对象将永远不能够恢复。

将桌面图标删除到【回收站】内，有多种常规的方法，下面分别列出：

① 用快捷菜单的【删除】命令删除：鼠标指针指向要删除的图标并右击，在弹出的快捷菜单中选择【删除】命令，弹出图 2-12 所示的【删除】对话框。根据提示，如果单击【是】按钮，该图标就从原位置消失并被移动到回收站内；如果单击【否】按钮，就放弃删除操作的执行。

图 2-12 逻辑删除对话框

② 按【Delete】键删除：鼠标选中桌面上待删除的图标，按【Delete】键后，弹出图 2-12 所示的【删除】对话框，后续操作方法同上。

③ 直接用鼠标拖动到回收站：将鼠标指向待删除的桌面图标上，并按下鼠标左键不放拖动该图标到【回收站】图标上，此时鼠标指针左下角出现的提示信息应为“移动到回收站”，释放鼠标左键，完成删除操作。

④ 使用键盘快捷键删除：选中要删除的对象，按【Ctrl+D】组合键，选中的对象就被删除到【回收站】内。

说明：如果要将桌面图标永久删除，可以按照以下操作进行：

先按住【Shift】键不放，再严格按照上述各种【删除】操作执行；如果删除对象已经被删除到【回收站】，只需清空【回收站】即可。

特别强调：上述对桌面图标的各种删除操作，对计算机硬盘上任意文件夹内的文件或文件夹对象的删除完全通用；但对 U 盘及存储卡等移动磁盘上的对象，只能进行永久性的删除。在执行永久性删除操作时请谨慎考虑，因为永久性删除后的对象将无法再恢复。

（4）设置屏幕分辨率和刷新率

显示分辨率，即屏幕分辨率，就是屏幕上显示的像素个数。例如，分辨率 1 366×768：表示水平像素为 1 366 个，垂直像素为 768 个。分辨率越高，像素的数目越多，感应到的图像越精密。在屏幕尺寸一样的条件下，分辨率越高，显示效果越好。刚安装的操作系统都会自动为显示器设置正确的分辨率。我们可以检查或更改当前屏幕的分辨率设置。

Windows 7 桌面“屏幕分辨率”的设置方法是：

右击桌面空白处→【屏幕分辨率】→在【分辨率】下拉列表中查看并选择当前显示器所支持的分辨率，完成操作。

刷新率就是刷新屏幕画面每秒的次数，刷新率越高，显示的图像稳定性就越好。对于液晶显示器，刷新率一般保持在 60 Hz 即可。但对于一些动画类或 3D 游戏类作品而言，需要适当提高刷新率，才能满足其最高帧频的播放质量要求。

设置刷新率的操作方法是：

右击桌面空白处→【屏幕分辨率】→【高级设置】→【通用即插即用监视器属性】→【监视器】选项卡，在【屏幕刷新频率】下拉列表中选择最高刷新频率数值即可。

（5）小工具的应用

Windows 7 桌面【小工具】是新增的特色功能。【小工具】对话框中提供了许多非常适用的小工具，小工具中的相关数据会随着计算机系统而保持更新。如 CPU 仪表盘、幻灯片放映、日历、时钟等。

打开【小工具】的方法是：右击桌面空白处→【小工具】。

（6）个性化设置

Windows 7 桌面的【个性化】也是新增的特色功能。在【个性化】对话框中可以分别进行【更改桌面图标】【更改鼠标指针】【更改账户图片】的相关设置。

打开【个性化】对话框的方法是：右击桌面空白处→【个性化】。

2.2.4 【开始】菜单

【开始】菜单是应用程序的入口，同时方便用户启动各种应用程序。【开始】菜单是一个以多级管理为基础的树状程序组结构。Windows 7【开始】菜单如图 2-13 所示。

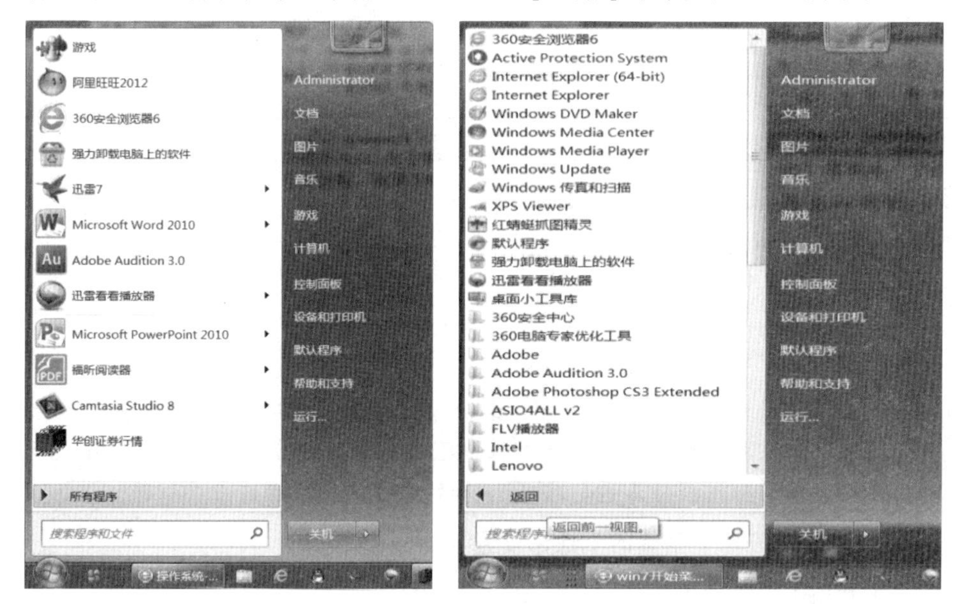

图 2-13　Windows 7【开始】菜单

1.【开始】菜单的组成

【开始】菜单可看成由左、右两大窗格组成。

左边的大窗格分为【所有程序】和【返回】两种显示状态，【所有程序】窗格显示计算机上程序的短列表；【返回】窗格显示计算机上程序的完整列表。单击左边窗格中的一个程序便可打开该程序，同时【开始】菜单也随之关闭。如果要打开的程序没有出现，可单击窗格底部的【所有程序】按钮，窗格被切换到【返回】的程序长列表显示状态，并按字母顺序排列显示程序，后面跟一些文件夹列表。当鼠标指向一个具体的程序上时，还会出现关于程序描述的提示信息。

【开始】菜单中的程序列表会随着用户对计算机不同软件的应用而发生变化。当安装新应用程序时，一般会在【所有程序】列表中添加相应的程序项。“开始”菜单也会检查用户最常使用的程序，并将其添加在【所有程序】状态左边窗格中，以方便用户访问。

【开始】菜单除了提供左边窗格为方便用户打开程序以外，还包括【搜索】框和右边的许多项目，其功能和用途如表 2-5 所示。

表 2-5　Windows 7 系统【开始】菜单主要功能列表

项 目 名 称	用　　途
【搜索程序和文件】搜索框	在计算机中搜索指定的程序和文件
【Administrator】	打开个人文件夹。其中包括【文档】【音乐】等
【文档】	访问信函、报告、便笺及其他类型的文档
【图片】	查看和组织数字图片
【音乐】	播放音乐和其他音频文件
【游戏】	在计算机上运行和管理游戏
【计算机】	查看连接到计算机的磁盘驱动器和其他硬件
【控制面板】	更改计算机设置并自定义其功能
【设备和打印机】	查看和管理设备、打印机及打印作业
【帮助和支持】	查找帮助主题、教程、疑难解答和其他支持服务
【运行】	打开程序、文件夹、文档或网络

【例 2-5】体验【搜索程序和文件】搜索框的使用。

操作提示：

在【搜索程序和文件】搜索框中输入“cmd”，观察“开始”菜单的变化，当按【Enter】键确定后发生事件的结果。再分别输入“Winword.exe”“Excel.exe”“PowerPoint”“计算器”“画图”“写字板”“记事本”“录音机”“截图工具”，并一一按【Enter】键确定进行验证。

结论：当在【搜索程序和文件】搜索框中输入搜索的关键字时，【开始】菜单左边窗格将出现搜索结果，如果搜索的关键字是计算机中已正确安装的应用程序时，将在“开始”菜单左边窗格顶部显示其应用程序名称，按【Enter】键确认将启动该应用程序。

2．Windows 7【开始】菜单的个性化设置

（1）从【开始】菜单列表中删除最近使用的程序

在使用 Windows 7 的过程中，系统会自动按使用频次在【开始】菜单中列出最近经常访问的应用程序，目的是方便用户快速打开文件。但有时我们不希望系统对个别程序进行记忆，此时我们可以将不想保留的应用程序从“开始”菜单列表中删除。具体方法是：

在【开始】菜单中，在不想保留的应用程序名称上右击，在弹出的快捷菜单中选择【从列表中删除】命令。

如图 2-14 所示。这样系统就将当前应用程序从列表中删除了。

（2）设置最近打开过的程序或项目

在“任务栏和『开始』菜单属性”对话框中，选择【『开始』菜单】选项卡，在【隐私】设置里，可以选择是否存储最近打开过的程序和项目。这两个功能默认为勾选（见图 2-15），所以我们一般都可以从 Windows 7 开始菜单中看到最近使用过的程序和项目。如果不想在【开始】菜单中显示，可以在【『开始』菜单】选项卡中取消相关的勾选设置。

打开“任务栏和『开始』菜单属性”对话框的方法是：

光标指向“开始”菜单图标【　】（或指向任务栏任意空白处）右击，在弹出的快捷菜单中选择【属性】命令，弹出图 2-15 所示的对话框。

图 2-14　从列表中删除最近使用的程序

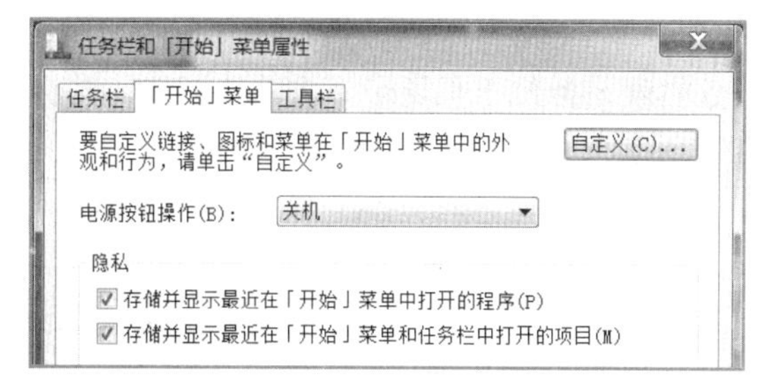

图 2-15　设置最近打开过的程序或项目

（3）其他个性化设置

要想定制一个属于自己的 Windows 7"开始"菜单是完全可以的。通常的操作方法是：在图 2-15 所示对话框中，选择【『开始』菜单】选项卡→【自定义】，弹出【自定义『开始』菜单】对话框，在其中进行相应设置即可。比如设置显示什么，不显示什么和显示方式等。

如果想恢复初始设置，单击【自定义】→【使用默认设置】按钮，可以一键还原所有原始设置。

【例 2-6】体验将【开始】菜单按如下要求个性化：

取消【运行】复选框；将【游戏】从【显示为链接】改成【显示为菜单】；将【音乐】从【显示为链接】改成【不显示此项目】；将【任务栏和『开始』菜单属性】的【『开始』菜单】选项卡中【电源按钮操作】设置为【睡眠】。

说明：本例只是让读者体验一下【开始】菜单的【自定义】设置，体验后请恢复其默认设置。

操作提示：

在【自定义『开始』菜单】对话框中根据要求更改这些设置即可。更改结果如图 2-16 所示。

经过上面的设置后，再打开【开始】菜单进行观察。如图 2-17 所示，发现菜单中的【音乐】和【运行】都不见了，【游戏】变成了【菜单】显示，电源按钮的初始选项变为【睡眠】。显然这些变化与我们的设置正好一一吻合。

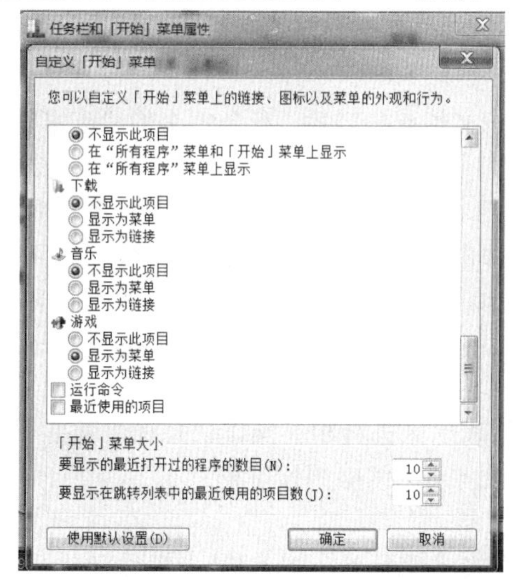

图 2-16　更改【开始】菜单的一些项目

图 2-17　自定义后的【开始】菜单

2.2.5 任务栏

任务栏就是指位于桌面最下方的小长条，主要由【开始】菜单、快速启动栏、应用程序区、语言选项和任务栏通知区域（或称“托盘区”）组成，其组成结构如图 2-18 所示。

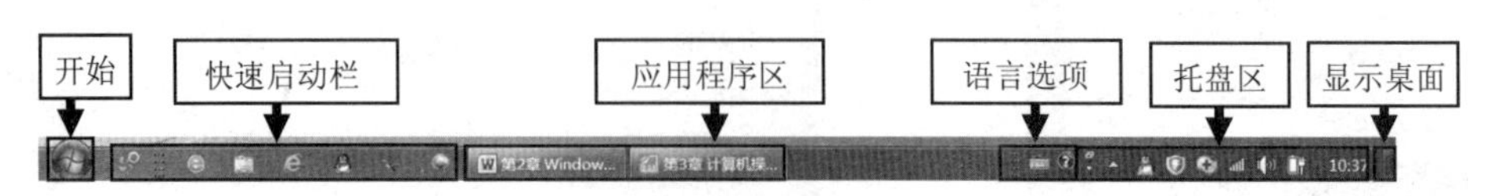

图 2-18　Windows 7 任务栏组成结构

1. 任务栏的组成

（1）快速启动栏

等同于桌面快捷方式。可以在不显示桌面的情况下单击快速启动栏中的图标即可启动该应用程序。

① 添加应用程序到快速启动栏的操作方法是：

对桌面上或“开始”菜单内的某个程序图标右击，在弹出的快捷菜单中选择【锁定到任务栏】命令，该程序就被添加到任务栏上的快速启动栏。

② “订书钉”功能：对快速启动栏上的图标右击，弹出的快捷菜单如图 2-19 所示，该快捷菜单分两部分，上部为“已固定”，下部为“最近”。处于“已固定”位置的程序项将被固定于此位置不变。若将鼠标指向图 2-19 中某命令上，右边将出现一个“订书钉”图标，单击它可将此命令锁定到“已固定”区，或从“已固定”区中解锁出来。

图 2-19　“订书钉”功能

特别强调：为了方便快速打开经常使用的文档，常将其应用程序添加到快速启动栏，并将该文档使用“订书钉”功能固定在“已固定”位置。需要打开该文档时，只需右击快速启动栏上该应用程序图标，单击该文档即可打开。

（2）应用程序区

在 Windows 7 中，当用户打开一个应用程序、文档或窗口后，任务栏上的“应用程序区”内就会出现一个相应名称的按钮，如果要切换窗口，只需单击代表该窗口的按钮，在关闭一个窗口之后，其按钮也将从任务栏上消失；当鼠标指向应用程序区的按钮上时将并排显示出该类程序的缩略预览框，此时鼠标再指向某个程序的缩略预览框，该程序就放大成全屏预览，一旦鼠标离开该程序的缩略预览框，程序的缩略预览窗口就马上消失；当鼠标指向应用程序区的某个文档按钮上并右击，将弹出最近打开过的此程序的所有文档，从而方便用户快速打开同一程序的其他文档。

【例 2-7】打开几个应用程序或文档，在应用程序区进行相关操作，并观察屏幕变化。

① 指向应用程序区出现的名称，并进一步指向某个缩略图预览框。

② 单击应用程序区出现的名称切换程序或文档。

③ 按【Alt+Tab】组合键；按住【Alt】键不放的情况下，按【Tab】键后又放开，照此多操作几次看看屏幕显示结果。

④ 按住【Win】键不放的情况下，分别按【Tab】键几次，再长按【Tab】键。

结论：按【Alt+Tab】组合键，屏幕出现打开的文档及桌面缩略图；按住【Alt】键不放，每按一次【Tab】键将按顺序依次切换显示一个打开了的应用程序；按住【Win】键不放的情况下按下【Tab】键，屏幕切换到以桌面为背景的打开的应用程序的 3D 模式缩略图，并且每按一下【Tab】键，3D 模式缩略图依次按从左到右的顺序滚动显示一次。

（3）语言选项

用于显示中文/英文输入法图标。Windows 系统一般自带有微软拼音输入法、智能 ABC 输入法及郑码输入法，其他输入法一般需用户自行添加或安装。用户也可将不用的输入法删除。

添加或删除输入法的方法是：

右击语言选项图标【】→单击【设置】按钮，弹出【文本服务和输入语言】对话框→【常规】选项卡：单击【添加】按钮可添加新的输入法；选定某一输入法，单击【删除】按钮可将该输入法从语言选项中删除；单击【上移】或【下移】按钮可调整输入法的排列顺序。

（4）系统托盘区

显示系统当前运行的应用程序。例如，网络连接情况，电池使用情况（笔记本或装有 UPS 的计算机），音量控制图标以及时间日期等信息。

（5）快速显示桌面

无论当前处于任何应用程序窗口状态，只要鼠标指向图 2-18 所示的“显示桌面”区域内，显示画面就同时动态切换到 Windows 桌面。当鼠标指针移出该区域，显示画面又还原到原来的显示状态。单击“显示桌面”区域，当前显示状态就切换到 Windows 桌面。

2. 自定义任务栏

用户还可以根据自己的习惯需要设置任务栏的相关属性和位置。

右击任务栏空白位置或【开始】菜单，在弹出的快捷菜单中选择【属性】命令，选择【任务栏】选项卡，弹出图 2-20 所示的对话框。

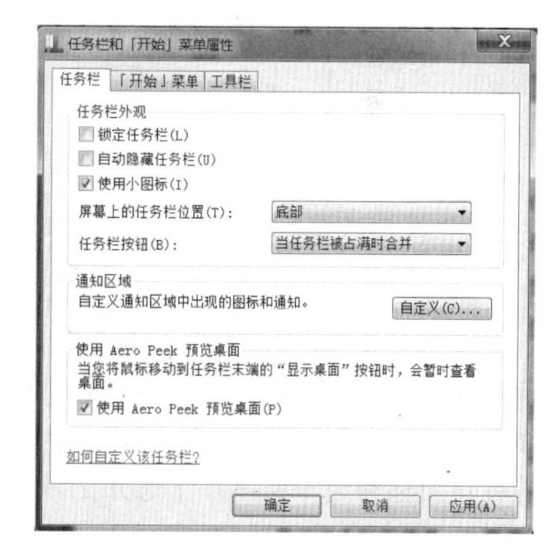

图 2-20　Windows 7 任务栏属性对话框

下面对该对话框的有关自定义设置进行说明：

（1）锁定任务栏

若选择【锁定任务栏】复选框，并单击【确定】按钮，任务栏就被锁定，用户不能改变到其他位置。否则，将鼠标指向任务栏空白处拖动，可将任务栏随意拖放到桌面的上、下、左、右等某一位置处。

（2）自动隐藏任务栏

若选择【自动隐藏任务栏】复选框，并单击【确定】按钮，则任务栏将自动隐藏起来，除非将鼠标指向任务栏所在位置任意处，被隐藏的任务栏才显示出来。

（3）使用小图标

若选择【使用小图标】复选框，并单击【确定】按钮，任务栏中的图标就变小了。

（4）屏幕上的任务栏位置

单击“屏幕上的任务栏位置”右边的下拉按钮【】，出现图 2-21 所示的任务栏位置下拉列表，可将【任务栏】放置于桌面的底部、左部、右部或顶部任一位置。

（5）任务栏按钮

这是针对打开的多个程序文件，设置其文件名在应用程序区的视图方式显示模式。有三种选择方式，如图 2-22 所示。

图 2-21　任务栏位置

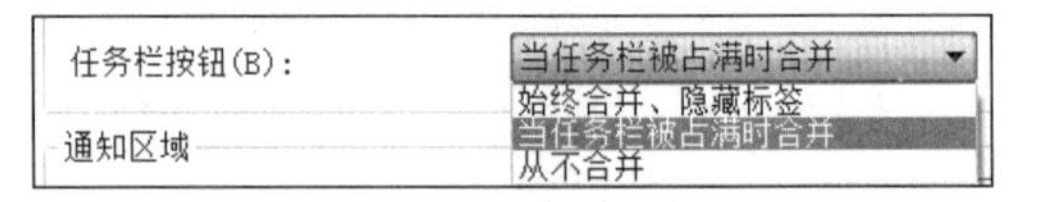

图 2-22　任务栏按钮

① 当任务栏被占满时合并：意指当打开的文件较多，各文件名称排列突破应用程序区区域时，就按同种文件进行合并，占一个显示位置。

② 始终合并、隐藏标签：不管打开的文件数量，在应用程序区内将同种文件合并成一个，并将文件名称隐藏，只显示出文件图标。

③ 从不合并：无论打开了多少个文件，从不进行同种文件的合并显示。

（6）使用 AeroPeek 预览桌面

这是 Windows 7“显示桌面”功能的开关。

（7）【自定义】按钮

单击【任务栏】选项卡中的【自定义】按钮，弹出【通知区域图标】窗口，如图 2-23 所示。

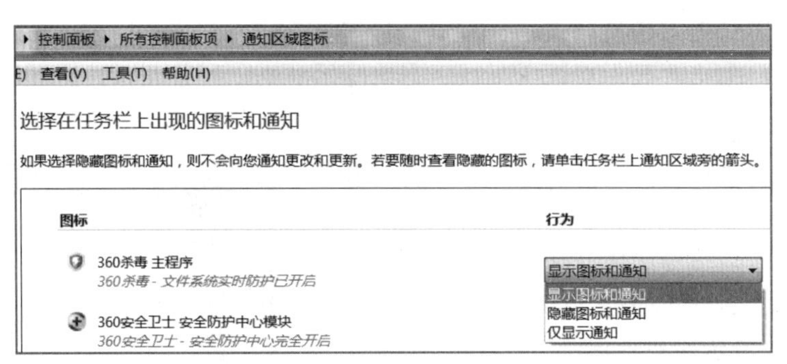

图 2-23　“通知区域图标”窗口

这是对任务栏上“通知区域”内各个图标的设置，每个程序图标在其下拉列表中都有【显示图标和通知】【隐藏图标和通知】【仅显示通知】三种选择方式。如果选择【显示图标和通知】选项，该程序图标和通知就在【通知区域】内显示；如果选择【隐藏图标和通知】选项，该程序图标和通知就不在【通知区域】内显示；如果选择【仅显示通知】选项，该程序仅在【通知区域】内显示通知。

2.2.6　Windows 窗口及对话框

Windows 是图形界面的操作系统，界面由不同的窗口及对话框组成。

1. 窗口

Windows 7 窗口一般由标题栏、地址栏、菜单栏、工具栏、搜索栏、滚动条等部分构成。如图 2-24 所示。

图 2-24　Windows 7 窗口

（1）移动窗口

将鼠标指向窗口的标题栏并拖动，可将窗口移动到目标位置；要精确移动窗口，可以右击标题栏，在弹出的快捷菜单中选择【移动】命令，当屏幕上出现双向十字箭头“✥”时，再通过键盘上的方向键来移动，到合适的位置后单击或按【Enter】键确认。

（2）最小化/还原窗口

单击标题栏右侧的【最小化】按钮，窗口最小化成仅在任务栏应用程序区中显示该窗口对应的按钮。在任务栏中单击该按钮又可将其还原。

（3）排列窗口

当同时打开多个窗口时，有时因为操作需要，可以将窗口按层叠、堆叠或并排三种方式排列显示。操作方法是：鼠标指向任务栏空白处右击，弹出图 2-25 所示的快捷菜单，从中选择其中一种排列方式即可。

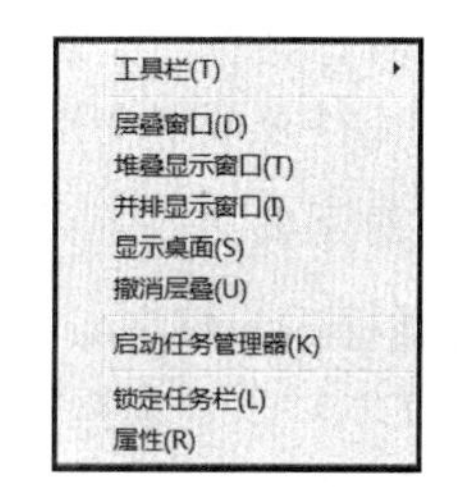

图 2-25　任务栏上排列窗口功能

（4）最大化/还原窗口

【最大化】窗口是指将窗口充满整个桌面，可通过单击标题栏右侧的【最大化】按钮实现。当窗口被最大化后，【最大化】按钮变成【向下还原】按钮，再单击该按钮又可还原成原来窗口的大小。

（5）改变窗口尺寸

当窗口处于非最大化时，若将鼠标光标移到窗口边框或角的位置上，鼠标指针会变成双向箭头“↔”“↕”或“↗”，按下鼠标左键并拖动，即可改变窗口的尺寸。

（6）窗口菜单

① 窗口菜单的打开和关闭。Windows 应用程序窗口一般都有菜单栏。菜单栏一般都包含【文件】【编辑】【帮助】等菜单。可以通过单击或者使用快捷键选择各个菜单及命令；鼠标在菜单栏外任意位置单击，或按【Esc】键即可关闭菜单。

② 窗口菜单的标记及含义。表 2-6 给出了常用窗口菜单标记及其含义。

表 2-6　常用的窗口菜单标记及含义

窗口菜单标记	含　义
带省略号“…”	选择该类命令会弹出对话框，通常要求用户输入某种信息或改变某些设置
带三角标记“▶”	该类命令表示有下级子菜单（又称级联菜单），当鼠标指针指向该命令时，就会自动弹出它的下级子菜单

续表

窗口菜单标记	含　　义
菜单分组线	有些菜单中的命令被用直线分隔成几组。一般按照命令的功能来分组，功能相关或相近的命令分为一组
带圆点“•”	“•”表示该命令目前是打开的。表示单选命令组中被选中的命令，该组中的命令必须并且只能单选。
带对勾“✓”	“✓”表示该命令当前被选中。该组中的命令可以有多个被选中
“灰色”与“深色”	灰色的命令表示当前条件下该命令不能使用；深色的命令表示当前可以使用
菜单名称（字母）	如“工具（T）”，表示可按【Alt+T】组合键打开
命令名（字母）	如“刷新（R）”，表示在该菜单被打开状态下按【R】键可执行该命令

（7）关闭窗口

关闭窗口的操作方法有如下几种：

① 单击窗口标题栏右侧的【关闭】按钮 。

② 按【Alt + F4】组合键。

③ 双击控制菜单图标。

④ 单击控制菜单图标或右击菜单栏任意空白处，在弹出的控制菜单中选择【关闭】命令。

⑤ 选择【文件】→【退出】或【关闭】（关闭文档）命令。

⑥ 右击任务栏上窗口对应的按钮，在弹出的快捷菜单中选择【关闭窗口】或【关闭所有窗口】（打开多个文档）命令。

2. 对话框

对话框用于用户与计算机系统之间更方便地进行信息交流。对话框一般含有标题栏、选项卡、文本框、列表框、按钮、单选按钮、复选框及微调框等部分，对话框的基本组成结构如图2-26所示。

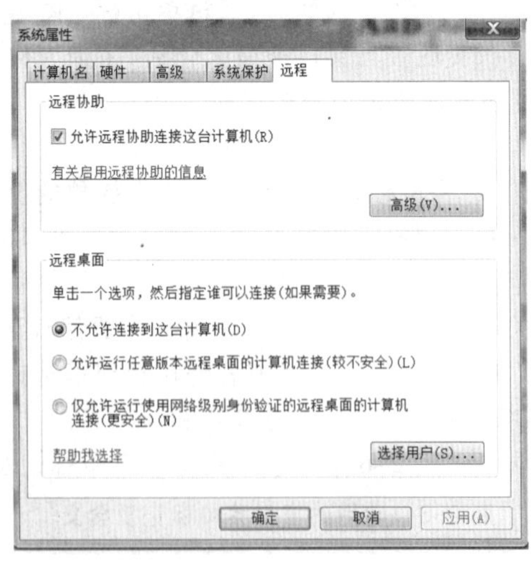

图2-26　对话框组成

对话框没有【最大化】和【最小化】按钮，一般不能改变大小。对话框中一些常见元素如表2-7所示。

表 2-7　对话框中常见元素

对话框元素	含义及操作说明	对话框示意图说明
标题栏	位于对话框最上方，左侧是对话框名称，右侧是关闭按钮	任务栏和「开始」菜单属性
选项卡及标签	单击标签可切换到相应选项卡	计算机名 硬件 高级 系统保护 远程
复选框	可选中一个或多个选项	存储并显示最近在「开始」菜单中打开的程序(P) 存储并显示最近在「开始」菜单和任务栏中打开的项目(M)
单选按钮组	必须并且只能选中一个单选按钮	不允许连接到这台计算机(D) 允许运行任意版本远程桌面的计算机连接(较不安全)(L) 仅允许运行使用网络级别身份验证的远程桌面的计算机连接(更安全)(N)
按钮	要求计算机执行某一操作	确定 取消 应用(A)
列表框	可移动滚动条进行设置	高级设置： 文件和文件夹 登录时还原上一个文件夹窗口 键入列表视图时 在视图中选择键入项 自动键入到“搜索”框中 使用复选框以选择项 使用共享向导(推荐)
组合框	可输入文本，也可从下拉列表中选择	Winword.exe Winword.exe regsvr32 Quartz.dll e:\java
调节滑块	可调节中间“滑块”更改设置	光标闪烁速度(B) 无 快
微调框	可输入文本或调节右边小箭头设置数据	0:15:10
预览框	供用户观察设置的预览效果	预览 微软卓越 AaBbCc 这是一种 TrueType 字体，同时适用于屏幕和打印机。
文本框	输入文本内容	短日期：2014/3/11 长日期：2014年3月11日
命令按钮（带“…”）	单击该按钮将弹出一个新的对话框	其他设置(D)...

注意：在图 2-26 中，【确定】按钮表示对当前对话框新的设置生效；【取消】按钮表示对当前对话框的设置放弃；【应用】按钮表示对当前对话框新的设置立即生效但又不关闭当前对话框。

2.3　资源管理器

2.3.1　资源管理器的使用

所谓【Windows 资源管理器】就是用于显示用户的文件或文件夹的一个容器。“资源管理器”是 Windows 系统中重要的文件管理工具，能同时显示文件夹和文件列表，可以更方便地实现浏览、查看、移动和复制文件或文件夹等操作。微软对 Windows 7 资源管理器赋予了更多新颖有趣的功能，下面以 Windows 7 资源管理器为例进行介绍。

1. 启动 Windows 资源管理器窗口

资源管理器窗口其实就是“计算机”窗口，它与其他文件夹窗口通用。因此，启动 Windows 资源管理器可等同于打开任何一个文件夹窗口，其方法之多没必要赘述。其窗口如图 2-27 所示。

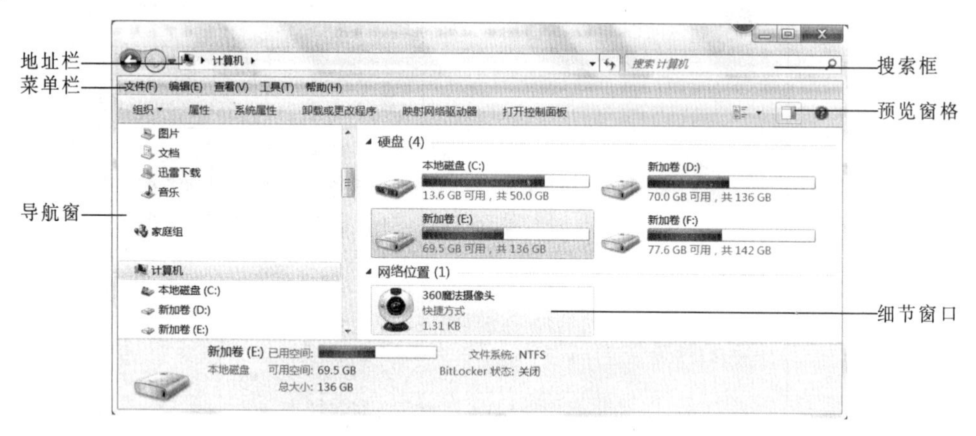

图 2-27 Windows 7 资源管理器

资源管理器窗口的工作区一般分成左右两部分：左窗格是导航窗，右窗格是细节窗。左窗格显示计算机资源的组织结构；右窗格显示左窗格中选定对象所包含的内容。

2. 资源管理器窗口的组成

（1）地址栏

Windows 7 默认的地址栏采用【按钮】逐层表示文件夹目标地址。地址栏前面仅用【前进】和【后退】按钮。【前进】按钮表示用户向前展开新的文件夹，细节窗中将同步显示出文件夹的内容；【后退】按钮操作表示对【前进】操作过程的依次回退。

（2）搜索框

Windows 7 搜索框在资源管理器右上角，用户需要进行文件搜索时，直接在搜索框中输入关键字后单击按钮即可。特别对于系统预置的用户个人媒体文件夹和【库】中的内容，搜索速度非常快，因为系统对处在系统预置目录和【库】中的用户个人数据建立了索引数据库。在这里用户可以快速搜索 Windows 中的各种文档、图片、程序等，甚至连 Windows 帮助和网络信息都能够搜索到。Windows 7 的资源管理器搜索框还为用户提供了大量的搜索筛选器，使用户能够更加方便细致地完成各种文件的搜索。单击搜索框，弹出一个下拉列表，在列表中列出了用户之前的搜索记录和搜索筛选器。

单击资源管理器的“搜索”框，在出现插入点的同时会同步在搜索框的下方看到【添加搜索筛选器】，包括【种类】【修改日期】【类型】【名称】等蓝色标识的关键字。对于不同的搜索范围，筛选器的筛选条件将各不相同，用户在使用时可以自行选择。

①“大小”作为筛选条件。如果选择“大小”作为筛选标准，Windows 系统会自动列出空、微小、中、大、特大、巨大等不同的文件大小的详细选项。例如，选择“巨大”，也就是文件大于 128 MB，Windows 马上就能在当前文件夹中搜索出大于 128 MB 的所有文件。

如果用户觉得 Windows 7 给出的设置条件不符合自己的需要，还可以在冒号后面自己手动输入条件。如果输入“大小>1500MB”，Windows 7 会马上按照新的条件搜索大于 1500 MB

的文件。

② 以“修改日期”作为筛选条件。如果以“修改日期”为关键字，出现图 2-28 所示的“选择日期或日期范围”进行搜索的对话框。用户可根据被搜索的文件或文件夹按其创建或修改日期范围在本地计算机上进行搜索。

对搜索框中的其他关键字搜索项不再赘述，读者可参考 Windows 7 的帮助文档。

图 2-28　“修改日期”搜索

（3）菜单栏与工具栏

菜单栏一般包含【文件】【编辑】【查看】【帮助】等菜单；工具栏一般有【组织】【打开】【打印】【电子邮件】【新建文件夹】等功能按钮，菜单项及工具栏选项会根据不同的资源管理器文件夹显示界面呈动态变化显示。

（4）预览窗格

单击【预览窗格】按钮，将其切换成预览状态，此时资源管理器窗口切换成三列区域显示状态，分别是导航窗格、细节窗格和预览窗格。

用户通过【预览窗格】按钮，可以在资源管理器中直接浏览许多类型的文件内容，如 Txt 文档、Word 文档、PowerPoint 演示文稿、图片及视频等。如图 2-29 所示，在资源管理器中预览演示文稿内容，其效果与 PowerPoint 程序中完全一样。

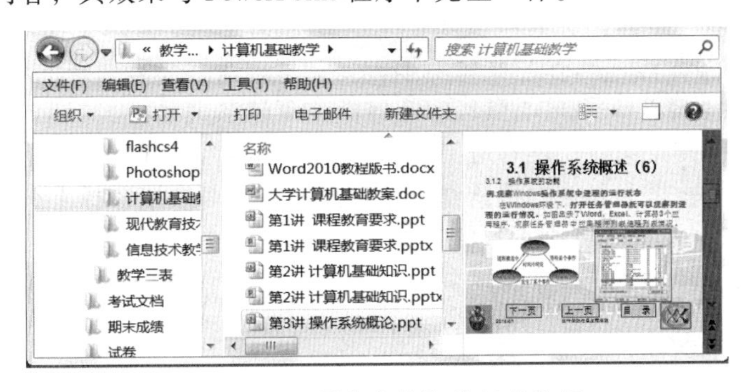

图 2-29　“预览窗格”按钮的使用

2.3.2　Windows 7 的搜索功能

掌握 Windows 系统的搜索技能非常重要，它可以使用户快速有效地检索、获取自己计算机上的文件（夹）资源。下面对有关 Windows 7 的搜索技能进行综合介绍。

1. 缩小搜索范围，缩短搜索时间

Windows 7 的搜索功能有两个地方：

一处是使用【开始】菜单的【搜索程序和文件】搜索框进行搜索。这只是对所有的索引文件进行检索，对那些没有加入索引当中的文件是无法搜索到的。

另一处是使用资源管理器窗口的搜索框进行搜索，可以对任意文件或文件夹进行搜索。虽然 Windows 7 中的索引模式搜索已经很快，但如果是第一次进行搜索，那么系统需要花费一定的时间建立索引文件，搜索时间就会长一些。

如果我们知道自己要搜索的文件所在的目录，那么最简单快速的搜索方法就是缩小搜索范围。即访问文件所在的目录，然后通过文件夹窗口的搜索框完成。

2．自定义索引目录为搜索加速

因为 Windows 7 采用了新的索引搜索模式，使得搜索速度大大提升，文件或文件夹是否建立了索引，将直接影响到对它的搜索速度。所以为了加快搜索，用户可以自己定制索引目录，让搜索结果更快更准。索引模式的原理好比可以随时动态更新的书本目录。查询时系统通过索引就能快速找到目标文件（夹）的位置。

自定义索引目录的方法是：

在【开始】菜单的【搜索程序和文件】搜索框中输入“索引选项”后按【Enter】键确认（或【控制面板】→（大图标）【索引选项】），弹出【索引选项】对话框（见图 2-30）→【修改】→【索引位置】，在其中可以任意添加、排除和修改索引位置。

当在资源管理器中搜索一个不在索引中的文件夹时，可以直接将它添加到索引中。操作方法如下：

在资源管理器的搜索框中输入待搜索的文件或文件夹→单击工具栏下方动态显示的类似信息：“在没有索引的位置搜索可能较慢…请单击以添加到索引…”→在弹出的下拉菜单中单击【添加到索引…】→弹出【添加到索引】对话框→【添加到索引】按钮，完成操作。

3．使用自然语言搜索

有时要搜索的文件需要多条筛选条件，可以利用自然语言搜索功能一次完成筛选。例如想搜索计算机中的.docx 格式或者.xlsx 格式的文件，只需在资源管理器搜索框中输入“*.docx or *.xlsx”，所有.docx 格式或者.xlsx 格式的文件都会被搜索出来。

要使用自然语言搜索功能，必须先在“文件夹选项”对话框的【搜索】选项卡中选中【使用自然语言搜索】复选框；要使得搜索结果精确匹配，就要取消选择【查找部分匹配】复选框，如图 2-31 所示。单击【确定】按钮后使用才有效。

图 2-30 【索引选项】对话框

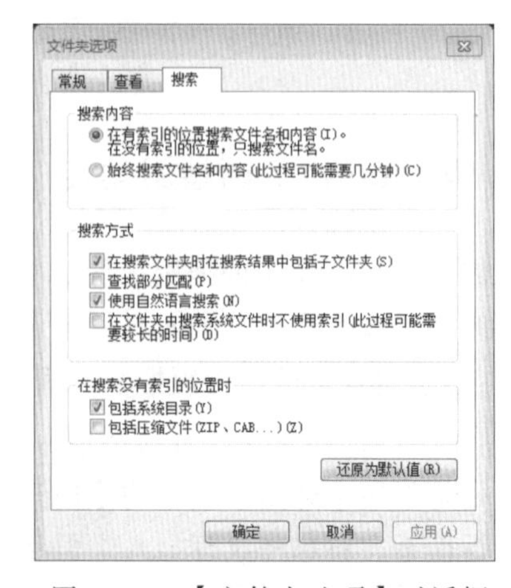

图 2-31 【文件夹选项】对话框

提示：打开“文件夹选项”对话框的方法是，【资源管理器】→【工具】→【文件夹选项】（或【组织】→【文件夹和搜索选项】）。

以下是使用自然语言搜索时一些常用的关系运算词的含义解释：

AND（或 and，不分大小写，下同）：搜索结果中将同时包含由 AND 相连的前后两个关键词。

OR：搜索结果中将至少包含由 OR 相连的关键词中的一个。

NOT：搜索结果中将不包含 NOT 指定的关键词。

4．文件及文件夹的通配符表示

通配符是指赋予特殊含义并广泛通用的一类字符，最常用的有“*”和“?”。通配符主要用于对文件的模糊搜索。当查找文件或文件夹时，可以使用通配符代替一个或多个真正字符。当不知道真正字符或者不想输入完整名称时，常常使用通配符。

①“*”：星号“*”代替任意多个字符。例如，“ab*c”表示所有以 ab 开头并且以 c 结尾的字符串。

②“？”：一个问号“？”代替任意一个字符。例如“s?.pptx”表示以所有 s 开头，以任意一个字符结尾的 pptx 类型文件。

需要说明，在 DOS 操作系统及 Windows XP 操作系统中，通配符的使用效果非常精准。但是在 Windows 7 操作系统中，由于搜索功能被极大地扩充和加强，通配符的作用被削弱了。

下面举几个构造搜索条件的例子供读者验证：

① 在系统盘（C 盘）搜索：mi*ft　and　lnk

表示 C 盘上以 mi 开头，以 ft 结尾并且扩展名为 lnk 的所有文件。

② 在系统盘（C 盘）搜索：*.txt　or　*.com

表示 C 盘上扩展名为 txt 或 com 的所有文件。

③ 在系统盘（C 盘）搜索：adm*　not　microsoft

表示 C 盘上以 adm 开头但不包含 microsoft 的所有文件（夹）。

2.3.3　文件及文件夹

1．文件的概念

文件是一个广义的概念，计算机文件就是用户赋予了名称，以磁盘为存储载体的信息集合。文件可以是用户创建的，也可以是软件系统中的。如磁盘上存储的一个应用程序、一张图片或一段声音等都是文件。文件是计算机系统中最小的数据组织单位。

文件具有以下特点：

① 文件中可以存放一切数字化信息。如文字、图片、声音和视频等。

② 在同一文件夹内，同一类型和版本的文件不能同名，文件夹也不能同名。

③ 文件可以被复制、移动、删除、修改、存档及加密。

④ 文件具有表示特定意义的名称，并有标识文件类型的扩展名；文件具有创建的时间、大小及保存位置等标识。

2．文件夹的概念

文件夹又称目录，文件夹用来管理计算机文件，每个文件夹对应一块磁盘空间，它提供了指向对应空间的地址。文件夹没有扩展名，但它也有几种类型，如文档、图片、相册、音乐，以及用户创建的文件夹等。

文件夹用于用户查找、维护、管理和存储文件。用户通常将文件分门别类地用不同的文件夹保存。在文件夹中可存放各种类型的文件和子文件夹内容。

3. 文件及文件夹的命名

Windows 系统下的文件名和文件夹名可采用长文件命令规则，但其名称不能超过 255 个英文字符、不能超过 127 个汉字，英文字母不区分大小写。文件名或文件夹名中不能出现这些字符：\、/、:、*、?、"、<、>、|。

用户在进行文件或文件夹命名时，应遵从文件运行系统对文件名的要求，并按照见名知意的原则。当前大多数应用软件都支持使用中文字符命名，但个别软件例外。例如 Dreamweaver 软件中，含有中文字符的网页文件名在用 IE 浏览器浏览时可能显示不出来。

4. 文件路径

文件路径是指文件存储时，需要经过的子目录的名称。图 2-32 表示在 Windows 7 资源管理器中，可通过地址栏查看当前文件路径，若鼠标指向地址栏右击，弹出图中所示的快捷菜单，选择【复制地址】命令即可将路径复制到剪贴板中。

图 2-33 表示打开一个特定的文件【属性】对话框，可从“位置”区域中查看到该文件的完整路径。

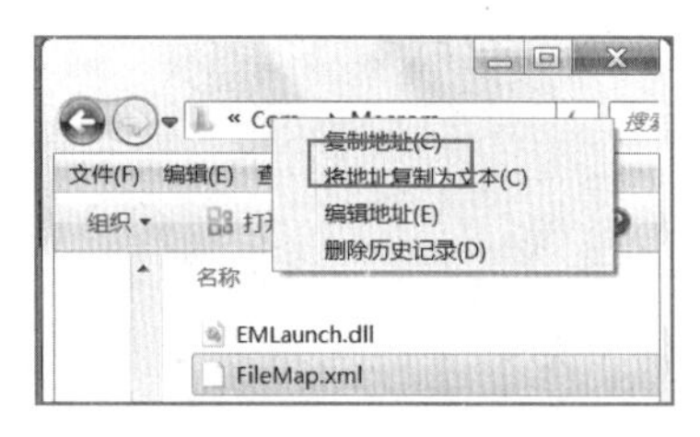

图 2-32　Windows 7 资源管理器中的路径

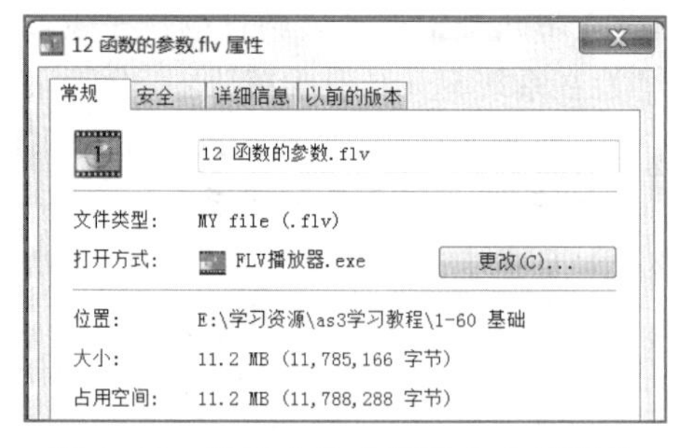

图 2-33　通过文件【属性】查看路径

打开文件或文件夹【属性】对话框的方法是：鼠标指向该文件或文件夹右击→【属性】。文件路径有绝对路径与相对路径之分。绝对路径指从盘符、根目录开始的路径，相对路径指从当前目录开始的路径。

5. 文件类型

Windows 系统中，完整的文件标志由“文件图标+文件名称+扩展名”三部分组成。其中，文件图标是操作系统根据打开该文件的应用程序智能识别的标识，反映了文件的类型；文件名用于识别不同名称的文件，用户可对应用程序文件按照见名知意的原则命名；扩展名用于定义不同类型的文件，扩展名一般由计算机系统自动识别生成。例如，“张三_日记.docx”文件中，文件图标“”表示该文件属于 Microsoft Word 2010 应用程序的文档类型；“张三_日记”为用户自取的文件名，“.docx”为扩展名。常用的文件扩展名及其含义如表 2-8 所示。

表 2-8　常用的文件扩展名及其含义

文件类型	扩展名	说明
可执行程序	.exe、.com	可执行程序文件
源程序文件	.c、.cpp、.bas、.asm	程序设计语言的源程序文件
Office 文档文件	.docx、.xlsx、.pptx	分别表示 Office 2010 版 Word、Excel、PowerPoint 创建的文档
图像文件	.bmp、.jpg、.gif、.pdf	不同的扩展名表示不同格式的图像文件

续表

文件类型	扩展名	说明
流媒体文件	.wmv、.rm、swf、.mp4	能通过 Internet 播放的流式媒体文件，不需下载整个文件就可播放
压缩文件	.zip、.rar	压缩文件
音频文件	.wav、.mp3、.mid	不同的扩展名表示不同格式的音频文件
网页文件	.html、.asp	一般来说，前者是静态的，后者是动态的

如果文件类型被设置成隐藏状态，在任何文件夹中浏览文件时都看不到文件的扩展名。如果想让文件扩展名显示出来，可采用如下操作方法：

打开 Windows 资源管理器窗口→【工具】菜单→【文件夹选项】→【查看】选项卡，取消选择【隐藏已知文件类型的扩展名】复选框。

6. 文件属性

文件属性是指文件所具有的一些特征信息。常见的文件属性有：

（1）时间属性

文件的时间属性主要体现在文件的修改日期上。文件的“修改日期”属性可能表示文件被创建的日期，或者文件被修改的日期。

（2）空间属性

文件的空间属性主要体现在文件的存储位置和文件的实际大小上。

（3）操作属性

文件的操作属性主要表现在只读属性、隐藏属性、系统属性和存档属性。其设置方法是：

指向要设置属性的文件并右击→【属性】→【常规】选项卡，进行【只读】和【隐藏】的设置，单击【高级】按钮进行存档及加密的设置。

① 只读：设置为只读属性的文件只能读，不能被修改，起保护作用。

② 隐藏：具有隐藏属性的文件一般情况下看不见。但如果在“文件夹选项”对话框中选中【显示隐藏的文件、文件夹和驱动器】单选按钮，则设置为【隐藏】属性的文件和文件夹呈浅色显示出来。

③ 系统：具有系统属性的文件直接影响系统的正常运行，多数都不允许随意改变。它的存在对维护计算机系统的稳定具有重要作用。该类文件通常放置在系统文件夹中。

④ 存档：任何一个新创建或修改的文件都有存档属性。存档属性在一般文件管理中意义不大，但是对于频繁的文件批量管理很有帮助。

⑤ 文件操作。一个文件中可以存储各种形式的数据，不同格式的文件通常都会有不同的应用和操作。文件的常用操作有：建立文件、打开文件、写入文件、修改文件、删除文件、属性更改等。

2.3.4　文件及文件夹的管理

1. 文件夹的树状结构

计算机通过磁盘存储文件，通过文件夹对成千上万的文件进行科学管理。操作系统或用户通常采用“目录树结构”方法来科学管理磁盘文件。其方法是：

在根目录下建立子目录（目录又称文件夹），在子目录下再建立子目录。按照这个过程，将目录结构构建成倒立的树状结构，然后将文件分门别类地存放在不同的目录中。这种目录结构像一棵倒立的树，树根称为根目录，树中每个分枝称为子目录，树叶为文件。其结构如图 2-34 所示。

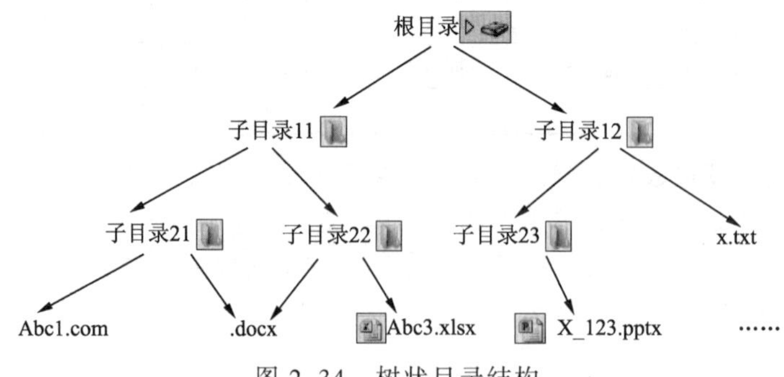

图 2-34　树状目录结构

在树状结构中，用户可以将同一个项目有关的文件放在同一个子目录中，也可以按文件类型或用途将文件分类存放。每个目录下都可存放目录或文件。同名文件可以存放在不同的目录中，也可以将访问权限相同的文件放在同一个目录，集中管理。

Windows 7 资源管理器中所有的磁盘、控制面板等都以文件夹目录结构形式组织在“计算机”中。在 Windows 目录树状结构中，桌面处于最顶层（树根）的位置，计算机上所有的资源都通过桌面组织，从桌面开始可以访问到所有的文件和文件夹。Windows 7 桌面上有【计算机】【Administrator】【回收站】等，这些文件夹称为系统文件夹，是属于系统专用的，用户不能对其重命名。

2. 文件及文件夹的新建

进行数据管理，必须先建立文件；要对文件分类存放，必须先创建文件夹。

（1）文件夹的新建

在资源管理器中创建文件夹的一般操作过程如下：

① 选择新建文件夹的位置。

② 选择【文件】→【新建】命令，或在右键快捷菜单中选择【新建】命令。输入文件夹名。

（2）文件的创建，一般可用下列方法之一完成：

① 可以用上述创建文件夹的方法创建，操作方法与创建文件夹相同。

② 通过应用程序创建，并保存到目标文件夹。

③ 可以通过【复制】/【剪切】→【粘贴】(【Ctrl+C】/【Ctrl+X】→【Ctrl+V】) 实现。

3. 文件及文件夹的重命名

对文件/文件夹重命名的操作方法是：在目标文件或文件夹的右键快捷菜单中选择【重命名】命令，在文件名编辑框中输入新的名称即可。

4. 文件及文件夹查看

在 Windows 7 文件夹窗口中，显示文件或文件夹的视图方式有如下几种：

① 通过【查看】菜单查看。

② 选择资源管理器窗口中的【查看】菜单，通过其下拉菜单的各种显示方式进行查看。

③ 通过资源管理器窗口工具栏右侧的【视图】工具栏按钮查看；或右击资源管理器

右窗口中的空白位置，在弹出的快捷菜单中选择【查看】命令查看。

5. 文件和文件夹的选定

首先要选定文件和文件夹，才能对它们进行操作。选定方法如下：

① 单选：单击某个对象将选中该对象。

② 全选：选择【编辑】→【全选】命令，或按【Ctrl + A】组合键。

③ 选定不连续对象：按住【Ctrl】键的同时，逐一单击要选定的对象。

④ 选定连续对象：首先选中第一个对象，再按住【Shift】键不放，单击需要选中的最后一个对象。

⑤ 将鼠标指向空白处拖动鼠标选定连续对象：按住鼠标左键拖动，会形成一个浅蓝色的矩形区域，释放鼠标后，该区域的文件和文件夹都会被选定。

注意： 如果要取消选定，只要在选定区域以外的空白处单击即可。

6. 文件和文件夹的移动、复制与删除

（1）认识 Windows 剪贴板

剪贴板（Clip Board）是 Windows 内置在内存中的一块区域。不同的应用程序共享同一剪贴板，即通过剪贴板，可以在不同的窗口、不同的应用程序之间进行信息的传递与交换。剪贴板只能保留一份数据，每当新的数据传入，旧的数据便会被覆盖。如果对选定的对象执行【剪切】或【复制】操作，该对象便被剪切或作为一个副本存放在剪贴板内。Window 剪贴板内的内容可以被执行无数次【粘贴】操作，一旦重启或关闭计算机，剪贴板中的内容就会丢失。

说明： Windows 7 默认是不安装剪贴板查看程序的，所以一般情况下不能打开剪贴板。但可以通过 Windows 安装盘安装剪贴板查看器，以便打开剪贴板窗口；也可以通过 DOS 命令窗口查看，其方法是：在【开始】菜单的【搜索程序和文件】框中输入“cmd”按【Enter】键，便打开了 DOS 命令窗口，在窗口中输入“clip/?”命令并按【Enter】键就可以看到 Windows 剪贴板的相关信息。

（2）文件和文件夹的复制

首先要选定待复制的文件和文件夹，然后可以使用以下方法之一进行复制操作：

① 使用组合键：按【Ctrl+C】组合键将选定内容复制到剪贴板，确定要粘贴的目标位置后，按【Ctrl+V】组合键粘贴，完成复制。

② 使用鼠标拖动：如果在不同的驱动器之间复制，使用鼠标拖动文件或文件夹就可以实现复制操作；如果在同一驱动器之间复制，需按住【Ctrl】键不放，用鼠标将选定的文件或文件夹拖动到目标文件夹中，就实现了复制操作。

（3）文件和文件夹的移动

移动文件或文件夹的方法与“复制”操作类似。在使用菜单命令操作中，只要将【复制】命令改成【剪切】命令即可；在使用组合键操作中，将快捷键【Ctrl+C】改成【Ctrl+X】即可，其他不变；使用鼠标拖动操作时，在不同驱动器之间移动文件或文件夹需要按住【Shift】键进行鼠标拖动操作，如果在同一驱动器上执行移动操作，直接使用拖动操作即可。

注意： 使用鼠标拖动复制文件和文件夹时，若鼠标指针变成拖动的对象且右下角出现 + 复制到 标识，则执行复制操作；若鼠标指针变成拖动的对象且右下角出现 → 移动到 标识，则执行移动操作。

（4）文件和文件夹的发送

在 Windows 中，可以直接把文件或文件夹发送到【压缩文件夹】【桌面快捷方式】【邮件接收人】【文档】等地方。

发送文件或文件夹的方法是：选定要发送的文件或文件夹并右击→指向【发送到】，选定发送目标。

（5）文件和文件夹的删除

首先选定要删除的文件和文件夹，然后执行下列操作之一：

① 使用菜单命令：选择【文件】→【删除】命令；或者右击被删除对象→【删除】。

② 鼠标拖动操作：将选定的文件或文件夹拖动到【回收站】。

③ 按【Delete】键。

注意：以上删除方法只是将文件或文件夹从原位置移到【回收站】中（称为逻辑删除）。如果对计算机硬盘上的文件夹或文件对象执行删除操作的同时按住【Shift】键，则被删除对象将从计算机中真正删除，而不保存在【回收站】中（称为物理删除）。对硬盘之外的辅助磁盘（如 U 盘等）中的对象进行删除时，只有物理删除，没有逻辑删除。执行删除操作时，一般都会弹出【删除文件】对话框。

2.3.5 磁盘管理

1. 磁盘格式化

磁盘格式化（Format）是在物理驱动器（磁盘）的所有数据区上写零的操作过程，格式化是一种纯物理操作，同时对硬盘介质做一致性检测，并且标记出不可读和坏的扇区。由于大部分硬盘在出厂时已经格式化过，所以只有在硬盘介质产生错误或被病毒感染时才需要进行格式化。

磁盘格式化的操作步骤如下：

① 打开资源管理器窗口，选定要格式化的磁盘驱动器（若要格式化的磁盘是移动硬盘或 U 盘等，应先将其与计算机正确连接）。

② 选择【文件】→【格式化】命令，或右击盘符→【格式化…】，弹出“格式化磁盘”对话框，如图 2-35 所示。

③ 设置好相关参数，单击【开始】按钮开始格式化。

图 2-35 格式化磁盘对话框

参数说明：

① NTFS 是 Windows NT 家族限制级专用的文件系统（操作系统所在的盘符的文件系统必须格式化为 NTFS 的文件系统，4096 簇环境下）。NTFS 对 FAT 和 HPFS 作了若干改进，NTFS 取代了老式的 FAT 文件系统。

② 卷标：用户可以给待格式化的磁盘取一个见名知意的名称，即卷标名。

③ 【快速格式化】：快速格式化的实质只是删除硬盘上的目录索引数据，文件数据可以用特定手段恢复，不会扫描磁盘以查看是否有坏扇区。快速格式化的速度快，而且对硬盘的磨损较少；而完全格式化是真正地将硬盘重新分道分簇，并对硬盘上的坏磁道作标记防止后续使用。在格式化磁盘时，应尽量使用快速格式化。

注意：格式化将删除磁盘中的所有信息，且不能恢复。

2. 磁盘清理和维护

计算机运行一段时间后速度会变得缓慢，这是因为文件不断写入与删除导致单个文件分散存放在磁盘的不同位置所致，因而需要定期进行清理与维护。使用磁盘清理程序可以释放硬盘驱动器空间，删除 Internet 缓存文件、临时文件和其他长期不用的文件，腾出被占用的系统资源，提高系统性能。

（1）删除长期不用的程序

程序要占用计算机有限的硬盘空间，某些程序还会自动在计算机后台运行。删除长期不用的程序可以恢复计算机的性能。

Windows 7 删除程序的操作方法是：

① 【开始】→【控制面板】，分两种方式打开【程序和功能】窗口：当【查看方式】选定为【类别】→【程序】组中的【卸载程序】命令；当【查看方式】选定为【大图标】或【小图标】→【程序和功能】命令，出现的窗口如图 2-36 所示。

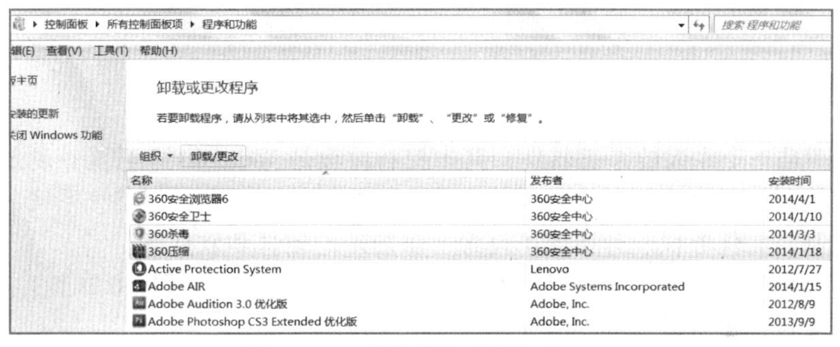

图 2-36　“程序和功能”窗口

② 在【程序和功能】窗口中选定要删除或更改的程序，单击【卸载/更改】，按进一步的要求做出具体操作决策即可。

说明：用 360 软件管家或其他第三方软件也可以卸载已安装的程序。

（2）磁盘清理

磁盘清理的具体操作方法如下：

① 【开始】→【所有程序】→【附件】→【系统工具】→【磁盘清理】命令，弹出【磁盘清理：驱动器选择】对话框（见图 2-37），选择要进行清理的驱动器→【确定】，弹出【磁盘清理】对话框。

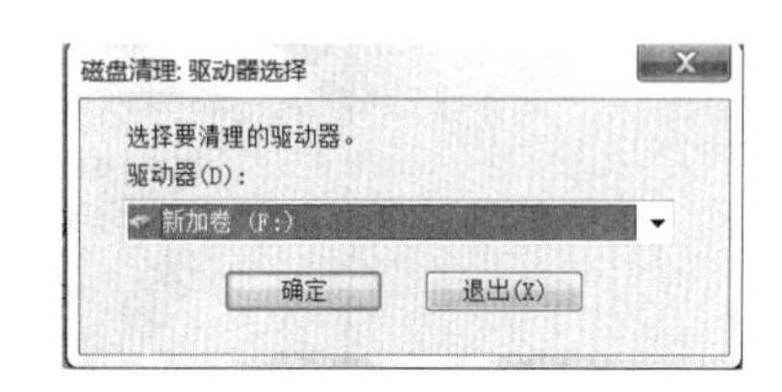

图 2-37　“驱动器选择”对话框

② 若选择【磁盘清理】选项卡，可在“要删除的文件”区域中，将要删除的项前面的复选框选中，单击【确定】按钮执行删除文件操作；若选择【其他选项】选项卡，可以删除不用的程序和删除创建的系统还原点。例如，单击“程序和功能”区的“清理”按钮，弹出【程序和功能】窗口，以便执行【删除/更改】程序的功能。

3. 磁盘碎片整理

磁盘碎片指的是硬盘读/写过程中产生的不连续文件。虚拟内存管理程序会对硬盘频繁读/写，产生大量的碎片；网络下载文件也是产生碎片的一个重要源头。硬盘使用的时间长了，文件内容将会散布在硬盘的不同位置上。这些碎片文件的存在会降低硬盘的工作效率，还会增加数据丢失和数据损坏的可能性。

运行磁盘碎片整理的操作方法如下：

① 【开始】→【所有程序】→【附件】→【系统工具】→【磁盘碎片整理程序】，弹出【磁盘碎片整理程序】对话框。

② 在【当前状态】列表中选择要进行整理的磁盘，先单击【分析磁盘】按钮进行磁盘碎片分析，会得出磁盘上碎片的百分比等信息。单击【磁盘碎片整理】按钮，进入“磁盘碎片整理”状态。

说明：磁盘碎片整理也可以这样完成：打开资源管理器窗口→右击要整理的磁盘→【属性】，打开【属性】窗口，选择【工具】选项卡→【立即进行碎片整理...】，进行磁盘碎片整理。

磁盘碎片整理过程可能需要几分钟或几个小时，这取决于磁盘碎片的大小和程度。用户在进行磁盘碎片整理的同时，可以使用计算机。

2.4 控制面板

2.4.1 控制面板概述

Windows 7 是一个庞大的系统软件，其中控制面板是 Windows 7 功能控制及系统配置中心。可以使用控制面板来进行系统环境的设置，这些设置几乎包括了整个系统环境的外观和工作方式的控制，如任务栏、开始菜单设置，添加新的硬件和软件等。

打开控制面板的方法是：【开始】→【控制面板】；或在资源管理器中单击工具栏中的【打开控制面板】按钮，都可以打开控制面板。

Windows 7 控制面板的查看方式有【类别】【大图标】【小图标】三种：【类别】查看方式（见图 2-38），将所有资源共分成八大类进行管理；【大图标】与【小图标】查看方式下，其分类相同，只是图标大小不同而已，都是将所有资源按 53 个类别进行管理的。无论是按“图标”显示或按“类别”显示，将鼠标指针指向某一类别图标上时，都会显示该项的某些功能信息。单击或双击该项图标或名称，将打开该项功能。

图 2-38　控制面板“类别”查看方式

2.4.2　控制面板的主要功能

1．键盘和鼠标的属性设置

（1）键盘的属性设置

打开【控制面板】窗口，在【图标】查看方式下单击（或双击）【键盘】图标，弹出【键盘属性】对话框。通过【速度】选项卡，可以对键盘进行下面属性的更改。

重复延迟：指当按下键盘某个键不放时，显示的第一个字符和第二个字符之间的时间间隔。

重复率：指当按下键盘某个键不放时，重复出现字符的速度。

光标闪烁频率：用来调整光标闪烁的快慢。

【硬件】选项卡，主要用于显示键盘硬件的名称、类型及驱动程序等信息。

（2）鼠标的属性设置

在【控制面板】的【图标】查看方式中，单击（或双击）【鼠标】图标，弹出【鼠标属性】对话框，由五个选项卡组成。可对鼠标进行下面属性设置：

①【鼠标键】选项卡：可切换鼠标的（左右键）主次按键功能，调节鼠标“双击”的速度，并对鼠标“单击”进行锁定。

②【指针】选项卡：可以从“方案”下拉列表中选定某种指针方案，从“自定义”列表框中选定一种样式的指针，选中【启用指针阴影】复选框，或单击【使用默认值】按钮恢复鼠标的默认设置。

③【指针选项】选项卡：可进行鼠标指针移动速度、对齐及可见性等设置。

④【滑轮】选项卡：可分别设置鼠标“滚轮键”垂直滚动和水平滚动的行数和字符数。

⑤【硬件】选项卡：主要用于显示鼠标硬件的名称、类型及驱动程序等信息。

2．显示属性

在【控制面板】的【图标】查看方式中，单击（或双击）【显示】图标，打开【显示】窗口，可对显示器的相关属性进行设置。如调整分辨率、调整亮度、校准颜色、更改显示器设置、连接到投影仪、调整 ClearType 文本、设置自定义文本大小（DPI）及个性化等设置。

3．区域语言设置

【区域和语言】对话框的主要功能：一是更改系统显示的日期、时间、数字格式及货币等；二是输入法的添加和删除。

（1）打开【自定义格式】对话框

在【控制面板】的【图标】查看方式中，单击（或双击）【区域和语言】图标，弹出【区域和语言】对话框，【格式】选项卡→【其他设置…】→弹出【自定义格式】对话框。

（2）【自定义格式】对话框功能

①【数字】选项卡：可更改计算机系统中“数字”格式的相关设置。单击【重置】按钮，将数字、货币、时间和日期还原到系统默认设置。

②【货币】选项卡：可设置货币符号、货币数值格式、小数位数及数字分组等。

③【时间】选项卡：可设置长时间及短时间等时间格式。

④【日期】选项卡：可设置长日期、短日期及日历和星期格式等。

⑤【排序】选项卡：可选择排序方法，有“拼音”和“笔画”两种可选。

（3）【文本服务和输入语言】对话框

在【控制面板】的【图标】查看方式中，单击【区域和语言】图标→弹出【区域和语言】对话框，选择【键盘和语言】选项卡，单击【更改键盘…】按钮，弹出【文本服务和输入语言】对话框。

4．系统

在【控制面板】的【图标】查看方式中，单击【系统】命令，打开【系统】窗口。使用该窗口可以查看有关计算机的基本信息、进行设备管理、远程设置、系统保护和高级系统设置等操作。

5．用户账户

在【控制面板】的【图标】查看方式中，单击【用户账户】命令，打开【用户账户】窗口。

通过用户账户，用户可以在拥有自己的文件和设置的情况下与多个人共享计算机。每个人都可以使用自己的用户名和密码访问其用户账户。

有三种类型的账户，分别提供了不同的计算机控制级别：标准账户——适用于日常计算；管理员账户（Administrator）——可以对计算机进行最高级别的控制；来宾账户（Guest）——主要针对需要临时使用计算机的用户。可以通过【更改用户账户控制设置】按钮更改用户账户控制类型。可以创建多个管理员账户和标准账户共同使用计算机。

（1）新用户的建立

创建管理员账户或标准账户的方法是：

在【用户账户】窗口→【管理其他账户】→【创建一个新账户】→命名账户并选择账户类型（系统提供【标准用户】和【管理员】两个选项）→【创建账户】，创建了一个管理员账户或者标准账户。

（2）用户账户的管理

用户账户被创建后，可以更改账户名称、更改或删除密码、更改账户图标、设置家长控制和对其他账户的管理操作。

在【用户账户】窗口→【管理其他账户】→单击某一账户名，进入【更改账户】窗口：提供更改账户名称、更改密码、删除密码、更改图片、设置家长控制及管理其他账户等功能。

警告：当给账户设置密码后，在计算机启动时，只有正确输入设置的密码才能以该账户的身份登录计算机。因此，对公共使用的计算机，没有管理员的允许请不要设置账户密码。

推荐：设置家长控制，就是作为管理员身份的家长对孩子用户进行时间控制、游戏控制、允许和阻止特定程序，达到家长控制孩子使用计算机的目的。

【例2-8】建立一个名称为BOY的标准账户，并对其设置家长如下控制：

① 双休日，允许BOY使用计算机时间为中午2小时，晚上2小时；非双休日，允许BOY使用计算机时间为中午1小时，晚上1小时。

② 禁止BOY玩游戏。

③ 限制BOY允许的程序。

操作提示：

第1步：创建BOY的标准账户

在【用户账户】窗口→【管理其他账户】→【创建一个新账户】→命名账户名为BOY，

选定【标准用户】→【创建账户】。

第 2 步：单击【BOY 标准账户】→【设置家长控制】→单击【BOY 标准账户】→在“家长控制:”区域选择【启用，应用当前设置】单选按钮。

- 单击【时间限制】超链接，打开【时间限制】窗口，用鼠标拖动或选定设置 BOY 允许使用计算机时间。设置结果如图 2-39 所示。

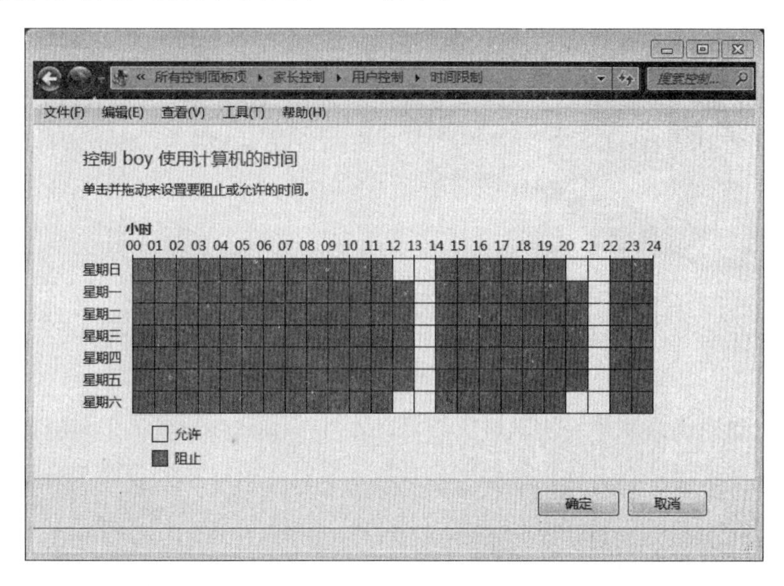

图 2-39　控制 BOY 使用计算机时间

- 单击【游戏】超链接→是否允许 BOY 玩游戏？→【否】。
- 单击【允许和阻止特定程序】超链接→选择【BOY 只能使用允许的程序】单选按钮，打开【应用程序限制】窗口，选定【BOY 只能使用允许的程序】单选按钮，并从“选择可以使用的程序”列表中选择允许的程序，如图 2-40 所示。

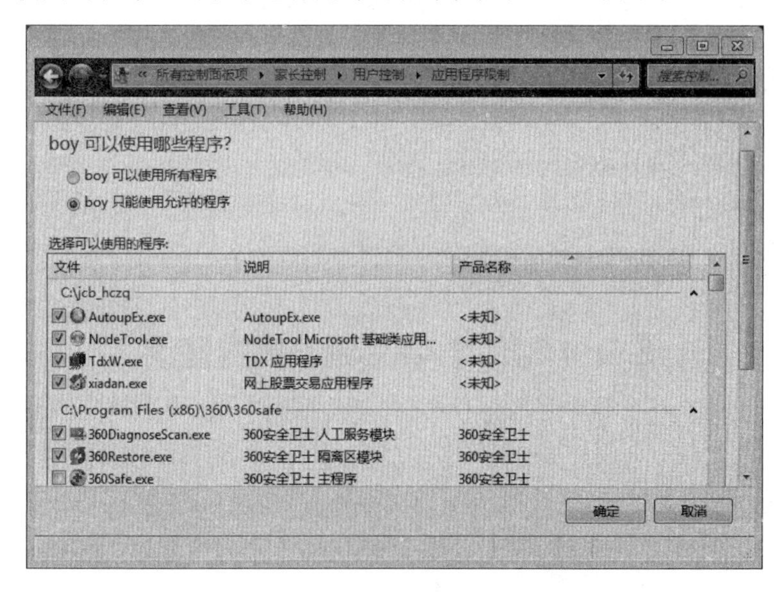

图 2-40　控制 BOY 允许使用的程序

6. Windows 防火墙

（1）防火墙简介

防火墙可以是软件或硬件，它能够检查来自 Internet 或网络的信息，并根据防火墙设置阻止或允许这些信息通过计算机。防火墙还有助于阻止本地计算机向其他计算机发送恶意软件。图 2-41 所示为防火墙的工作原理。

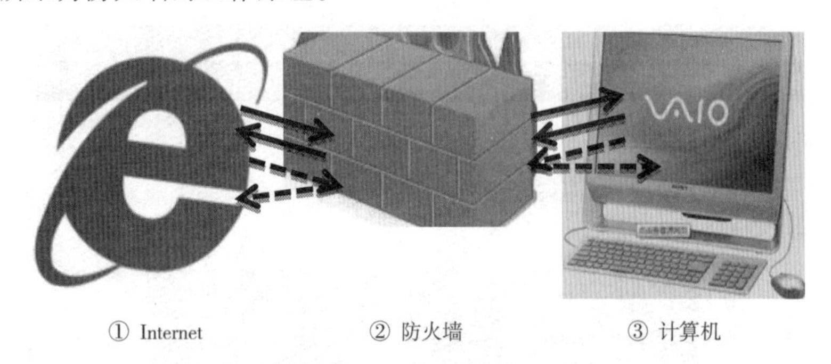

图 2-41　防火墙工作原理

与砖墙可以创建物理屏障一样，防火墙可以在 Internet 和计算机之间创建屏障。防火墙并不等同于防病毒程序，为了保护好您的计算机，除防火墙以外，还需安装防病毒和反恶意软件程序。

（2）Windows 防火墙主要功能介绍

在【控制面板】的【图标】查看方式中，单击【Windows 防火墙】图标，打开【Windows 防火墙】窗口。

默认情况下 Windows 防火墙呈启用状态，用户可以直接进行检查防火墙状态和允许程序通过防火墙等功能操作。Windows 防火墙有助于防止黑客或恶意软件通过 Internet 或网络访问用户计算机。

用户可以为不同的网络环境提供量身定制的保护（家庭、办公室和公共场所），在检查防火墙状态时，可以看到用户计算机所处的网络情况、防火墙是否启用、活动的网络、通知状态等。

① 在【允许程序或功能通过 Windows 防火墙】窗口中，可以直接选择允许的程序和功能，也可以通过单击【更改设置】按钮添加、更改或删除所有允许的程序和端口；需要添加允许的程序时，单击【允许运行另一程序】按钮，选择要添加的程序。

② 在 Windows 防火墙【高级设置】窗口，可以设置入站规则、出站规则、连接安全规则等，进行如端口、协议、安全连接及作用域等增强网络安全的策略；还可以查看活动网络、防火墙状态、连接安全规则、安全关联等。

2.5 【附件】中主要工具的使用

打开“附件”中工具的方法有两种：

① 【开始】→所有程序→附件→选择要打开的某个工具软件即可。

② 【开始】→在“搜索程序和文件”框中输入工具软件的名称，并单击随之出现的工具软件程序项。例如，【开始】→在“搜索程序和文件”框中输入“SnippingTool”或“截图工具”，并单击随之出现的SnippingTool.exe或截图工具，便可打开截图工具。

2.5.1　记事本与写字板

1. 记事本

记事本应用程序名称为 notepad.exe，是 Windows 操作系统附带的一个简单的文本编辑及浏览软件，记事本创建的文档扩展名为“.txt”。

创建“记事本”文档的具体操作过程如下：

① 启动【记事本】程序。选择【所有程序】→“附件”→“记事本”命令启动应用程序。

② 在工作区中输入文本内容。

③ 选择【文件】→【保存】(或【另存为…】) 命令保存记事本文档。

记事本只具备最基本的编辑功能，适于编写一些篇幅短小的文件 (不超过 64 KB)。记事本具有体积小巧、启动快、占用内存低，只能处理纯文本文件等特点。因此，记事本被常用于编辑“.html”“.java”“.asp”及批处理等程序文件，是使用最多的源代码编辑器；记事本也常用于各种类型文件之间的转换。

2. 写字板

写字板是 Windows 7 自带的一个字处理软件，它包含了记事本的功能，可编写较大的文档 (大于 64 KB)，还可对文档的格式进行调整，从而编排出更加规范的文档，写字板具有 Word 的最初的形态。写字板编写的文档可保存为“.docx”“.txt”“.rtf”等格式。写字板的启动及创建文档的方法和记事本相同。写字板程序窗口如图 2-42 所示。

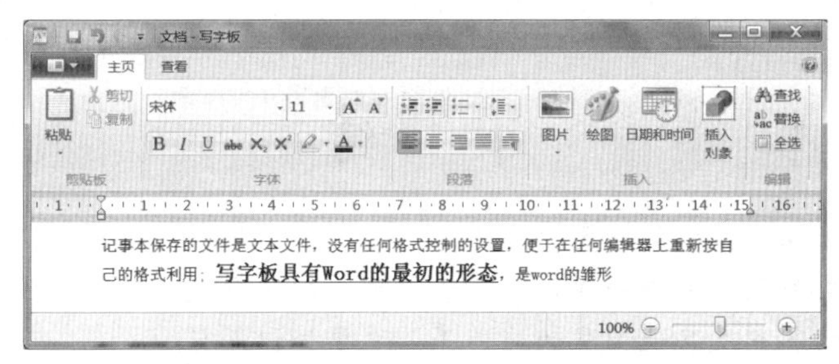

图 2-42　【写字板】程序窗口

2.5.2　画图工具与截图工具

1. 画图工具

画图工具是一个功能简单又很适用的位图编辑器，可以绘制出一些简单的图形，可对图片进行简单处理，比如对图片的裁剪、旋转、调整大小等。或者进行图片格式转换。

2. 截图工具

截图工具是一种用于截取屏幕图像的工具，可执行文件名称是 SnippingTool.exe。可以使用该工具将屏幕中显示的内容截取为图片，保存为文件或通过复制，粘贴到其他文件中。

截图工具有四种模式供选择：任意格式截图、矩形截图、窗口截图和全屏幕截图，任意格式截图可以截取不规则图形。

使用截图工具截图的操作方法是：

① 打开截图工具软件。

② 在【新建】下拉菜单中选择一种截图模式后，整个屏幕就像被蒙上一层白纱，此时按住鼠标左键拖动截图对象后松开鼠标，然后进行“保存”或执行“粘贴”操作。

2.5.3 计算器

计算器工具主要用于提供方便计算。Windows 7 自带的计算器功能从根本上作了显著的改进，在其对话框中选择“查看”选项卡，可看到标准型、科学型、程序员、统计信息四种模式。另外，下面还有基本、单位转换、日期计算、工作表四种功能。

使用计算器的具体操作方法是：

① 打开计算器。

② 从【查看】菜单中选择一种计算模式或一种计算功能。例如，选择【程序员】模式，可以进行数制的转换及四则运算等操作；选择【单位转换】，可以分别进行长度、面积、体积、角度等相应单位间的换算。

2.5.4 其他工具

Windows 7 附件中还为用户提供如录音机、入门、便笺、数学输入面板等其他比较适用的小工具。例如，使用“录音机”工具可以录制一个音频文件；通过“入门”可以了解 Windows 7 新增的功能；使用“数学输入面板”可以编写简单的数学公式等。各个工具操作大同小异，在此不再赘述。

小　结

本章主要介绍了操作系统的概念、作用及功能；主要介绍 Windows 7 操作系统的基本操作知识及技能，如文件及文件夹的管理及磁盘管理、控制面板的功能及基本设置，记事本、画图、截图工具、计算器及其他工具的应用等。主要知识点有：

1. 操作系统是用户和用户程序与计算机之间的接口，是用户程序和其他系统程序的运行平台和环境。操作系统有效地控制和管理计算机系统中的各种硬件和软件资源，并提供应用程序开发的接口。操作系统的作用是调度、分配和管理所有的硬件系统设备和软件系统，使其统一协调地按照用户实际操作需求运行。

2. 操作系统归纳起来具有以下五大管理功能：作业管理、文件管理、存储管理、设备管理及进程管理。

3. 操作菜单有 4 种：【开始】菜单、弹出式菜单、快捷菜单和控制菜单。

4. 桌面是指计算机开机后，操作系统运行到正常状态下显示的画面，是用户和计算机交互的窗口。桌面的操作包括桌面图标的管理和使用、设置屏幕分辨率及刷新频率及桌面的修改化设置等。

5. 任务栏由【开始】菜单、快速启动栏、应用程序区、语言选项、任务栏通知区域及显示桌面组成。快速启动栏、“订书钉”功能、缩略图及 3D 模式缩略图等任务栏上提供的功能使应用程序的操作更加方便。

6. Windows 窗口一般由标题栏、地址栏、菜单栏、工具栏、搜索栏、滚动条等构成。窗口操作包括移动窗口、最小化、最大化/还原窗口、排列窗口、改变窗口尺寸及窗口菜单的操作等。

7. 对话框用于用户与计算机系统之间更方便地进行信息交流。对话框一般含有标题栏、选项卡、文本框、列表框、按钮、单选按钮、复选框及微调框等部分。

8. 文件是计算机系统中最小的数据组织单位。文件由图标、文件名及扩展名进行标识，文件具有创建的时间、大小及保存位置等属性。文件可以被复制、移动、删除、修改、存档及加密。

第 3 章　Word 2010 文字处理软件

学习目标：

1. 了解办公软件的发展及特点。

2. 熟练掌握 Word 应用程序界面相关菜单、图标及命令按钮等基本知识及操作技能。

3. 熟练掌握字符录入、文本框及其他对象的使用；掌握图文表编辑和混排、页面美化设置及打印等。

4. 了解、掌握文字处理高级功能；掌握邮件合并功能的使用。

3.1　Word 2010 概述

Word 2010 是 Office 2010 的组件之一，是一个功能强大的文字处理软件，用来处理文字的录入、修改、排版和输出等一整套文字处理工作，将文字组合后变成信件、单位公函、学术论文、书籍、报刊等。

3.1.1　Word 2010 的启动和退出

1. 启动 Word 2010 的方法

① 单击【开始】按钮，选择【所有程序】→【Microsoft Office】→【Microsoft Word 2010】命令。

② 在文件夹中双击扩展名为“.doc”或“.docx”的文件，启动 Word 应用程序，并打开该文件。

③ 如果桌面上有 Word 的快捷方式图标，双击该快捷方式图标。

④ 在 Windows 7 操作系统【开始】菜单的【搜索程序和文件】框中输入“word”，然后在显示的列表中单击【Microsoft Word 2010】选项。

⑤ 在【开始】菜单的【搜索程序和文件】框中输入“winword.exe”，按【Enter】键。

2. 退出 Word 2010 的方法

① 单击标题栏中的【关闭】按钮。

② 按【Alt+F4】组合键。

③ 按【Ctrl+W】组合键。

④ 选择【文件】→【关闭】命令。

⑤ 双击窗口左上角的控制菜单图标。

⑥ 选择【文件】→【退出】命令。

3.1.2　Word 2010 的操作界面

Word 2010 启动成功后显示的操作界面如图 3-1 所示。

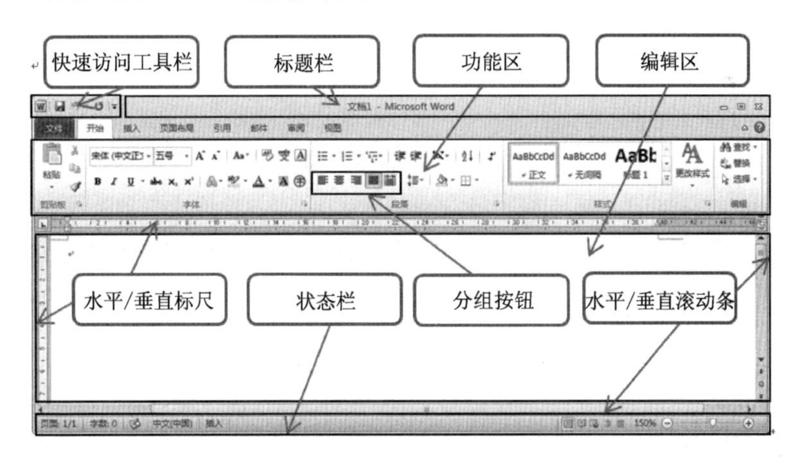

图 3-1　Word 2010 窗口组成

1. Word 2010 的窗口组成

Word 2010 的窗口由上至下主要有标题栏、功能区、编辑区和状态栏四部分组成。

显然，Word 2010 的操作界面使用“选项卡”及“功能区”代替了 2003 以前版本中的多层菜单和工具栏。当单击这些选项卡时并不会打开菜单，而是切换到与之相对应的功能区面板。每个功能区根据功能的不同又分为若干个组。

2. Word 2010 的功能区

“功能区”以选项卡的形式将各相关的命令分组显示在一起，使各种功能按钮直观地显示出来。使用“功能区”可以快速查找相关的命令组。

功能区可以隐藏，也可以显示。隐藏功能区的方法为双击当前选项卡；若要显示功能区可单击任意命令选项卡即可。也可单击功能区右上方的功能区最小化按钮【 】来隐藏和展开功能区。

3. 命令选项卡

Word 2010 功能区中的选项卡分别为【开始】【插入】【页面布局】【引用】【邮件】【审阅】【视图】，每个选项卡下面都是相关的操作命令。在功能区的各个命令组的右下方，大多数包含有【对话框启动器】按钮 ，单击该按钮可以弹出一个设置对话框，从而进行相关的命令设置；部分命令按钮的下面或右边有下拉按钮“ ”，单击下拉按钮可以打开下拉菜单，可以完成相关的设置。

①【开始】选项卡：包括【剪贴板】【字体】【段落】【样式】【编辑】5 个命令组，如图 3-2 所示。该功能区主要完成用户对 Word 2010 文档进行文字编辑和格式设置，是用户最常用的功能区。

②【插入】选项卡：包括【页】【表格】【插图】【链接】【页眉和页脚】【文本】【符号】7 个命令组，如图 3-3 所示。主要用于在 Word 2010 文档中插入各种元素。

③【页面布局】选项卡：该选项卡包括【主题】【页面设置】【稿纸】【页面背景】【段落】【排列】6 个命令组，如图 3-4 所示。用于帮助用户设置 Word 2010 文档页面样式。

图 3-2 【开始】选项卡

图 3-3 【插入】选项卡

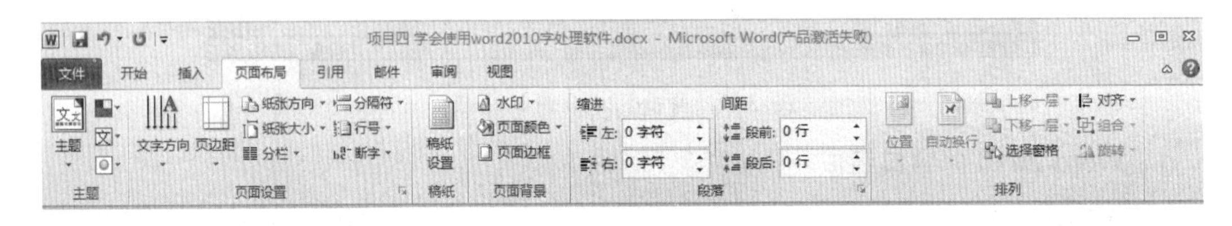

图 3-4 【页面布局】选项卡

④【引用】选项卡：包括【目录】【脚注】【引文与书目】【题注】【索引】【引文目录】6 个命令组，如图 3-5 所示，用于实现在 Word 2010 文档中插入目录等比较高级的功能。

图 3-5 【引用】选项卡

⑤【邮件】选项卡：包括【创建】【开始邮件合并】【编写和插入域】【预览结果】【完成】5 个命令组，如图 3-6 所示，该功能区专门用于在 Word 2010 文档中进行邮件合并方面的操作。

图 3-6 【邮件】选项卡

⑥【审阅】选项卡：包括【校对】【语言】【中文简繁转换】【批注】【修订】【更改】【比较】【保护】8 个命令组，如图 3-7 所示，主要用于对 Word 2010 文档进行校对和修订等操作，适用于多人协作处理 Word 2010 长文档。

图 3-7 【审阅】选项卡

⑦“视图”选项卡：包括【文档视图】【显示】【显示比例】【窗口】【宏】5 个命令组，如图 3-8 所示，主要用于帮助用户设置 Word 2010 操作窗口的视图类型。

图 3-8 【视图】选项卡

4.【文件】选项卡

【文件】选项卡和其他选项卡的结构、布局和功能有所不同。切换到“文件”选项卡，打开文件下拉菜单和相应的操作界面。左面窗格为下拉菜单项命令按钮，右边窗格显示选择不同命令的结果。利用该选项卡，可对文件进行各种操作及设置。

3.1.3 学会使用帮助

① 选择【文件】→【帮助】命令，单击 Word 窗口中的【Microsoft Office 帮助】图标（见图 3-9），或按【F1】键，打开图 3-10 所示的帮助信息窗口，选择所需要的帮助条目或在“搜索帮助”文本框中输入请求帮助的关键字并按【Enter】键确认，即可获得帮助。

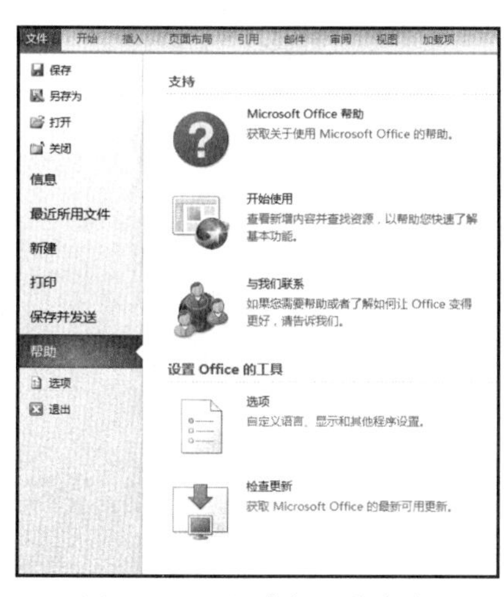

图 3-9 选择【帮助】命令

图 3-10 Word 帮助信息窗口

② 在对话框的右上角单击【？】按钮，会弹出关于此对话框中所有项目的帮助信息。

3.2 文档的基本操作

3.2.1 创建、打开和保存Word文档

1. 新建空白文档

在Word 2010中，用户可以建立和编辑多个文档。创建一个新文档是编辑和处理文档的第一步。直接启动Word 2010后，屏幕上将出现一个标题为“文档1”的空白文档，用户可以立即在此文档中输入文本并编辑。常用的新建文档方法有如下3种：

① 启动Word 2010，单击【文件】→【新建】→【空白文档】→【创建】按钮，建立空白文档。

② 启动Word 2010，按【Ctrl+N】组合键，直接建立一个空白文档。

③ 在计算机桌面的空白位置右击，在弹出的快捷菜单中选择【新建】→【Microsoft Word文档】命令，在当前位置建立一个默认模板的空白Word文档。

2. 保存文档

（1）保存文档的作用

保存文档的作用是将用Word编辑的文档以磁盘文件的形式存放到磁盘上，以便将来能够再次对文件进行编辑、打印等操作。如果文档不存盘，则本次对文档所进行的各种操作将不会被保留。如果要将文字或格式再次用于创建其他Word文档，则可将文档保存为Word模板。常用的保存文档的方法有“保存”和“另存为”两种。

【保存】和【另存为】命令都可以保存正在编辑的文档或者模板。区别是【保存】命令不进行询问，直接将文档按原文件名保存在它原来保存的位置，【另存为】命令永远提问要把文档保存在何处。如果新建的文档还没有保存过，那么选择【保存】或【另存为】命令都会弹出【另存为】对话框，如图3-11所示。

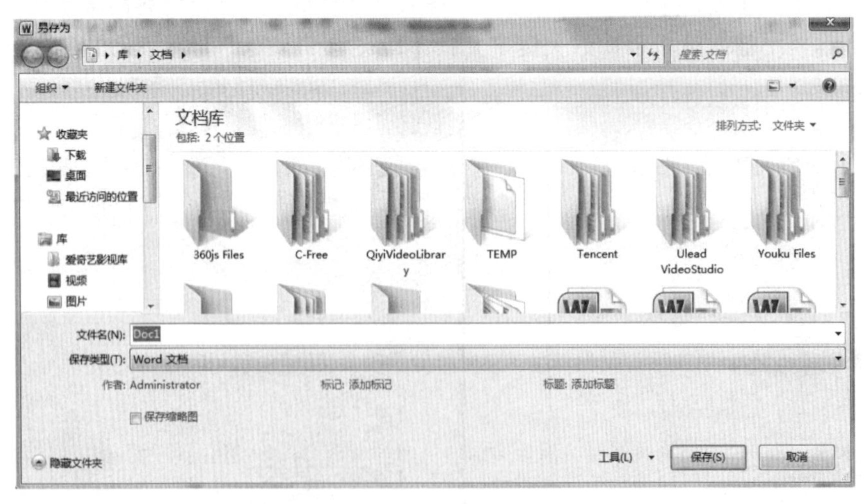

图3-11 【另存为】对话框

（2）文档的保存位置与命名

在保存Word文档时，应注意两点：①文件的存储位置，包括磁盘名称、文件夹位置；

②文件的存储名称，对文件的命名应能体现文件的主体思想，以便将来对文件进行查找。

（3）保存

在 Word 2010 中，对于新建或修改的文档的保存方法有如下几种：

① 单击【快速访问工具栏】中的【保存】按钮。

② 选择【文件】→【保存】命令。

③ 按【Ctrl+S】组合键，快速保存文档。

选择任一种方法之后，如果是新文件的第一次存盘，则会弹出图 3-11 所示的【另存为】对话框，在对话框中，设置文件存放的位置；设置文件的名称；设置文件的保存类型。Word 2010 文件对应的类型为扩展名.docx。如果文件已经命名，则不会弹出对话框，直接将重新编辑过的文件按原文件名和原位置保存。

（4）另存为

如果把当前正在编辑的文档按新的文件名保存而不改变编辑前的文档内容，应使用如下的方法：

选择【文件】→【另存为】命令，弹出图 3-11 所示的【另存为】对话框，输入新的文件名并确定新的保存位置后，单击【保存】按钮。

选择【文件】→【选项】命令，弹出【Word 选项】对话框，在左窗格中选择【保存】选项卡，如图 3-12 所示，可以完成保存文档的相关设置。

图 3-12　【Word 选项】对话框

① 在【将文件保存为此格式】下拉列表框中选择保存文件的默认格式。

② 选中【保存自动恢复信息时间间隔】复选框，并在右侧微调框中输入一个自动保存的时间间隔。计算机会自动按照设置的时间间隔保存文档。

③ 在【自动恢复文件位置】和【默认文件位置】文本框中设置文档自动恢复和存放的位置。

3．打开文档

所谓“打开文档”就是打开已经存放在磁盘上的 Word 文档。打开文档的方法有如下几种：

（1）启动 Word 2010 后打开文档

启动 Word 2010 后，选择【文件】→【打开】命令，弹出图 3-13 所示的【打开】对话框，选择要打开的文档即可打开。

图 3-13　【打开】对话框

（2）不启动 Word 2010，双击文件名直接打开文档

对所有已保存在磁盘上的 Word 2010 文档“.docx”或“.doc”（兼容模式），用户可以直接双击该文档名，在启动 Word 2010 的同时打开该文档。

知识拓展：在 Office 各组件应用程序中，文件的打开遵循高版本打开低版本的原则，但反之不然。例如，2003 版的 Word 文档可以在 Word 2010 中打开（呈兼容模式），但 2010 版的 Word 文档不能在低于 2010 版的 Word 应用程序中打开。

（3）快速打开最近使用过的文档

在 Word 2010 中默认会显示 20 个最近打开或编辑过的 Word 文档，用户可以选择【文件】→【最近所用文件】命令，在面板右侧的“最近使用的文档”列表中单击准备打开的 Word 文档。

另外，在 Word 应用程序启动的情况下，按【Ctrl+O】组合键也可打开文档。

4．关闭文档

关闭文档的常用方法有以下几种：

① 选择【文件】→【关闭】命令。

② 单击 Word 窗口左上角的控制菜单图标，选择【关闭】命令。

③ 单击窗口右上角的【关闭】按钮。

④ 双击窗口左上角的控制菜单图标。

3.2.2　文档的编辑

使用文字处理软件的最基本操作是输入文本并对其进行必要的编辑操作，以满足用户的需要。

新建一个空白文档后，光标一般自动停留在文档窗口的第一行最左边的位置。输入内容的起始位置也就是光标所在的位置。

1. 认识光标

光标在文档的编辑中起到定位的作用，无论输入文本还是插入图形都是从目前光标所在的位置开始。使用光标定位的方式有两种：使用键盘（见表 3-1）或单击。

表 3-1　Word 光标移动的方式

键 盘 名 称	光标移动情况	键 盘 名 称	光标移动情况
【↑】	上移一行	【Ctrl + ↑】	光标移到当前段落或上一段的开始位置
【↓】	下移一行	【Ctrl + ↓】	光标移到下一个段落的首行首字前面
【←】	左移一个字符或一个汉字	【Ctrl + ←】	光标向左移动一个词的距离
【→】	右移一个字符或一个汉字	【Ctrl + →】	光标向右移动一个词的距离
【Home】	移到行首	【Ctrl + Home】	光标移到文档的开始位置
【End】	移到行尾	【Ctrl + End】	光标移到文档的结束位置
【PageUp】	上移一页	【Ctrl + PageUp】	光标移到当前页或上一页的行首
【PageDown】	下移一页	【Ctrl + PageDown】	光标移到下页的行首
【Backspace】	删除光标左边一个字符或汉字	【Delete】	删除光标右边一个字符或汉字

2. 中文和英文的输入

文本的输入分为中文输入和英文输入两种。

（1）中文输入

选择一种自己熟悉的汉字输入法在定位光标处直接输入即可。需要注意的是：文本输入到一行的末尾时，不要按【Enter】键换行，在用户输入下一个字符时将自动转到下一行的开头。按【Enter】键表示生成一个新的段落。

（2）英文输入

在文档中输入英文时，一定要先切换到英文状态下。输入大写的英文字母的方法有两种：一是按【Caps Lock】键，键盘右上角的 Caps Lock 灯会亮，此时输入的任何字母都是大写；二是按住【Shift】键的同时再输入键盘字母，此时键入的字母也是大写的。

3. 自动更正、拼写和语法

（1）“自动更正”功能

通过“自动更正”功能将自动检测并更正输入错误或误拼的单词。可以使用“自动更正”快速插入文字、图形或符号，例如，可通过键入“(c)”来插入“©”，也可通过键入“ac”来插入“AcmeCorporation”。

若要使用“自动更正”功能，则先添加“自动更正”条目，具体步骤如下：

① 单击【插入】→【符号】命令组中的【符号】按钮Ω，在其下拉列表中选择【其他

符号】命令，弹出【符号】对话框。

② 单击【自动更正】按钮，弹出“自动更正”对话框。

③ 在【替换】编辑框中输入替换键（如“ac”），在【替换为】编辑框中输入替换的内容（如“AcmeCorporation”），如图3-14所示，并依次单击【添加】、【确定】按钮。

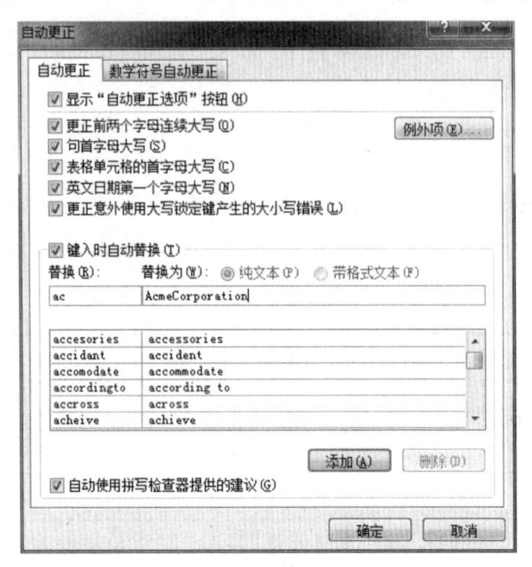

图3-14 【自动更正】对话框

④ 返回Word 2010文档，在文档中输入“ac”后将替换为“AcmeCorporation”。

（2）拼写和语法检查

Word 2010可以自动监测所输入的文字类型，并根据相应的词典自动进行拼写和语法检查，在系统认为错误的字词下面出现彩色的波浪线，红色波浪线代表拼写错误，蓝色波浪线代表语法错误。用户可以在这些单词或词组上右击获得相关的帮助和提示。此功能能够对输入的英文、中文词句进行语法检查，从而提醒用户进行更改，减少输入文档的错误率。拼写和语法检查的方法有如下两种：

① 按【F7】键，Word就开始自动检查文档，并弹击【拼写和语法】对话框。

② 单击【审阅】→【校对】命令组中的【拼写和语法】按钮，Word就开始进行检查。

Word只能查出文档中一些比较简单或者低级的错误，特别中文语法错误需要用户自己检查。

4. 插入和改写

Word默认状态是“插入”状态，即在一个字符前面插入另外的字符时，后面的字符自动后移。按【Insert】键后，就变为“改写”状态，此时，在一个字符的前面输入另外的字符时原来的字符会被现在的字符替换。再次按【Insert】键后，则又回到“插入”状态。

5. 字符的删除

若输入了错误的文字时，可以将其删除。当光标位于错误字符的左边时，按【Delete】键即可依次删除错误字符；当光标位于错误字符的右边时，按【Backspace】键即可删除错误字符。

可以通过鼠标单击或键盘上的【↑】【↓】【←】【→】键来移动光标。

6. 输入特殊符号

输入文本时，经常遇到一些需要插入的特殊符号，如希腊字母、数学运算符π等，Word 2010提供了非常完善的特殊符号列表，可以通过下面的方法输入：

① 单击【插入】→【符号】命令组中的【符号】按钮，弹出图 3-15 所示的【符号】下拉列表。

② 在下拉列表上部显示的是最近常用的【特殊符号】。如果上面有要插入的符号，直接单击插入即可，如果没有，选择下拉列表中的【其他符号】命令，弹出图 3-16 所示的【符号】对话框。

③ 在【符号】选项卡中拖动垂直滚动条查找需要的字符，然后单击【插入】按钮即可将字符插入到文档中。也可以改变【字体】列表框中的字体类型和【子集】列表框中的子集来快速定位到所需符号。

图 3-15　【符号】下拉列表

图 3-16　插入【符号】对话框

3.3　文档编辑修改

Word 2010 提供了强大的编辑功能，可以很方便地完成对输入信息的修改和格式的设置，如插入、移动、复制、删除以及查找，字体和格式设置等。要对输入的信息进行编辑修改，首先要选中文字信息，然后进行相应的修改操作即可。

3.3.1　选择文本

在对 Word 文档中的内容进行操作时，一般要按“先选定、后操作”的原则进行。被选取的文本在屏幕上表现为“黑底白字”。文本选取的方法较多，用户应根据实际情况，确定不同的文本选取方法，以便快速操作。

1. 全文选取

全文选取的操作方法有如下几种：

① 选择【开始】→【编辑】→【选择】→【全选】命令，选取全文。

② 鼠标在选定区域三击即可选中全文。

③ 按【Ctrl+A】组合键，选取全文。

④ 先将光标定位到文档的开始位置，再按【Shift + Ctrl + End】组合键选取全文。

⑤ 按住【Ctrl】键的同时单击文档左边的选定区域，选取全文。

2. 选定部分文档

选取文档的操作方法如表 3-2 所示。

表 3-2　选取文档的操作方法

选取范围	操作方法
字符的选取	选取一个字符：将鼠标指针移动到字符前，单击并拖动一个字符的位置
	选取多个字符：把鼠标指针移动到要选取的第一个字符前，按住鼠标左键拖动到选取字符的末尾，松开鼠标
行的选取	选取一行：在行左边文本选定区单击
	选取多行：选取一行后，继续按住鼠标左键并向上或向下拖动便可选取多行；或者按住【Shift】键，单击结束行
	选取光标所在位置到行尾（行首）的文字：把光标定位在要选定文字的开始位置，按【Shift+End】组合键（或【Home】键）
	选取从当前插入点到光标移动所经过的行或文本部分：确定插入点，按【Shift】+光标移动键
句的选取	选取单句：按住【Ctrl】键，单击文档中的一个地方，鼠标单击处的整个句子就被选取
	选中多句：在选中单句的条件下，按住【Shift】键，单击最后一个句子的任意位置可选中多句
段落的选取	双击选取段落左边的选定区；或三击段落中的任何位置
矩形区的选取	按住【Alt】键，同时拖动鼠标
多页文本选取	先在开始处单击，然后按住【Shift】键并单击所选文本的结尾处
撤销选取的文本	在文本选取区外的任何地方单击

3.3.2　移动、复制和粘贴文本

1. 一般方法

（1）快捷命令移动/复制法

操作方法如下：

① 选定要移动/复制的文本区域。

② 按【Ctrl+X】/【Ctrl+C】组合键（表示“剪切”/“复制”命令）。

③ 光标定位于目标处，按【Ctrl+V】组合键（表示“粘贴”命令），至此完成选定文本的移动/复制操作。

（2）鼠标拖动移动/复制法

如果文档内容不长，可用鼠标拖动移动/复制法。其操作方法如下：

鼠标指定被选定文本区域并将其拖动到目标位置处，从而完成选定文本的移动操作；鼠标指定被选定文本区域，先按住【Ctrl】键，再将选定区域文本拖动到目标位置处，并先释放鼠标左键再释放【Ctrl】键，从而完成选定文本的复制操作。

2. 选择性粘贴

复制或移动文本后，单击【开始】→【剪贴板】命令组中的【粘贴】下拉按钮，选择适当的命令可以实现选择性粘贴，如图 3-17 所示。按【Esc】键，可以隐藏【粘贴选项】按钮。

3. 使用“Office 剪贴板”

利用“Office 剪贴板”存储的功能，可以快速复制多处不相邻的内容，操作方法如下：

单击【开始】→【剪贴板】命令组右下角的【对话框启动器】按钮，打开【剪贴板】任务窗格。然后选定要复制的内容，按【Ctrl+C】组合键，可以看到选中的内容已放入剪贴板，剪贴板中一般可容纳 24 个对象，如图 3-18 所示。

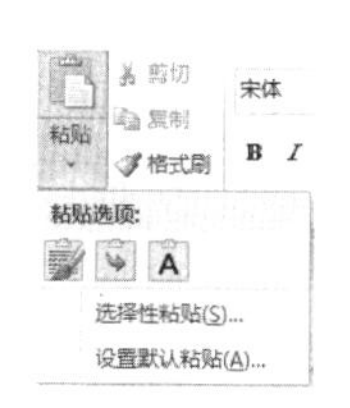

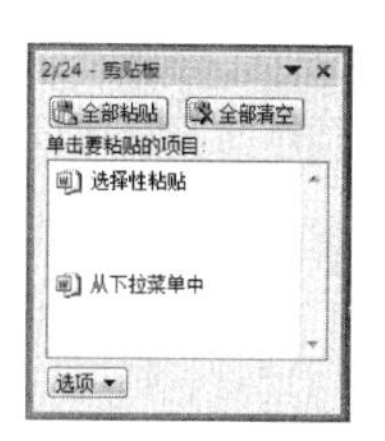

图 3-17　【粘贴】下拉列表　　　　图 3-18　【剪贴板】任务窗格

3.3.3　删除文本

删除文本内容是指将指定内容从文档中清除，操作方法如下：

① 按【Backspace】键可以删除插入点左侧的内容，按【Ctrl+Backspace】组合键可以删除插入点左侧的一个单词。

② 按【Delete】键可以删除插入点右侧的内容，按【Ctrl+Delete】组合键可以删除插入点右侧的一个单词。

③ 如果要删除的文本较多，可以首先使用上面介绍的方法将这些文本选中，然后按【Backspace】键或【Delete】键将它们一次全部删除。

3.3.4　查找和替换文本

1. 使用“导航”窗格搜索文本

通过 Word 2010 新增的“导航”窗格，可以查看文档结构，也可以对文档中的某些文本内容进行搜索，搜索到所需的内容后，程序会自动将其突出显示，操作步骤如下：

① 将光标定位到文档的起始处，选中【视图】→【显示】命令组中的【导航窗格】复选框（或按【Ctrl+F】组合键），打开【导航】窗格。

② 在窗格的文本框中输入要搜索的内容。

③ Word 将在【导航】窗格中列出文档中包含查找文字的段落，同时会自动将搜索到的内容突出显示，如图 3-19 所示。

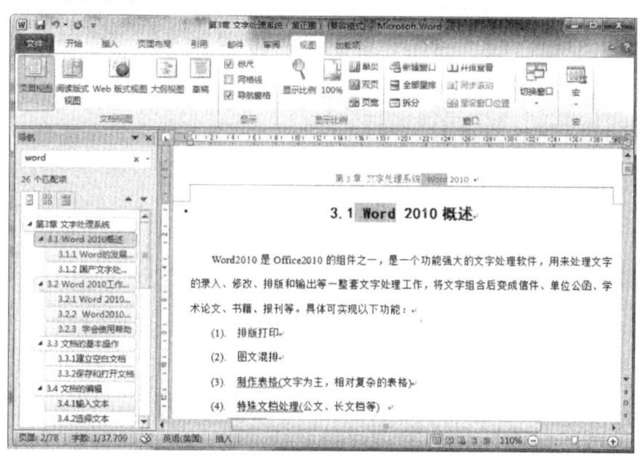

图 3-19　【导航】任务窗格

2. 使用【查找和替换】对话框查找文本

通过【查找和替换】对话框查找文本时，可以对文档内容一处一处地进行查找，灵活性比较大，操作步骤如下：

① 单击【开始】→【编辑】命令组中的【查找】下拉按钮，从下拉菜单中选择【高级查找】命令，弹出【查找和替换】对话框，如图 3-20 所示。

图 3-20 【查找和替换】对话框

② 在“查找内容”组合框中输入要查找的文本，如果之前已经进行过查找操作，也可以从“查找内容”组合框中选择。

③ 单击【查找下一处】按钮开始查找，找到的文本反白显示；若查找的文本不存在，将弹出含有提示文字“Word 已完成对文档的搜索，未找到搜索项”的对话框。

④ 如果要继续查找，再次单击【查找下一处】按钮；若单击【取消】按钮，对话框关闭，同时，插入点停留在当前查找到的文本处。

3. 替换文本

替换功能是指将文档中查找到的文本用指定的文本予以替代，或者将查找到的文本的格式进行修改，操作步骤如下：

① 按【Ctrl+H】组合键，弹出【查找和替换】对话框，并显示【替换】选项卡。

② 在【查找内容】组合框中输入或选择被替换的内容，在【替换为】组合框中输入或选择用来替换的新内容。当【替换为】组合框中未输入内容时，可以将被替换的内容删除。

③ 单击【全部替换】按钮，若查找的文本存在，则它们都进行替换操作。如果要进行选择性替换，可以先单击【查找下一处】按钮找到被替换内容，若想替换则单击【替换】按钮；否则继续单击【查找下一处】按钮，如此反复即可。

④ 如果要根据某些条件进行替换，可单击【更多】按钮展开【查找和替换】对话框，在其中设置查找或替换的相关选项（见图 3-21），接着按照上述步骤进行操作。

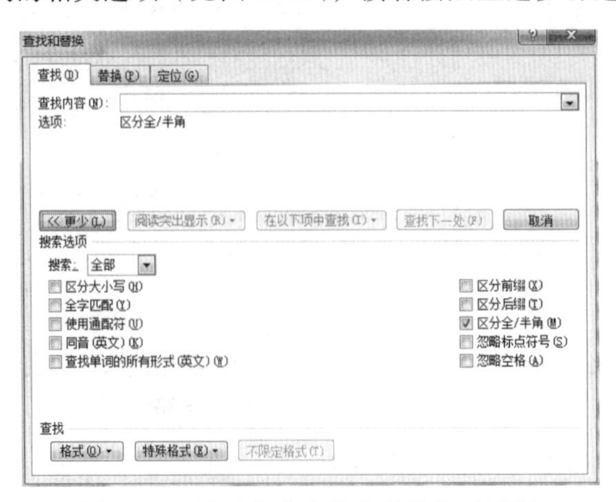

图 3-21 展开的【查找和替换】对话框

3.3.5 撤销与恢复

“撤销”功能可以撤销最近进行的操作，恢复到执行操作前的状态。

【恢复键入】：还原用“撤销”命令撤销的操作。

【重复键入】：可以重复上一步的操作。

撤销前一次操作的快捷键是【Ctrl+Z】；恢复撤销操作的快捷键是【Ctrl+Y】。

用户可以使用快速访问工具栏中的按钮或快捷键方式撤销和恢复一次操作。

3.3.6 字符格式化

设置并改变字符的外观称为字符格式化，包括设置字体与字号，使用粗体、斜体，添加下画线，改变字符颜色，设置特殊效果，调整字符间距等。

1. 字体效果设置

（1）利用【字体】命令组中的按钮进行快速设置

选定要修改的文本，单击【开始】→【字体】命令组（见图 3-22）中的相应按钮可以完成字体设计。【字体】命令组中各图标按钮的功能如图 3-23 所示。鼠标指针指向相应的按钮时，会显示该按钮的功能。在该命令组中可以完成字体、字号、文本效果、颜色、清除格式等多种设置。

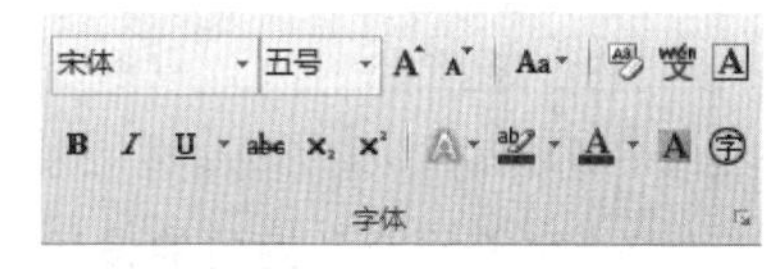

图 3-22 【字体】命令组

在 Word 2010 中还提供了多种字体特效设置，还有轮廓、阴影、映像、发光 4 种具体设置。设置方法如下：

选择要设置特效的字体，单击【开始】→【字体】命令组中的【文本效果】按钮，打开图 3-24 所示的特效设置菜单，根据需要完成设置。

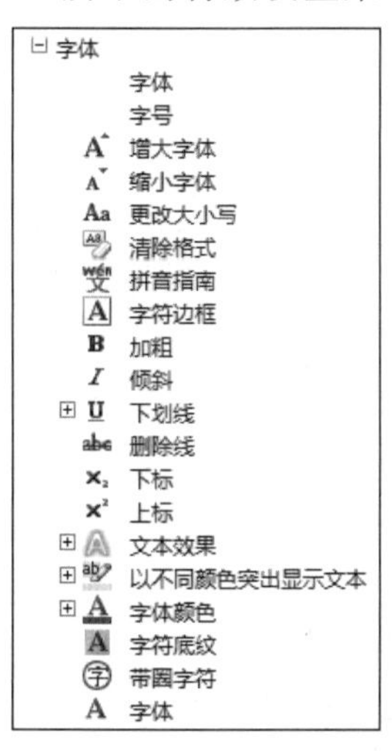

图 3-23 【字体】命令组中各按钮的功能

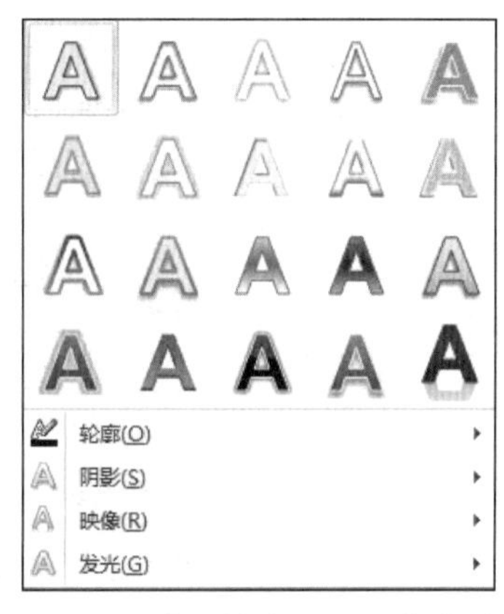

图 3-24 【字体特效设置】菜单

（2）使用【字体】对话框进行设置

选定要修改的文本，单击【开始】→【字体】命令组右下角的【对话框启动器】按钮

（或按【Ctrl+Shift+F】组合键），弹出图 3-25 所示的【字体】对话框。在【字体】选项卡中可以完成字体、字号、字形、颜色、效果等的设置。

在【字体】对话框中单击【文字效果】按钮，弹出图 3-26 所示的“设置文本效果格式”对话框，在左边窗格中选择设置项目，在右边窗格中完成具体的设置。

图 3-25 【字体】对话框

图 3-26 【设置文本效果格式】对话框

2．字符间距及缩放的设置

对字符间距的设置，是指加宽或紧缩所有选定的字符的横向间距。选定要进行设置的文字，在“字体”对话框中选择【高级】选项卡，如图 3-27 所示，在【字符间距】区域的【间距】下拉列表框中可设置【标准】【加宽】【紧缩】，选择需要设置的参数后单击【确定】按钮即可。

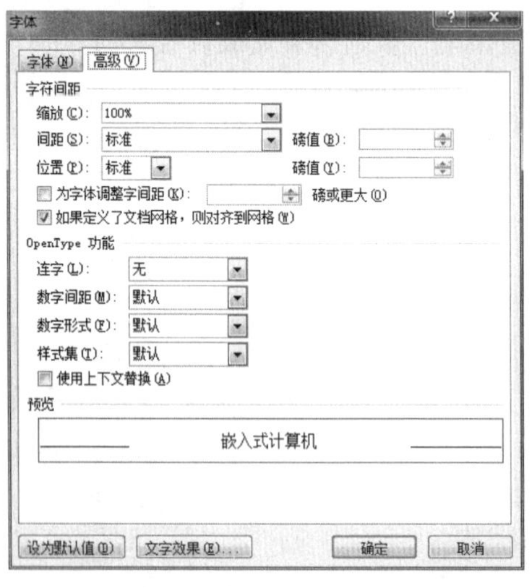

图 3-27 【字体】对话框【高级】选项卡

字符缩放是指把字符按比例增大或缩小。选定要进行缩放的本文，在图 3-27 所示的【缩放】下拉列表框中选择不同的百分比可以调节字符缩放比例。也可单击【开始】→【段落】命令组中的【字符缩放】进行缩放设置。

3．首字下沉

“首字下沉”是指段落的第一个字符加大并下沉，它可以使文章突出显示效果，以引起人们的注意。设置首字下沉的步骤如下：

① 首先选择要设置首字下沉的段落。

② 单击【插入】→【文本】命令组中的【首字下沉】按钮，打开首字下沉菜单。

③ 在菜单中选择【下沉】或【悬挂】命令按默认的参数完成设置；如果想改变下沉行数和距正文的距离等参数，可在菜单中选择【首字下沉选项】命令，弹出【首字下沉】对话框，在其中选择【下沉】或【悬挂】选项，可对【字体】【下沉行数】【距正文位置】等参数进行设置，如不进行选择，则计算机默认为“无”。

4．边框和底纹的设置

完成边框和底纹的设置有如下两种操作方法：

① 选定要设置边框的文本，单击【开始】→【字体】命令组中的【字符边框】按钮 A 即可完成边框设置；单击【开始】→【字体】命令组中的【字符底纹】按钮 A 即可完成字符底纹设置。若要取消边框和底纹的设置，需先选中已设置了边框或底纹的文本，再单击一下相应的按钮即可。

② 单击【页面布局】→【页面设置】命令组右下角的【对话框启动器】按钮，弹出【页面设置】对话框，选择【版式】选项卡（见图 3-28），单击【边框】按钮，弹出图 3-29 所示的【边框和底纹】对话框。

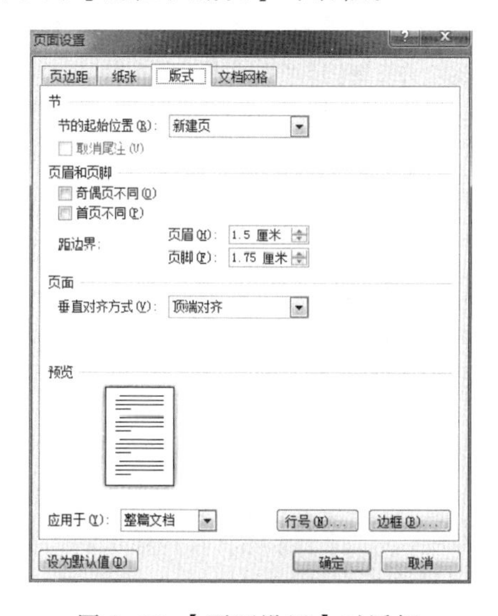

图 3-28 【页面设置】对话框

图 3-29 【边框和底纹】对话框

在【边框】选项卡中设置边框的样式、边框线的类型、颜色和宽度。

在【底纹】选项卡中设置填充色、底纹的图案和颜色，并在预览中查看设置的效果。

注意：若要将此设置应用于整个段落，在【应用于】下拉列表框中选择【段落】选项；若是只应用于所选文字，则选择【文字】选项。

5．文字方向

Word 2010 中可以方便地更改文字的显示方向，实现不同的效果。单击【页面布局】→

【页面设置】命令组中的【文字方向】按钮，打开如图 3-30 所示的下拉菜单。

在该菜单中选择不同的命令完成不同的文字方向设置。

在下拉菜单中选择【文字方向选项】命令，弹出图 3-31 所示的【文字方向-主文档】对话框，在【方向】区域中选择方向类型，在【预览】区域可显示设置的效果，在【应用于】下拉列表框中选择【整篇文档】或是【插入点之后】选项，单击【确定】按钮完成文字方向设置。

图 3-30 【文字方向】下拉菜单

图 3-31 【文字方向-主文档】对话框

注意：该对话框的应用对象是【整篇文档】，即全部文字都将改变方向。如果需要对特定的文字应用不同方向，则该文字必须处在特定的“容器”中，例如“文本框”、表格中的“单元格”等。

3.3.7 段落格式化

在 Word 2010 中，段落是独立的信息单位，可以具有自身的格式特征，如对齐方式、间距和样式。每个段落都是以段落标记“ ↵ ”作为段落的结束标志。每按【Enter】键一次结束一段而开始另一段时，生成的新段落会具有与前一段相同的特征，也可以为每个段落设置不同的格式。

1.【段落】命令组中的常用按钮

单击【开始】→【段落】命令组中的按钮，可以完成段落格式的设置。【段落】命令组中各命令按钮的功能如图 3-32 所示。

2. 段落的缩进设置

段落的缩进包括左缩进、右缩进、首行缩进和悬挂缩进。为了标识一个新段落的开始，一般都将一个段落的首行缩进两个字符，这称为首行缩进。悬挂缩进是指文档的第二行及后续的各行缩进量都大于首行，悬挂缩进常用于项目符号和编号列表。可以单击【开始】→【段落】命令组中的按钮设置；或使用【段落】对话框进行设置；或使用标尺进行设置。

（1）运用命令组中的按钮设置段落的缩进

使用命令组中的按钮只能完成“段落左缩进量的增加和减少”。把光标定位到需要改变缩进量的段落内或选中要改变缩进量的段落，单击【开始】→【段落】命令组中的【 】(增加）或【 】（减少）按钮即可。

（2）运用【段落】对话框设置段落缩进

如果要精确地设置首行缩进，可以运用【段落】对话框中的设置选项来实现。单击【开始】→【段落】命令组右下角的【对话框启动器】按钮，弹出图 3-33 所示的【段落】对话框。

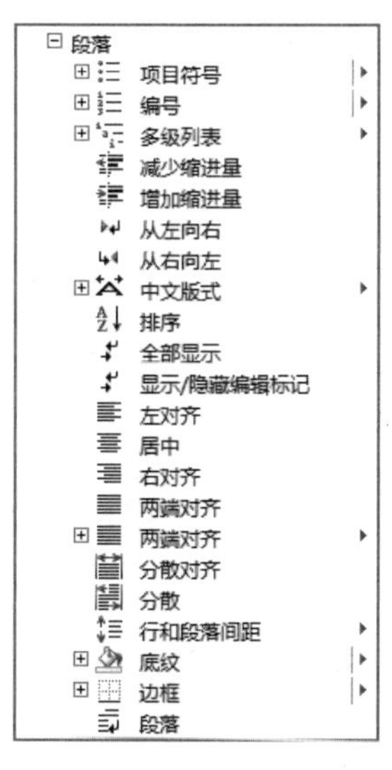

图 3-32　【段落】命令组中各按钮的功能

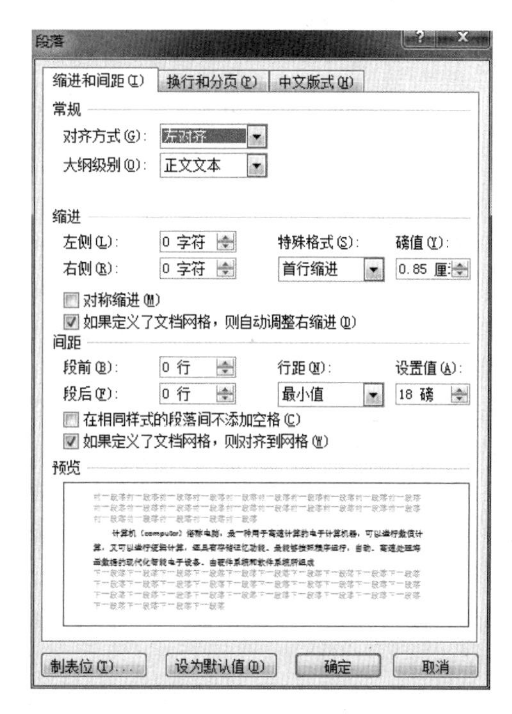

图 3-33　“段落”设置对话框

在【段落】对话框中，选择【缩进和间距】选项卡，在【缩进】区域的【左侧】微调框中输入左缩进的数值，在【右侧】微调框中输入右缩进的数值，在【特殊格式】下拉列表框中选择【首行缩进】或【悬挂缩进】选项，然后在右侧的【磅值】微调框中填入数字或单击滚动按钮选择。

（3）运用标尺设置段落的缩进

Word 2010 默认是不显示标尺的，要使用标尺，首先要让标尺显示出来，这需要对 Word 2010 进行设置。设置方法有如下两种：

① 在 Word 2010【视图】选项卡中找到【显示】命令组，选中【标尺】复选框即可。

② 在 Word 2010 编辑区右侧上下滚动条的最上方有一个小标志，那个就是显示隐藏标尺的标志，单击之后也可以让标尺显示出来。

如果没有显示滚动条，要先设置显示滚动条。方法为：选择【文件】→【选项】命令，弹出【Word 选项】对话框，选择【高级】选项卡，在右侧的【显示】区域选中【显示垂直滚动条】复选框即可。

运用标尺设置段落的缩进，首先把光标定位到需要设置首行缩进段落内，将水平标尺上的【首行缩进】标记“▽”拖动到希望文本开始的位置，如果需要设置悬挂缩进，则可以将水平标尺上【悬挂缩进】标记“□”拖动到所需的缩进起始位置。同样，如果需要所有段落左边缩进数格或右边缩进数格，则将水平标尺上【左缩进】或【右缩进】标记“⌂”拖动到所需的缩进起始位置即可(【左缩进】标志位于标尺的左侧,【右缩进】标志位于标尺的右侧)，如图 3-34 所示。

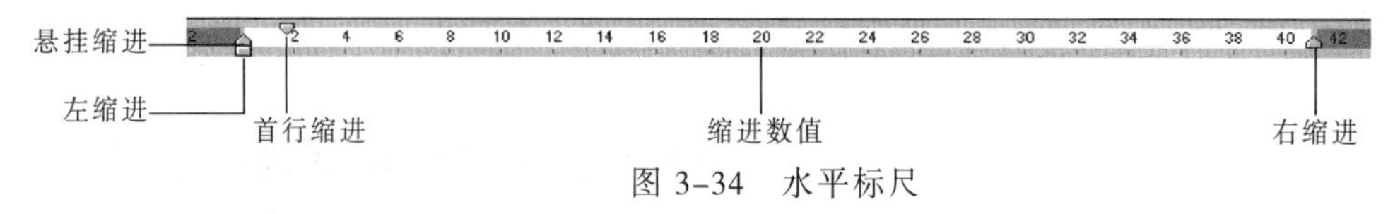

图 3-34　水平标尺

3. 段落的对齐方式设置

在编辑文档时，有时为了特殊格式的需要，要设置段落的对齐方式。例如，文档的标题一般要居中、正文的文字要左对齐等。

单击【开始】→【段落】命令组右下角的【对话框启动器】按钮，弹出图 3-33 所示的【段落】对话框。在【缩进和间距】选项卡的【常规】区域，单击【对齐方式】下拉按钮，在弹出的下拉列表中选择对齐方式，选择【左对齐】，则当前段落严格左边对齐，而不管右边的情况；选择【右对齐】，则当前段落严格右边对齐，而不管左边的情况；选择【居中】，则该段落居中排列；选择【分散对齐】，则当前段落的左右两端都对齐，末行的字符间距将会随之改变而使所有字符均匀分布在该行。

也可单击【开始】→【段落】命令组中的按钮来设置段落的对齐方式，单击【两端对齐】按钮、【居中对齐】按钮、【右对齐】按钮和【分散对齐】按钮将实现不同的对齐功能。

4. 段落行距与间距设置

（1）行距

行距表示各行文本间的垂直距离。改变行距将影响整个段落中所有的行。选定要更改其行距的段落，在图 3-33 中的【行距】下拉列表框中选择所需的选项。

①【单倍行距】: 行距设置为该行最大字体的高度加上一小段额外间距，额外间距的大小取决于所用的字体。

②【1.5 倍行距】: 段落行距为单倍行距的 1.5 倍。

③【两倍行距】: 段落行距为单倍行距的 2 倍。

④【最小值】: 恰好容纳本行中最大的文字或图形。

⑤【固定值】: 行距固定，在【设置值】微调框中输入或选择所需行距即可。默认值为 12。

（2）间距

间距是不同段落之间的垂直距离。间距的设置步骤如下：

将插入点置于段落中或选中多个段落。在图 3-33 所示的【间距和缩进】选项卡的【间距】区域的“段前”和“段后”微调框中输入所要的数值，单击【确定】按钮。

5. 项目符号和编号

（1）添加项目符号

选中要添加项目符号的段落，有以下几种方法添加项目符号：

① 单击【开始】→【段落】命令组中的【项目符号】按钮直接添加项目符号。

② 单击【开始】→【段落】命令组中的【项目符号】下拉按钮，打开图 3-35 所示的【项目符号库】，在其中选择一种符号形式，也可以选择【定义新项目符号】命令，弹出【定

义新项目符号】对话框，如图 3-36 所示。可以选择一种“符号”或“图片”作为项目符号，并且可以对项目符号的【字体】及【对齐方式】进行设置。

图 3-35　项目符号库

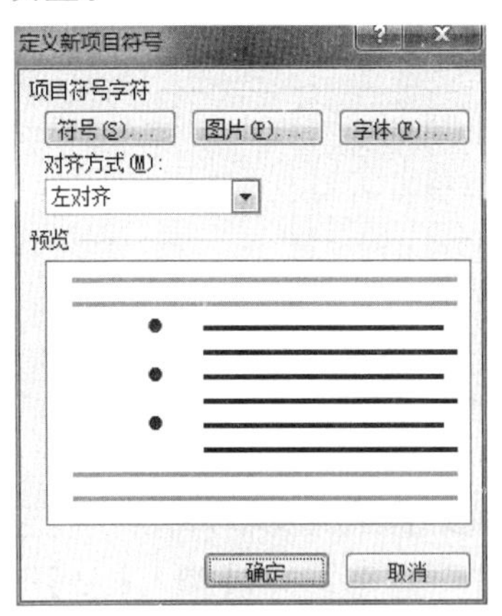

图 3-36　【定义新项目符号】对话框

③ 在文本编辑区右击，在弹出的快捷菜单中选择【项目符号】命令，打开图 3-35 所示的“项目符号库”，选择其中一种项目符号。

（2）添加编号

添加编号与添加项目符号方法基本一样。将光标置于要添加编号的段落或选中要添加编号的段落，有以下几种方法添加编号：

① 单击【开始】→【段落】命令组中的【编号】按钮直接添加编号。

② 单击【开始】→【段落】命令组中的【编号】下拉按钮，打开【编号库】。在其中选择一种编号形式，也可以选择【定义新编号格式】命令，弹出【定义新编号格式】对话框，选择一种编号样式，并且可以对编号样式的【字体】及【对齐方式】进行设置。

③ 在文本编辑区右击，在弹出的快捷菜单中选择【编号】命令，打开【编号库】，选择一种编号。

3.4　表格的应用

简单地讲表格就是使用一些横线、竖线或斜线将页面的某部分区域划分成一些较小的区域，每个区域称为表格的一个单元格，而每个表格单元格都相当于一个微型文档。对于表格中的文本，用户可以像编辑普通文本一样对其进行格式设置。

3.4.1　插入表格

在 Word 2010 中插入表格有以下几种方法：

1．拖动鼠标插入表格

① 在打开 Word 2010 文档页面，单击【插入】→【表格】命令组中的【表格】按钮，拖动鼠标选中合适的行和列的数量，释放鼠标即可在页面中插入相应的表格。

② 在【表格】命令组中单击【表格】按钮，并选择【插入表格】命令（见图 3-37），弹出【插入表格】对话框，如图 3-38 所示。

图 3-37 【插入表格】下拉菜单

图 3-38 【插入表格】对话框

2. 使用【插入表格】对话框

在【插入表格】对话框中分别设置表格行数和列数，如果需要的话，可以选择【固定列宽】【根据内容调整表格】或【根据窗口调整表格】单选按钮。完成后单击【确定】按钮即可。

3. 手工绘制表格

使用绘制工具可以创建具有斜线、多样式边框、单元格差异很大的复杂表格。操作步骤如下：

① 选择【插入】→【表格】→【绘制表格】命令，此时鼠标指针变为铅笔状。

② 在文档区域拖动鼠标绘制一个表格框，在表格框中向下拖动鼠标画列，向右拖动鼠标画行，对角线拖动鼠标绘制斜线。图 3-39 所示为手工绘制表格示例。

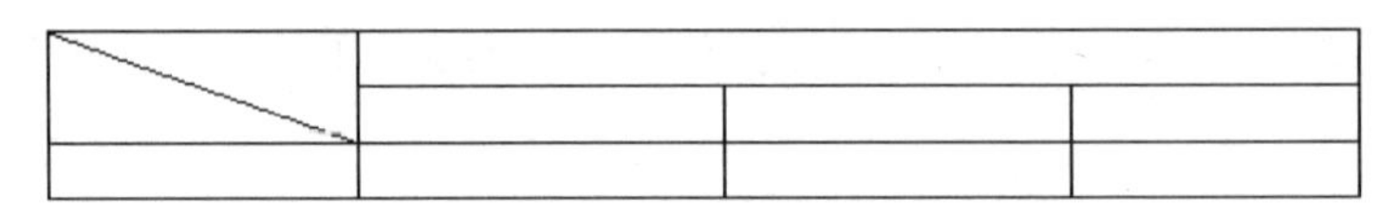

图 3-39 手工绘制表格示例

③ 手工绘制表格过程中自动打开【表格工具-设计】选项卡，如图 3-40 所示。在该选项卡的【绘图边框】命令组中可以选择“线型”、线的“粗细”和颜色等，使用【擦除】按钮可以擦除表格中不需要的线条。

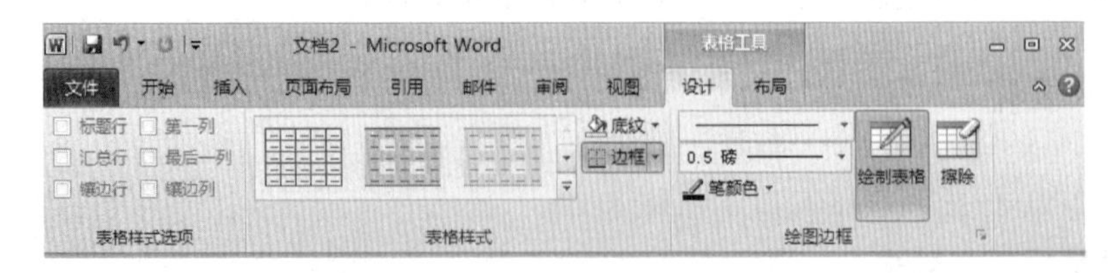

图 3-40 【表格工具-设计】选项卡

4. 绘制斜线表头

（1）绘制一根斜线表头

① 选中表格，单击【表格工具-布局】→【单元格大小】命令组中的【自动调整】下拉

按钮，在打开的菜单中选择【根据窗口自动调整表格】命令。

② 把光标定位在需要添加斜线的单元格中，单击【表格工具-设计】→【表格样式】命令组中的【边框】→【斜下框线】按钮，一根斜线的表头就绘制好了，如图 3-41 所示。

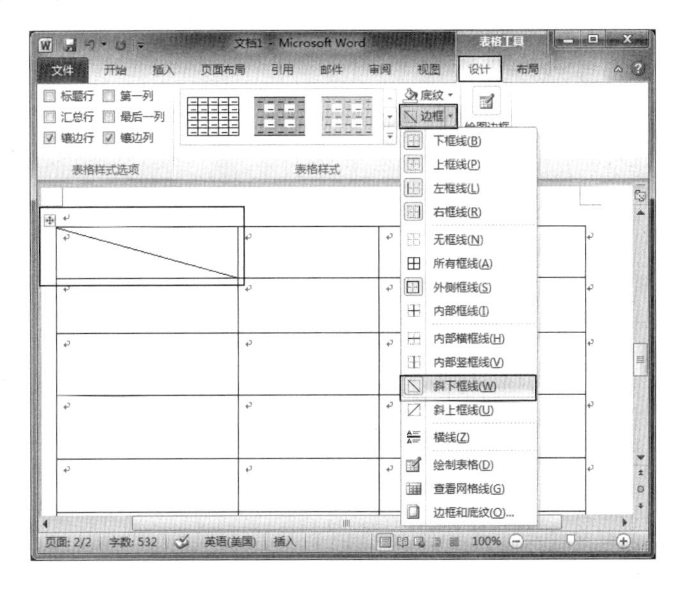

图 3-41　绘制斜线表头

③ 依次输入表头文字，通过空格键和【Enter】键控制位置，如图 3-42 所示。

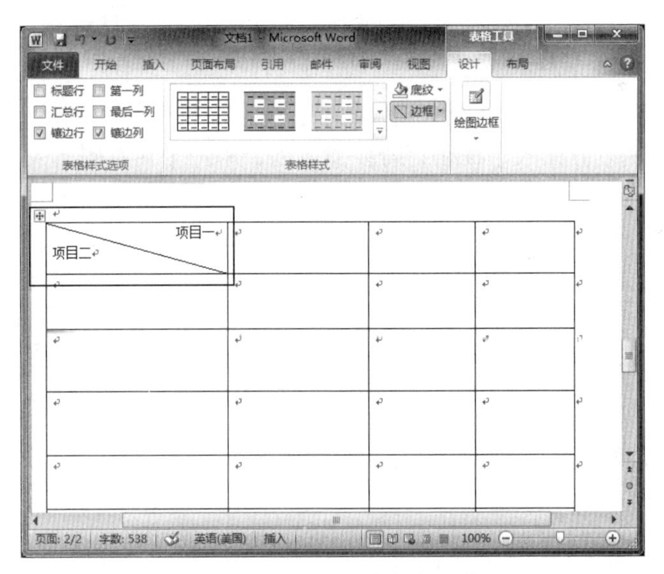

图 3-42　输入斜线表头文字

（2）绘制两根、多根斜线表头

① 要绘制多根斜线的话，就不能直接插入了，只能手动绘制。单击【插入】→【插图】命令组中的【形状】→【斜线】按钮。

② 根据需要，直接到表头上绘制相应的斜线即可。

③ 如果绘制的斜线颜色与表格不一致，还可以调整斜线的颜色。选择刚绘制的斜线，

单击【绘图工具-格式】→【形状样式】命令组中的【形状轮廓】下拉按钮，在打开的下拉菜单中选择需要的颜色。

④ 绘制好之后，依次输入相应的表头文字，通过空格键和【Enter】键移动到合适的位置即可。

5. 将文本转换为表格

Word 2010 可以将已经存在的文本转换为表格。要进行转换的文本应该是格式化的文本，即文本中的每一行用段落标记符分开，每一列用分隔符（如空格、逗号或制表符等）分开。操作方法如下：

① 选定添加段落标记和分隔符的文本。

② 选择【插入】→【表格】命令组中的【表格】→【文本转换成表格】命令，弹出【将文字转换成表格】对话框，如图 3-43 所示。Word 能自动识别出文本的分隔符，并计算表格列数，即可得到所需的表格。也可以通过设置分隔位置得到所需的表格。

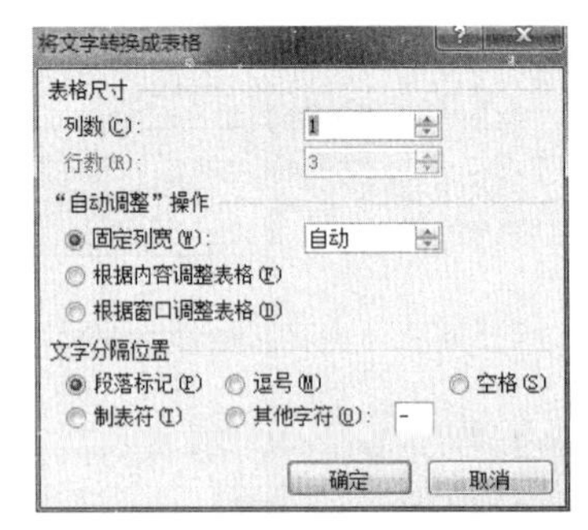

图 3-43 【将文字转换成表格】对话框

3.4.2 编辑表格

建立表格后，如不满足要求，可以对表格进行编辑，如插入或删除行、列、单元格，合并、拆分单元格等。

1. 插入行和列

将光标置于表格中，选择【表格工具-布局】→【行和列】命令组，若要插入行，单击【在上方插入】或【在下方插入】按钮；若要插入列，单击【在左侧插入】或【在右侧插入】按钮；如想在表格末尾快速添加一行，单击最后一行的最后一个单元格，按【Tab】键即可插入，或将光标置于末行行尾的段落标记前，直接按【Enter】键插入一行。

2. 插入单元格

将光标置于要插入单元格的位置，单击【表格工具-布局】→【行和列】命令组右下角的【对话框启动器】按钮，弹出【插入单元格】对话框，如图 3-44 所示。选择相应的插入方式后，单击【确定】按钮即可。

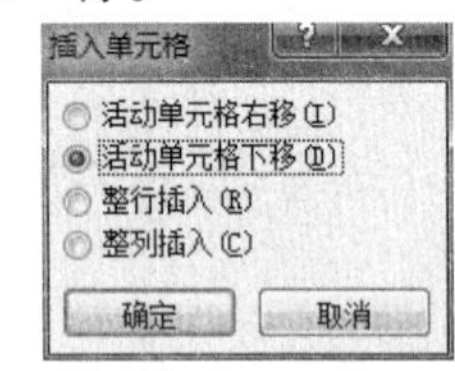

图 3-44 【插入单元格】对话框

3. 删除行和列

把光标定位到要删除的行或列所在的单元格中，或者选定要删除的行或列，单击【表格工具-布局】→【行和列】命令组中的【删除】下拉按钮，在打开的下拉菜单中选择【删除行】或【删除列】命令即可。

4. 删除单元格

把光标移动到要删除的单元格中或选定要删除的单元格，单击【表格工具-布局】→【行和列】命令组中的【删除】下拉按钮，在打开的下拉菜单中选择【删除单元格】命令，弹出

【删除单元格】对话框，选择相应的删除方式，单击【确定】按钮即可。

5．合并与拆分单元格

（1）合并单元格

将多个单元格合并为一个。选中需要合并的单元格，单击【表格工具-布局】→【合并】命令组中的【合并单元格】按钮即可。

（2）拆分单元格

将一个单元格拆分为多个。将鼠标置于将要拆分的单元格中，单击【表格工具-布局】→【合并】命令组中的【拆分单元格】按钮，弹出【拆分单元格】对话框。输入要拆分的列数和行数，单元【确定】按钮即可。

6．调整表格的列宽与行高

创建表格后，可以根据表格内容的需要调整表格的列宽与行高。

（1）使用鼠标调整表格的列宽与行高

若要改变列宽或行高，可以将指针停留在要更改其宽度的列的边框线上，当鼠标指针变为+||+形状时，按住鼠标左键拖动，达到所需列宽（或行高）时，松开鼠标即可。

（2）使用对话框调整行高与列宽

用鼠标拖动的方法直观但不易精确掌握尺寸，使用选项卡中的命令或者【表格属性】对话框可以精确设置行高与列宽。将光标置于要改变列宽和行高的表格中，在【表格工具-布局】→【单元格大小】命令组中的【高度】和【宽度】微调框中输入精确的数值即可。或者单击【表格工具-布局】→【单元格大小】命令组右下角的【对话框启动器】按钮，弹出【表格属性】对话框，如图 3-45 所示。在对话框中选择【行】或【列】选项卡，设置相应的行高或列宽。

图 3-45 【表格属性】对话框【行】选项卡

3.4.3　为表格设置边框和底纹

为美化表格或突出表格的某一部分，可以为表格添加边框和底纹。

选定要设置边框和底纹的单元格，单击【表格工具-布局】→【单元格大小】命令组右下角的【对话框启动器】按钮，弹出【表格属性】对话框，如图 3-46 所示，选择【表格】选项卡，单击【边框和底纹】按钮，弹出【边框和底纹】对话框，如图 3-47 所示。在【边框】选项卡中可以设置边框的样式，选择边框线的类型、颜色和宽度，在【底纹】选项卡中可以设置填充色、底纹的图案和颜色，若是只应用于所选单元格，则在【应用于】下拉列表框中选择【单元格】选项。

另外，可以使用选项卡中的命令按钮设置边框和底纹。选定要设置边框和底纹的单元格，单击【表格工具-设计】→【表格样式】命令组中的【边框】下拉按钮 边框 ▾，在打开的下拉菜单中选择相关的边框命令设置边框。单击【表格样式】命令组中的【底纹】下拉按钮底纹，在打开的下拉菜单中设置底纹。

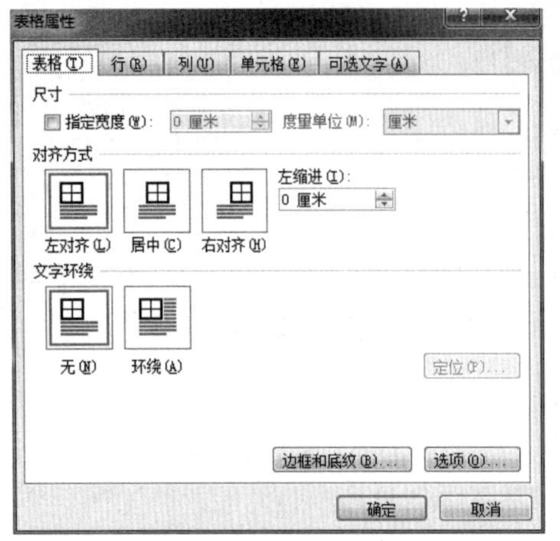

图 3-46 【表格属性】对话框【表格】选项卡

图 3-47 “边框和底纹”对话框

在【表格工具-设计】选项卡的【绘图边框】下拉菜单中还可以设置线型、线的粗细，还有【擦除】和【绘制表格】按钮。

知识拓展：上述有关表格的操作，还可以在选定表格（或行、列、单元格）后右击，在弹出的快捷菜单中选择相应命令实现。

3.4.4 表格的自动套用格式

使用上述方法设置表格格式，有时比较麻烦，因此，Word 提供了很多现成的表格样式供用户选择，这就是表格的自动套用格式。

选定表格，在【表格工具-设计】→【表格样式】命令组中列出了 Word 2010 自带的常用格式，可以单击右边的上下三角按钮切换样式，也可以单击【其他】按钮，打开图 3-48 所示的【样式设置】下拉菜单，在【内置】区域选择表格样式。也可选择相关命令，修改样式、清除样式、新建表式等。

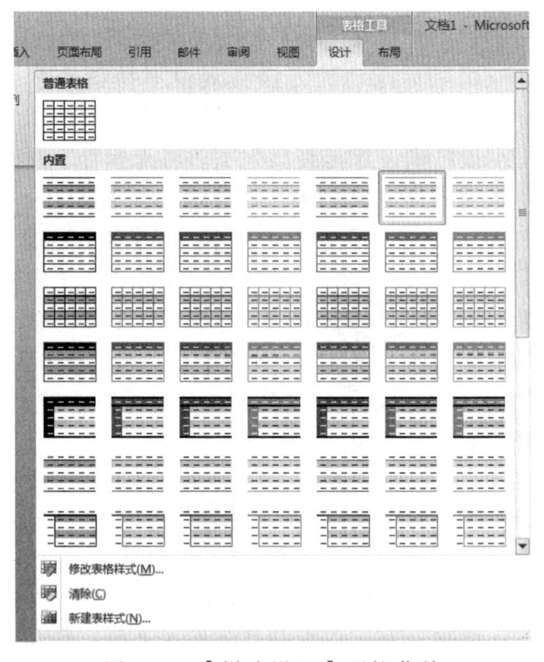

图 3-48 【样式设置】下拉菜单

3.4.5 表格中数据的计算与排序

1. 表格中数据的计算

Word 表格中数值的计算功能大致分为两部分，一是直接对行或列的求和、二是对任意单元格的数值计算，例如进行求和、求平均值等。

（1）行或列的直接求和

将插入点置于要放置求和结果的单元格中，单击【表格工具-布局】→【数据】命令组中的【公式】按钮，弹出图 3-49 所示的【公式】对话框。

图 3-49 【公式】对话框

如果选定的单元格位于一列数值的底端，Word 将自动采用公式=SUM(ABOVE)进行计算；如果选定的单元格位于一行数值的右端，Word 将采用公式=SUM(LEFT)进行计算。单击【确定】按钮，Word 将完成行或列的求和。

（2）单元格数值的计算

将光标置于要放置计算结果的单元格中，单击【表格工具-布局】→【数据】命令组中的【公式】按钮。如果 Word 自动提供的公式不是你所需要的，可以在【粘贴函数】下拉列表框中选择所需的公式。例如，要进行求和，可以单击【SUM】。然后，在公式的括号中输入单元格引用，可引用单元格的内容。例如，如果需要计算单元格 A1 和 B4 中数值的和，应建立这样的公式：=SUM（A1,B4）。在【数字格式】文本框中输入数字的格式。例如，要以带小数点的百分比显示数据，可以选择【0.00%】，则系统就会以该种格式显示数据。然后单击【确定】按钮，Word 会自动完成计算结果。

2．表格的排序

在 Word 2010 中可以对表格中的数字、文字和日期数据进行排序操作，具体操作步骤如下：

① 在需要进行数据排序的 Word 表格中单击任意单元格。单击【表格工具-布局】→【数据】命令组中的【排序】按钮，弹出【排序】对话框，如图 3-50 所示。

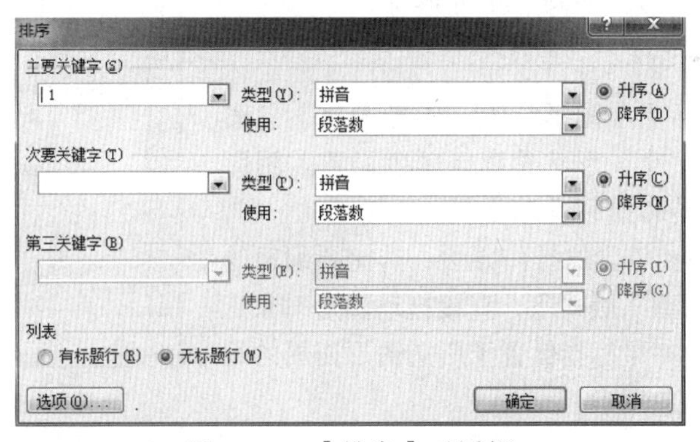

图 3-50 【排序】对话框

② 在【列表】区域中选中【有标题行】单选按钮。如果选中【无标题行】单选按钮，则 Word 表格中的标题行也会参与排序。

③ 在【主要关键字】区域的下拉列表框中选择排序依据的主要关键字，在【类型】下拉列表框中选择【笔画】【数字】【日期】或【拼音】选项。如果参与排序的数据是文字，则可以选择【笔画】或【拼音】选项；如果参与排序的数据是日期类型，则可以选择【日期】选项；如果参与排序的只是数字，则可以选择【数字】选项。选中【升序】或【降序】单选按钮设置排序的顺序类型。

④ 在【次要关键字】和【第三关键字】区域进行相关设置，并单击【确定】按钮，完成 Word 表格数据的排序。

3.5 图文混排

为了使文章变得图文并茂、形象直观，有时需要在文章中插入图形、图像及艺术字等。Word 2010 中能针对图像、图形、图表和艺术字等对象进行插入和样式设置，样式包括渐变效果、颜色、边框、形状和底纹等多种效果。

3.5.1 绘制图形

图形对象包括形状、图表和艺术字等，这些对象都是 Word 文档的一部分。单击【插入】→【插图】命令组中的按钮完成插入操作，通过【图片工具-格式】→【图片样式】命令组更改和增强这些图形的颜色、图案、边框和其他效果。

1. 插入形状

单击【插入】→【插图】命令组中的【形状】下拉按钮，打开【形状】面板，如图 3-51 所示。在面板中可选择线条、矩形、基本形状、箭头总汇、公式形状、流程图、星与旗帜、标注等图形，然后在绘图起始位置按住鼠标左键，拖动至结束位置就能完成所选图形的绘制。

绘图时应注意：拖动鼠标的同时按住【Shift】键，可绘制宽和高相等的图形，如圆、正方形等。

2. 编辑图形

图形编辑主要包括更改图形位置、图形大小、向图形中添加文字、形状填充、形状轮廓、颜色设置、阴影效果、三维效果、旋转和排列等基本操作。

① 设置图形大小和位置的操作方法：选定要编辑的图形对象，在非“嵌入型”版式下，直接拖动图形对象，即可改变图形的位置；将鼠标指针置于所选图形四周的编辑点上，拖动鼠标可缩放图形。

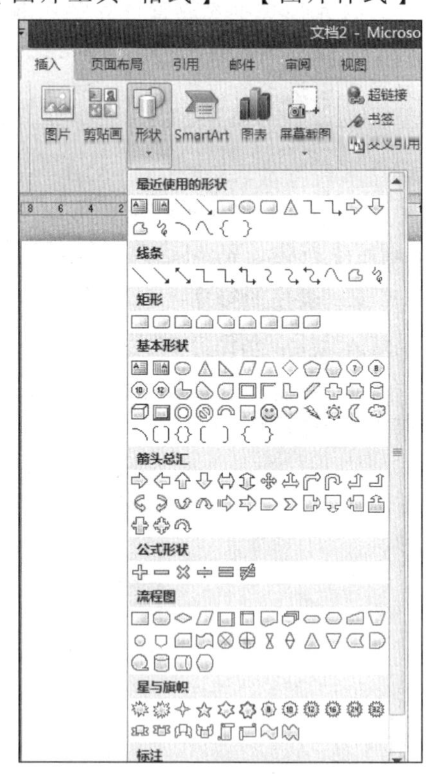

图 3-51 【形状】面板

② 向图形对象中添加文字的操作方法：右击图形，在弹出的快捷菜单中选择【添加文字】命令，然后输入文字即可，如图 3-52 所示。

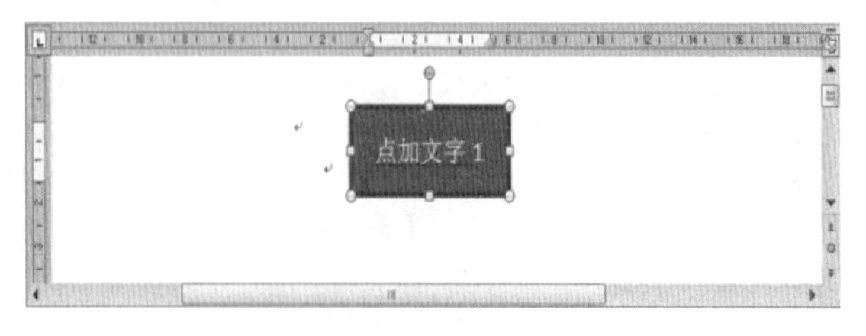

图 3-52 添加文字效果图

③ 组合图形的方法：选择要组合的多个图形对象后右击，在弹出的快捷菜单中选择【组合】→【组合】命令即可，效果如图 3-53 所示。

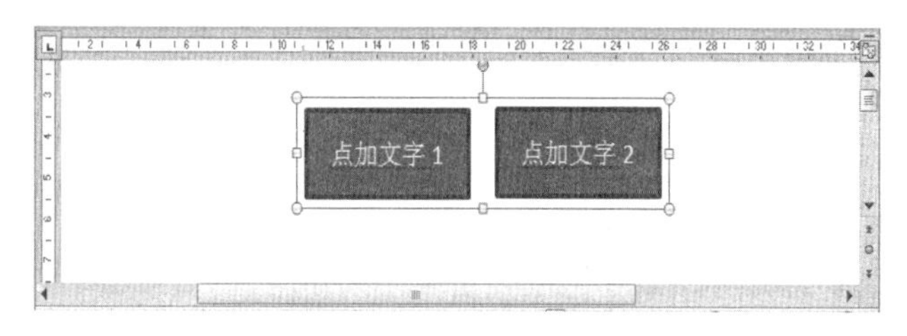

图 3-53　组合图形效果图

3. 修饰图形

如果需要设置形状填充、形状轮廓、颜色设置、阴影效果、三维效果、旋转和排列等基本操作，先选定要编辑的图形对象，出现图 3-54 所示的【绘图工具-格式】选项卡，单击相应功能按钮即可实现。

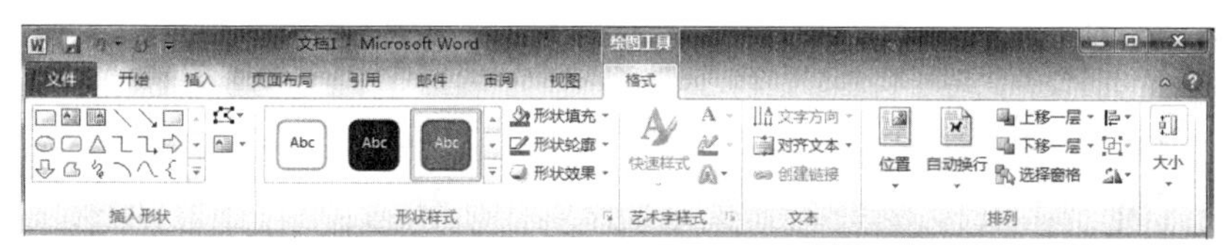

图 3-54　【绘图工具-格式】选项卡

（1）形状填充

选择要填充的图片，单击【绘图工具-格式】→【形状样式】命令组中的【形状填充】下拉按钮，打开图 3-55 所示的面板。如果选择设置单色填充，可选择面板中已有的颜色，或选择【其他填充颜色】命令，选择其他颜色为填充色；如果选择设置图片填充，选择【图片】命令，弹出【插入图片】对话框，选择一张图片作为图片填充；如图选择设置渐变填充，则选择【渐变】命令，打开图 3-56 所示的面板，选择一种渐变样式即可，也可选择【其他渐变】命令，弹出图 3-57 所示的【设置形状格式】对话框，设置相关参数的渐变填充效果。

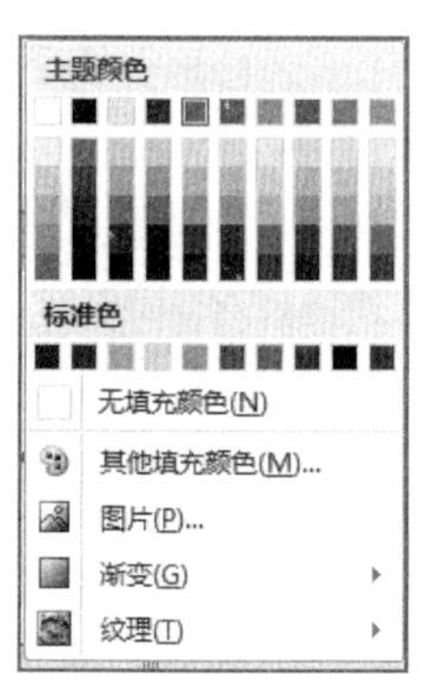

图 3-55　【形状填充】面板

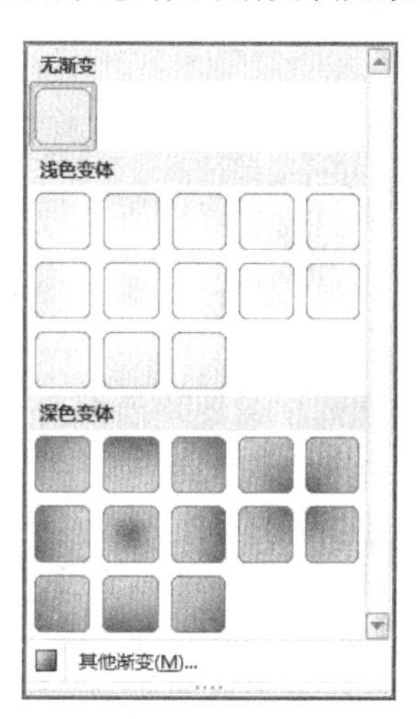

图 3-56　【形状填充样式】面板

（2）形状轮廓

指设置图形形状的边框线。操作方法：选择图形对象，单击【绘图工具-格式】→【形状样式】命令组中的【形状轮廓】下拉按钮，在打开的面板中可以设置轮廓线的线型、大小和颜色。

（3）形状效果

形状效果包括阴影、映像、发光、柔化边缘、棱台及三维旋转等多种类型效果，可通过预设选项进行形状效果的快速设置。设置方法：选定要设置形状效果的图形对象，单击【绘图工具-格式】→【形状样式】命令组中的【形状效果】下拉按钮，选择一种形状效果进行设置，如图 3-58 所示。

图 3-57 【设置形状格式】对话框

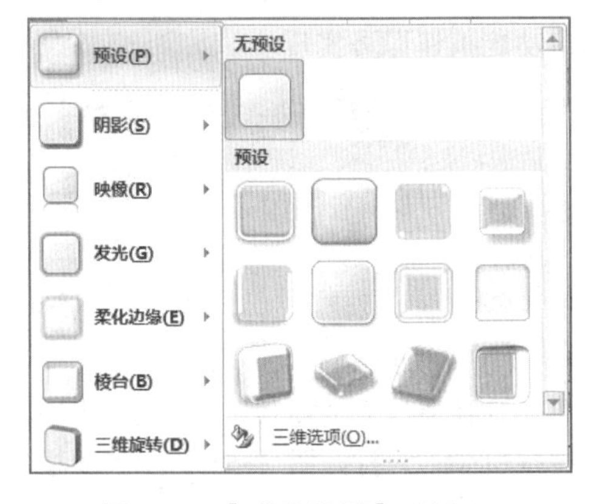

图 3-58 【形状效果】面板

（4）应用内置样式

选择要设置形状填充的图片，单击【绘图工具-格式】→【形状样式】命令组中选择一种内置样式即可应用到图片上。

3.5.2 插入图片

可以将内嵌的图片直接插入到文档中。内置图片有以下两种类型。

1. 来自“剪辑库”中的剪贴画

可以将剪辑库中的图片插入到 Word 2010 文档中，操作方法如下：

① 在文档中单击要插入剪贴画的位置。

② 单击【插入】→【插图】命令组中的【剪贴画】按钮，打开【剪贴画】任务窗格，如图 3-59 所示。

图 3-59 【剪贴画】任务窗格

③ 在【剪贴画】任务窗格的【搜索文字】文本框中输入描述要搜索的剪贴画类型的单词或短语，或输入剪贴

画的完整或部分文件名，如输入【人物】。

④ 在【结果类型】下拉列表框中选择查找的剪辑类型。

⑤ 单击【搜索】按钮进行搜索，将显示符合条件的所有剪贴画。

⑥ 单击要插入的剪贴画，即可将剪贴画插入到光标所在位置。

2. 来自文件的图片

① 在文档中单击要插入图片的位置。单击【插入】→【插图】命令组中的【图片】按钮。

② 弹出【插入图片】对话框，选择要插入图片所在的路径、类型和文件名，可以双击文件名直接插入图片或单击【插入】按钮插入图片。

3.5.3　编辑和设置图片格式

1. 修改图片大小

修改图片大小的操作方法，除跟前面介绍的修改图形的操作方法一样以外，也可以选定图片对象，在【图片工具-格式】→【大小】命令组中的【高度】和【宽度】文本框中设置图片的具体大小值，如图 3-60 所示。

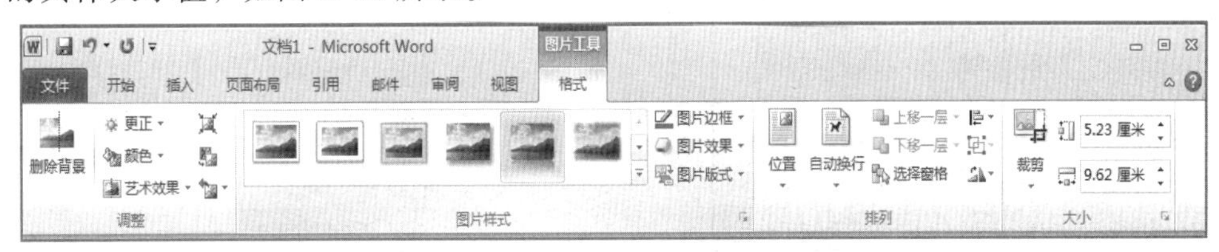

图 3-60　【图片工具-格式】功能区

2. 裁剪图片

用户可以对图片进行裁剪操作，以截取图片中最需要的部分，操作步骤如下：

① 选中需要进行裁剪的图片，单击【图片工具-格式】→【大小】命令组中的【裁剪】按钮。

② 图片周围出现 8 个裁剪控制柄，如图 3-61 所示，用鼠标拖动控制柄对图片进行裁剪，拖动控制柄直至调整合适为止。

③ 将鼠标光标移出图片，单击将确认裁剪。

图 3-61　裁剪图片效果

3. 设置正文环绕图片方式

正文环绕图片方式是指在图文混排时，正文与图片之间的排版关系，这些文字环绕方式包括【顶端居左】【四周型文字环绕】等 9 种方式。默认情况下，图片作为字符嵌入到 Word 2010 文档中，用户不能自由移动图片。而通过为图片设置文字环绕方式，则可以自由移动图片的位置，操作步骤如下：

① 选中需要设置文字环绕的图片。

② 单击【图片工具-格式】→【排列】命令组中的【位置】下拉按钮，打开位置面板，如图 3-62 所示。在打开的预设位置列表中选择合适的文字环绕方式。

如果用户希望在 Word 2010 文档中设置更多的文字环绕方式，可单击【排列】命令组中的【自动换行】按钮，在打开如图 3-63 所示的面板中选择合适的文字环绕方式即可。

Word 2010【自动换行】面板中每种文字环绕方式的含义如下：

① 四周型环绕：文字以矩形方式环绕在图片四周。
② 紧密型环绕：文字将紧密环绕在图片四周。
③ 穿越型环绕：文字穿越图片的空白区域环绕图片。
④ 上下型环绕：文字环绕在图片上方和下方。
⑤ 衬于文字下方：图片在下、文字在上分为两层。
⑥ 浮于文字上方：图片在上、文字在下分为两层。
⑦ 编辑环绕顶点：用户可以编辑文字环绕区域的顶点，实现更个性化的环绕效果。

图 3-62 【位置】面板

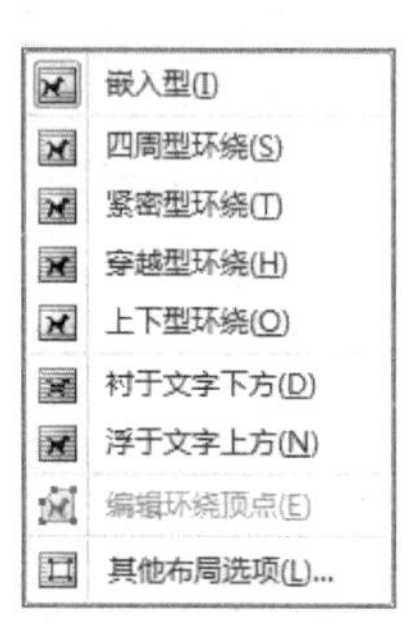

图 3-63 【自动换行】面板

在【图片工具-格式】→【排列】命令组中的【位置】或【自动换行】面板中选择【其他布局选项】命令，弹出【布局】对话框，设置图片的位置、文字环绕方式和大小，如图 3-64 所示。

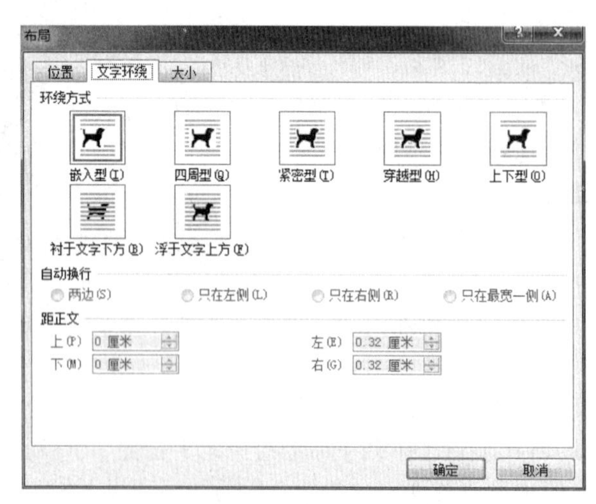

图 3-64 【布局】对话框

也可选中图片后右击，在弹出的快捷菜单中选择【大小和位置】命令，弹出【布局】对话框，设置图片的大小、位置和环绕方式。

4. 在 Word 2010 文档中添加图片题注

如果 Word 2010 文档中含有大量图片，为了能更好地管理这些图片，可以为图片添加题注。添加了题注的图片会获得一个编号，并且在删除或添加图片时，所有的图片编号会自动改变，以保持编号的连续性。在 Word 2010 文档中添加图片题注的步骤如下：

① 右击需要添加题注的图片，在弹出的快捷菜单中选择【插入题注】命令；或者选中图片，单击【引用】→【题注】→【插入题注】按钮，弹出【题注】对话框，如图 3-65 所示。

② 在【题注】对话框中，单击【编号】按钮，弹出【题注编号】对话框，如图 3-66 所示，选择合适的编号格式，单击【确定】按钮。

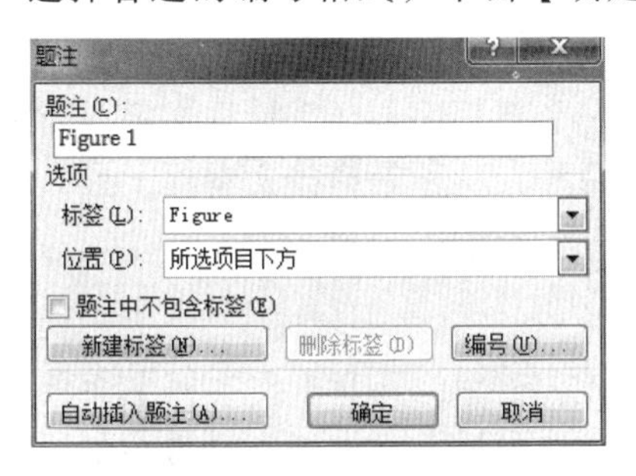

图 3-65　【题注】对话框

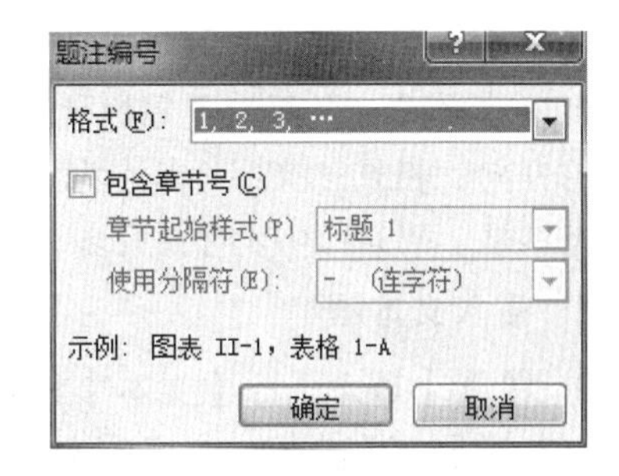

图 3-66　【题注编号】对话框

图 3-67　【自动插入题注】功能区

③ 返回【题注】对话框，在【标签】下拉列表框中选择【图表】标签。也可以单击【新建标签】按钮，在弹出的【新建标签】对话框中创建自定义标签。

④ 单击【自动插入题注】按钮，弹出【自动插入题注】对话框，如图 3-67 所示。在【插入时添加题注】列表框中选择要添加题注的类型，在【位置】下拉列表框中选择题注的位置（如【项目下方】），设置完毕后单击【确定】按钮。

⑤ 添加图片题注后，可以进一步编辑题注标题。

5. 在 Word 2010 文档中设置图片透明色

在 Word 2010 文档中，对于背景色只有一种颜色的图片，可以将该图片的纯色背景色设置为透明色，从而使图片更好地融入 Word 文档中。设置图片透明色的步骤如下：

① 选中需要设置透明色的图片，单击【图片工具-格式】→【调整】命令组中的【颜色】下拉按钮，在打开的颜色模式下拉列表中选择【设置透明色】命令。

② 鼠标箭头呈现彩笔形状，将鼠标箭头移动到图片上并单击需要设置为透明色的纯色背景，则被单击的纯色背景将被设置为透明色，从而使得图片的背景与 Word 2010 文档的背景色一致。

3.5.4　插入艺术字

Office 中的艺术字结合了文本和图形的特点，能够使文本具有图形的某些属性，如设置旋转、三维、映像等效果，在 Word、Excel、PowerPoint 等 Office 组件中都可以使用艺术字功能。用户可以在 Word 2010 文档中插入艺术字，操作步骤如下：

① 将插入点光标移动到准备插入艺术字的位置。

② 单击【插入】→【文本】命令组中的【艺术字】按钮，打开艺术字预设样式面板，在面板中选择合适的艺术字样式，便出现插入艺术字文字编辑框。

③ 在艺术字文字编辑框中，直接输入艺术字文本，并对输入的艺术字分别设置字体和字号等。在编辑框外单击即可完成艺术字的设定。

3.5.5 插入文本框

通过使用文本框，用户可以将 Word 文本很方便地放置到文档页面中的任意位置，而不必受到段落格式、页面设置等因素的影响。可以像处理一个新页面一样来处理文字，如设置文字的方向、格式化文字、设置段落格式等。文本框有两种：一种是横排文本框，另一种是竖排文本框。Word 2010 内置有多种样式的文本框供用户选择使用。

1. 插入文本框

① 单击【插入】→【文本】命令组中的【文本框】按钮，打开【文本框】面板，如图 3-68 所示，单击某一内置的文本框类型，便在文档窗口中插入文本框。可拖动鼠标调整文本框的大小和位置，或在其输入文本内容，甚至插入图片等操作。

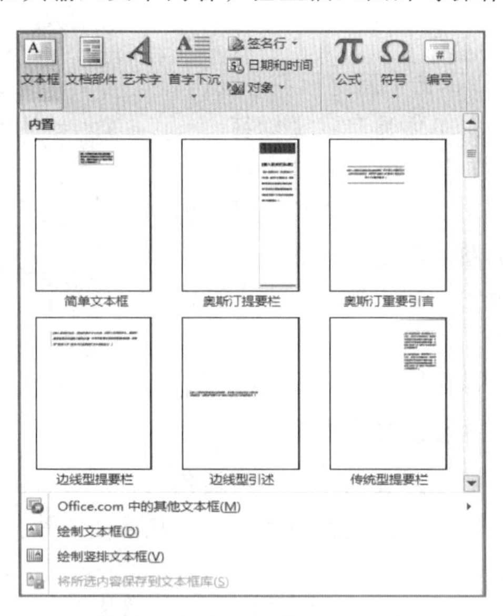

图 3-68 【文本框】面板

② 可以将已有内容设置为文本框。选中需要设置为文本框的内容，单击【插入】→【文本】命令组中的【文本框】按钮，在打开的【文本框】面板中选择【绘制文本框】或【绘制竖排文本框】命令，被选中的内容将被设置为文本框。

2. 设置文本框格式

处理文本框中的文字就像处理页面中的文字一样，可以在文本框中设置页边距，同时也可以设置文本框的文字环绕方式、大小等。

设置文本框格式的方法：右击文本框边框，在弹出的快捷菜单中选择【设置形状格式】

命令，弹出图 3-69 所示的【设置形状格式】对话框。

在该对话框中主要可完成如下设置：

① 设置文本框的线条和颜色，在【线条颜色】选项卡中可根据需要进行具体的颜色设置。

② 设置文本框格式内部边距，在【文本框】选项卡中的【内部边距】区域输入文本框与文本之间的间距数值即可。

若要设置文本框的其他布局，在右键快捷菜单中选择【其他布局选项】命令，弹出【布局】对话框，选择相应的选项卡进行设置即可。

另外，如果需要设置文本框的大小、文字方向、内置文本样式、三维效果和阴影效果等其他格式，可单击文本框对象，单击【绘图工具-格式】选项卡中的相应按钮来实现。

3．文本框的链接

在使用 Word 2010 制作手抄报、宣传册等文档时，往往会通过使用多个文本框进行版式设计。通过在多个 Word 2010 文本框之间创建链接，可以在当前文本框中充满文字后自动转入所链接的下一个文本框中继续输入文字。在 Word 2010 中链接多个文本框的步骤如下：

① 在 Word 文档中插入多个文本框。调整文本框的位置和尺寸，并单击选中第 1 个文本框。

② 单击【绘图工具-格式】→【文本】命令组中的【创建链接】按钮。

③ 鼠标指针变成水杯形状，将水杯状的鼠标指针移动到准备链接的下一个文本框内部，单击即可创建链接。

④ 重复上述步骤可以将第 2 个文本框链接到第 3 个文本框，依此类推可以在多个文本框之间创建链接，如图 3-70 所示。

图 3-69　【设置形状格式】对话框

图 3-70　文本框的链接

3.5.6　插入公式

Word 2010 中内置了公式编写和编辑公式，可以在行文的字里行间非常方便地编辑公式。在文档中插入公式有如下两种方法：

① 将插入点置于公式插入位置，按【Alt+=】组合键，系统自动在当前位置插入一个公

式编辑框，同时打开图 3-71 所示的【公式工具-设计】选项卡，单击相应按钮在编辑框中编写公式。

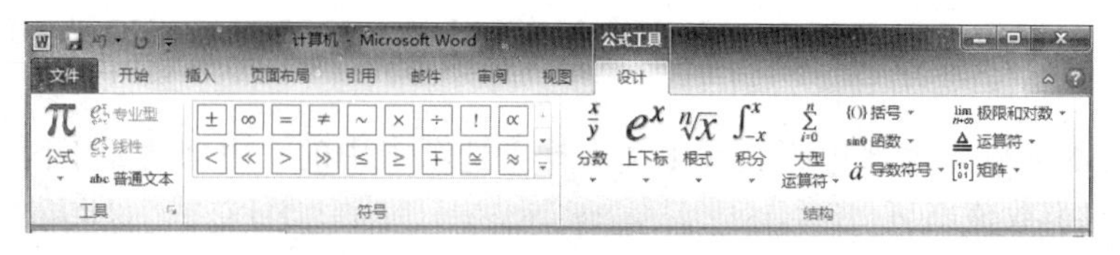

图 3-71 【公式工具-设计】选项卡

② 单击【插入】→【符号】命令组中的【公式】按钮π，插入一个公式编辑框，然后在其中编写公式，或者从【公式】下拉菜单中直接选择插入一个公式即可。

3.5.7 复制、移动及删除图片

图片的复制、移动及删除方法和文字的复制、移动及删除方法相似，操作步骤如下：

① 单击选中图片。

② 在图片上右击，在弹出的快捷菜单中选择【复制】【剪切】【粘贴】命令，即可对图片进行相应的操作；或直接用鼠标拖动实现图片的【复制】【移动】操作，也可用键盘上的【Delete】键实现图片的删除操作。

3.5.8 图文混排

1. 图文混排的功能与意义

图文混排就是在文档文字内容中插入图形或图片，使文章具有更好的可读性和更高的艺术效果。利用图文混排功能可以实现杂志、报刊等复杂文档的编辑与排版。

2. Word 文档的分层

Word 文档分成以下 3 个层次结构：

① 文本层：用户在处理文档时所使用的层。

② 绘图层：在文本层之上。可以将图形等对象置于该层。

③ 文本层之下层：可以把图形等对象置于该层，与文本层产生叠层效果。

在编辑文稿时，利用这三层，可以根据需要将图形等对象在文本层的上、下层次之间移动。例如，可以将某个图形对象移动到文本层，形成图文混排的各种效果；或将图形对象置于文本层之下，从而生成漂亮的背景或水印图案。

3.5.9 屏幕截图

在 Word 2010 中增加了屏幕截图功能，能将屏幕截图插入到文档中。

在文档中插入屏幕截图的步骤如下：

① 单击【插入】→【插图】命令组中的【屏幕截图】按钮，在下拉菜单中可以看到所有已经开启的窗口缩略图。

② 单击任意一个窗口即可将该窗口完整的截图插入到文档中。

③ 如果只想截取屏幕的一小部分，就单击【屏幕剪辑】按钮，然后在屏幕上拖动鼠标

选取想要截取的部分。

说明：屏幕截图功能只能在 Word 2010 版格式下使用。如果文件保存的是 Word 97-2003 文档（兼容模式），执行【文件】→【信息】→【转换】操作后，即可使用屏幕截图功能。

3.5.10　插入封面及空白页

1. 插入封面

在应用 Word 2010 编辑论文或者图书时，需要为文档设计一个封面。插入的封面总是位于 Word 文档的第 1 页。在文档中插入封面后，还可以根据文档内容的需求结合美化知识进一步编辑封面的内容。

在文档中插入封面的步骤如下：

① 打开 Word 2010 文档，单击【插入】→【页】命令组中的【封面】按钮。

② 在打开的【封面】样式库中选择合适的封面样式即可。

2. 插入空白页及分页

插入空白页可以生成新的页面，而插入分页是表示把当前页面分成两页。插入一个空白页或者分页的操作步骤如下：

① 打开 Word 2010 文档窗口，确定需要插入空白页或者分页的地方。

② 单击【插入】→【页】命令组中的【空白页】或者【分页】按钮。

3.6　页面排版与打印

3.6.1　页眉、页脚和页码的设置

在页眉和页脚中可以包括页码、日期、公司徽标、文档标题、文件名或作者名等文字或图形信息，这些信息通常打印在文档每页的顶部或底部。

在文档中可以自始至终用同一个页眉或页脚，也可以在文档的不同部分按节使用不同的页眉和页脚。例如，可以在首页上使用与众不同的页眉或页脚或者不使用页眉和页脚，还可以在奇数页和偶数页上使用不同的页眉和页脚，而且文档不同部分的页眉和页脚也可以不同。

1. 添加页码

页码是页眉和页脚中的一部分，对于一个长文档而言，页码是必不可少的，因此为了方便，Word 单独设立了“插入页码”功能。

如果用户希望每个页面都显示页码，并且不希望包含任何其他信息，可以快速添加库中的页码，也可以创建自定义页码。

（1）从库中添加页码

单击【插入】→【页眉和页脚】命令组中的【页码】下拉按钮，打开页码设置下拉菜单，在其中选择所需的页码位置，然后滚动浏览库中的选项，单击所需的页码格式即可；若要返回到文档正文，只须单击【页眉和页脚工具-设计】→【关闭】命令组中的【关闭页眉和页脚】按钮即可。

（2）添加自定义页码

双击页眉区域或页脚区域，单击【页眉和页脚工具-设计】→【位置】命令组中的【插入“对齐方式”选项卡】按钮，弹出【对齐制表位】对话框，如图3-72所示。在【对齐方式】区域设置对齐方式，在【前导符】区域设置前导符，并单击【确定】按钮。若要更改编号格式，单击【页眉和页脚工具-设计】→【页眉和页脚】命令组中的【页码】下拉按钮，在打开的下拉菜单中单击【设置页码格式】命令设置格式。单击【页眉和页脚工具-设计】→【关闭】命令组中的【关闭页眉和页脚】按钮即可返回到文档正文。

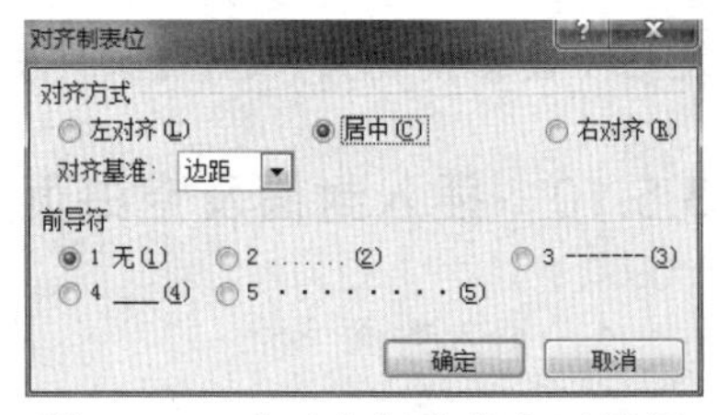

图3-72 【对齐制表位】对话框

2．添加页眉或页脚

单击【插入】→【页眉和页脚】命令组中的【页眉】或【页脚】按钮，在打开的下拉菜单中选择【编辑页眉】或【编辑页脚】命令，定位到文档中的位置，接下来有两种方法完成页眉或页脚内容的设置：一种是从库中添加页眉或页脚内容，另外一种是自定义添加页眉或页脚内容。单击【页眉和页脚工具-设计】→【关闭】命令组中的【关闭页眉和页脚】按钮即可返回到文档正文。

3．在文档的不同部分添加不同的页眉、页脚或页码

可以只向文档的某一部分添加页码，也可以在文档的不同部分使用不同的编号格式。例如，用户可能希望对目录采用i、ii、iii编号，对文档的其余部分采用1、2、3编号，而不会对索引采用任何页码。要实现这些页码显示效果，需要在文档不同位置插入节，然后在页眉页脚中用节来控制。另外，还可以在奇数页和偶数页上采用不同的页眉或页脚。相关操作方法如下：

（1）插入节，并用节自动控制不同区域的页码

① 插入节将各个文档分开。单击【页面布局】→【页面设置】命令组中的【分隔符】→【下一页】按钮，便实现“节”的插入。

② 插入页眉/页脚。进入页眉/页脚编辑状态，将【页眉和页脚工具-设计】→【导航】命令组中的【链接到前一条页眉】按钮禁用。

③ 编辑页眉或页脚内容，进行插入【页码】，设置【页码格式】，设置页码【起始编号】等操作，然后单击【确定】按钮。

④ 单击【页眉和页脚工具-设计】→【关闭】命令组中的【关闭页眉和页脚】按钮即可。

（2）在奇数和偶数页上添加不同的页眉、页脚或页码

① 进入页眉/页脚编辑状态。选中【页眉和页脚工具-设计】→【选项】命令组中的【奇偶页不同】复选框。

② 在其中一个奇数页上，添加要在奇数页上显示的页眉、页脚或页码编号。

③ 在其中一个偶数页上，添加要在偶数页上显示的页眉、页脚或页码编号。

④ 单击【页眉和页脚工具-设计】→【关闭】命令组中的【关闭页眉和页脚】按钮。

4．删除页码、页眉和页脚

双击页眉或页脚区域，然后选择页眉或页脚内容，按【Delete】键。若有必要，在不同区域中重复执行删除操作即可。

强调：若要编辑页眉和页脚，只须双击页眉或页脚区域即可。可以像编辑文档正文一样编辑页眉和页脚中的文本内容。

3.6.2　页面设置

Word 默认的页面设置是以 A4（21 cm×29.4 cm）为大小的页面，按纵向格式编排及打印输出。如果不适合，可以通过页面设置进行改变。

1. 设置纸型

纸型是指用什么样的纸张大小来编辑、打印文档。设置纸张大小的方法：单击【页面布局】→【页面设置】命令组中的【纸张大小】下拉按钮，在打开的列表框中选择合适的纸张类型。或者单击【页面布局】→【页面设置】命令组右下角的【对话框启动器】按钮，弹出图 3-73 所示的【页面设置】对话框，选择【纸张】选项卡，选择合适的纸张类型。

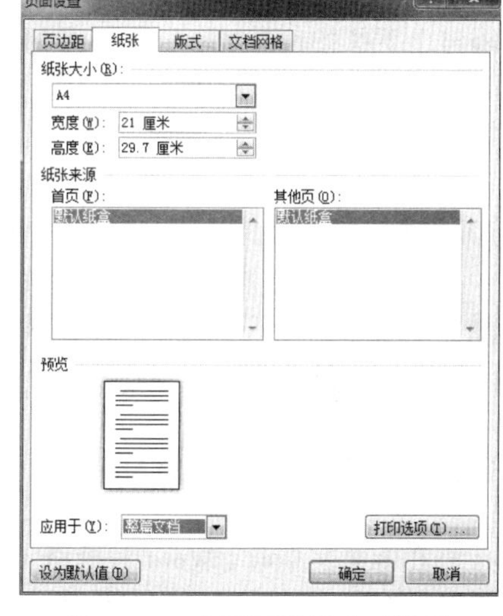

图 3-73　【页面设置】对话框

2. 设置页边距

页边距是指对于一张给定大小的纸张，相对于上、下、左、右四个边界分别留出的边界尺寸。设置页边距有以下两种方法：

① 单击【页面布局】→【页面设置】命令组中的【页边距】按钮，弹出图 3-74 所示的下拉列表，在列表中选择合适的页边距，或在列表框中选择【自定义边距】命令，弹出图 3-75 所示的【页面设置】对话框，选择【页边框】选项卡，在其中进行设置。

② 单击【页面布局】→【页面设置】命令组右下角的【对话框启动器】按钮，弹出图 3-75 所示的【页面设置】对话框，在【页边距】选项卡中进行设置。

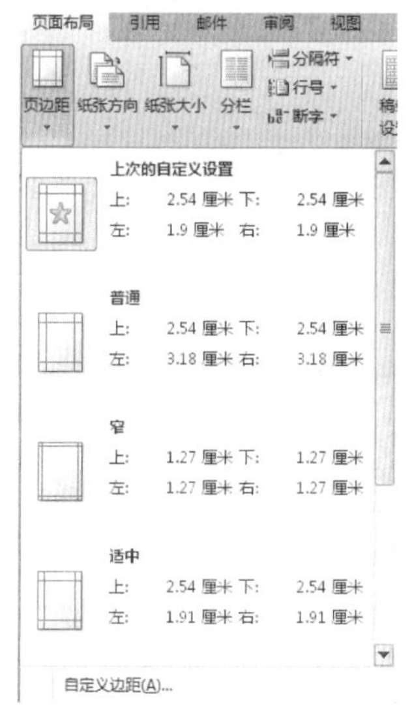

图 3-74　【页边距】下拉列表

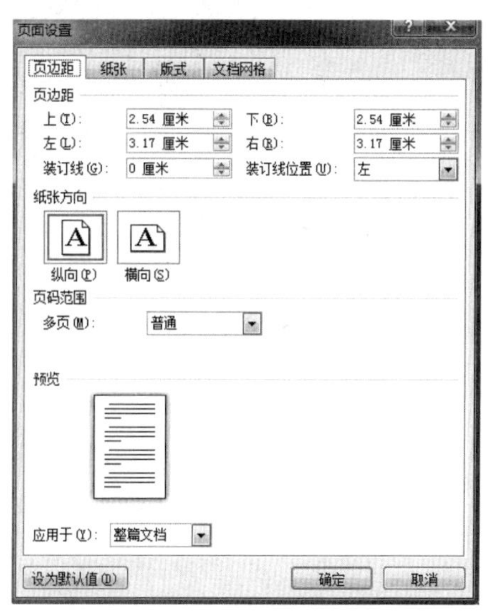

图 3-75　【页面设置】对话框【页边距】选项卡

3. 使用分隔符

分隔符是指表示节的结尾插入的标记。通过在 Word 2010 文档中插入分隔符，可以将 Word 文档分成多个部分。每部分可以有不同的页边距、页眉页脚、纸张大小等不同的页面设置。如果不再需要分隔符，可以将其删除，删除分隔符后，被删除分隔符前面的页面将自动应用分隔符后面的页面设置。分隔符分为“分节符”和“分页符”两种。

（1）插入分隔符

将光标定位到准备插入分隔符的位置。单击【页面布局】→【页面设置】命令组中的【分隔符】下拉按钮，在打开的分隔符列表中选择合适的分隔符即可。

（2）删除分隔符

① 打开已经插入分隔符的文档，选择【文件】→【选项】命令，弹出【Word 选项】对话框。

② 在左侧窗格中选择【显示】选项，在【始终在屏幕上显示这些格式标记】区域选中【显示所有格式标记】复选框，并单击【确定】按钮。

③ 返回文档窗口，单击【开始】→【段落】命令组中的【显示/隐藏编辑标记】按钮以显示分隔符，将鼠标定位在分隔线上并按【Delete】键，即可删除分隔符。

知识拓展：文档在“草稿”视图模式下也会显示出分隔符，因而也可在此模式下删除分隔符。

3.6.3 打印预览及打印

在新建文档时，Word 对纸型、方向、页边距以及其他选项应用默认设置，但用户可以根据自己的需要随时改变这些设置。

1. 打印预览

用户可以通过使用【打印预览】功能查看文档打印出的效果，以便及时调整页边距、分栏等设置，操作步骤如下：

① 选择【文件】→【打印】命令，打开【打印】面板，如图 3-76 所示。

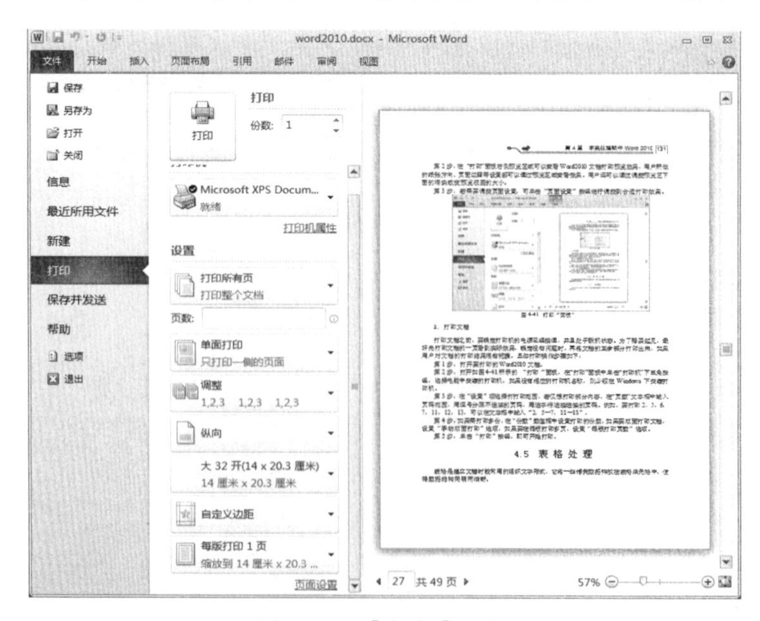

图 3-76 【打印】面板

② 在【打印】面板右侧预览区域可以查看打印预览效果，用户所做的纸张方向、页边距等设置都可以通过预览区域查看效果，这个效果也是打印机打印的实际效果。用户还可以通过调整预览区下面的滑块改变预览视图的大小。

③ 若用户对打印效果不满意，可单击【页面设置】按钮对文档作进一步调整，直到预览效果满意为止。

2. 打印文档

打印文档之前，要确定打印机的电源已经接通，并且处于联机状态。为了稳妥起见，最好先打印文档的一页查看实际效果，确定没有问题时，再将文档的其余部分打印出来。具体打印步骤如下：

① 打开要打印的 Word 2010 文档。

② 选择【文件】→【打印】命令，打开【打印】面板，单击【打印机】下拉按钮，选择计算机中安装的打印机。

③ 若仅想打印部分内容，在“设置”区域选择打印范围，在【页数】文本框中输入页码范围，用逗号分隔不连续的页码，用连字符连接连续的页码。例如，要打印 2、5、6、7、11、12、13，可以在文本框中输入“2、5－7、11－13”。

④ 如果需打印多份，在【份数】微调框中设置打印的份数。

⑤ 如果要双面打印文档，设置【手动双面打印】选项。

⑥ 如果要在每版打印多页，设置【每版打印页数】选项。

⑦ 单击【打印】按钮，即可开始打印。

3.6.4　分栏设置

许多出版物，采用多栏的文本排版方式，使用 Word 创建多栏文档非常容易。

1. 分栏设定

在页面视图模式下，选定要设置为分栏格式的文本，单击【页面布局】→【页面设置】命令组中的【分栏】下拉按钮；在打开的下拉列表中选择【更多分栏】命令，弹出图 3-77 所示的【分栏】对话框。在对话框中设置所需的栏数、栏宽和栏间距等内容，单击【确定】按钮，完成分栏。

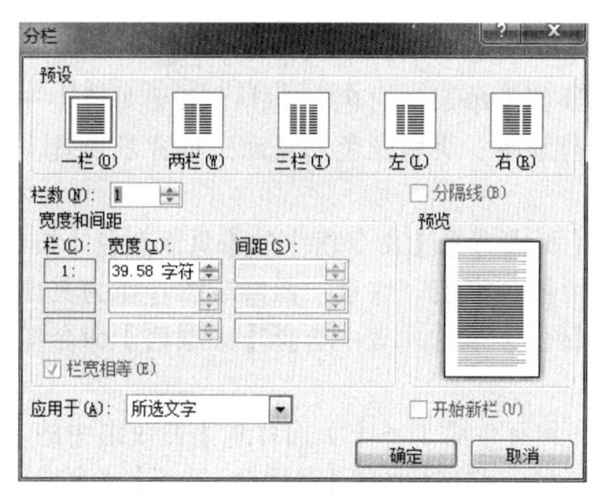

图 3-77　【分栏】对话框

2．取消分栏

在【分栏】对话框中选取【一栏】后单击【确定】按钮，则可取消分栏。

3.6.5　主题、背景和水印的设置

1．主题设置

主题是一套统一的设计元素和颜色方案。通过设置主题，可以非常容易地创建具有专业水准、设计精美的文档。设置方法：单击【页面布局】→【主题】命令组中的【主题】按钮，打开图 3-78 所示的【主题】面板，在面板中选择【内置】区域主题样式列表中所需主题即可。若要清除文档中应用的主题，在打开的面板中选择【重设为模板中的主题】命令即可。

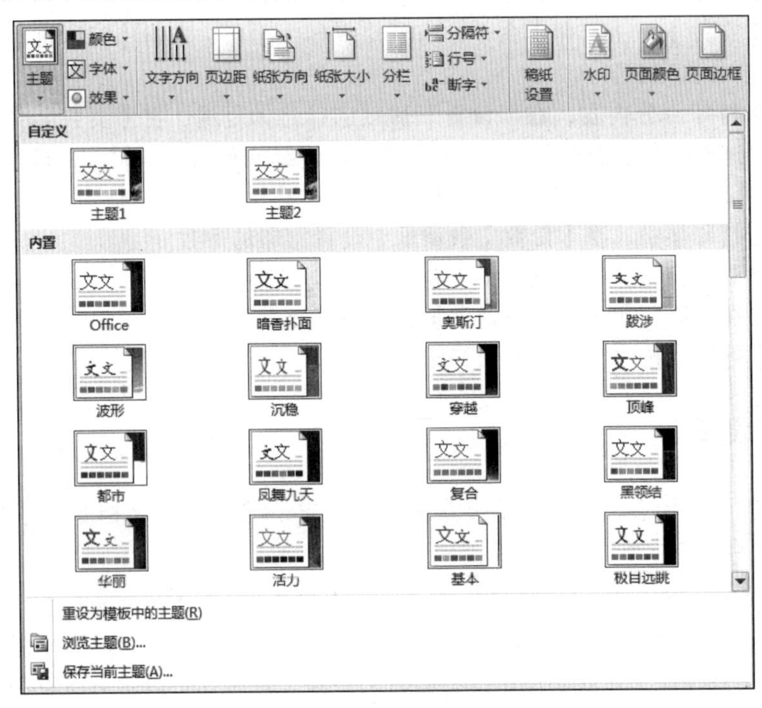

图 3-78　【主题】面板

2．背景设置

新建的 Word 文档背景都是单调的白色，单击【页面布局】→【页面背景】命令组中的命令按钮，可以对文档进行水印、页面颜色和页面边框背景设置。

（1）页面背景的设置

单击【页面布局】→【页面背景】命令组中的【页面颜色】按钮，可设置页面背景颜色。可设置单色页面颜色，也可添加渐变、纹理、图案或图片作为页面背景效果。

删除设置：在【页面颜色】下拉列表中选择【无颜色】命令即可删除页面颜色。

（2）水印效果设置

① 添加水印。单击【页面布局】→【页面背景】命令组中的【水印】按钮，在打开的面板中选择【自定义水印】命令，弹出【水印】对话框，选择【文字水印】单选按钮（见图 3-79），然后在对应的选项中完成相关信息输入，单击【确定】按钮。完成文字水印的设置；选择【图

片水印】单项按钮，然后单击【选择图片】按钮，浏览并选择所需的图片，单击【插入】按钮，在【缩放】下拉列表框中选择“自动”选项，选中【冲蚀】复选框，单击【确定】按钮。这样文档页上显示出创建的图片水印。

② 删除水印。在【水印】对话框中，选择【无水印】单选按钮，单击【确定】按钮，或在【水印】下拉列表中选择【删除水印】命令，即会删除文档页上创建的水印。

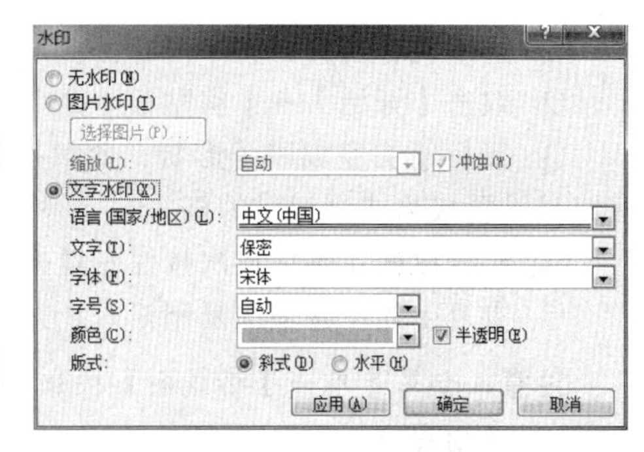

图 3-79　【水印】对话框

3.7　长篇文档的处理

3.7.1　文档的显示

在 Word 2010 中提供了多种视图模式供用户选择，这些视图模式包括【页面视图】【阅读版式视图】【Web 版式视图】【大纲视图】【草稿】5 种视图模式。用户可以在【视图】选项卡中选择需要的文档视图模式，也可以在 Word 2010 文档窗口的右下方单击视图按钮选择视图模式。

1. 页面视图

页面视图具有所见即所得的效果，可以显示文档的打印结果外观，是最接近打印结果的页面视图。

2. 阅读版式视图

阅读版式视图以图书的分栏样式显示 Word 2010 文档，该视图下的【文件】等选项卡等窗口元素被隐藏起来。在阅读版式视图中，用户还可以单击【工具】按钮选择各种阅读工具。

3. Web 版式

Web 版式视图以网页的形式显示文档，Web 版式视图适用于发送电子邮件和创建网页。

4. 大纲视图

大纲视图主要用于文档的设置和显示标题的层级结构，并可以方便地折叠和展开各种层级的文档。大纲视图广泛应用于 Word 2010 长篇文档的快速浏览和设置。

5. 草稿

草稿取消了页面边距、分栏、页眉页脚和图片等元素，仅显示标题和正文，是最节省计算机系统硬件资源的视图方式。当然，现在计算机系统的硬件配置都比较高，基本上不存在由于硬件配置偏低而使 Word 2010 运行遇到障碍的问题。

3.7.2　快速格式化

1. 使用格式刷

使用格式刷可以快速重复设置相同的格式。使用格式刷的操作步骤如下：

① 选中包含格式的文字内容。

② 双击【开始】→【剪贴板】命令组中的【格式刷】按钮。

③ 鼠标箭头变成刷子形状，此时按住鼠标左键拖选其他文字内容，则格式刷经过的文字将被设置成格式刷记录的格式。

④ 松开鼠标左键后再次按住左键拖其他文字内容，将再次重复设置格式。

⑤ 重复上述步骤多次复制格式，完成后单击【格式刷】按钮即可取消格式刷状态。

注意：如果是单击【格式刷】按钮，只能刷一次格式，格式刷就自动取消。

2. 使用样式

（1）样式的基本概念

样式是应用于文本的一系列格式特征，利用它可以快速改变文本的外观。应用样式时，只需执行一步操作就可应用一系列的格式。

单击【开始】→【样式】命令组右下角的【对话框启动器】按钮，打开图 3-80 所示的【样式】任务窗格。利用此任务窗格可以浏览、应用、编辑、定义和管理样式。

（2）样式的分类

样式分为“段落样式”和“字符样式”。

① 段落样式：以集合形式命名并保存的具有字符和段落格式特征的组合。段落样式控制段落外观的所有方面，如文本对齐、制表位、行间距、边框等，也可能包括字符格式。

② 字符样式：影响段落内选定文字的外观，例如文字的字体、字号、加粗及倾斜的格式设置等。即使某段落已整体应用了某种段落样式，该段中的字符仍可以有自己的样式。

（3）样式应用

① 选定段落，在图 3-80 所示【样式】任务窗格中，单击样式名，或者单击【开始】→【样式】命令组中的样式按钮，即可将该样式的格式应用到选定段落上。

② 应用字符样式：选定部分文本，单击图 3-80 所示【样式】任务窗格中的样式名，该样式便应用于选定内容。

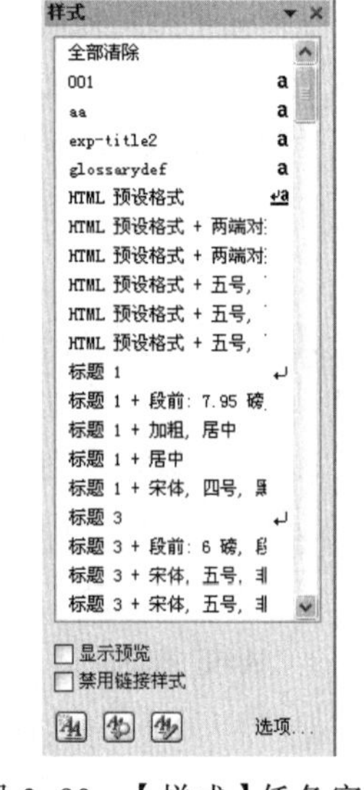

图 3-80 【样式】任务窗格

（4）样式管理

若需要段落包括一组特殊属性，而现有样式中又不包括这些属性，用户可以新建段落样式或修改现有样式。

① 创建新样式：在图 3-80 所示的【样式】任务窗格中，单击【新建样式】按钮，弹出【创建新样式】对话框，在【名称】文本框中输入新样式名，在【样式类型】下拉列表框中选择【字符】或【段落】选项，单击【格式】按钮设置样式属性，最后单击【确定】按钮即可创建一个新的样式。

② 修改样式：在图 3-80 所示的【样式】任务窗格中，右击样式列表中显示的某个样式，在弹出的快捷菜单中选择【修改样式】命令，弹出【修改样式】对话框，单击【格式】按钮即可修改样式格式。

③ 删除样式：在图 3-80 所示的【样式】任务窗格中，右击样式列表中的样式，在弹出的快捷菜单中选择【删除】命令即可将选定的样式删除。

注意："正文"样式和"默认段落"样式不能被删除。

3. 创建文档模板

（1）模板概述

任何 Microsoft Word 文档都是以模板为基础的。模板决定文档的基本结构和文档设置，例如自动图文集词条、字体、快捷键指定方案、宏、菜单、页面布局、特殊格式和样式等。

模板有两种基本类型：共用模板和文档模板。共用模板包括 Normal 模板，所含设置适用于所有文档。文档模板所含设置仅适用于以该模板为基础的文档。Word 提供了许多文档模板，也可以创建自己的文档模板。

（2）使用文档模板

除了通用型的空白文档模板之外，Word 2010 中还内置了多种文档模板，如博客文章模板、书法字帖模板等。另外，Office.com 网站还提供了证书、奖状、名片、简历等特定功能模板。借助这些模板，用户可以创建比较专业的 Word 2010 文档。在 Word 2010 中使用模板创建文档的步骤如下：

① 打开 Word 2010 文档窗口，选择【文件】→【新建】命令。

② 在打开的【新建】面板中，用户可以选择【博客文章】【书法字帖】等 Word 2010 自带的模板创建文档，还可以单击 Office.com 提供的【名片】【日历】等在线模板。如选择【样本模板】选项。

③ 打开样本模板列表页，单击合适的模板后，在【新建】面板右侧选中【模板】单选按钮，然后单击【创建】按钮。

（3）用户创建模板

Word 虽然提供了若干模板，但面对用户的特殊应用需求，需要自己创建模板，以便今后为快速创建此类文档提供服务。所谓用户创建模板，就是用户把创建编辑好了的 Word 文档保存为模板类型的文件（".dotx"表示 Word 2010 文档模板；".dotm"表示为启用宏的 Word 模板；".dot"表示 Word 97-2003 模板）。

3.7.3　编制目录和索引

1. 编制目录

（1）目录概述

目录是文档中标题的列表，可以在目录的首页按住【Ctrl】键后单击相应目录可跳到目录所指向的章节，也可以打开视图导航窗格，列出整个文档结构。Word 2010 提供了目录编制与浏览功能，可使用 Word 中的内置标题样式和大纲级别设置自己的标题格式。

标题样式：应用于标题的格式样式。Word 2010 有 6 个不同的内置标题样式。

大纲级别：应用于段落的格式等级。Word 2010 有 9 级段落等级。

（2）用大纲级别创建标题级别

① 单击【视图】→【文档视图】命令组中的【大纲视图】按钮，将文档显示为大纲视图。

② 在【大纲】选项卡（见图 3-81）的【大纲工具】命令组中选择目录中显示的标题级别数。

③ 选择要设置为标题的各段落，在“大纲工具”命令组中分别设置各段落级别，如图 3-81 所示。

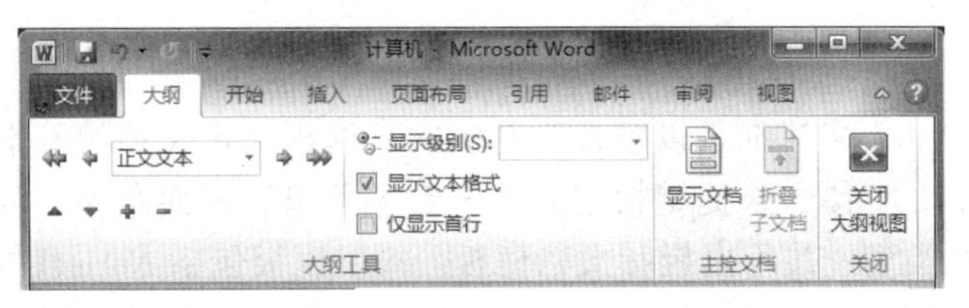

图 3-81 “大纲工具”命令组

（3）用内置标题样式创建标题级别

① 选择要设置为标题的段落。

② 单击【开始】→【样式】命令组中的【标题样式】按钮即可。（若需修改现有的标题样式，在标题样式上右击，在弹出的快捷菜单中选择【修改】命令，弹出【修改样式】对话框，在其中进行样式修改。）

③ 对希望包含在目录中的其他标题重复进行步骤①和步骤②。

④ 设置完成后，单击【关闭大纲视图】按钮，返回到页面视图。

（4）编制目录

通过使用大纲级别或标题样式设置，指定目录要包含的标题之后，可以选择一种设计好的目录格式生成目录，并将目录显示在文档中。操作步骤如下：

① 确定需要制作几级目录。

② 使用大纲级别或内置标题样式设置目录要包含的标题级别。

③ 将光标定位到插入目录的位置，单击【引用】→【目录】命令组中的【目录】按钮，选择【插入目录】命令，弹出图 3-82 所示的【目录】对话框。

④ 选择【目录】选项卡，在【格式】下拉列表框中选择目录格式，根据需要，设置其他选项。

⑤ 单击【确定】按钮即可生成目录。

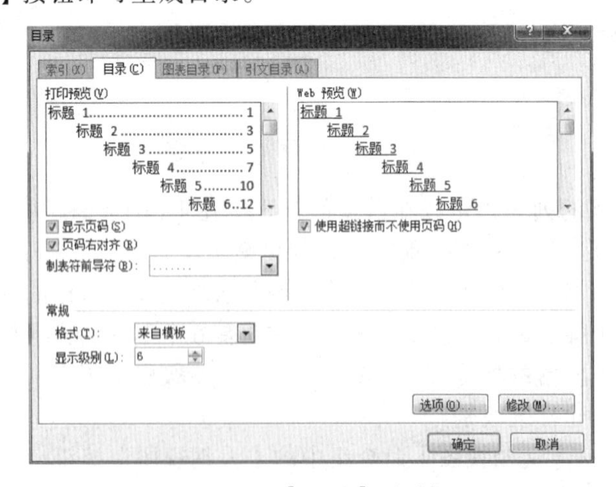

图 3-82 【目录】对话框

（5）更新目录

在页面视图中，右击目录中的任意位置，在弹出的快捷菜单中选择【更新域】命令，弹出【更新目录】对话框，选择更新类型（包含【只更新页码】和【更新整个目录】两个选项），单击【确定】按钮，目录即被更新。

（6）使用目录

当在页面视图中显示文档时，目录中将包括标题及相应的页码，在目录上按住【Ctrl】键的同时单击相应目录可以跳到目录所指向的章节；当切换到 Web 版式视图时，标题将显示为超链接，这时用户可以直接跳转到某个标题。若要在 Word 中查看文档时可以快速浏览，可以打开视图导航窗格。

2. 编制索引

目录可以帮助读者快速了解文档的主要内容，索引可以帮助读者快速查找需要的信息。生成索引的方法：单击【引用】→【索引】命令组中的【插入索引】按钮，弹出图 3-83 所示的【索引】对话框，在其中设置相关选项，单击【确定】按钮即可。

图 3-83　【索引】对话框

3.7.4　文档的修订与批注

1. 修订和批注的意义

为了便于联机审阅，Word 允许在文档中快速创建修订与批注。

① 修订显示文档中所做的诸如删除、插入或其他编辑、更改的位置的标记，启动“修订”功能后，对删除的文字会以一横线在字体中间，字体为红色，添加文字也会以红色字体呈现；当然，用户可以修改成自己喜欢的颜色。

② 批注是指作者或审阅者为文档添加的注释。在文档的页边距或“审阅窗格”中显示批注。

2. 修订操作

（1）标注修订

单击【审阅】→【修订】命令组中的【修订】按钮，或按【Ctrl + Shift + E】组合键启动修订功能。

（2）取消修订

启动修订功能后，再次单击【审阅】→【修订】命令组中的【修订】按钮，或按【Ctrl

+ Shift + E】组合键可关闭修订功能。

（3）接受或拒绝修订

用户可对修订的内容选择接受或拒绝修订，单击【审阅】→【更改】命令组中的【接受】或【拒绝】按钮即可完成相关操作。

3. 批注操作

（1）插入批注

选中要插入批注的文字或插入点，单击【审阅】→【批注】命令组中的【新建批注】按钮，并输入批注内容。

（2）删除批注

若要快速删除单个批注，右击批注，在弹出的快捷菜单中选择【删除批注】命令即可。

3.7.5 文档保护

Word 文档保护提供自动存盘、自动恢复、恢复受损文件和凭密码打开文档等功能。

1. 改变保存自动恢复时间间隔

Word 2010 的自动保存功能，使文档能够在一定的时间范围内保存一次，若突然断电或出现其他特殊情况，它能帮助用户减少损失。自动保存时间越短，保险系数越大，则占用系统资源越多。用户可以改变自动保存的时间间隔：选择【文件】→【选项】→【保存】选项卡，在右侧窗口中选中【保存自动恢复时间间隔】复选框，在【分钟】微调框中输入时间间隔，以确定 Word 2010 保存文档的频度。

2. 恢复自动保存的文档

为了在断电或类似问题发生之后能够恢复尚未保存的工作，必须在问题发生之前选中【选项】对话框【保存】选项卡中的【自动保存时间间隔】复选框，这样才能恢复。例如，如果设定“自动恢复”功能为每 5 min 保存一次文件，这样就不会丢失超过 5 min 的工作。恢复方法如下：

① 选择【文件】→【信息】命令，打开图 3-84 所示的窗口。

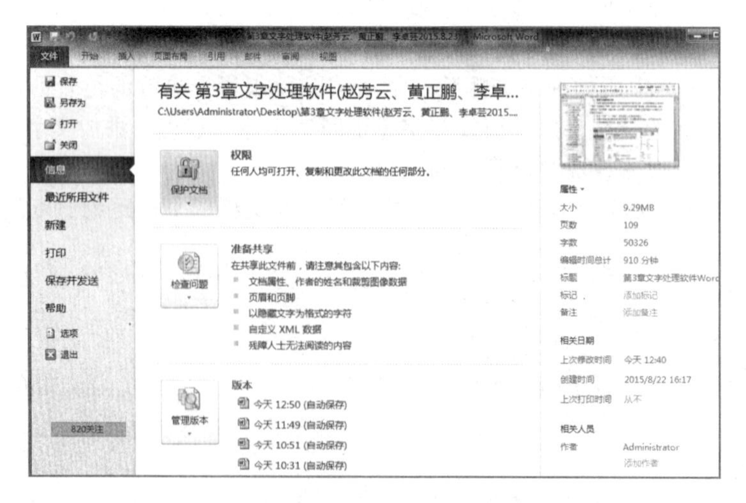

图 3-84 【信息】窗口

② 在版本区域中显示最近自动保存的版本，双击最新保存的版本，以只读方式打开。

③ 打开所需要的文件之后，单击【另保存】按钮。

或者在图 3-84 中单击【管理版本】按钮→【恢复未保存的文档】按钮，就可恢复因为误操作而没有保存的文档。

3．保护文档不被非法使用

为保护文档信息不被非法使用，Word 2010 提供了“用密码进行加密”功能，只有持有密码的用户才能打开此文件。完成此操作的方法：选择【文件】→【信息】命令，单击【保护文档】按钮，选择【用密码进行加密】命令，弹出【加密义档】对话框（见图 3-85），在【密码】文本框中输入打开文件时要提供的密码内容。若要取消密码，在【加密文档】对话框的密码框中置空即可。

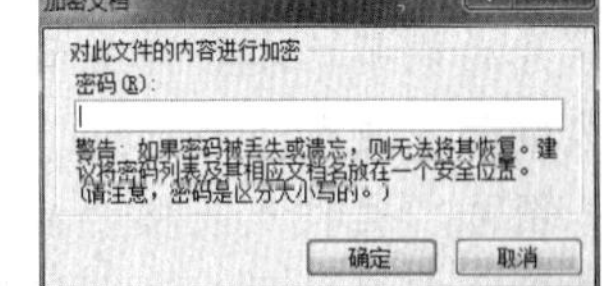

图 3-85　【加密文档】对话框

3.7.6　邮件合并

当用户需要打印许多格式且内容相似，只是具体数据有差别的文档时，使用邮件合并功能就能提高效率。例如，某公司自制的信封，其回信地址和邮政编码对每封信都相同，需要改变的仅是客户的名称和收信人的地址。使用邮件合并功能来制作和打印这些信封会减少工作量，提高速度。

1．基本概念

邮件合并需要两个文档：一个是主文档，另一个是数据源。

① 主文档是指在 Word 的邮件合并操作中，对合并文档的每个版本都相同的文档（即信函文档，仅包含公共内容）。

② 数据源是指包含要合并到文档中的信息的文件（通常是一个表格）。例如，要在邮件合并中使用的名称和地址列表。必须连接到数据源，才能使用数据源中的信息。

③ 数据记录是指对应于数据源中一行完整的相关信息。

④ 合并域是指可插入主文档中的一个占位符。

2．合并邮件的方法

【邮件合并向导】用于帮助用户在 Word 2010 文档中完成信函、电子邮件、信封、标签或目录的邮件合并工作，采用分步完成的方式进行，因此更适用于邮件合并功能的普通用户。下面以使用【邮件合并向导】创建邮件合并信函为例，操作步骤如下：

① 打开主文档，单击【邮件】→【开始邮件合并】命令组中的【开始邮件合并】按钮，选择【邮件合并分步向导】命令。

② 在窗口的右侧打开【邮件合并】任务窗格。在【选择文档类型】向导页选中【信函】单选按钮，并单击【下一步：正在启动文档】超链接。

③ 在打开的【选择开始文档】向导页中，选中【使用当前文档】单选按钮，并单击【下一步：选取收件人】超链接。

④ 打开【选择收件人】向导页，选中【使用现有列表】单选按钮，并单击【下一步：撰写信函】超链接，弹出【选取数据源】对话框。

⑤ 插入合并域，进行预览并完成合并邮件操作。

小 结

本章主要介绍了 Office 2010 办公组件中的文字处理软件 Word 2010 的应用。通过本章的学习，使读者能系统地掌握文字处理软件 Word 2010 的应用方法和使用技巧，并能应用该软件完成各种文档的编辑与排版，满足办公所需，并为各专业服务。重点掌握：文档的排版；图片及文档、表格的插入；页眉及页脚的设置。

对于文档的排版，Office 2010 版的字体更加全面，假如没有字体，可以下载后导入，2010 版字号的调节比起其他版本更加实用，艺术字的多样化，使得文档更加美观。人性化的文档排版编号，更加省时。

图片、文档及表格的插入在 2010 版中能使用户真正体验到了一步到位的感觉，图片插入后用户可以对图片进行任意编辑，文档及表格的插入更加简单明了。

还有一点值得注意的就是，假如用户的文档页眉或者页脚显示的是英文的“page”，只需要按【Alt+F9】组合键即可以变回来，有时候文档显示乱码也可以试一试。

第 4 章　Excel 2010 电子表格处理软件

学习目标

1. 掌握 Excel 的启动与退出，熟悉 Excel 的工作界面。
2. 掌握工作表中数据的输入。
3. 掌握工作表的编辑、格式化以及常用工具按钮的使用。
4. 掌握公式和函数的应用。
5. 掌握图表的创建和格式设置。
6. 熟练使用 Excel 的数据分析功能，如数据的排序、筛选、分类汇总等。
7. 了解宏的使用方法。
8. 能建立简单的信息管理系统。

4.1　Excel 2010 基础

Excel 2010 是 Microsoft 公司推出的办公软件 Office 2010 中的一个重要组件，是一套功能完整、操作简易的电子表格处理软件。它提供了丰富的函数，具有强大的数据计算和统计分析能力以及出色的报表处理功能。被广泛应用于财务分析、科学计算和数学分析等领域。

4.1.1　Excel 2010 的新功能

Excel 2010 采用了面向结果的用户界面，提供了强大的功能和工具，用户可以借助这些功能和工具轻松地分析、管理和共享数据。Excel 2010 新增的功能主要有以下几个方面：

① 在 Excel 2010 中，切片器可以筛选数据透视表中的数据，并指示当前的筛选状态，使用户轻松、准确地了解已筛选的数据透视表中显示的数据。

② 迷你图是工作表单元格中的一个微型图表，用于显示数值系列中的趋势，可以直观地表示数据。

③ 可以使用 Excel 表格在工作表中轻松地设置数据格式、组织和显示数据。

④ 新增的屏幕截图工具，可以快速截取屏幕快照，并将其添加到工作簿中。

⑤ 在 Excel 2010 中，用户可以修改内置在功能区中的选项卡或创建自己的选项卡，还可以根据工作习惯自定义属于自己的功能区。

⑥ 使用 Excel 2010 中的条件格式功能，可对样式和图表进行更多的控制，改善了数据条并可通过几次单击突出显示特定项目。

⑦ Excel 2010 中简化了访问功能，新的 Microsoft Office Backstage 视图取代了传统的【文件】菜单，允许用户通过几次单击即可保存、打印、共享和发布电子表格。

4.1.2 Excel 2010的启动与退出

1. 启动Excel

启动Excel有多种方法，可以使用下列方法之一：

① 单击【开始】按钮，选择【所有程序】→【Microsoft Office】→【Microsoft Excel 2010】命令，即可启动Excel 2010。

② 双击桌面快捷方式，即可启动Excel 2010。

③ 任意双击一个Excel文件，可以启动Excel并打开相应的文件。

2. 退出Excel

退出Excel有多种方法，可以使用下列方法之一：

① 选择【文件】→【退出】命令。

② 单击Excel标题栏右上角的【关闭】按钮。

③ 单击Excel窗口左上角的控制菜单图标→【关闭】命令。

4.1.3 Excel 2010的工作界面

启动Excel后，进入图4-1所示的工作界面。该界面直观、易于操作，它由许多元素组成，在操作时，它们分别提供不同的功能。

（1）快速访问工具栏

放置多个常用的命令按钮。默认状态下包括【保存】【撤销】【恢复】按钮。用户也可以根据需要自定义快速访问工具栏。

（2）标题栏

用于显示正在运行的应用程序名称Microsoft Excel，以及当前正在编辑的工作簿文件名称。启动Excel时，会创建一个空白工作簿文件，此文件默认的文件名为“工作簿1”。

（3）选项卡

Excel 2010中的功能操作分为8项，包括文件、开始、插入、页面布局、公式、数据、审阅和视图。各选项卡中含有相关功能的命令组，单击选项卡，在功能区中提供了不同的操作设置选项，方便用户切换、选用。

（4）功能区

单击功能区上方的选项卡，即可打开相应的功能区选项。如图4-1所示，打开【开始】选项卡，在该功能区中用户可以对字体、对齐方式等进行设置。

功能区的显示与隐藏：如果觉得功能区占用太大的版面位置，可以将功能区隐藏起来。其方法是：在功能区任意位置右击，在弹出的快捷菜单中选择【功能区最小化】命令，将隐藏功能区。隐藏后，右击任一选项卡，在弹出的快捷菜单中取消选择【功能区最小化】命令，将取消隐藏。

（5）编辑栏

编辑栏由名称框和编辑框两部分组成。名称框用于显示当前选定的单元格、绘图对象或图表项的名称。当在单元格中编辑数据时，其内容同时出现在编辑框中。

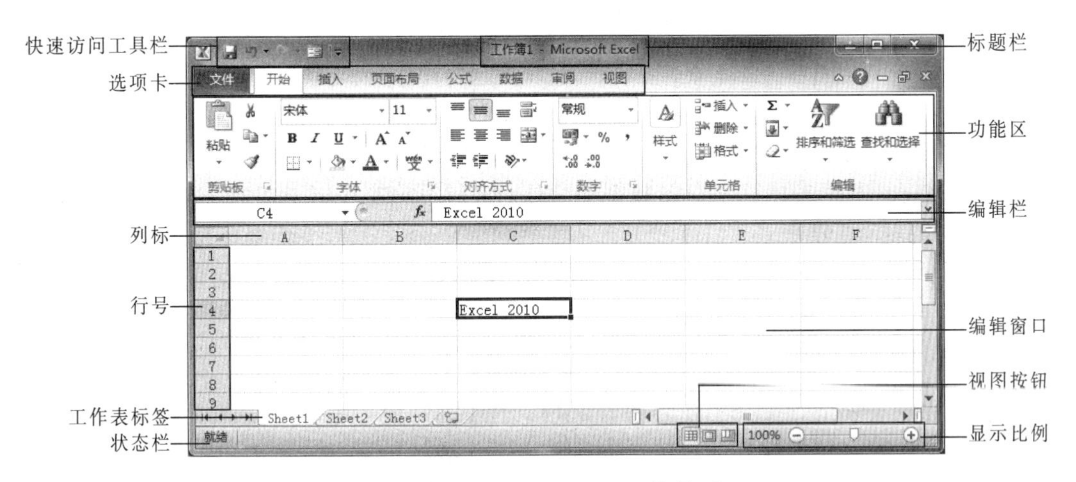

图 4-1　Excel 2010 工作界面

（6）列标、行号

一个工作表由多列和多行组成，Excel 使用列标和行号来表示工作表中的一个单元格。列标用大写字母 A、B、C 等表示，如第 1 列的列标为 A，第 2 列的列标为 B……；行号用数字 1、2、3 等表示，如第 1 行的行号为 1，第 2 行的行号为 2……。列标和行号连起来，就可以表示一个单元格的名称，如第 2 列第 2 行的单元格的名称为 B2，如第 4 列第 5 行的单元格的名称为 D5。

（7）工作表标签

用以显示工作表的名称，在默认情况下，一个工作簿有 3 张工作表，分别以 Sheet1、Sheet2、Sheet3 来命名。单击工作表标签，可以选中不同的工作表；右击工作表标签，可以对工作表进行插入、删除、重命名等操作。

（8）状态栏

状态栏位于 Excel 窗口的下方，用于显示当前的状态信息，如当工作表已经准备好接收新的数据时，状态栏就出现“就绪”字样。

（9）视图按钮

包括普通视图、页面布局视图、分页预览视图。单击这些不同的视图按钮可以切换到相应的视图模式下，对工作表进行查看。

（10）编辑窗口

显示正在编辑的工作表。工作表由行和列组成，工作表中的每个小格称为一个“单元格”，它是工作表中最基本的单位，是用户输入、编辑数据的区域。

（11）显示比例

视窗右下角为“显示比例”区，显示当前工作表的显示比例，可利用按钮或滑动杆调整显示比例。

4.2　管理工作簿和工作表

在 Excel 2010 中，用户创建的数据表是以工作簿文件的形式存储和管理的。为方便用户使用和管理工作簿文件，Excel 2010 提供了许多实用、便捷的命令，用户可使用这些命令对工作簿进行快捷、有效的管理。

4.2.1 工作簿与工作表的基本概念

1. 工作簿

工作簿是 Excel 中用来计算和存储数据的文件，它是用户的工作平台。一个 Excel 文件就是一个工作簿，其扩展名为.xlsx。每个工作簿可以包含一个或多个工作表，在默认情况下，一个工作簿文件中有 3 个工作表，分别以 Sheet1、Sheet2、Sheet3 来命名。启动 Excel 时，系统自动创建一个工作簿，默认名称是“工作簿 1”。

2. 工作表

工作表又称电子表格，一个工作表由若干行、若干列组成。一个工作簿本身就是多张工作表的集合，工作表之间是相互独立的，通过单击工作表标签可以方便地在各工作表之间进行切换。

3. 单元格

单元格是工作表的最小组成单位，每个单元格都有自己唯一的名称，单元格指针指向的单元格称为活动单元格，可以在该单元格中输入数据、公式等。

4.2.2 管理工作簿

1. 新建工作簿

启动 Excel 后，系统将自动建立一个新的工作簿文件，用户可以直接使用它，也可以根据工作簿模板来建立新工作簿，其操作与 Word 类似。常用方法如下：

① 选择【文件】→【新建】命令，选择【可用模板】选项组中的【空白工作簿】选项，再单击【创建】按钮，即可新建一个空白工作簿，如图 4-2 所示。

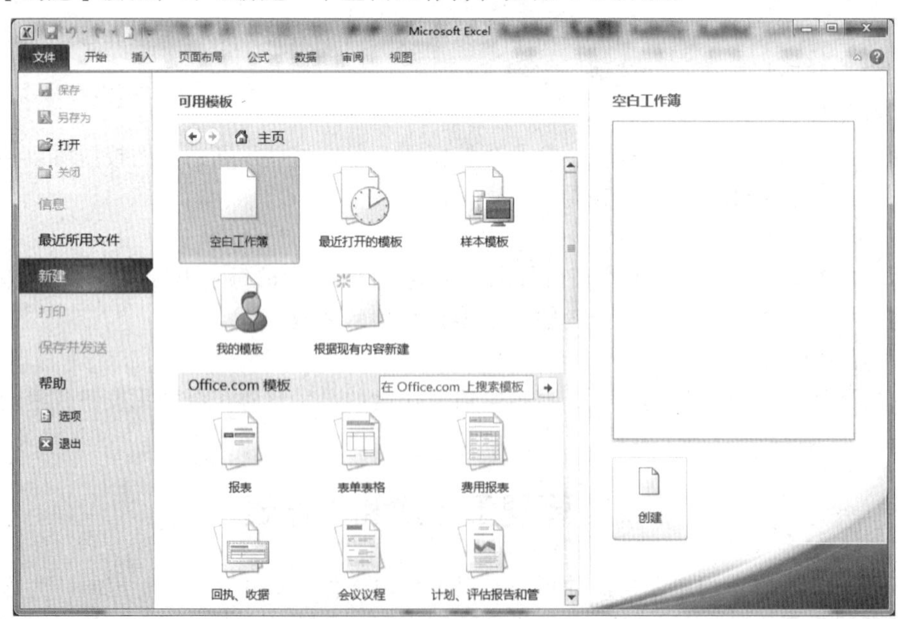

图 4-2 【新建】面板

② 单击【自定义快速访问工具栏】按钮，在弹出的下拉菜单中选择【新建】命令，再单击【快速访问工具栏】中新添加的【新建】按钮，即可新建一个空白工作簿。

③ 按【Ctrl+N】组合键，可直接新建一个空白工作簿。

④ 根据模板创建工作簿，Excel 2010 预定义了许多工作簿模板，选择不同的模板可以快捷地创建出各种类型的工作簿，如报表、表单表格、费用报表和库存控制等。模板中包含了特定类型工作簿的格式和内容等，用户可以根据需求加以修改即可创建一个漂亮的工作簿。选择图 4-2 中【可用模板】选项组中的某一模板，或在【Office.com 模板】区域中选择需要的模板，再单击【下载】按钮，都可以创建一个基于特定模板的新工作簿。

2. 保存工作簿

无论是新建的工作簿文件还是编辑后的工作簿文件，都要及时保存，防止工作成果由于一些意外情况而丢失。

创建好的新工作簿首次保存，可选择【文件】→【保存】命令，或单击“快速访问工具栏”中的【保存】按钮，弹出【另存为】对话框，如图 4-3 所示。选择要保存的路径，在【文件名】文本框中输入工作簿的名称，在“保存类型”下拉列表框中选择“Excel 工作簿”，然后单击【保存】按钮，文件即被保存在指定位置。

【保存】和【另存为】的区别在于:【保存】是用新编辑的文档代替原文档，原文档不再保留;【另存为】则相当于文件的复制，它建立了当前文档的一个副本，原文档依然保留。

3. 工作簿加密保存

为了防止他人未经允许打开或修改工作簿，可以对工作簿进行保护，即在保存时为工作簿加设密码。其方法如下:

① 选择【文件】→【另存为】命令，弹出【另存为】对话框，如图 4-3 所示。

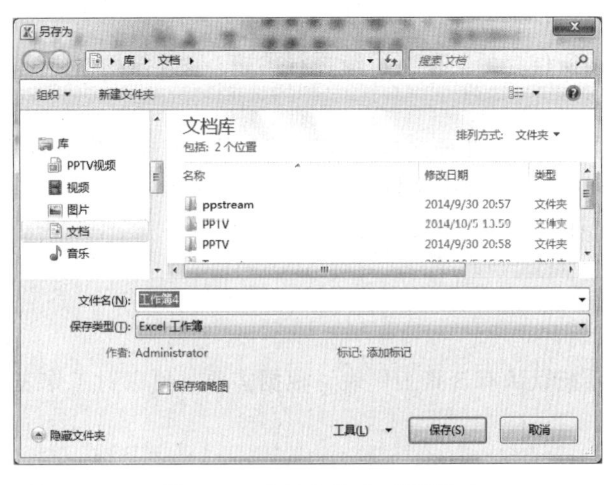

图 4-3　【另存为】对话框

② 单击【另存为】对话框中的【工具】按钮，在弹出的下拉列表中选择【常规选项】选项，弹出【常规选项】对话框，如图 4-4 所示。

③ 分别在对话框中的【打开权限密码】和【修改权限密码】文本框中输入密码，单击【确定】按钮后弹出【确认密码】对话框，如图 4-5 所示，再次输入打开及修改权限密码，

单击【确定】按钮后返回到图 4-3 所示的【另存为】对话框。

④ 单击图 4-3 所示的【保存】按钮。设置完成后，再打开文件时，则需要输入密码进行确认。

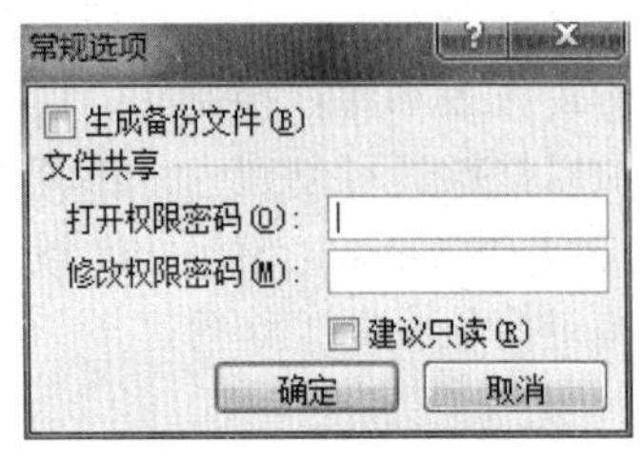

图 4-4 【常规选项】对话框

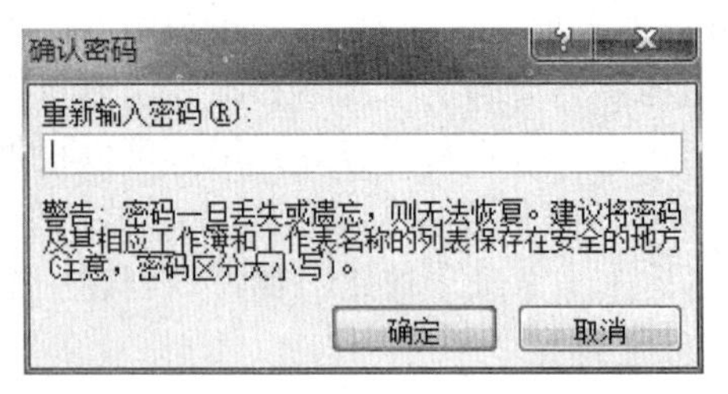

图 4-5 【确认密码】对话框

4. 撤销工作簿密码

撤销已经设置好的工作簿密码，其方法如下：

① 首先打开设置有密码的工作簿文件，选择【文件】→【另存为】命令，弹出【另存为】对话框（见图 4-3）。

② 单击图 4-3 所示【另存为】对话框中的【工具】按钮，在弹出的下拉列表中选择【常规选项】选项，弹出【常规选项】对话框，如图 4-6 所示。

③ 分别将【打开权限密码】和【修改权限密码】文本框中的密码清除，单击【确定】按钮后返回到图 4-3 所示的【另存为】对话框。

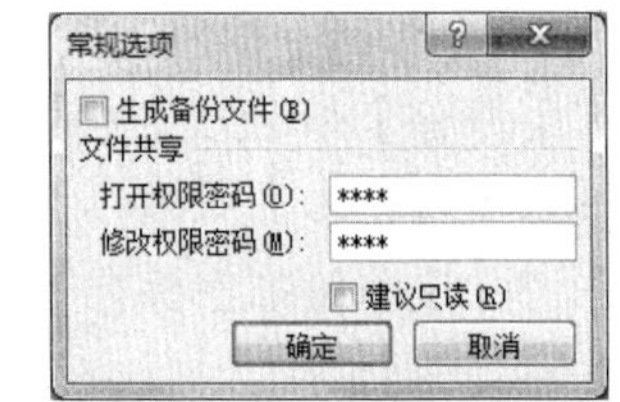

图 4-6 “常规选项”对话框

④ 单击图 4-3 所示的【保存】按钮。设置完成后，再打开文件时，则不再需要输入密码。

5. 打开工作簿

如果用户想对以前所保存的工作簿继续进行编辑、修改等操作，则需要打开工作簿文件。常用方法如下：

① 打开该工作簿所在的文件夹，直接双击该工作簿的图标即可打开该工作簿。

② 进入 Excel 2010 后，选择【文件】→【打开】命令。

③ 单击“快速访问工具栏”中的【打开】按钮。

4.2.3 管理工作表

工作簿建立后，系统默认有 3 张工作表，根据需要，可以对工作表进行插入、删除、重命名等操作。

1. 选定工作表

① 选定一张工作表，单击工作表标签即可。

② 选定多张连续工作表，先单击第一张工作表标签，然后按住【Shift】键，并单击最后一张工作表标签。

③ 选定多张不连续工作表，先单击第一张工作表标签，然后按住【Ctrl】键，并单击其他需要选定的工作表标签。

④ 选定所有工作表，将鼠标指向工作表标签并右击，在弹出的快捷菜单中选择【选定全部工作表】命令。

2. 插入工作表

每个新建的工作簿内默认有 3 个工作表，用户可根据需要增加新的工作表，并将其放在指定位置。在工作簿中插入工作表的常用方法如下：

① 将鼠标移动到工作表标签上并右击，在弹出的快捷菜单中选择【插入】命令，弹出【插入】对话框，如图 4-7 所示，选择【工作表】图标，单击【确定】按钮即可插入新的工作表。

图 4-7　【插入】对话框

② 选择【开始】→【单元格】命令组中的【插入】→【插入工作表】命令，即可在当前活动工作表前插入新的工作表。

3. 删除工作表

有时需要在工作簿中删除不需要的工作表，常用方法如下：

① 将光标指向要删除的工作表标签并右击，在弹出的快捷菜单中选择【删除】命令。如果选定的工作表是未编辑过的新工作表，可直接将其删除，否则弹出【Microsoft Excel】对话框，如图 4-8 所示，单击【删除】按钮即可删除工作表。

② 选择【开始】→【单元格】命令组中的【删除】→【删除工作表】命令，如果当前活动工作表是未编辑过的新工作表，可直接将其删除，否则弹出【Microsoft Excel】对话框，如图 4-8 所示，单击【删除】按钮即可删除工作表。

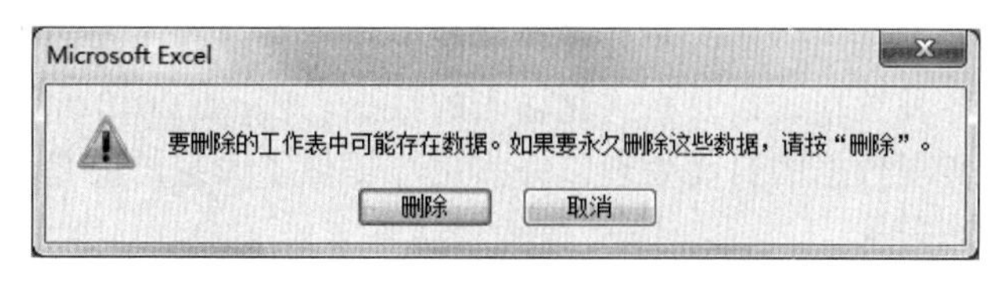

图 4-8 【Microsoft Excel】对话框

4. 移动工作表

在工作簿中移动工作表，常用方法如下：

① 将鼠标指向需要移动的工作表标签上，按住鼠标左键并拖动（拖动时，鼠标指针的

标准箭头上出现了一个小的表图标和一个小三角图标。小三角图标用来指示工作表移动到的位置），拖动到指定位置后，释放鼠标左键即可。

② 将鼠标指向需要移动的工作表标签上并右击，在弹出的快捷菜单中选择【移动或复制】命令，弹出【移动或复制工作表】对话框，如图 4-9 所示。在【工作簿】下拉列表框中选择要将选定的工作表移动到的工作簿文件名，在【下列选定工作表之前】列表框中选择一个工作表，将前面选定的工作表移动到该工作表之前。单击【确定】按钮，即可移动选定的工作表。

图 4-9 【移动或复制工作表】对话框

5. 复制工作表

在工作簿中复制工作表，常用方法如下：

① 将鼠标指向需要复制的工作表标签上，按住【Ctrl】键并拖动到指定位置后，释放鼠标左键和【Ctrl】键即可。

② 将鼠标指向需要复制的工作表标签上并右击，在弹出的快捷菜单中选择【移动或复制】命令，弹出【移动或复制工作表】对话框，如图 4-9 所示。在"工作簿"下拉列表框中选择要将选定的工作表复制到的工作簿文件名，在"下列选定工作表之前"列表框中选择一个工作表，将前面选定的工作表复制到该工作表之前，选择【建立副本】复选框，单击【确定】按钮，即可复制选定的工作表。

6. 重命名工作表

在新建的工作簿中，工作表依次以 Sheet1、Sheet2、Sheet3 等命名。在实际操作中，为了更有效地对工作表进行管理，可以使用以下方法对工作表重命名：

① 将鼠标移动到需要重命名的工作表标签上并右击，在弹出的快捷菜单中选择【重命名】命令，在高亮区输入新的名称，按【Enter】键即可。

② 双击要重命名的工作表标签，在高亮区输入新的名称，按【Enter】键即可，如图 4-10 所示。

图 4-10 高亮的工作表标签

4.3 Excel 2010 的数据输入

Excel 2010 的工作表是用户输入和处理数据的工作平台。在工作表中，用户可以根据需要灵活地输入、编辑各种数据，以及格式化输入的数据。Excel 2010 允许用户在工作表中通过建立公式的方法来实现数据的自动处理，并为用户提供了大量的内置函数，极大地方便了用户对各种数据的处理需求。

4.3.1 单元格及单元格区域的选取

单元格是工作表中存储数据的基本单元，对单元格进行数据的输入、编辑、计算等操作之前，必须对单元格或单元格区域进行选取。当选取了一个单元格时，它便成为活动单元格。当选取了一个单元格区域时，该单元格区域左上角的单元格便成为活动单元格。用户可以向活动单元格中输入数据或编辑活动单元格中的数据。

单元格常用的选取操作如表 4-1 所示。

表 4-1　单元格常用的选取操作

选 取 范 围	操　　作
单元格	单击
多个连续单元格	单击选择区域左上角的单元格，按住【Shift】键，单击选择区域右下角的单元格；或从选择区域左上角拖动鼠标至右下角
多个不连续单元格	按住【Ctrl】键的同时，进行单元格或单元格区域的选择
整行或整列	单击工作表中相应的行号或列标
相邻行或列	用鼠标拖动行号或列标
整个表格	按【Ctrl+A】组合键；或单击【全选】按钮

4.3.2　数据的输入

Excel 2010 支持多种数据类型，在活动单元格中输入的数据可由数字、字母、汉字、标点和特殊符号等组成。在单元格中输入数据结束后，按【Enter】键或单击编辑栏中的【√】按钮可以确定输入，按【Esc】键或单击编辑栏中的【×】按钮可以取消输入。

1. 数值型数据的输入

在 Excel 2010 中，数值型数据指由数字 0～9、正负号、小数点组成的常量整数和小数以及 ( )、E、e、%、¥ 的组合。默认情况下，数值型数据输入后自动右对齐，输入时分为以下几种情况：

① 输入正数，直接将数字输入到单元格中。

② 输入负数，可直接在数字前加一个负号"-"或给数字加上圆括号。例如，在单元格中输入"-78"或"(78)"都可以得到"-78"。

③ 输入分数，应在整数和分数之间输入一个空格。如果输入的分数小于 1，应先输入"0"和空格再输入分数。例如，输入 4/9，正确的输入是：0 空格 4/9。如果输入的分数大于 1，应先输入整数和空格再输入分数。例如，输入 8 又 5/7，正确的输入是：8 空格 5/7。

④ 输入科学计数，先输入整数部分，再输入"E"或"e"和指数部分。

⑤ 输入百分比数据，直接在数字后输入百分符号"%"，例如，80%。

输入数字时，若单元格中出现符号"####"，是因为单元格的列宽不够，不能显示全部数据，此时增大单元格的列宽即可。如果输入的数据过长（超过单元格的列宽或超过 11 位时），Excel 则自动以科学计数法表示。

2. 文本型数据的输入

文本是指由汉字、数字、字母或符号等组成的数据。一般的文本型数据可以直接输入，输入后在单元格中自动左对齐。

对于数字形式的文本型数据，如身份证号码、邮政编码、电话号码、学号、编号等，输入时应先在数字前输入英文状态的单引号"'"，以区别于数值型数据。例如，输入编号 0506，应输入"'0506"，其中单引号不在单元格中显示，只在编辑框中显示，其显示形式为 0506。

当输入的文本长度超出单元格的宽度，不能在一个单元格中全部显示时，若右边的单元格无内容，Excel 2010允许该文本扩展到右边列显示，否则截断显示，此时占用该位置的文本被隐藏，如图4-11所示。

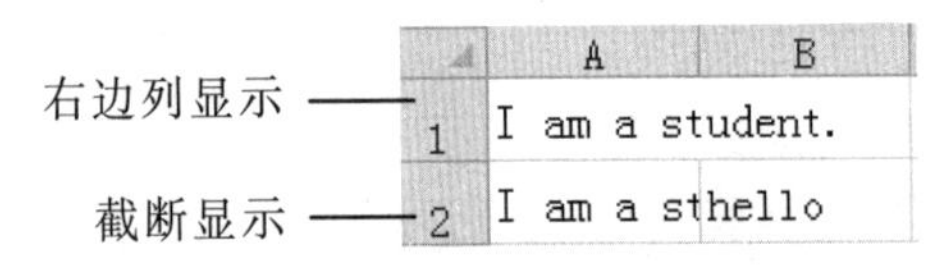

图4-11　两种文本数据的显示形式

3. 日期、时间型数据的输入

Excel内置了一些日期时间的格式，当用户输入的数据与这些格式相匹配时，系统即识别其为日期、时间型数据。因此在输入日期、时间时，必须遵循一定的格式。

（1）日期型数据的输入

常用的日期格式有："yyyy/mm/dd""yyyy-mm-dd""yy/mm/dd""mm/dd"等，其中y表示年，m表示月，d表示日，斜线"/"或减号"-"作为日期型数据中年、月、日的分隔符，例如2015/12/18、2015-12-18、15/12/18、12/18。

（2）时间型数据的输入

常用的时间格式有："hh: mm: ss""hh: mm: ss(AM/PM)""hh: mm""hh: mm(AM/PM)"等，其中h表示小时，m表示分钟，s表示秒。Excel时间是以24小时制来表示的，若要以12小时制来表示时间，在时间后输入一个空格再输入AM/PM，其分别表示上午和下午。例如13:35:34，1:35:34PM，13:35，1:35 PM。

提示：如果要输入当前日期，按【Ctrl+;】组合键；如果要输入当前时间，按【Ctrl+Shift+;】组合键。

4.3.3　自动填充数据

Excel 2010提供了许多自动功能，自动填充数据就是其中之一，该功能既可以在多个连续的单元格中填充相同的数据，又可以按照一定的序列规律填充数据。自动填充是根据初始值决定以后的填充项，先选定初始值所在的单元格，鼠标指向该单元格右下角的填充柄（黑色小方块），当鼠标指针变为黑十字形状后拖动到填充的最后一个单元格，即可完成自动填充。

1. 填充相同的数据

在一个单元格区域中输入相同的数据，可按下列步骤操作：

① 单击该数据所在的单元格。

② 沿水平或垂直方向拖动填充柄，即可填充相同的数据。

在多个单元格区域中输入相同的数据，可按下列步骤操作：

① 选定要输入数据的多个单元格区域。

② 输入数据，此时输入的数据默认显示在最后一个区域的左上角的单元格中。

③ 同时按下【Ctrl+Enter】组合键，即在选定区域内输入相同的数据。

2. 输入等差数列

要在一个单元格区域中输入等差数列，可按下列步骤操作：

① 在要创建等差数列的单元格区域的前两个单元格中输入等差数列的前两个数据。

② 选定这两个数据所在的单元格区域。

③ 拖动填充柄，即可产生一个等差数列。

3. 输入日期系列

要在一个单元格区域中输入一个日期系列，可按下列步骤操作：

① 在要创建日期系列的单元格区域的前两个单元格中输入日期系列的前两个日期值。

② 选定这两个日期值所在的单元格区域。

③ 拖动填充柄，即可产生一个日期系列。

4. 自定义数据系列

用户可以直接使用 Excel 2010 预定义的数据系列，但对于 Excel 2010 未定义的数据系列，用户需要先定义、后使用。

要自定义数据系列，可按下列步骤操作：

① 选择【开始】→【编辑】命令组中的【排序和筛选】→【自定义排序】命令，弹出【排序】对话框，如图 4-12 所示。

② 在【次序】下拉列表框中选择【自定义序列…】命令，弹出【自定义序列】话框，如图 4-13 所示。

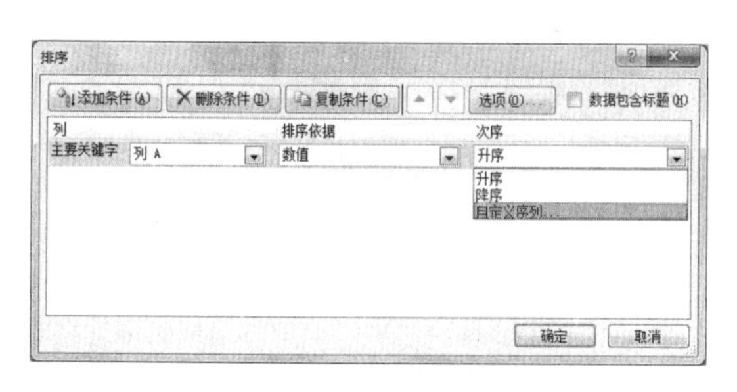

图 4-12 【排序】对话框

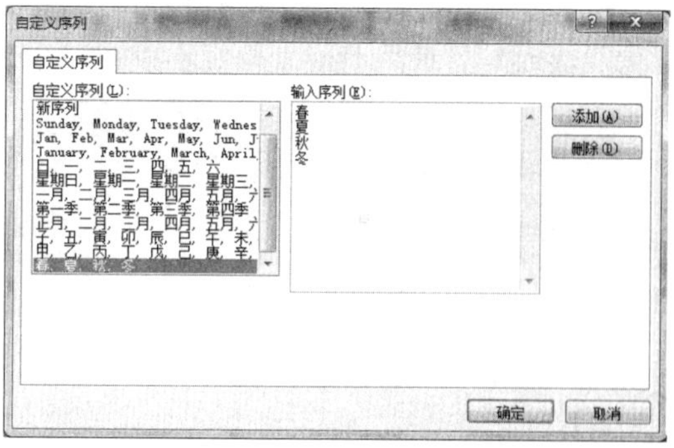

图 4-13 【自定义序列】对话框

③ 在【自定义序列】列表框中选择【新序列】选项。

④ 在【输入序列】列表框中输入自定义的数据系列，如春、夏、秋、冬。注意：每输入完一个数据项后均应按【Enter】键使光标出现在新的一行。

⑤ 自定义数据系列输入完后，单击【添加】按钮，则自定义的数据系列被添加到【自定义序列】列表框中，如图 4-13 所示。

⑥ 单击【确定】按钮，即可完成自定义数据系列工作。

这时，在任意一个单元格中输入数据系列的任意一值（如“春”），然后拖动该单元格的填充柄，即可完成数据系列的输入，如图 4-14 所示。

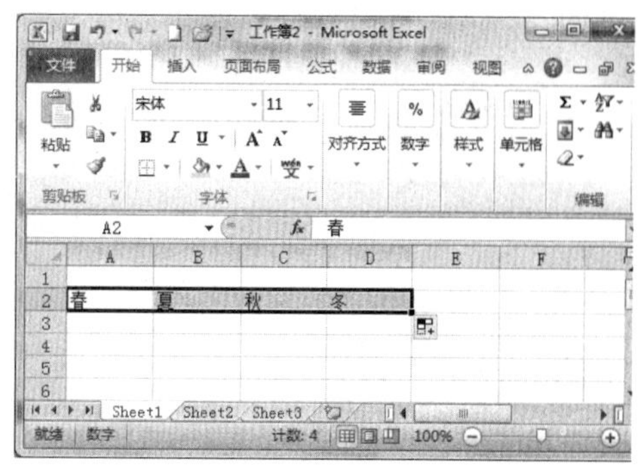

图 4-14 生成的自定义数据序列

4.3.4 设置有效性数据

Excel 2010 中提供了数据的有效性检查功能，用于在表格数据输入过程中发现重复的身份证号码、超出范围的无效数据等，以提高输入数据的有效性。只需要对 Excel 2010 表格进行数据有效性规则设置，就可以减少甚至避免不必要的输入错误。

1. 拒绝输入重复数据

在实际处理数据过程中，身份证号码、工作证编号等个人 ID 都是唯一的，不允许重复，如果在 Excel 中录入重复的 ID，就会给信息管理带来不便，甚至统计错误，我们可以通过设置 Excel 2010 的数据有效性，拒绝录入重复数据。如在输入学生基本信息过程中要求学员不能重复，操作步骤如下：

① 运行 Excel 2010，选中需要录入数据的列（如 A 列），单击【数据】→【数据工具】命令组中的【数据有效性】按钮，弹出【数据有效性】对话框，如图 4-15 所示。

② 在【数据有效性】对话框中选择【设置】选项卡，在【允许】下拉列表框中选择【自定义】选项，然后在【公式】文本框中输入“=COUNTIF(A:A,A1)=1”（在英文半角状态下输入，不含双引号），如图 4-16 所示。

③ 选择【出错警告】选项卡（见图 4-17），在【样式】下拉列表框中选择【警告】选项，在【标题】文本框中输入“数据有效性检查”，在【错误信息】文本框中输入“学号不能重复，请重新输入!”，最后单击【确定】按钮，完成数据有效性设置。

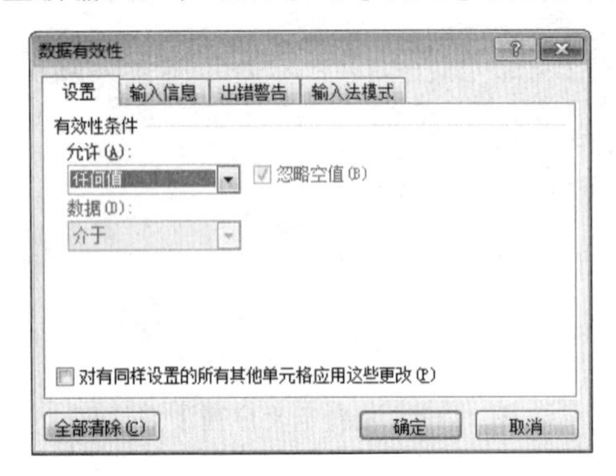

图 4-15 【数据有效性】对话框

图 4-16 设置数据有效性条件

此时，当在 A 列中输入学号时，如果所输入的学号有两个相同（即重复）时，Excel 立刻弹出图 4-18 所示的警告信息，提示输入有误。

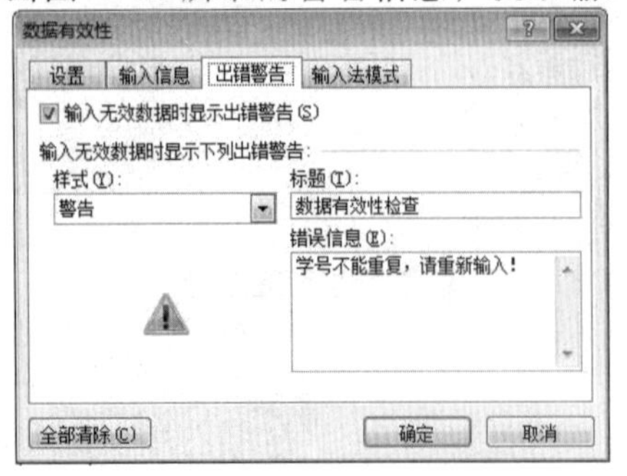

图 4-17 设置出错警告信息

图 4-18 学号重复提示

这时，只要单击【否】按钮，关闭提示消息框，重新输入正确的数据，就可以避免录入重复的数据。

2. 数据有效性检查

用 Excel 2010 处理数据，很多数据是有范围限制的，比如以百分制记分的考试成绩的数值是 0～100 之间。如果输入的成绩超出此范围则为无效数据。Excel 2010 允许在输入数据的过程中对数据进行有效性检查，如果所输入的数据不满足要求，则输入提示并要求重新输入。如图 4-19 所示，在采用百分制输入学生成绩的过程中，需要检查《大学语文》《高等数学》《计算机基础》三门课程的有效性，即 C、D、E 三列数据应在 0～100 的范围内。操作步骤如下：

① 启动 Excel 2010，选中需要进行输入数据检查的区域（C3:E10），单击【数据】→【数据工具】命令组中的【数据有效性】按钮，弹出“数据有效性”对话框，选择【设置】选项卡，如图 4-20 所示。

学生成绩表

学号	姓名	大学语文	高等数学	计算机基础
1201001	张三	93	85	99
1201002	李四	89	71	36
1201003	王五	25	98	82
1201004	朱六	68	76	36
1201005	吴七	95	59	86
1201006	余八	63	100	37
1201007	许二	37	15	99
1201008	高一	88	87	90

图 4-19　学生成绩实例

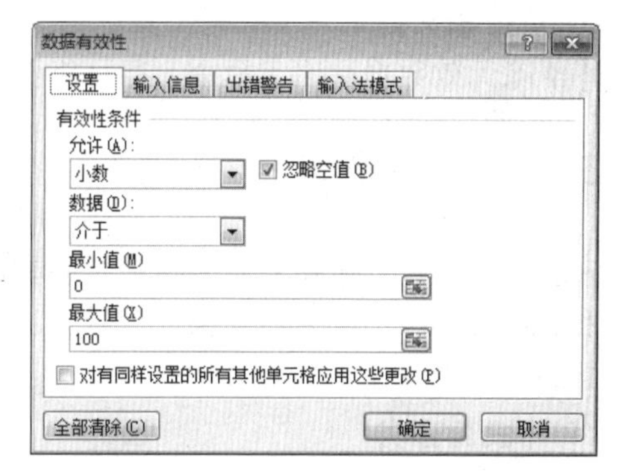

图 4-20　设置数据有效性规则

② 在【允许】下拉列表框中选择【小数】；在【数据】下拉列表框中选择【介于】，最小值设为 0，最大值设为 100，最后单击【确定】按钮。

③ 选择【出错警告】选项卡，在【样式】下拉列表框中选择“警告”选项，在【标题】文本框中输入“成绩检查”，在【错误信息】文本框中输入“成绩不能小于 0 分或者大于 100 分，请重新输入！”，最后单击【确定】按钮，完成设置。

此时，当在《大学语文》《高等数学》《计算机基础》三门课程中输入成绩时，如果所输入的成绩不在 0～100 之间，当光标离开单元格时，Excel 立刻弹出图 4-21 所示的警告信息，提示重新输入。

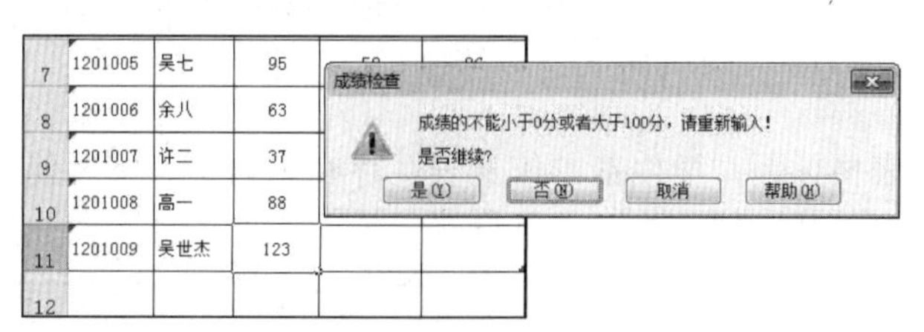

图 4-21　数据有效性规则提示

3. 快速标识无效数据

对于已经输入的大批量数据，如果在输入时未设置数据的有效性检查，现需要对其进行有效性审核，如果采用人工方法，要从浩瀚的数据中找到无效数据是件麻烦事，我们可以利用 Excel 2010 的数据有效性检查功能，快速从表格中标识出无效数据。方法如下：

① 打开 Excel 数据文件，按照上述有效性检查的方法设置好数据有效性规则。

② 单击【数据】→【数据工具】命令组中的【数据有效性】下拉按钮，从下拉菜单中选择【圈释无效数据】命令，表格中所有无效数据将被红色的椭圆圈释出来，错误数据一目了然。标识结果如图 4-22 所示。

	A	B	C	D	E
1	学号	姓名	大学语文	高等数学	计算机基础
2	1201001	张三	152	85	99
3	1201002	李四	89	101	36
4	1201003	王五	25	98	102
5	1201004	朱六	68	76	36
6	1201005	吴七	95	59	86
7	1201006	余八	163	105	37
8	1201007	许二	37	-5	99
9	1201008	高一	88	87	103

图 4-22 圈释无效数据

4. 清除无效数据标识

对于以上无效数据的标识圈，如果不再需要时可以将其清除，方法如下：

① 打开 Excel 数据文件，选择需要清除无效数据标识的工作表。

② 单击【数据】→【数据工具】命令组中的【数据有效性】下拉按钮，从下拉菜单中选择【清除无效数据标圈】命令，即可将所有标识圈清除。

4.3.5 格式化工作表

在表格编辑过程中需要对表格进行必要的格式设置和美化，Excel 2010 提供了包括文本、数字和表格等多种手动及自动格式设置方法。其中，Excel 2010 含有多种内置的单元格样式，可以帮助使用者快速格式化表格。

1. 格式化正文

在表格编辑过程中，对于表格中的标题、表头等文本内容，可以像第 3 章 Word 2010 一样进行设置。例如，现有一个学生基本信息表部分内容如图 4-23 所示。

	A	B	C	D	E	F
1	学生基本信息表					
2	学号	姓名	性别	出生日期	籍贯	联系电话
3	1201001	张三	男	1996/3/5	贵州省贵阳市	1390857xxxx
4	1201002	李四	男	1998/6/9	贵州省遵义市	1390858xxxx
5	1201003	王五	女	1997/3/8	贵州省毕节市	1390859xxxx

图 4-23 学生基本信息表

在图 4-23 中，表格标题“学生基本信息表”存在未居中、字体偏小和不突出等不足，在 Excel 2010 中，可以对其字体等格式进行设置。

选中表格标题或表头所在单元格，单击【开始】→【字体】命令组中的字体、字号和字形等按钮（见图 4-24）即可对表头字体等格式进行相关设置。

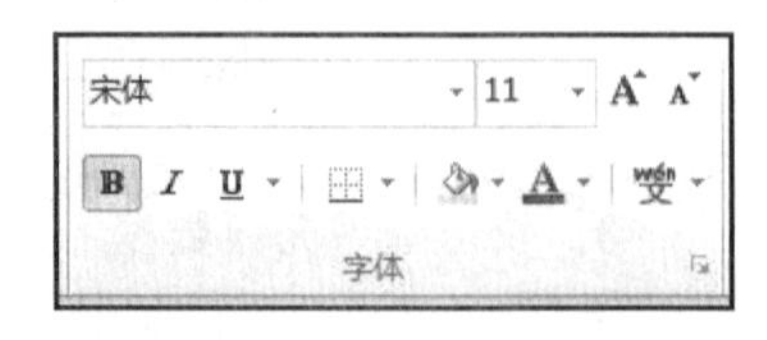

图 4-24 【字体】命令组

也可单击【开始】→【字体】命令组右下角的【对话框启动器】按钮，弹出【设置单元格格式】对话框选择【字体】选项卡，在其中进行字体设置，如图 4-25 所示。

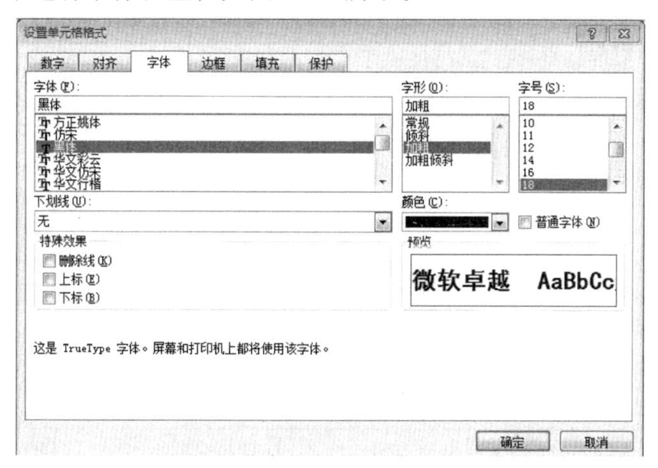

图 4-25　【设置单元格格式】对话框的【字体】选项卡

对图 4-23 所示表格中的标题和表头进行设置后的效果如图 4-26 所示。

	A	B	C	D	E	F
1	**学生基本信息表**					
2	**学号**	**姓名**	**性别**	**出生日期**	**籍贯**	**联系电话**
3	1201001	张三	男	1996/3/5	贵州省贵阳市	1390857xxxx
4	1201002	李四	男	1998/6/9	贵州省遵义市	1390858xxxx
5	1201003	王五	女	1997/3/8	贵州省毕节市	1390859xxxx

图 4-26　表格标题和表头设置效果

以上是表格标题和表头文本格式的设置方法，其他文本格式也可参照此方法进行设置。

2. 数字格式

用 Excel 2010 处理数据，不同数据需要进行不同的格式化处理，比如期末考试成绩需要保留一位小数（如 98.5），而日期需要使用年月日格式（如 2016-05-15）或中文格式（如 2016 年 5 月 15 日），对于表示货币的数值则需要加上货币符号（如$或￥），对于计算百分比的数据需要加上百分数符号%等。Excel 2010 能在用户输入数据时自动实现数据格式的转换，也可以先输入数据再统一进行设置。

（1）数值格式

打开工作簿，选取需要设置数值表格的工作表，再选中需要设置小数位数的区域，单击【开始】→【数字】命令组中的【增加小数点】按钮，即可增加小数点位数，每击一次增加一位，若需要使用千位分隔符，则只需单击按钮左侧的【逗号】按钮即可。也可以单击【数字】命令组右下角的【对话框启动器】按钮，弹出【设置单元格格式】对话框，选择【数字】选项卡，如图 4-27 所示。在【分类】列表框中选择【数值】，并在【小数位数】微调框中进行小数位数输入或微调。如果需要千分位分隔符，则选中【使用千位分隔符】复选框，最后单击【确定】按钮即可。

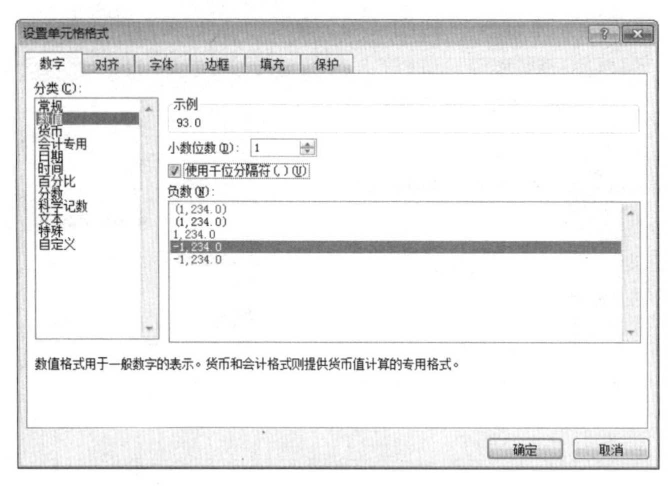

图 4-27 【设置单元格格式】对话框【数字】选项卡

对百分号的设置比较简单，参照数值格式的设置即可。

（2）货币格式

打开工作簿，选取需要设置数值表格的工作表，再选中需要设置货币格式的区域，单击【开始】→【数字】命令组中的【货币符号】下拉按钮，在打开的下拉列表中选择所需的货币符号即可。也可单击【数字】命令组右下角的【对话框启动器】按钮，弹出【设置单元格格式】对话框，选择【数字】选项卡，如图 4-28 所示。在【分类】列表框中选择【货币】，并在【小数位数】微调框中进行小数位数输入或微调，在【货币符号】下拉列表中选择所需的货币符号，最后单击【确定】按钮即可。

图 4-28 货币格式设置

（3）日期格式

打开工作簿，选取需要设置数值表格的工作表，再选中需要设置日期格式的区域，单击【开始】→【数字】命令组顶端的下拉按钮，在打开的下拉列表中选择所需的日期格式即可。也可以单击【数字】命令组右下角的【对话框启动器】按钮，弹出【设置单元格格式】对话框，选择【数字】选项卡，如图 4-29 所示。在【分类】列表框中选择【日期】，并在【类型】列表框中选择所需的日期格式，最后单击【确定】按钮即可。

时间的设置方法请参照日期的设置方式。

图 4-29　日期格式设置

3. 为表格增加边框

在 Excel 2010 工作表中，边框是表格的基本要素之一，设置边框有助于表格数据的清晰展示。Excel 2010 中可以为选中的单元格区域设置各种类型的边框。

用户既可以在【开始】→【字体】命令组中选择最常用的 13 种边框类型，也可以在【设置单元格格式】对话框中选择更多的边框类型。

（1）通过【开始】选项卡设置边框

在【开始】→【字体】命令组的【边框】下拉列表中为用户提供了 13 种最常用的边框类型，用户可以选择合适的边框，操作步骤如下：

① 打开 Excel 2010 工作簿窗口，选中需要设置边框的单元格区域。

② 单击【开始】→【字体】命令组中的【边框】下拉按钮，打开图 4-30 所示的边框类型列表，然后根据实际需要在列表中选中合适的边框类型即可。

图 4-30　表格常用边框设置

（2）通过【设置单元格格式】对话框设置边框

通过【设置单元格格式】对话框可以设置更多的边框类型，包括使用斜线或虚线边框等。操作步骤如下：

① 打开 Excel 2010 工作簿窗口，选中需要设置边框的单元格区域，右击被选中的单元格区域，在弹出的快捷菜单中选择【设置单元格格式】命令，弹出【设置单元格格式】对话框，选择【边框】选项卡，如图 4-31 所示。

② 在【线条】区域可以选择各种线形和边框颜色，在【边框】区域可以分别单击上边框、下边框、左边框、右边框和中间边框按钮设置或取消边框线，还可以单击斜线边框按钮选择使用斜线。另外，在【预置】区域提供了【无】【外边框】【内部】3 种快速设置边框按

钮。完成设置后单击【确定】按钮即可。

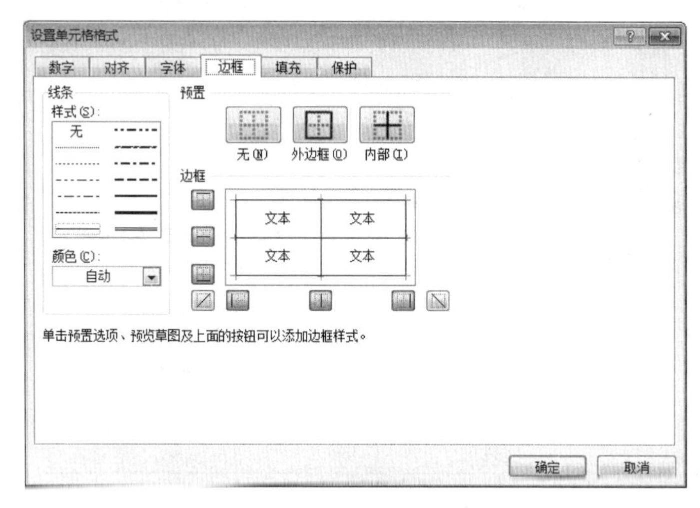

图 4-31 【设置单元格格式】对话框的【边框】选项卡

4．对齐

在 Excel 2010 中，单元格的对齐方式分为水平对齐和垂直对齐两类，其中水平对齐包含左对齐、居中、右对齐、两端对齐等共 8 种对齐方式，垂直对齐包含顶端对齐、垂直居中、底端对齐等 5 种对齐方式，对齐方式可以在【开始】选项卡或【设置单元格格式】对话框中进行设置。

（1）通过【开始】选项卡设置单元格对齐方式

首先选中需要设置对齐方式的单元格。单击【开始】→【对齐方式】命令组中相应的对齐方式按钮设置单元格对齐方式，如图 4-32 所示。

图 4-32 对齐方式按钮

（2）通过【设置单元格格式】对话框设置单元格对齐方式

在【设置单元格格式】对话框中，用户可以获得更丰富的单元格对齐方式选项，从而实现更高级的单元格对齐设置，操作步骤如下：

① 打开 Excel 2010 工作簿窗口，选中需要设置对齐方式的单元格。右击被选中的单元格，在弹出的快捷菜单中选择【设置单元格格式】命令。

② 弹出【设置单元格格式】对话框，选择【对齐】选项卡，如图 4-33 所示，在【文本对齐方式】区域可以分别设置【水平对齐】和【垂直对齐】方式。其中，【水平对齐】方式包括【常规】【靠左（缩进）】【居中】【靠右（缩进）】【填充】【两端对齐】【跨列居中】【分散对齐】8 种方式；【垂直对齐】方式包括【靠上】【居中】【靠下】【两端对齐】【分散对齐】5 种方式。选择合适的对齐方式，并单击【确定】按钮即可。

5．颜色与图案

Excel 2010 中可以对表格增加颜色和图案，以便对表格进行美化。具体操作方式如下：

① 选择要添加颜色和图案的单元格区域。

② 右击被选中的单元格区域，在弹出的快捷菜单中选择【设置单元格格式】命令，弹出【设置单元格格式】对话框，选择【填充】选项卡，如图 4-34 所示。

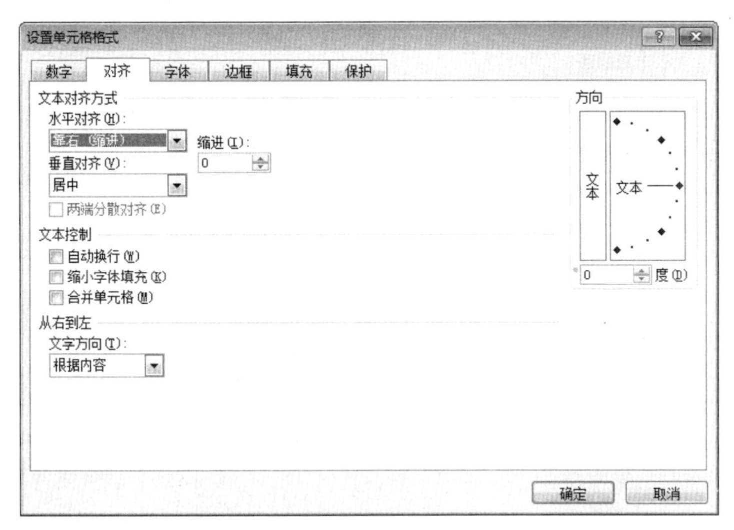

图 4-33　【设置单元格格式】对话框的【对齐】选项卡

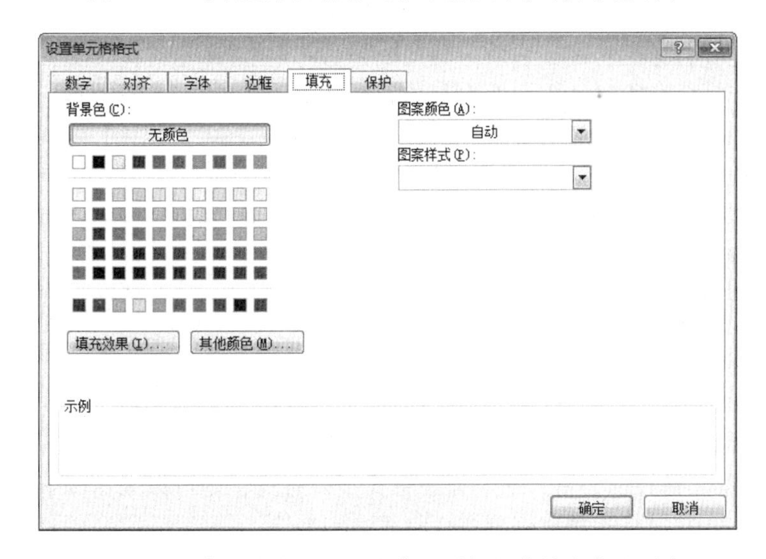

图 4-34　【设置单元格格式】对话框的【填充】选项卡

③ 在图 4-34 中对所选单元格分别进行【背景色】【填充效果】【图案颜色】【图案样式】等设置。

④ 设置完成后单击【确定】按钮即可。

6. 条件格式

在 Excel 2010 表格的某些特定应用中，需要将表格中的某些数据进行突出显示，如希望找出一门课不及格的成绩，可以利用【条件格式】将不及格的成绩进行突出显示，以方便进行查阅和处理。

（1）添加条件格式

例如：在图 4-35 所示的成绩表中，将低于 60 分的成绩用“浅红填充色深红文本”进行突出显示，结果如图 4-36 所示。

	A	B	C	D	E
1	学生成绩表				
2	学号	姓名	大学语文	高等数学	计算机基础
3	1201001	张三	93	85	99
4	1201002	李四	32	71	25
5	1201003	王五	25	98	82
6	1201004	朱六	68	76	45
7	1201005	吴七	95	59	86
8	1201006	余八	63	100	37
9	1201007	许二	37	15	99
10	1201008	高一	88	87	90

图 4-35　学生成绩表

	A	B	C	D	E
1	学生成绩表				
2	学号	姓名	大学语文	高等数学	计算机基础
3	1201001	张三	93	85	99
4	1201002	李四	32	71	25
5	1201003	王五	25	98	82
6	1201004	朱六	68	76	45
7	1201005	吴七	95	59	86
8	1201006	余八	63	100	37
9	1201007	许二	37	15	99
10	1201008	高一	88	87	90

图 4-36　学生成绩条件格式

操作步骤如下：

① 在Excel 2010中打开需要进行条件格式设置的表格。

② 选中需要进行条件格式设置的区域（此处为C3:E10单元格区域）。

③ 单击【开始】→【样式】命令组中的【条件格式】下拉按钮。

④ 在打开的下拉列表中选择【突出显示单元格规则】→【小于】命令，弹出【小于】对话框。

⑤ 在【小于】对话框左侧的文本框中输入60，在右侧的下拉列表框中选择【浅红填充色深红文本】选项。

⑥ 单击【确定】按钮即可。

说明： Excel 2010包括了非常丰富的条件格式，此处仅使用一个简单的例子进行说明，读者可以根据的自己的喜好进行设置。

（2）删除条件格式

对于设置了条件格式的表格，如果需要去掉条件格式，则可以采用如下步骤进行删除：

① 在Excel 2010中打开需要删除条件格式的表格。

② 选中设置了条件格式的区域（此处为C3:E10单元格区域）。

③ 单击【开始】→【样式】命令组中的【条件格式】下拉按钮。

④ 在打开的下拉列表中选择【清除规则】→【清除所选单元格式的规则】命令即可。

说明： 如需要清除整个工作表的所有规则，则可以选择【清除规则】→【清除整个工作表的规则】命令。

7. 自动套用格式

在Excel 2010中，系统对表格格式设置了多种预设的样式，因此，在为制作的报表进行格式化时，为节省时间，同时使表格符合数据库表单的要求，可以采用“自动套用格式”进行设置。具体设置方法如下：

将鼠标定位在需要套用格式的数据区域中的任何一个单元格中，单击【开始】→【格式】命令组中的【套用表格格式】下拉按钮，此时弹出浅色、深浅中等和深色3种类型共计60种能直接套用的表格格式。

读者只需根据自己的喜好和具体需求进行选择，即可快速完成表格格式设置。

例如：对以上学生成绩表，使用【表样式深色 6】美化后的效果如图 4-37 所示。

	A	B	C	D	E
1	学生成绩表				
2	学号	姓名	大学语文	高等数学	计算机基础
3	1201001	张三	93	85	99
4	1201002	李四	32	71	25
5	1201003	王五	25	98	82
6	1201004	朱六	68	76	45
7	1201005	吴七	95	59	86
8	1201006	余八	63	100	37
9	1201007	许二	37	15	99
10	1201008	高一	88	87	90

图 4-37　自动套用格式美化表格示例

4.3.6　工作表编辑

1. 工作区操作

在使用 Excel 时，可能会同时使用多个工作簿进行工作。如果按普通的方法将这几个工作簿一一打开，特别是当这些工作簿分散于不同的分区或不同的文件夹中时，这项工作比较费劲。Excel 2010 提供了工作区的操作方式，可以实现一次性打开多个 Excel 工作簿，以方便在不同工作簿之间进行切换和操作。操作方法如下：

① 先将所有需在同时使用的工作簿打开。

② 单击【视图】→【窗口】命令组中的【保存工作区】按钮，弹出【保存工作区】对话框，在【文件名】文本框中输入相应的工作区名，单击【保存】按钮即可。

对于所保存的工作区，以后需要使用这个工作区所包含的工作簿时，只需要打开此工作区即可，即通过工作区可以同时打开多个工作簿，以方便读者进行工作簿及工作表的操作。

2. 移动和复制单元格数据

在对 Excel 2010 表格进行操作的过程中，很多时候需要对单元格数据进行移动或复制。Excel 2010 对单元格数据的移动或复制操作提供了鼠标拖动、剪切复制与粘贴等方法。

（1）移动选定的单元格数据

在表格操作过程中，有时需要将一个或多个单元格中的数据从一个地方移动到另一个地方，此时就需要进行单元格数据的移动操作，操作步骤如下：

① 选定需要移动的单元格。

② 执行【剪切】操作，将光标移动到目标位置，单击将光标定位到目标位置。

③ 执行【粘贴】操作即可完成单元格的移动。

说明：也可以通过像 Word 2010 中使用鼠标拖动的方法完成单元格数据的移动操作。

（2）复制单元格

复制单元格与移动单元格的操作十分相似，不同之处在于移动是将所选单元格数据从当前位置移动到目标位置，而复制则是不改变当前位置的单元格内容，而是在目标位置对所选取的单元格“复印”了一份。操作步骤如下：

① 选定需要复制的单元格。

② 执行【复制】操作，将光标移动到目标位置，单击将光标定位到目标位置。

③ 执行【粘贴】操作即可完成单元格的复制。

说明：也可以通过像 Word 2010 中使用鼠标拖动的方法完成单元格的复制操作。

3. 清除单元格数据

在表格的操作中，如果需要清除单元格的数据，可以采用如下方法完成：

① 选择需要清除的单元格。

② 单击【开始】→【编辑】命令组中的【清除】下拉按钮，在打开的下拉列表中选择【全部清除】命令即可。

说明：也可以先选择要清除的单元格，然后按【Delete】键或【Backspace】键进行清除。

4. 删除单元格

在表格的操作中，如果有多余的单元格，可以使用Excel 2010的单元格删除功能将其删除，操作时被删除的单元格的位置会被其右侧或下方的单元格替换。操作方法如下：

① 选择需要删除的一个或多个单元格。

② 单击【开始】→【单元格】命令组中的【删除】下拉按钮，在打开的下拉列表中选择【删除单元格】命令。

③ 弹出【删除】对话框，选择【右侧单元格左移】或【下方单元格上移】单选按钮。

④ 单击【确定】按钮即可。

说明：读者可根据实际需要选择【右侧单元格左移】或【下方单元格上移】单选按钮；也可以在选择需要删除的单元格后右击，在弹出的快捷菜单中选择【删除】命令，弹出【删除】对话框，此后的操作方法相同。

5. 改变列宽和行高

在Excel 2010表格的编辑过程中，列宽和行高直接影响表格的效果和美观。可以采用如下两种方法对表格的列宽和行高进行调整：

① 直接将鼠标移动到列标题上的列与列边界处，当光标变成双向箭头时，按下鼠标左键拖动到相应位置即可改变列宽，同理，可以对行高进行调整。

② 先选定一列（行）或多列（行），然后将鼠标移动到选定列（行）的列（行）标处右击，在弹出的快捷菜单中选择【列宽】（或【行高】）命令，弹出【列宽】（或【行高】）对话框，如图4-38所示，在文本框中输入所需的列宽（或行高）数，单击【确定】按钮即可。

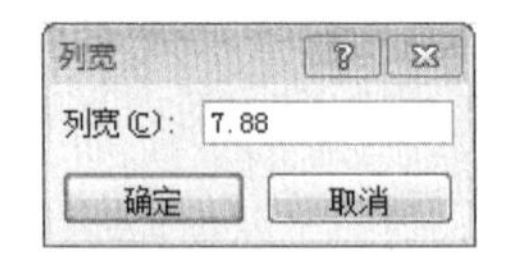

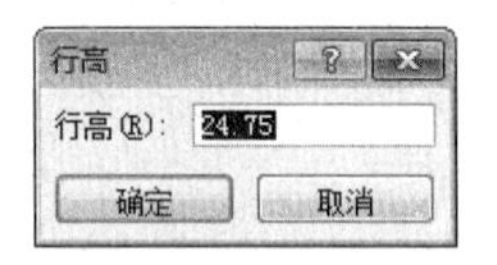

图4-38 列宽与行高设置对话框

6. 插入行和列

在Excel 2010表格编辑过程中，有时需要在表格中某个位置增加行或列，以补充表格数据。操作方法如下：

① 在需要插入行（或列）的行标题（或列标题）处右击，在弹出的快捷菜单中选择【插入】命令即可完成行（或列）的插入。

② 在表格中任一单元格中右击，在弹出的快捷菜单中选择【插入】命令，弹出【插入】对话框，选择【整列】或【整行】单选按钮，单击【确定】按钮，即可插入列或行。

7. 删除行和列

在表格编辑过程中，难免出现多余的行和列，对多余的行和列可以将其删除。方法如下：

① 选择需要删除的行（或列），在所选的行（或列）任意位置处右击，在弹出的快捷菜

单中选择【删除】命令，弹出【删除】对话框，选择【整行】或【整列】单选按钮，单击【确定】按钮，即可完成行（或列）的删除。

② 将光标定位到工作表中所需删除行（或列）的任意单元格中并右击，在弹出的快捷菜单中选择【删除】→【整行】(或【整列】) 命令即可删除当前行（或列)。

8. 查找和替换数据

查找是 Excel 2010 中实现快速寻找指定内容的功能，能从拥有大量数据的表格中查找并定位到所需内容的位置；替换则可以将需要修改的内容进行批量的修改。操作方法如下：

（1）查找

将光标定位到工作表中的任意位置，单击【开始】→【编辑】命令组中的【查找和选择】下拉按钮，在弹出的下拉菜单中选择【查找】命令（也可按【Ctrl+F】组合键)，弹出【查找和替换】对话框，如图 4-39 所示，在【查找内容】组合框中输入需要查找的内容，单击【查找全部】或【查找下一个】按钮即可将所要查找的内容全部找出来或找出需要查找内容当前所在位置的下一个位置。

说明：在查找过程中可以单击图 4-39 中的【选项】按钮，设置查找的范围和格式等较为复杂的查找选项，请读者自己完成。

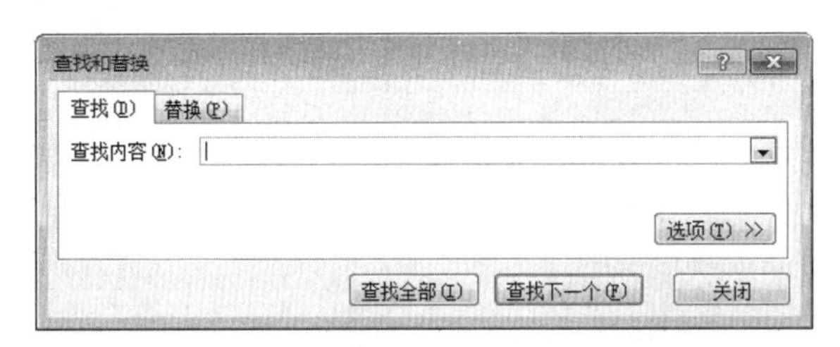

图 4-39 【查找与替换】对话框的【查找】选项卡

（2）替换

将光标定位到工作表中的任意位置，单击【开始】→【编辑】→【查找和替换】下拉按钮，在弹出的下拉菜单中选择【替换】命令，弹出【查找和替换】对话框，如图 4-40 所示。

图 4-40 【查找与替换】对话框的【替换】选项卡

在【查找内容】组合框中输入需要查找的内容，在“替换为”组合框中输入要进行替换的内容，通过单击【查找全部】或【查找下一个】按钮，与【全部替换】或【替换】按钮相结合，完成查找和替换操作。

9. 冻结窗格

在 Excel 2010 中，如果一个工作表的数据比较多（超过一屏)，当查看靠后的数据时，看见了后面的数据却看不见表头，或者看到了一行的右边的数据又看不到其左侧的信息，即出现了首尾不能兼顾的局面。以 2014 年贵州省毕节市软件资格考试报名信息表为例，图 4-41 是 1 号至 14 号考生的信息，图 4-42 则是 15 号至 30 号考生的信息。

	A	B	C	D	E	F	G	H	I	J	K	L	M	N
1	2014年贵州省毕节市软件资格考试报名信息表													
2	序号	网报号	档案号	报考机构编码	姓名	性别	证件类型	报考级别	报考资格	报考资格编码	现有(职称)资格	在职情况	所在学校	所学专业
3	1	1004	2014252000	5210	岑德顺	男	身份证	初级资格	程序员	18	无	学生	贵州省毕节市毕节学院	与报考专业相近
4	2	0999	2014252000	5210	顾珍	女	身份证	初级资格	程序员	18	无	学生	贵州工程应用技术学院	与报考专业相同
5	3	0999	2014252000	5210	张应才	男	身份证	初级资格	程序员	18	无	学生	贵州工程应用技术学院	与报考专业相近
6	4	0993	2014252000	5210	周建涛	男	身份证	初级资格	程序员	18	无	学生	贵州工程应用技术学院	与报考专业相近
7	5	0989	2014252000	5210	蔡秋丽	女	身份证	初级资格	程序员	18	无	学生	贵州工程应用技术学院	与报考专业相同
8	6	0990	2014252000	5210	晋家琴	女	身份证	初级资格	程序员	18	无	学生	贵州工程应用技术学院	与报考专业相同
9	7	0993	2014252000	5210	聂玥	女	身份证	初级资格	程序员	18	无	学生	贵州工程应用技术学院	与报考专业相同
10	8	0989	2014252000	5210	谢琪	男	身份证	初级资格	网络管理员	28	无	在职	贵州省交通职业技术学院	其他
11	9	0999	2014252000	5210	陈丽娇	女	身份证	初级资格	网络管理员	28	无	学生	贵州工程应用技术学院	与报考专业相同
12	10	0999	2014252000	5210	康德州	男	身份证	初级资格	网络管理员	28	无	学生	贵州工程应用技术学院	与报考专业相近
13	11	1004	2014252000	5210	臧丽	男	身份证	中级资格	软件设计师	15	无	学生	贵州工程应用技术学院	与报考专业相近
14	12	0997	2014252000	5210	王国勇	男	身份证	中级资格	软件设计师	15	无	学生	贵州工程应用技术学院	与报考专业相近
15	13	0995	2014252000	5210	陈蕾	女	身份证	中级资格	软件设计师	15	无	学生	贵州工程应用技术学院	与报考专业相近
16	14	0983	2014252000	5210	文永洪	男	身份证	中级资格	软件设计师	15	无	学生	贵州工程应用技术学院	与报考专业相同

图 4-41　软件资格考试考生信息（1 号至 14 号）

	A	B	C	D	E	F	G	H	I	J	K	L	M	N
17	15	0988	2014252000	5210	王浩	男	身份证	中级资格	软件设计师	15	无	学生	毕节学院	与报考专业相近
18	16	0973	2014252000	5210	杨贵方	男	身份证	中级资格	软件设计师	15	无	在职	东北大学	与报考专业相同
19	17	0975	2014252000	5210	粟洪波	男	身份证	中级资格	软件设计师	15	初级	学生	安顺学院	与报考专业相近
20	18	0994	2014252000	5210	任苹	女	身份证	中级资格	软件设计师	15	无	学生	贵州工程应用技术学院	与报考专业相同
21	19	0999	2014252000	5210	冯珍贵	男	身份证	中级资格	软件设计师	15	无	学生	贵州工程应用技术学院	与报考专业相近
22	20	0990	2014252000	5210	王均勇	男	身份证	中级资格	网络工程师	24	无	学生	贵州工程应用技术学院	与报考专业相近
23	21	0983	2014252000	5210	吉庆平	男	身份证	中级资格	网络工程师	24	无	其他	毕节学院	与报考专业相同
24	22	0990	2014252000	5210	卿宴宏	男	身份证	中级资格	网络工程师	24	无	在职	北京航空航天大学	与报考专业相近
25	23	0986	2014252000	5210	罗忠治	男	身份证	中级资格	网络工程师	24	无	学生	贵州省毕节市贵州工程	与报考专业相近
26	24	0974	2014252000	5210	龙卓君	男	身份证	中级资格	网络工程师	24	初级	在职	贵州大学	与报考专业相近
27	25	0990	2014252000	5210	康世贤	男	身份证	中级资格	网络工程师	24	无	在职	毕节学院	与报考专业相同
28	26	0990	2014252000	5210	徐相	男	身份证	中级资格	网络工程师	24	无	学生	贵州工程应用技术学院	与报考专业相近
29	27	0998	2014252000	5210	张德利	男	身份证	中级资格	网络工程师	24	无	学生	毕节学院	与报考专业相近
30	28	0995	2014252000	5210	周鹏林	男	身份证	中级资格	网络工程师	24	无	学生	贵州工程应用技术学院	与报考专业相近
31	29	0979	2014252000	5210	陈平	男	身份证	中级资格	网络工程师	24	无	在职	毕节职业技术学院	与报考专业相同
32	30	0999	2014252000	5210	姚井波	男	身份证	中级资格	网络工程师	24	无	学生	毕节学院	与报考专业相近

图 4-42　软件资格考试考生信息（15 号至 30 号）

从图 4-43 中可以看到考生的状态但看不见其姓名等重要信息，图 4-42 中又没显示表的标题和表头，所以表格的可读性不好。Excel 2010 提供了窗格的冻结功能可以很好地解决这个问题，如图 4-44 所示。

	J	K	L	M	N	O	P	Q	R	S	T	U	V
1	2014年贵州省毕节市软件资格考试报名信息表												
2	报考资格编码	现有(职称)资格	在职情况	所在学校	所学专业	毕业时间	专业名称	在学/已有学历	学制	学位	从事本专业工作时间	邮政编码	状态
3	18	无	学生	贵州省毕节市毕节学院	与报考专业相近	2016-06	计算机科学	本科	4年	学士		551700	已交费
4	18	无	学生	贵州工程应用技术学院	与报考专业相同	2016-06	计算机科学	本科	4年	学士		551700	已交费
5	18	无	学生	贵州工程应用技术学院	与报考专业相近	2016-06	计算机科学	本科	4年	无		551700	已交费
6	18	无	学生	贵州工程应用技术学院	与报考专业相近	2016-06	计算机科学	本科	4年	无		551700	已交费
7	18	无	学生	贵州工程应用技术学院	与报考专业相同	2016-08	计算机科学	本科	4年	学士		551700	已交费
8	18	无	学生	贵州工程应用技术学院	与报考专业相同	2000-06	计算机科学	本科	4年	无		551700	已交费
9	18	无	学生	贵州工程应用技术学院	与报考专业相同	2016-06	计算机科学	本科	4年	无		551700	已交费
10	28	无	在职	贵州省交通职业技术学院	其他	2006-07	经济信息管	专科	3年	无	2012-01	551500	已交费
11	28	无	学生	贵州工程应用技术学院	与报考专业相同	2016-06	计算机科学	本科	4年	无		551700	已交费
12	28	无	学生	贵州工程应用技术学院	与报考专业相近	2016-06	计算机科学	本科	4年	学士		551713	已交费
13	15	无	学生	贵州工程应用技术学院	与报考专业相近	2016-06	计算机科学	本科	4年	无		551700	已交费
14	15	无	学生	贵州工程应用技术学院	与报考专业相近	2015-06	计算机科学	其他	4年	其他		551700	已交费
15	15	无	学生	贵州工程应用技术学院	与报考专业相近	2015-06	计算机科学	本科	4年	无		551700	已交费
16	15	无	学生	贵州工程应用技术学院	与报考专业相同	2016-08	计算机科学	本科	4年	无		551700	已交费

图 4-43　软件资格考试考生信息（1 号至 14 号右半部分）

序号	网报号	档案号	报考机构编码	姓名	毕业时间	专业名称	在学/已有学历	学制	学位	从事本专业工作时间	邮政编码	状态
104	0995[illegible]	2014252000[illegible]	5210	胡朝阳	2015-07	信息管理与	本科	4年	无		551700	已交费
105	0981[illegible]	2014252000[illegible]	5210	杨治兴	2015-06	计算机科学	本科	4年	无		551700	已交费
106	1007[illegible]	2014252000[illegible]	5210	张学玲	2015-06	计算机科学	本科	4年	学士		551700	已交费
107	1007[illegible]	2014252000[illegible]	5210	王兵	2015-06	信息管理与	本科	4年	无		551700	已交费
108	0988[illegible]	2014252000[illegible]	5210	侯杰	2015-07	信息管理与	本科	4年	学士		551700	已交费
109	0991[illegible]	2014252000[illegible]	5210	姚静	2015-06	计算机科学	本科	4年	其他		551700	已交费
110	0999[illegible]	2014252000[illegible]	5210	王丽华	2015-06	信息管理与	本科	4年	学士		551700	已交费
111	0990[illegible]	2014252000[illegible]	5210	文凯	2011-06	信息管理与	本科	4年	学士		551700	已交费
112	0992[illegible]	2014252000[illegible]	5210	朱兴艳	2015-06	信息管理与	本科	4年	无		551700	已交费
113	1000[illegible]	2014252000[illegible]	5210	余环	2015-06	信息管理与	本科	4年	无		551700	已交费
114	0990[illegible]	2014252000[illegible]	5210	王刚	2015-06	计算机科学	本科	4年	学士		551700	已交费
115	0973[illegible]	2014252000[illegible]	5210	胡蒋安	2005-07	保险	专科	3年	无	2012-06	563000	已交费
116	0990[illegible]	2014252000[illegible]	5210	吴林祥	2015-06	信息系统与	本科	4年	学士		551700	已交费

图 4-44　软件资格考试考生信息窗格冻结效果

操作步骤如下：

① 将光标定位到需要固定显示的行与列的交叉点右下角的单元格内，如本例中将光标定位到 F3 单元格（即将表头与考生姓名以左的信息冻结）。

② 单击【视图】→【窗口】→【冻结窗格】下拉按钮。

③ 在打开的下拉列表中选择【冻结拆分窗格】命令即可。

对以上考生信息表格，进行窗格冻结后，查看 104 号至 116 号考生的报名状态效果如图 4-44 所示，已经克服了以上首尾不能兼顾的问题。

说明：还可以用“鼠标拖动+命令按钮”实现拆分并冻结窗口的操作：①先拆分窗口，即将鼠标指向垂直滚动条上方的按钮，或水平滚动条左侧的按钮并拖动，拖动时在屏幕上光标位置会出现动态的水平直线或垂直直线，在拆分窗口位置处释放鼠标左键；②单击【视图】→【窗口】→【冻结窗格】下拉按钮，在打开的下拉列表中选择【冻结拆分窗格】命令即可。

4.4　公式与函数

Excel 2010 允许用户在工作表中通过建立公式的方法来实现数据的自动处理，并为用户提供了大量的内置函数，极大地方便了用户对各种数据的处理需求。对于简单的计算可以通过公式，根据需要将计算的对象列成数学表达式，然后由 Excel 2010 自动计算出来；对于较为复杂的计算则由 Excel 2010 提供的函数直接计算。

4.4.1　认识公式

当需要将工作表中的数字数据做加、减、乘、除等运算时，可以把计算的工作交给 Excel 2010 的公式去做，这样不仅可以省去自行计算的工作，而且当参加计算的数据发生变化时，公式将自动更新计算结果，以保证数据的适时变更。

公式是对工作表中的数值执行计算的表达式。在 Excel 里规定，凡是以半角符号“=”开始的、具有计算功能的单元格内容就是所谓的 Excel 公式。

【例 4-1】现有商品的销售统计情况表，其中包括商品名称、销售单价和数量，需计算每种商品的销售金额，如图 4-45（a）所示。

在 D3 单元格中输入的金额计算公式为“=B3*C3”（注：此处“=”不能省，若省略“=”其将不再是公式，而变成一串字符），按【Enter】键确认即可计算出电视机的销售金额，如图 4-45（b）所示。

	A	B	C	D
1	家乐电器销售额统计			
2	商品名称	销售单价	数量	销售金额
3	电视机	2588.00	21	=B3*C3
4	洗衣机	1999.00	36	
5	电脑	4699.00	31	

（a）

	A	B	C	D
1	家乐电器销售额统计			
2	商品名称	销售单价	数量	销售金额
3	电视机	2588.00	21	54348.00
4	洗衣机	1999.00	36	
5	电脑	4699.00	31	

（b）

图 4-45　公式示例

总之，公式就是将数学运算式转换成 Excel 2010 计算表达式。

使用公式必须遵循如下原则：

① 以等号“=”作为开始符号（如果以加减号开始，Excel 也会识别为公式，并自动前置等号）。

② 等号“=”之后紧跟运算数和运算符构成的表达式或算式。

③ 运算数即参加运算的参数，包括常数（如 30）、单元格引用（如 B3:C3）等。

④ 公式中可以像数学计算式一样通过括号来改变计算顺序。

4.4.2 认识运算符

在 Excel 2010 中运算符用于执行数据或单元格的相关运算，会针对一个或一个以上操作数项目进行运算。运算符分为算术运算符、关系运算符、文本连接运算符、引用运算符等。

1. 算术运算符

算术运算符用于加、减、乘、除、乘方等数学运算，常用算术运算符如表 4-2 所示。

表 4-2　常用算术运算符

算术运算符	含义及示例
+（加号）	加法运算。如 30+20
-（减号）	减法运算。如 30-20
*（星号）	乘法运算。如 13*14
/（正斜杠）	除法运算。如 500/2
^（脱字符）	乘方运算。如 2^10
-（负号）	单目运算。如-14

2. 关系运算符

在 Excel 2010 中，为了计算两个对象的大小关系，需要用到关系运算符。例如，比较两个人年龄的大小，两个日期的前后关系以及两个学生的成绩高低等。当用运算符比较两个值时，其结果为逻辑值 TRUE 或 FALSE。常用关系运算符如表 4-3 所示。

表 4-3　常用关系运算符

关系运算符	含义及示例
=（等号）	等号运算符。如：3=5 结果为 FALSE，而 2+3=5 结果为 TRUE
>（大于号）	大于运算符。如：5>3 结果为 TRUE，而 3>5 结果为 FALSE
<（小于号）	小于运算符。如：5<3 结果为 FALSE，而 3<5 结果为 TRUE
>=（大于或等于号）	大于或等于运算符。如：5>=3 结果为 TRUE，5>=5 结果为 TRUE
<=（小于或等于号）	小于或等于运算符。如：5<=3 结果为 FALSE，5<=5 结果为 TRUE
<>（不等号）	不等于运算符。如：3<>2 结果为 TRUE，而 3<>3 结果为 FALSE

3. 文本连接运算符

在 Excel 2010 中，可以将两个或多个字符串进行连接形成一个字符串。字符串连接运算符为“&”，其运算对象和运算结果均为字符串。例如："中国"&"贵州"="中国贵州"。

如果在 Excel 2010 中，假设 A1="中国"，B1="北京"，则 A1&B1="中国北京"。

4. 引用运算符

引用运算符用于完成 Excel 2010 的单元格引用，主要解决连续或不连续单元格的批量引用，以简化公式的书写。常用引用运算符如表 4-4 所示。

表 4-4　常用引用运算符

引用运算符	含义及示例
:（冒号）	区域运算符，生成对两个引用之间的所有单元格的引用，包括这两个引用。例如：A1：A3 表示引用 A1、A2 和 A3 共 3 个单元格
,（逗号）	联合运算符，将多个引用合并为一个引用。例如：求和函数 SUM(A1:A3,D1:D3)中，引用“A1:A3,D1:D3”表示 A1、A2、A3 与 D1、D2、D3 共 6 个单元格
（空格）	交叉运算符，生成对两个引用共同的单元格的引用。例如：求和函数 SUM((A:C)(2:3)中，引用“(A：C)(2：3)”表示第 A 列、第 B 列和第 C 列分别与第 2 行第 3 行的交叉点单元格 A2、A3、B2、B3、C2、C3 共 6 个单元格

4.4.3　输入公式

在 Excel 中，输入公式必须以等号“=”开头，例如“=Al+A2”，这样 Excel 才知道用户输入的是公式，而不是一般的文字数据。例如，在图 4-46 中，需要在 F3 单元格中计算“张三”同学的总分，则在 F3 中输入的公式为=C3+D3+E3，输入完成后按【Enter】键即可。

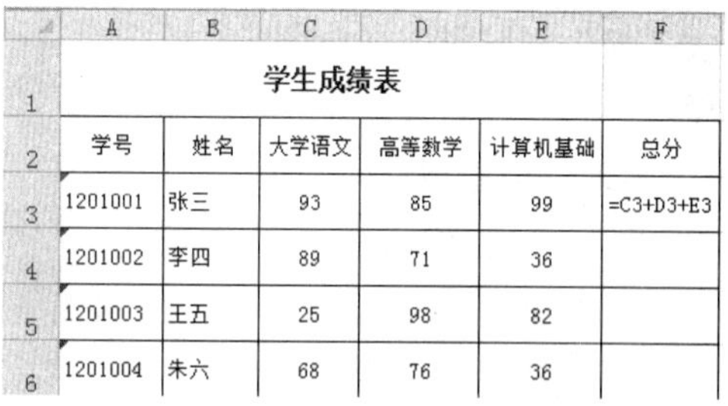

	A	B	C	D	E	F
1	学生成绩表					
2	学号	姓名	大学语文	高等数学	计算机基础	总分
3	1201001	张三	93	85	99	=C3+D3+E3
4	1201002	李四	89	71	36	
5	1201003	王五	25	98	82	
6	1201004	朱六	68	76	36	

图 4-46　计算“张三”的总分公式

4.4.4　复制公式

在图 4-46 中，计算了“张三”的总分，那是否计算“李四”“王五”等同学的总分也需要重新输入公式呢？Excel 2010 给用户提供了很好的公式复制功能，能够很方便地实现公式的快速复制。

1. 自动复制公式

在图 4-46 中，当在 F3 单元格中输入的公式为=C3+D3+E3 并按【Enter】键时，系统不仅计算出了“张三”的总分，而且自动快速地在 F4 单元格中输入=C4+D4+E4，在 F5 单元格中输入=C5+D5+E5，……，直到最后一个能使用相同规则计算总分的同学，且当对公式进行修改时，公式也能进行自动修改和更新。

自动复制公式的设置方法：

① 选择【文件】→【选项】命令，弹出【Excel 选项】对话框。

② 在【Excel 选项】对话框左侧的列表框中选择【校对】选项，然后单击【自动更正选项】按钮，弹出【自动更正】对话框。

③ 在【自动更正】对话框中选择【键入时自动套用格式】选项卡，在【自动完成】区域选中【将公式填充到表以创建计算列】复选框即可，如图 4-47 所示。

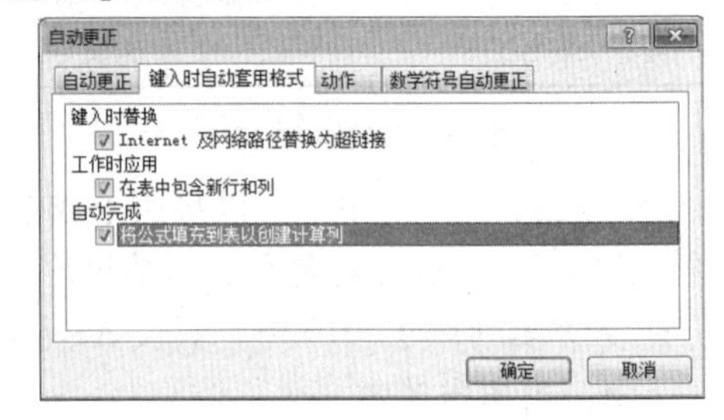

图 4-47 【自动更正】对话框

2. 鼠标拖动复制公式

以上自动复制公式固然方便，但当在公式编辑过程中难免出现公式的修改或公式的调整。此时可以采用鼠标拖动的方式进行复制。方法如下：

① 先用以上方法输入或修改公式。

② 选择已经设置好公式的单元格，将鼠标移动到所选单元格的右下角填充柄处，当鼠标变成黑色十字形状时，按下鼠标左键不放，同时沿需要填充公式的方向拖动到目标位置，然后松开鼠标即可完成公式的复制。

4.4.5 在公式中使用函数

Excel 2010 的函数是一些预定义的公式，是对计算过程中一些较为复杂的公式的封装，函数使用一些被称为参数的特定变量按特定的顺序或结构进行计算。函数能够简化公式的输入，方便数据的计算。利用系统函数可以进行常规的数据统计、财务计算、日期与时间的计算以及三角函数的计算等。

1. 使用函数

（1）函数的结构

以求和函数 SUM 为例，介绍 SUM 函数的公式语法和用法，说明函数的结构与格式。

SUM 功能是将指定为参数的所有数字相加。每个参数都可以是区域、单元格引用、数组、常量、公式或另一个函数的结果。例如，SUM(B1:B5)将单元格 B1～B5 中的所有数字相加，再如，SUM(B1,B3,B5)将单元格 B1、B3 和 B5 中的数字相加。

SUM 的语法格式如下：

```
SUM(number1,[number2],...)
```

其中，SUM 为函数名，number1、number2、……为 SUM 函数的参数。SUM 函数的功能就是计算其每一个参数的和。

（2）函数的使用

通过上面的介绍，对函数有了初步的了解，下面以学生总分的计算为例，介绍使用 SUM 函数的操作步骤。

① 单击需要输入函数的单元格，成绩计算实例如图 4-48 所示，单击单元格 F3。

② 单击【公式】→【函数库】→【插入函数】按钮，弹出【插入函数】对话框，如图 4-49 所示。

学生成绩表

学号	姓名	大学语文	高等数学	计算机基础	总分
1201001	张三	93	85	99	
1201002	李四	89	71	36	
1201003	王五	25	98	82	
1201004	朱六	68	76	36	

图 4-48　成绩实例

图 4-49　【插入函数】对话框

③ 在【或选择类别】下拉列表框中选择【常用函数】，在【选择函数】列表框中选择【SUM】函数，单击【确定】按钮，弹出【函数参数】对话框，如图 4-50 所示。

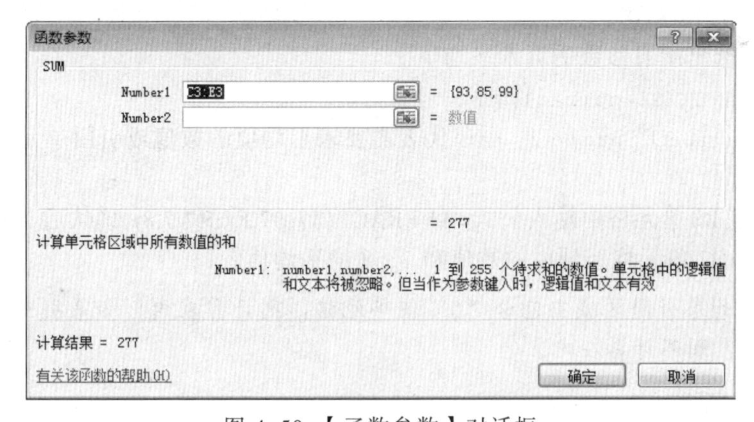

图 4-50　【函数参数】对话框

说明：如果不清楚函数名称，可以在图 4-49 的【搜索函数】文本框中输入函数的关键词，然后单击【转到】按钮进行函数的搜索。

④ 单击 Number1(参数 1)文本框右侧的【折叠】按钮，折叠【函数参数】对话框，如图 4-51 所示。

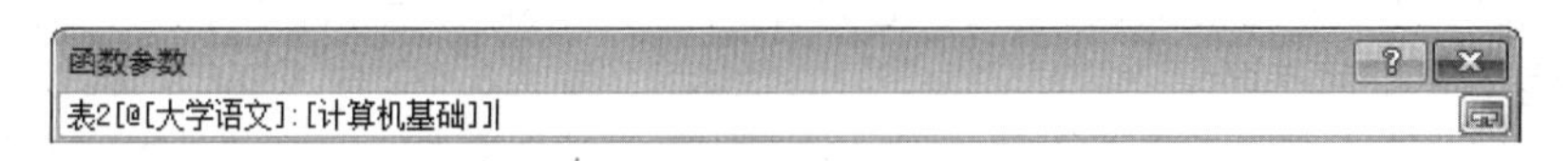

图 4-51　折叠后的【函数参数】对话框

⑤ 将鼠标移动到当前行需要求和的单元格起点（C3）处，然后按下鼠标左键并移动鼠标至本行需要求和的终点处(E3)，松开鼠标即可选择需要求和的单元格，选择结果为 C3:E3，如图 4-50 函数对话框中的文本框所示。

说明：可以直接在 Number1(参数 1)右侧的文本框中输入 C3:E3。

⑥ 单击【确定】按钮，即可完成 SUM 函数的输入。

⑦ 使用复制公式的方法进行公式复制即可完成图 4-48 中所有同学的总分计算。

简便方法说明：对以上函数使用的操作，熟练的读者可以直接在单元格 F3 中输入公式=SUM(C3:E3)后按【Enter】键即可完成当前行的求和运算，然后依照公式复制的方法对其他学生的总分进行复制即可。

2．常用函数介绍

Excel 2010 的函数包括数据统计、财务计算、日期与时间的计算以及三角函数的计算等。此处重点介绍日常用到的数据统计函数和日期时间函数，其他函数留给读者自己研究。

（1）SUM 函数

函数名称：SUM

主要功能：计算所有参数数值的和。

使用格式：`SUM(number1,[number2],…)`

参数说明：number1、number2、……代表需要计算的值或单元格（区域）。

应用举例：前面已经举例，在此不再详述。

（2）AVERAGE 函数

函数名称：AVERAGE

主要功能：求出所有参数的算术平均值。

使用格式：`AVERAGE(number1,[number2],…)`

参数说明：number1、number2、……代表需要求平均值的数值或引用单元格（区域），参数不超过 30 个。

应用举例：在 B8 单元格中输入公式=AVERAGE(B7:D7,F7:H7,7,8)，确认后，即可求出 B7:D7 单元格区域、F7:H7 单元格区域中的数值和 7、8 的平均值。

特别提醒：如果引用区域中包含“0”值单元格，则计算在内；如果引用区域中包含空白或字符单元格，则不计算在内。

（3）COUNT 函数

函数名称：COUNT

主要功能：统计所有参数中包含的数值的单元格个数。

使用格式：`COUNT(value1,value2,…)`

参数说明：value1、value2、……代表需要统计的数值或引用单元格（区域），参数不超过 30 个。

应用举例：在 B8 单元格中输入公式=COUNT(B2:D8)，确认后，即可求出 B2:D8 单元格区域中所有数值型数据的个数。

特别提醒：如果引用区域中包含空白或字符单元格，则不统计在内。

（4）MAX 函数

函数名称：MAX

主要功能：求出一组数中的最大值。

使用格式：MAX(number1,[number2],…)

参数说明：number1、number2、……代表需要求最大值的数值或引用单元格（区域），参数不超过 30 个。

应用举例：输入公式=MAX(E44:J44,7,8,9,10)，确认后即可显示出 E44:J44 单元格区域和数值 7，8，9，10 中的最大值。

特别提醒：如果参数中有文本或逻辑值，则忽略。

（5）MIN 函数

函数名称：MIN

主要功能：求出一组数中的最小值。

使用格式：MIN(number1,[number2],…)

参数说明：number1、number2、……代表需要求最小值的数值或引用单元格（区域），参数不超过 30 个。

应用举例：输入公式=MIN(E44:J44,7,8,9,10)，确认后即可显示出 E44:J44 单元格区域和数值 7，8，9，10 中的最小值。

特别提醒：如果参数中有文本或逻辑值，则忽略。

（6）IF 函数

函数名称：IF

主要功能：根据对指定条件逻辑判断的真假结果，返回相应的内容。

使用格式：=IF(logical_test,[value_if_true],[value_if_false])

参数说明：logical 代表逻辑判断表达式；value_if_true 表示当判断条件为逻辑“真(TRUE)”时的显示内容，如果忽略，返回“TRUE”；value_if_false 表示当判断条件为逻辑“假(FALSE)”时的显示内容，如果忽略，返回“FALSE”。

应用举例：在 C29 单元格中输入公式=IF(C26>=18,"符合要求","不符合要求")，确认后，如果 C26 单元格中的数值大于或等于 18，则 C29 单元格显示“符合要求”字样，反之显示“不符合要求”字样。

特别提醒：本文中类似“在 C29 单元格中输入公式”中指定的单元格，读者在使用时，并不需要受其约束，此处只是配合本文所附的实例需要而给出的相应单元格，具体请大家参考所附的实例文件。

（7）SUMIF 函数

函数名称：SUMIF

主要功能：计算符合指定条件的单元格区域内的数值的和。

使用格式：SUMIF(range,criteria,[sum_range])

参数说明：range 代表条件判断的单元格区域；criteria 为指定条件表达式；sum_range 代表需要计算的数值所在的单元格区域。

应用举例：在某成绩统计表的 D64 单元格中输入公式=SUMIF(C2:C63,"男",D2:D63)，确认后即可求出“男”生的语文成绩和。

特别提醒：如果把上述公式修改为：=SUMIF(C2:C63,"女",D2:D63)，即可求出“女”生的语文成绩和。

（8）SUMIFS函数

函数名称：SUMIFS

主要功能：对区域（工作表上的两个或多个单元格，区域中的单元格可以相邻或不相邻）中满足多个条件的单元格求和。

使用格式：`SUMIFS(sum_range,criteria-range1,criteria1[,criteria-range2,criteria2[,…]])`

参数说明：sum_range代表需要计算的数值所在的单元格区域；criteria-range1代表第一个条件判断的单元格区域，criteria1为第一个单元格区域应满足的条件表达式；criteria-range2代表第二个条件判断的单元格区域，criteria2为第二个单元格区域应满足的条件表达式；其他依此类推。

应用举例：如果需要对区域A1:A20中符合以下条件的单元格的数值求和“B1:B20”中的相应数值大于零（0）且C1:C20中的相应数值小于10，则可以使用以下公式：

```
=SUMIFS(A1:A20,B1:B20,">0",C1:C20,"<10")
```

（9）COUNTIF函数

函数名称：COUNTIF

主要功能：统计某个单元格区域中符合指定条件的单元格数目。

使用格式：`COUNTIF(range,criteria)`

参数说明：range代表要统计的单元格区域；criteria表示指定的条件表达式。

应用举例：在C15单元格中输入公式=COUNTIF(C1:C12,">=90")，确认后，即可统计出C1:C12单元格区域中，数值大于或等于90的单元格数目。

特别提醒：允许引用的单元格区域中有空白单元格出现。

（10）COUNTIFS函数

函数名称：COUNTIFS

主要功能：统计某个单元格区域中符合指定条件的单元格数目。

使用格式：`COUNTIFS(criteria_range1,criteria1,[criteria_range2,criteria2],…)`

参数说明：criteria_range1是计算关联条件的第一个区域，criteria1是第一个区域应该满足的条件；criteria_range2是计算关联条件的第二个区域，criteria2是第二个区域应该满足的条件；其他依此类推。

应用举例：在C17单元格中输入公式=COUNTIFS(A1:A13,">=80",B1:B13,">=90")，确认后，即可统计出A1:A13单元格区域中数值大于或等于80且B1:B13单元格区域中数值大于或等于90的单元格数目。

特别提醒：允许引用的单元格区域中有空白单元格出现。

（11）DATE函数

函数名称：DATE

主要功能：给出指定数值的日期。

使用格式：`DATE(year,month,day)`

参数说明：year 为指定的年份数值（小于 9999）；month 为指定的月份数值（可以大于 12）；day 为指定的天数。

应用举例：在 C20 单元格中输入公式=DATE(2015,13,35)，确认后，显示出 2016-2-4。

特别提醒：由于上述公式中，月份为 13，多了一个月，顺延至 2016 年 1 月；天数为 35，比 2016 年 1 月的实际天数又多了 4 天，故又顺延至 2016 年 2 月 4 日。

（12）NOW 函数

函数名称：NOW

主要功能：给出当前系统日期和时间。

使用格式：`NOW()`

参数说明：该函数不需要参数。

应用举例：输入公式=NOW()，确认后即可显示出当前系统日期和时间。如果系统日期和时间发生了改变，只要按【F9】键，即可让其随之改变。

特别提醒：显示出来的日期和时间格式，可以通过单元格格式进行重新设置。

（13）函数名称：DATEDIF

主要功能：计算返回两个日期参数的差值。

使用格式：
```
=DATEDIF(date1,date2,"y")
=DATEDIF(date1,date2,"m")
=DATEDIF(date1,date2,"d")
```

参数说明：date1 代表前面一个日期，date2 代表后面一个日期；“y”“m”“d”要求分别返回两个日期相差的“年”“月”“天”数。

应用举例：在 C23 单元格中输入公式=DATEDIF(A23,TODAY(),"y")，确认后返回系统当前日期（用 TODAY()表示）与 A23 单元格中日期的差值，并返回相差的年数。

特别提醒：这是 Excel 中的一个隐藏函数，在函数向导中是找不到的，可以直接输入使用，对于计算年龄、工龄等非常有效。

（14）DAY 函数

函数名称：DAY

主要功能：求出指定日期或引用单元格中日期的天数。

使用格式：`DAY(serial_number)`

参数说明：serial_number 代表指定的日期或引用的单元格。

应用举例：输入公式=DAY("2015-12-18")，确认后，显示出 18。

特别提醒：如果是给定的日期，须包含在英文双引号中。

（15）WEEKDAY 函数

函数名称：WEEKDAY

主要功能：给出指定日期对应的星期数。

使用格式：`WEEKDAY(serial_number,[return_type])`

参数说明：serial_number 代表指定日期或引用含有日期的单元格；return_type 代表星期的表示方式［当 Sunday（星期日）为 1、Saturday（星期六）为 7 时，该参数为 1；当 Monday

（星期一）为 1、Sunday（星期日）为 7 时，该参数为 2（这种情况符合中国人的习惯）；当 Monday（星期一）为 0、Sunday（星期日）为 6 时，该参数为 3］。

应用举例：输入公式=WEEKDAY(TODAY(),2)，确认后即给出系统日期的星期数。

特别提醒：如果是指定的日期，须放在英文状态下的双引号中，如=WEEKDAY("2015-12-18",2)。

（16）TEXT 函数

函数名称：TEXT

主要功能：根据指定的数值格式将相应的数字转换为文本形式。

使用格式：`TEXT(value,format_text)`

参数说明：value 代表需要转换的数值或引用的单元格；format_text 为指定文字形式的数字格式。

应用举例：如果 B68 单元格中保存有数值 1280.45，在 C68 单元格中输入公式=TEXT(B68,"$0.00")，确认后显示为"$1280.45"。

特别提醒：format_text 参数可以根据【单元格格式】对话框【数字】选项卡中的类型进行确定。

（17）VALUE 函数

函数名称：VALUE

主要功能：将一个代表数值的文本型字符串转换为数值型。

使用格式：`VALUE(text)`

参数说明：text 代表需要转换文本型字符串数值。

应用举例：如果 B74 单元格中是通过 LEFT 等函数截取的文本型字符串，在 C74 单元格中输入公式=VALUE(B74)，确认后，即可将其转换为数值型。

特别提醒：如果文本型数值不经过上述转换，在用函数处理这些数值时，常常返回错误。

（18）RANK 函数

函数名称：RANK

主要功能：返回某一数值在一列数值中的相对于其他数值的排位。

使用格式：`RANK(number,ref,[order])`

参数说明：number 代表需要排序的数值；ref 代表排序数值所处的单元格区域；order 代表排序方式参数（如果为"0"或者忽略，则按降序排名，即数值越大，排名结果数值越小；如果为非"0"值，则按升序排名，即数值越大，排名结果数值越大）。

应用举例：如在某成绩表的 C2 单元格中输入公式=RANK(B2,$B$2:$B$31,0)，确认后即可得出某学生的语文成绩排名结果。

特别提醒：在上述公式中，让 number 参数采取了相对引用形式，而让 ref 参数采取了绝对引用形式（增加了一个"$"符号），这样设置后，选中 C2 单元格，将鼠标移动到该单元格右下角，成细十字线形状时（通常称之为"填充柄"），按住鼠标左键向下拖拉，即可将上述公式快速复制到 C 列下面的单元格中，完成其他学生语文成绩的排名统计。

（19）LEN 函数

函数名称：LEN

主要功能：统计文本字符串中字符数目。

使用格式：`LEN(text)`

参数说明：text 表示要统计的文本字符串。

应用举例：假定 A41 单元格中保存了"我今年 28 岁"字符串，在 C40 单元格中输入公式=LEN(A41)，确认后即显示出统计结果 6。

特别提醒： LEN 在统计时，无论是全角字符，还是半角字符，每个字符均计为“1”；与之相对应的一个函数——LENB，在统计时半角字符计为“1”，全角字符计为“2”。

（20）LEFT 函数

函数名称：LEFT

主要功能：从一个文本字符串的第一个字符开始，截取指定数目的字符。

使用格式：`LEFT(text,[num_chars])`

参数说明：text 代表要截字符的字符串；num_chars 代表给定的截取数目。

应用举例：假定 A38 单元格中保存了"我喜欢大学生活"字符串，在 C38 单元格中输入公式=LEFT(A38,3)，确认后即显示出"我喜欢"字符。

特别提醒： 此函数名的英文意思为“左”，即从左边截取，Excel 很多函数都取其英文的意思。

（21）RIGHT 函数

函数名称：RIGHT

主要功能：从一个文本字符串的最后一个字符开始，截取指定数目的字符。

使用格式：`RIGHT(text,[num_chars])`

参数说明：text 代表要截字符的字符串；num_chars 代表给定的截取数目。

应用举例：假定 A65 单元格中保存了"我喜欢大学生活"字符串，在 C65 单元格中输入公式=RIGHT(A65,4)，确认后即显示出"大学生活"字符。

特别提醒： num_chars 参数必须大于或等于 0，如果忽略，则默认值为 1；如果 num_chars 参数大于文本长度，则函数返回整个文本。

（22）MID 函数

函数名称：MID

主要功能：从一个文本字符串的指定位置开始，取出指定数目的字符。

使用格式：`MID(text,start_num,num_chars)`

参数说明：text 代表要截字符的字符串；start_num 表示要截取字符串的起始位置；num_chars 代表给定的截取数目。

应用举例：假定 A65 单元格中保存了"贵州工程应用技术学院"字符串，在 C65 单元格中输入公式=MID(A65,5,4)，确认后即显示出"应用技术"字符。

特别提醒： 如果 start_num 大于文本长度，则 MID 返回空文本("")；如果 start_num 小于文本长度，但 start_num 加上 num_chars 超过了文本的长度，则 MID 只返回至多到文本末尾的字符；如果 start_num 小于 1，则 MID 返回错误值#VALUE!；如果 num_chars 是负数，则 MID 返回错误值#VALUE!。

4.4.6 单元格的相对引用和绝对引用

Excel 单元格的引用是指在公式中使用单元地址来代替单元格中的数据。单元格地址的引用主要包括相对引用、绝对引用和混合引用。

1. 相对引用

所谓相对引用，指在公式复制过程中，公式内所使用的单元格地址会随着公式位置的变化而变化，指向与当前位置相对应的单元格。

例如，前述的学生成绩计算公式在单元格 F3 中输入“=C3+D3+E3”，如图 4-52（a）所示，将成绩表 F3 中的公式复制后粘贴到单元格 F4 中，即更新为“=C4+D4+E4”，如图 4-52（b）所示。

F3　=C3+D3+E3

学生成绩表

学号	姓名	大学语文	高等数学	计算机基础	总分
1201001	张三	93	85	99	277
1201002	李四	89	71	36	
1201003	王五	25	98	82	
1201004	朱六	68	76	36	
1201005	吴七	95	59	86	
1201006	余八	63	100	37	
1201007	许二	37	15	99	
1201008	高一	88	87	90	

学生成绩　就绪

（a）

F4　=C4+D4+E4

学生成绩表

学号	姓名	大学语文	高等数学	计算机基础	总分
1201001	张三	93	85	99	277
1201002	李四	89	71	36	196
1201003	王五	25	98	82	
1201004	朱六	68	76	36	
1201005	吴七	95	59	86	
1201006	余八	63	100	37	
1201007	许二	37	15	99	
1201008	高一	88	87	90	

学生成绩　就绪

（b）

图 4-52　相对引用示例

再如，在前面所讲的复制公式过程中，当将当前公式进行拖动填充时，所填充到的地方公式就会依照当前的相对位置对公式进行调整，以保证当前行的公式与当前行所需的计算一致。

2. 绝对引用

前面所讲的相对引用能满足很多的公式复制和填充，但如果遇到在公式复制或填充过程中需要固定引用某个单元格，而不是让其随当前位置发生变化而变化，就需要使用绝对引用方式。

所谓绝对引用就是通过在引用单元格的行标和列号前增加“$”符号，从而在对公式复制或填充复制过程中，使公式引用的单元格地址保持固定不变的引用方式。如“$B$3”就是绝对引用。

例如，在图 4-53（a）中，计算前三季度每种电器占所有电器销售的比重，为了更好地理解绝对引用，假设先在每种电器的销售金额后面计算出所有电器的总销售额，然后再用每种电器的销售额除以总销售额来获得各种电器在所有电器销售总额中的比重。操作步骤如下：

首先，在 F3 单元格中输入公式=SUM($B$3:$D$6)，如图 4-53（a）所示，然后通过拖动鼠标复制公式的方法将公式从 F4 单元格填充到 F6 单元格，此时 F6 单元格中的公式依然为“=SUM($B$3:$D$6)”，如图 4-53（b）所示。因此，绝对引用在公式复制或鼠标拖动复制的过程中，能保持公式固定不变。

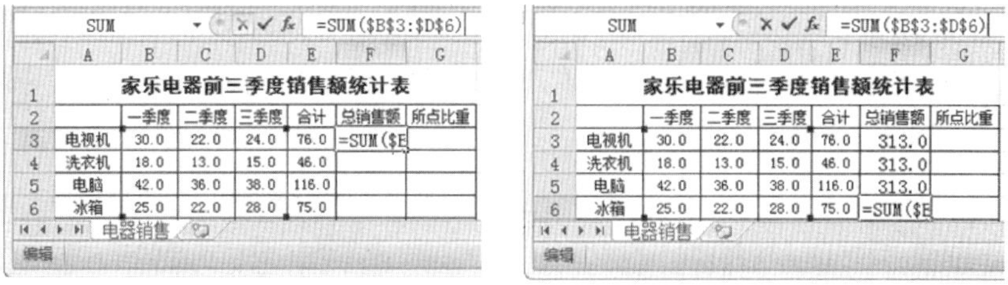

（a）　　　　　　（b）

图 4-53　绝对引用示例

上述每种商品销售额所占比重的计算比较简单，请读者自己完成。

3. 混合引用

顾名思义，混合引用就是在引用过程中既包含相对引用又包含绝对引用。如“$B3”“=$A3+B$2”“=F3/$A$6”等就是混合引用。

如上述电器销售例子中，如果不需要计算总销售额，而只计算每种电器所占的比重，则可以在 F3 中输入公式“=E3/SUM(E$3:E$6)”（注意：由于是纵向填充公式，因此可以不用写成“=E3/SUM($E$3:$E$6)”），如图 4-54（a）所示，当使用鼠标拖动填充方式从 E4 填充到 E6，此时单元格 E6 中的公式为“=E6/SUM(E$3:E$6)”，如图 4-54（b）所示。

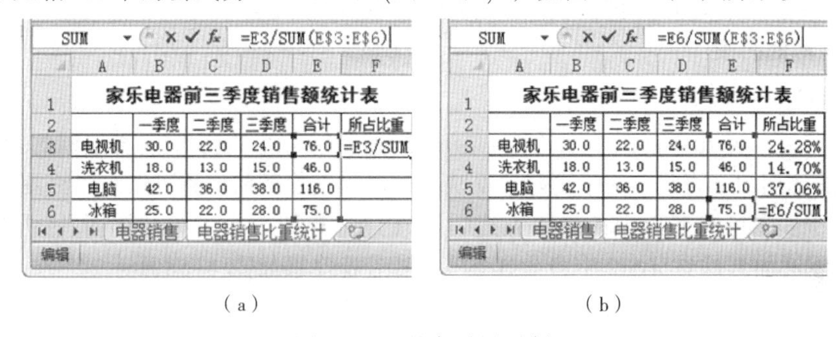

（a）　　　　　　（b）

图 4-54　混合引用示例

单元格的混合引用，在计算名次的函数 RANK 中经常会用到，读者可通过此函数进一步练习单元格的混合引用。

4.5 制 作 图 表

图表是将数据转换成图形方式，直观反映数据大小及数据之间的关系的一种工具，通过图表更好地理解和分析数据，Excel 2010 提供了强大的图表功能。本节将主要介绍图表的创建、修改和删除等主要操作。

4.5.1 创建图表

1. 图表的创建步骤

图表能使单调的数据变得一目了然，下面先使用“家乐电器前三季度销售额统计表”创建一个简单的图表，以了解图表的使用。

① 选择数据，在此为了对比前三季度每种电器的销售情况，所以选择电器名称和合计

两列，如图 4-55 所示。

② 单击【插入】→【图表】命令组右下角的【对话框启动器】按钮，弹出【插入图表】对话框，如图 4-56 所示。

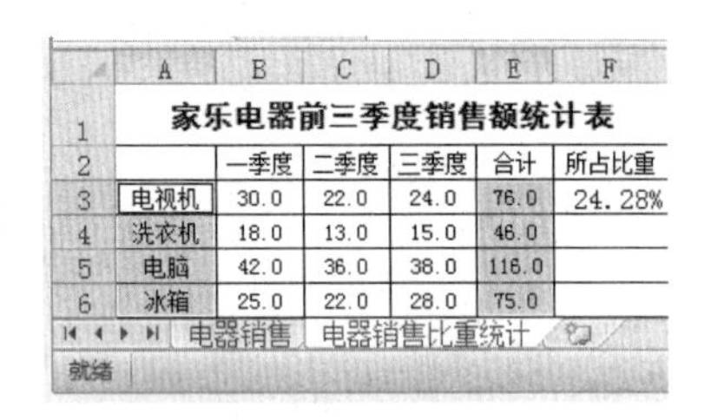

	A	B	C	D	E	F
1	家乐电器前三季度销售额统计表					
2		一季度	二季度	三季度	合计	所占比重
3	电视机	30.0	22.0	24.0	76.0	24.28%
4	洗衣机	18.0	13.0	15.0	46.0	
5	电脑	42.0	36.0	38.0	116.0	
6	冰箱	25.0	22.0	28.0	75.0	

图 4-55 数据选择

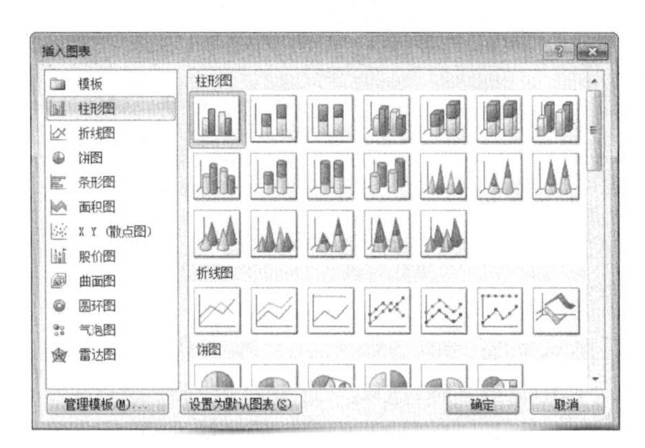

图 4-56 【插入图表】对话框

③ 选择图表类型。此处保持默认的【柱形图】即可。

④ 单击【确定】按钮。即插入图 4-57 所示的柱形图。

2. 创建其他图表

（1）饼图

在图 4-57 中，给出了前三季度各种电器销售额的柱形图，能反映各种电器的销售额多少，但各自所占的比例却不直观，为了更好地反映各种电器销售额的比重可以采用饼图进行显示。

具体操作步骤可参照以上的操作方式，但注意选择图表类型为“饼图”，并增加数据标志即可（具体增加方法在 4.5.2 中将会详述），其图表效果如图 4-58 所示。

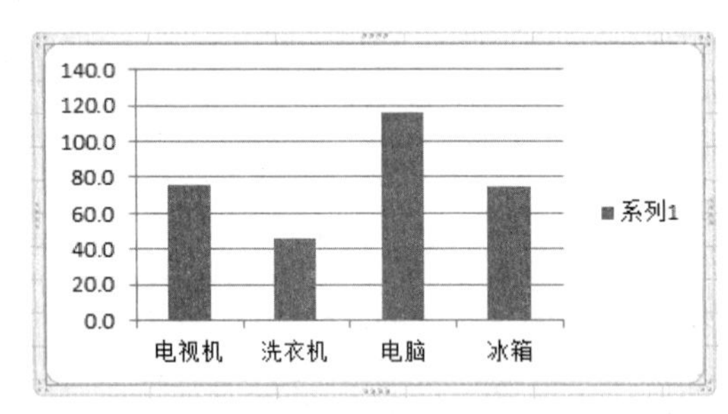

图 4-57 前三季度电器销售额柱形图

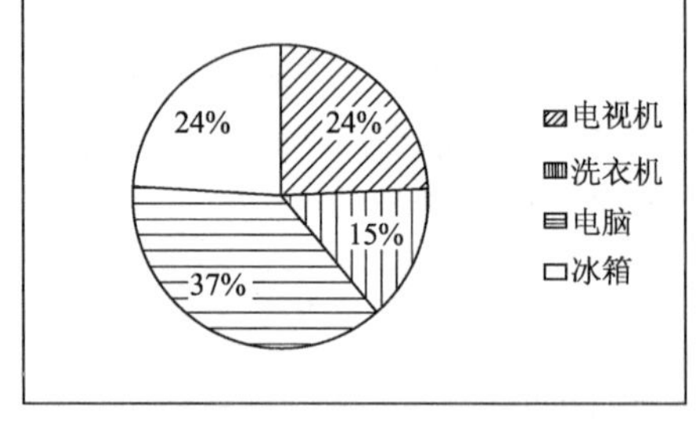

图 4-58 前三季度电器销售额饼图

（2）圆环图

以上的饼图也可以用圆环图来进行直观展示。效果如图 4-59 所示。

（3）折线图

在以上的家乐电器销售额统计中，为了直观表示各种电器在三个季度中销售额的变化情况，则用折线图比较好。

具体操作步骤可参照以上的操作方式，但注意选择图表类型为“折线图”，并增加数据标志即可（具体增加方法在 4.5.2 节中将会详述），其图表效果如图 4-60 所示。

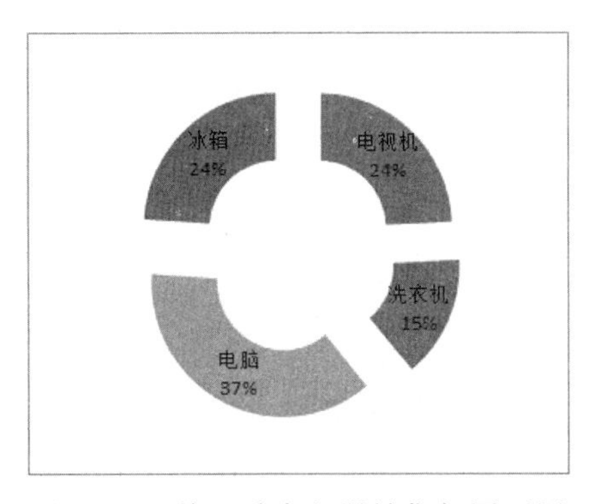

图 4-59　前三季度电器销售额圆环图

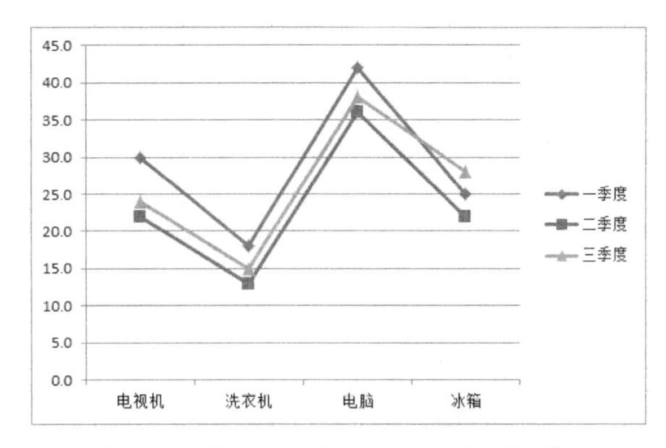

图 4-60　前三季度各种电器销售额折线图

4.5.2　修改图表

以上快速创建的图表很不完美，在实际的图表制作过程中需要更改图表类型、增加标题、调整大小、添加数据标识等。下面将对图表的主要修改进行分项介绍。

1. 调整图表的大小和位置

图表创建完成后，可以根据实际需要对图表的大小和位置进行调整，调整的方法与 Word 中图片的调整方法相似，调整图表大小的具体操作方法如下：

① 单击图表上的空白区域选中图表。

② 将光标指向图表边框上的控制点（图表控制点就是图表被选中后四角与四边中点用于调整图表的点），当鼠标变成双箭头时，按住鼠标左键并拖动鼠标即可调整图表的大小。

如果需要调整图表的位置，只需将鼠标移动到图表的空白处，然后按住鼠标左键拖动图表到目标位置，释放鼠标左键即可。

2. 更改图表类型

图表创建好后，如果觉得图表不合适，可以根据需要更改图表的类型。方法是选定整个图表，单击【图表工具-设计】→【类型】命令组中的【更改图表类型】按钮，弹出【更改图表类型】对话框，如图 4-61 所示。在【更改图表类型】对话框中选择需要的图表类型和样式，单击【确定】按钮即可。

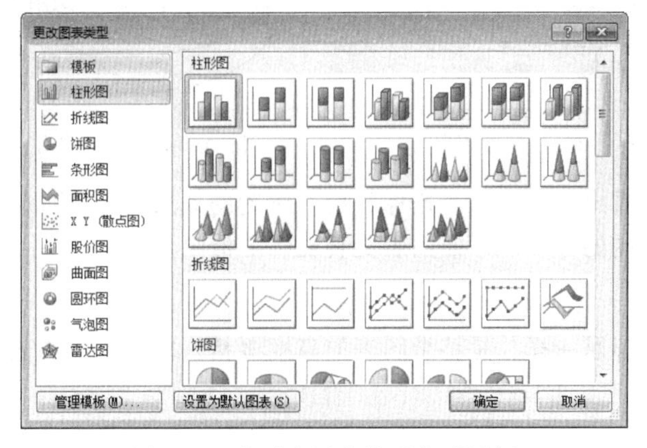

图 4-61 【更改图表类型】对话框

3．添加图表标签

在家乐电器前三季度销售额统计表中（见图 4-62（a）），通过以上方法创建各种电器销售额所占的比例立体饼图如图 4-62（b）所示。

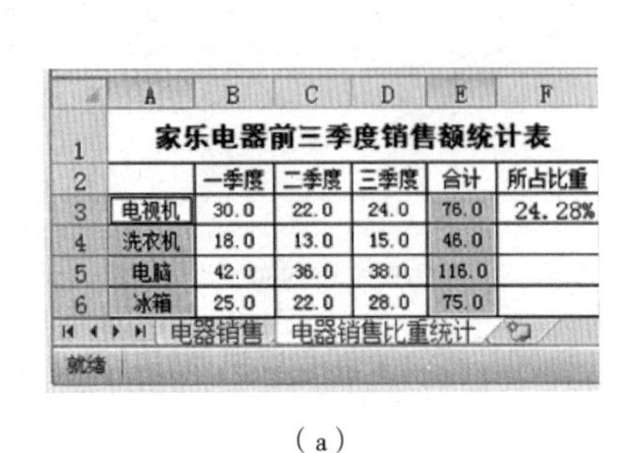

	A	B	C	D	E	F
1	家乐电器前三季度销售额统计表					
2		一季度	二季度	三季度	合计	所占比重
3	电视机	30.0	22.0	24.0	76.0	24.28%
4	洗衣机	18.0	13.0	15.0	46.0	
5	电脑	42.0	36.0	38.0	116.0	
6	冰箱	25.0	22.0	28.0	75.0	

（a）

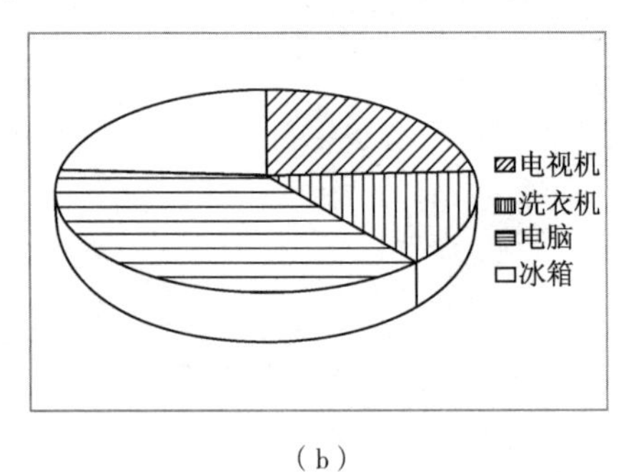

（b）

图 4-62　创建比例立体饼图

在图 4-62（b）中，只有各类电器的图例和饼图，并未标出每个电器的销售额和具体比例，下面通过添加图表标签的方式为其增加相关图表标签。操作步骤如下：

① 选定图表。

② 单击【图表工具-布局】→【标签】→【数据标签】下拉按钮，在打开的下拉列表中选择【其他数据标签选项】命令，弹出【设置数据标签格式】对话框，如图 4-63 所示。

③ 在对话框左侧的列表框中选择【标签选项】选项，在右侧的【标签包括】区域选中【类别名称】和【百分比】复选框，在【标签位置】区域选择【最佳匹配】单选按钮，单击【关闭】按钮即可。图 4-62（b）添加了“百分比”标签效果如图 4-64 所示。

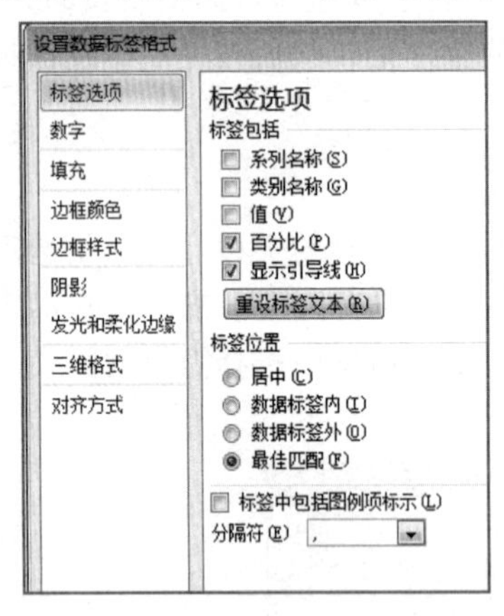

图 4-63 【设置数据标签格式】对话框

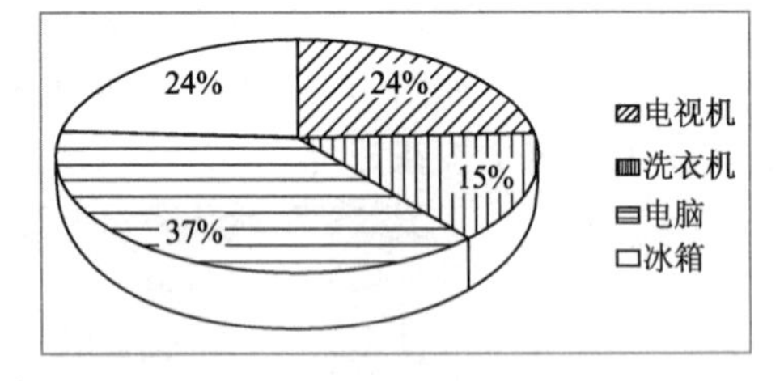

图 4-64　添加“百分比”标签饼图

从图 4-64 可以看出，添加百分比标签后，饼图的效果就更直观、更易读了。请读者根据不同的图表增加不同的标签，以便图表更直观、更清晰。

4．添加图表标题

图表标题像文章标题一样，是整个图表的高度概括，能让人对图表一目了然。添加图表标题的方法如下：

① 选定图表。

② 单击【图表工具-布局】→【标签】→【图表标题】下拉按钮，在打开的下拉列表中选择【居中覆盖标题】或【图表上方】选项，系统会在图表上方增加一个【图表标题】文本框，如图 4-65（a）所示。

③ 单击【图表标题】文本框，将该文本框内的内容改为所需要的标题即可，本例增加图表标题后的效果如图 4-65（b）所示。

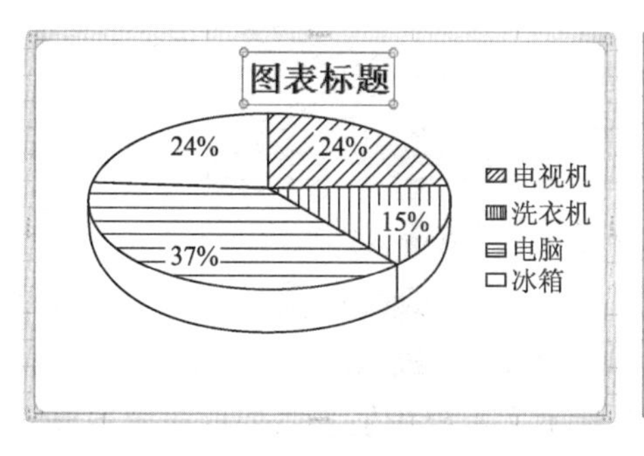

（a）

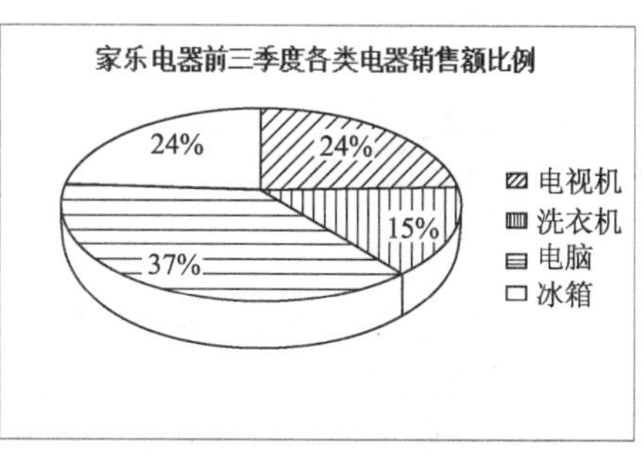

（b）

图 4-65　添加图表标题

以上是简单的图表标题添加方法，对图表的格式设置请读者通过以下步骤完成：

① 选定图表。

② 单击【图表工具-布局】→【标签】→【图表标题】下拉按钮，在打开的下拉列表中选择【其他标题选项】命令，弹出【设置图表标题格式】对话框，如图 4-66 所示。

③ 根据需要在【设置图表标题格式】对话框中进行相应设置即可。

5. 修改图表系列名称

在创建图表时由于未选择数据区域所对应的标题，或选择方法不对，所创建的图表系列名称会显示为“系列 1”“系列 2”……如图 4-67 所示。

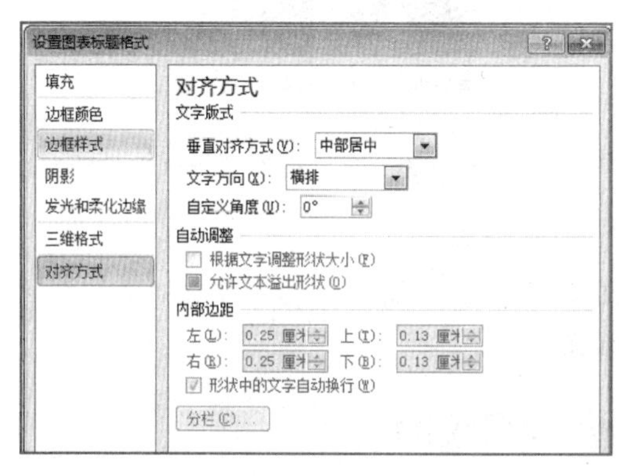

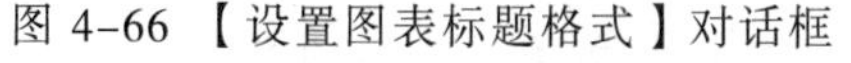
图 4-66 【设置图表标题格式】对话框

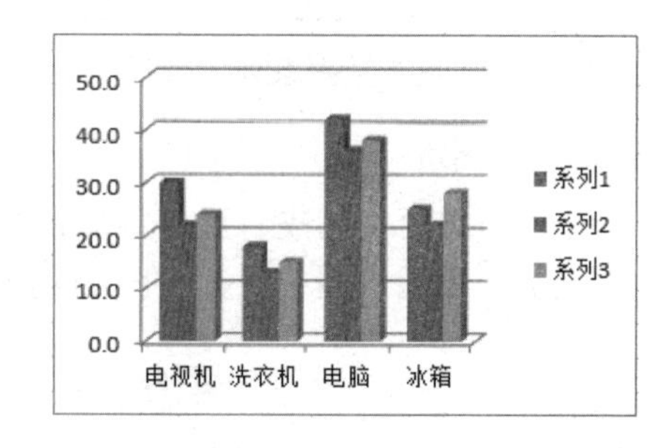

图 4-67　家乐电器销售额统计图

此时图表所展示的信息不够清楚、可读性差。如果出现这种情况，可以根据实际需要修改图表的系列名称，步骤如下：

① 选中图表中的【系列图例】区域并右击，在弹出的快捷菜单中选择【选择数据】命令，弹出【选择数据源】对话框，如图 4-68 所示。

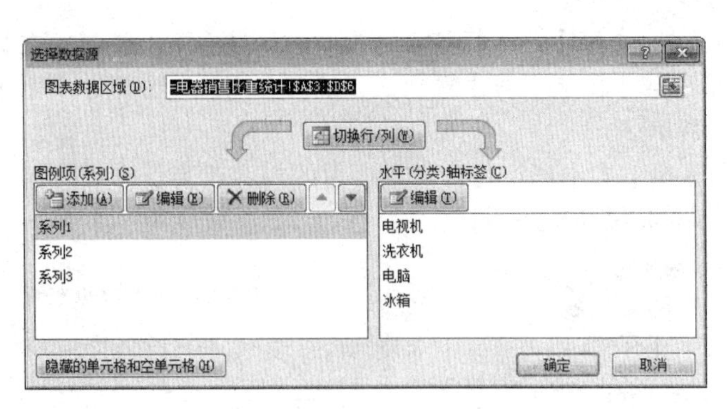

图 4-68 【选择数据源】对话框

② 在【选择数据源】对话框的【图例项（系列）】列表框中选中【系列 1】选项，单击【图例项（系列）】下的【编辑】按钮，弹出【编辑数据系列】对话框，如图 4-69 所示。

③ 在【编辑数据系列】对话框的【系列名称】文本框中输入需要的系列名称（此处为“一季度”）或单击工作表中用来显示系列名称的单元格引用该单元格中的数据，最后单击【确定】按钮。

④ 重复步骤②和步骤③，用同样的方法将“系列 2”和“系列 3”修改为“二季度”和“三季度”。

⑤ 单击【选择数据源】对话框中的【确定】按钮即完成系列名称的修改，效果如图 4-70 所示。

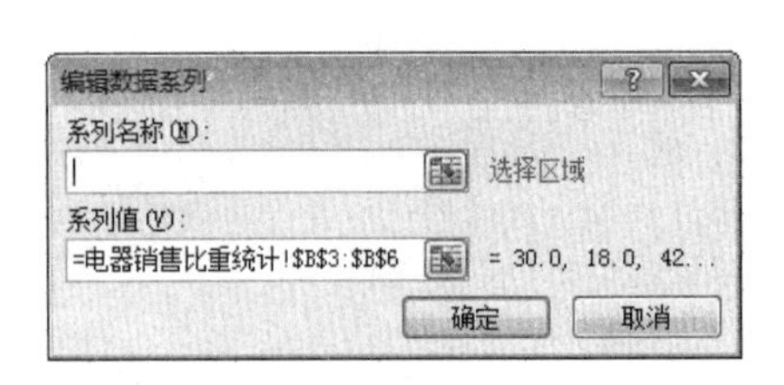

图 4-69 【编辑数据系列】对话框

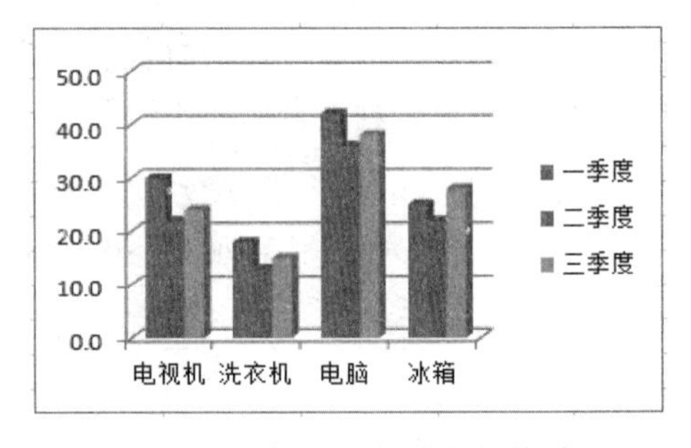

图 4-70 家乐电器销售额统计图

6. 删除图表

对于不再需要的图表，可以将其删除。图表的删除方法很简单，具体方法如下：

选定需要删除的图表，按【Delete】键即可删除。

4.6 Excel 中图形的应用

在学习本节之前，读者要知道 Excel 工作表单元格中是不支持存放图形类型数据的，因而不能将图形嵌入到单元格中，但可以把图片、自选图形、文本框、数学公式及艺术字等对象以浮动形式插入到工作表中，这些图形对象只能置于单元格之上。虽然图形图像的应用不是 Excel 2010 的核心价值所在，但有时在 Excel 数据表中也需要用图来表示。下面简单介绍在 Excel 2010 中进行图形图像插入和应用的相关功能及操作方法。

在 Excel 2010 中，【插入】→【插图】命令组如图 4-71 所示。可见 Excel 工作表中可以插入自选图形、SmartArt 图形、图片、剪贴画及屏幕截图等对象。其中许多操作方法读者可以参考 Word 2010 中插入图片及剪贴画、插入形状及绘制图形、插入 SmartArt 图形及屏幕截图有关图文混排的处理。

图 4-71　【插入】→【插图】命令组

在图 4-71 中，单击【插图】命令组中的【形状】下拉按钮，打开的自选图形下拉列表如图 4-72 所示，可以使用其中的工具直接在工作表中绘图。图 4-73 所示为使用【插图】命令组中相关工具在 Excel 工作表中直接应用的具体实例。下面简单介绍这些工具的具体使用方法：

（1）绘制、编辑自选图形

根据图 4-72 所示，可以绘制线条、矩形、基本形状、箭头总汇、公式形状、流程图、星与旗帜及标注等自选图形。绘制步骤如下：

① 单击【插入】→【插图】命令组中的【形状】下拉按钮，打开图 4-72 所示的下拉列表。

② 单击下拉列表中某个自选图形后，鼠标指针呈“+”状态时，在工作表中按住鼠标左键拖动，便可绘制出选定的自选图形。

图 4-72　Excel 自选图形列表框

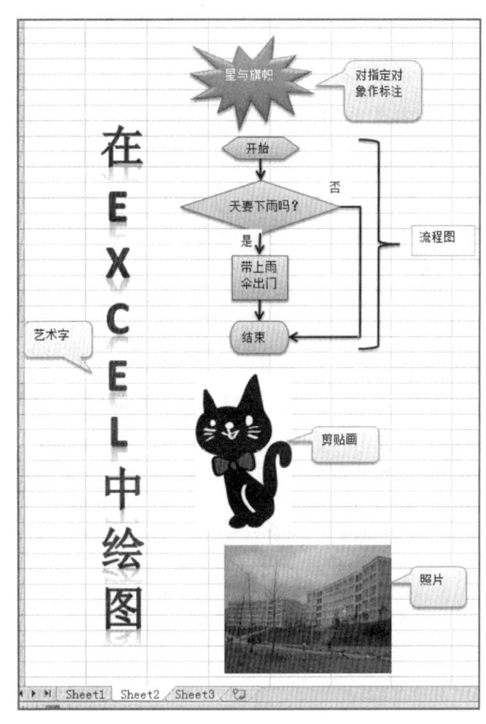

图 4-73　Excel 中插入的相关图形对象

编辑自选图形的步骤如下：

① 选定绘制的自选图形，通过【绘图工具-格式】→【形状样式】【排列】【大小】等命令组中的工具（见图 4-74），对其进行【颜色的填充】、【形状轮廓】（指图形边框）、【形状效果】（包括预设、阴影、映像、发光、柔化边缘、棱台及三维旋转）等效果设定；也可直接选定一

种形状样式；还可在【大小】命令组中用数字精确设定自选图形的高和宽。

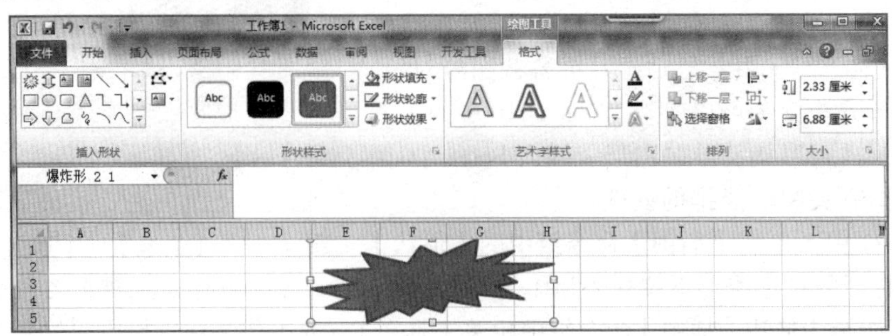

图 4-74 【绘图工具-格式】选项卡

② 如果工作表中插入的图形对象不止一个，且有重叠排列，这时可以单击【排列】命令组中的按钮调整对象的排列顺序，这些按钮包括【上移一层】【下移一层】【置于顶层】【置于底层】；或鼠标指向特定对象并右击，在弹出的快捷菜单中选择【置于顶层】或【置于底层】命令进行设置。

③ 如果要在自选图形上添加文字，最简单的操作是：鼠标指向自选图形并右击，在弹出的快捷菜单中选择【编辑文字】命令，自选图形上随之出现插入点，这时输入文字即可。

（2）插入剪贴画

单击【插入】→【插图】→【剪贴画】按钮，在当前工作表右侧打开【剪贴画】任务窗格，在【搜索文字】文本框中输入要插入的剪贴画关键字，单击【搜索】按钮，在搜索出的剪贴画图像中单击要插入的一幅图像，该剪贴画便插入到当前工作表中。

（3）插入图片

单击【插入】→【插图】→【图片】按钮，弹出【插入图片】对话框，找到并选中要插入的图片，单击【插入】按钮，图片便插入到当前工作表中。

（4）插入 SmartArt 图形

单击【插入】→【插图】→【SmartArt】按钮，弹出【选择 SmartArt 图形】对话框，选择一种类型，双击想要插入的 SmartArt 图形，该图形便插入到当前工作表中。对插入的 SmartArt 图形进行编辑，方法较简单，只需根据 SmartArt 图形的提示（如“在此处键入文本”，或“[文本]”等）（见图 4-75），并结合应用【SmartArt 工具-设计/格式】选项卡中提供的工具即可。

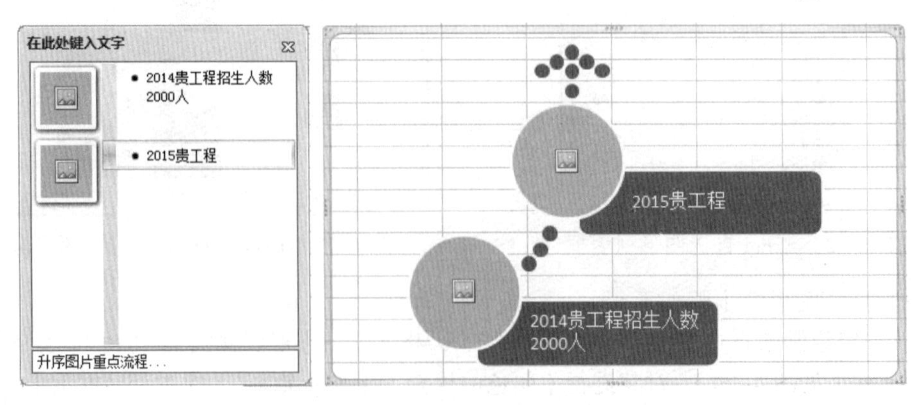

图 4-75 SmartArt 图形“文字”提示编辑

（5）插入屏幕截图

单击【插入】→【插图】→【屏幕截图】下拉按钮，打开的下拉列表如图 4-76 所示，可以看到当前打开的所有窗口呈“缩略图”形式显示在列表中，称为“可用视窗”，鼠标指向某个缩略图单击，该窗口截图便插入到当前工作表中；如果只想截取屏幕的一小部分，在下拉列表中选择【屏幕剪辑】命令，然后在屏幕上拖动选取想要截取的部分。

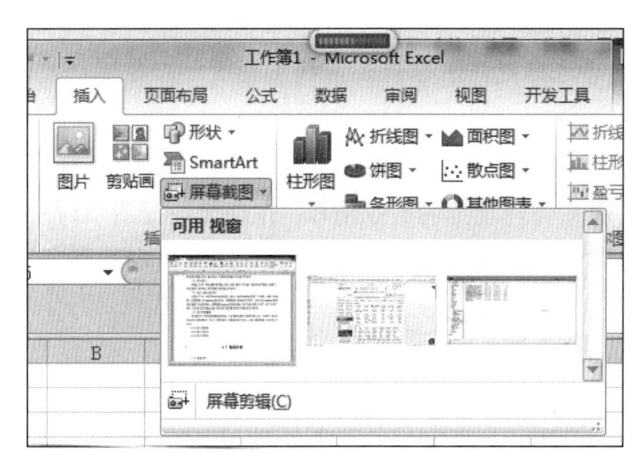

图 4-76 【屏幕截图】下拉列表

（6）插入并编辑艺术字

单击【插入】→【文本】→【艺术字】下拉按钮，从打开的列表中单击一种艺术字预设，该艺术字预设便插入到当前工作表中，按提示“请在此放置您的文字”，单击并输入艺术字内容即可。若要编辑艺术字，先选定艺术字文本，单击【绘图工具-格式】→【形状样式】【艺术字样式】【排列】命令组中的按钮进行编辑。

特别说明：由于 Excel 单元格中不支持图形对象的输入，图形对象只能以浮动方式呈现在工作表的单元格之上。因此，除了图表——这一图形之外，其他图形对象在 Excel 中很少用到。

4.7 数据分析

在 Excel 2010 中，经常要用到数据分析方法来对工作表中数据进行处理，比如排序、筛选、记录单、分类汇总以及数据透视表和透视图等。Excel 的数据分析是建立在数据清单的基础上进行的。

4.7.1 数据清单

1．数据清单的设计原则

在 Excel 工作表中，数据清单由表结构单元格和纯数据单元格两部分组成。表结构处于数据清单的第一行，称为“列标题”。表结构的作用表现在数据的排序、筛选、查询及分类汇总等功能的实现。其他每一行称为一条记录，一列称为一个字段。工作表上的一个单元格区域的数据不一定是数据清单，一般来说，在 Excel 中创建数据清单要按照下列规则进行：

① 第一行必须是表结构（又称“列标题”），而且每列标题名称各不相同。

② 从第二行开始，每行都包含了一组相关数据（称为记录）。

③ 表中不能出现空行和空列。

④ 同列数据的类型要相同。

⑤ 在同一工作表中一般只建立一个数据清单。

⑥ 数据清单与其他数据之间至少空出一行和一列。

注：如果数据清单有总标题，总标题必须放在最顶行，其他行的设计按上面规则往下移动一行即可。

创建一张规范的数据清单是进行数据有效分析及利用的基础，因此，在进行数据分析之前，要创建好一张既好用又合理规范的数据清单。在创建数据清单时一般还要注意一些问题，例如：单元格中不要随便加空格符号；数据清单的列标题可以根据清单中不同的列数据类型用不同的属性或格式来标识。如字体、格式、对齐方式、图案、大小写或边框等。

2. 数据清单的设计用例及表示

按照数据清单的创建规则，创建图4-77所示的数据清单，供以后学习使用。

	A	B	C	D	E	F	G
1	广播电视专业15级学生成绩表						
2	姓名	性别	出生日期	联系电话	计算机成绩	英语成绩	高等数学成绩
3	张三	男	1996/3/4	1388577161	70	81	92
4	张小	女	1997/5/7	1398456921	80	67	92
5	张大三	男	1997/6/6	1330857211	69	74	84
6	李四	男	1999/1/9	1551938874	58	68	71

图4-77　数据清单

4.7.2　数据排序

现实生活和工作中，排序对于数据分析与应用非常重要。经常要将数据按从小到大或者按从大到小进行排序。例如，班上学生成绩排名、每日股票的涨跌排名等。这些问题如果用Excel来处理非常简单，在【数据】→【排序和筛选】命令组中的【排序】按钮是专门用来排序的，如图4-78所示。

图4-78　Excel【数据】选项卡

1. 排序原则

排序分降序排序与升序排序两种，升序排序按如下原则进行：

① 数字类型，按从小到大的顺序排序。

② 文本类型，按ASCII码值从小到大排序(ASCII表见表1-3)。例如0123456789，ABCD…XYZ，abcd…xyz。

③ 对于中文，可按汉语拼音顺序（又称中文字典顺序排序），也可按笔画排序。

④ 逻辑值 FALSE<TRUE。

⑤ 所有错误值的优先级都相同。

⑥ 空格排于最后面。

降序排序，排序规则与升序相反。

2. 排序中的关键字

排序需要填写关键字，分主要关键字和次要关键字。次要关键字可以添加多个，按第二关键字（次要关键字）、第三关键字等。主要关键字的作用是确定首先按哪个字段进行排序，例如，若选择“性别”为主要关键字排序，则排序时要首先按“性别”的中文拼音进行排序，而“性别”字段的值只有“男”和“女”两个，显然在中文字典中“男”在“女”之前（即“男”<“女”），因而在数据清单中按升序的排序结果是“性别”为“男”的记录一定排在“女”的记录之前，若排序为降序，则排序结果相反；对于“性别”都为“男”的记录可以添加次要关键字，进行二次排序；若经第一关键字和第二关键字排序后，还有关键字都相同的记录，可添加第三关键字排序；……，按此方法进行下去，可将数据清单的排序结果分得更加细致。

排序结果如图 4-79 所示，排序的条件如图 4-80 所示。显然这个排序规则是：首先以“性别”字段为主要排序关键字，按升序排序，因此排序结果是先“男”后“女”；对于“性别”关键字都相同的记录，又按“计算机成绩”字段为次要关键字，按降序排序；对“性别”都相同的记录，且“计算机成绩”都相同的记录，又按第三关键字“英语成绩”降序排列；同理，后面的排序结果都是按照排序条件从上到下的优先级别和次序进行排序的。请读者注意观察图 4-79 和图 4-80 并加以验证。

需进一步说明的是，每类关键字都可选择按升序或按降序排列；数据区域的选择一般都选中“数据包含标题”复选框，如果不选中此复选框，在主要关键字的选择中就会出现“列 A”“列 B”等字段名不明确的现象，虽然这种情况排序也正确，但排序的可读性不好。

知道为了保证排序正确性，创建规范的数据清单的重要性和关键字在排序中的含义后，给出排序的一般过程：

在工作表中创建数据清单→选取表结构和所有表记录→单击【数据】→【排序和筛选】→【排序】按钮，弹出【排序】对话框（见图 4-80），确认如下操作事项：

① 添加排序条件：单击【添加条件】按钮。

② 确认选中【数据包含标题】复选框，确定主（次）关键字：从下拉列表中选取字段名。

③ 确认排序依据：有【数值】【单元格颜色】【字体颜色】【单元格图标】4 个选项供选择。

④ 选定次序：有【升序】【降序】【自定义序列】可选。

最后，单击【确定】按钮，原数据清单便按设定的排序条件重新排序，结果如图 4-79 所示，排序完毕。

3. 排序依据的应用

在图 4-80 所示的【排序】对话框中，【排序依据】有 4 个选项，分别是【数值】【单元格颜色】【字体颜色】【单元格图标】。要使用“排序依据”功能，首先要创建其使用条件。

广播电视专业15级学生成绩表						
姓名	性别	出生日期	联系电话	计算机成绩	英语成绩	高等数学成绩
贾进输	男	1997/9/4	1551938874	95	58	60
王一	男	1996/11/20	1330857211	91	68	74
李小小	男	1997/11/23	1551966874	81	70	61
周大全	男	1998/5/5	1330857211	79	84	93
张三	男	1996/3/4	1388577161	70	81	92
赵着	男	1998/11/8	1330857211	70	61	98
张大三	男	1997/6/6	1330857211	69	74	84
钱进	男	1996/8/3	1330857211	69	68	57
周小会	男	1997/12/27	1551938874	69	54	75
贾宝	男	1997/11/14	1330857211	69	54	52
李四娘	男	1998/5/8	1330857211	66	84	59
李四	男	1999/1/9	1551938874	58	68	71
赵大虎	男	1997/8/7	1551938874	58	51	74
王小二	女	1998/8/5	1551938874	85	80	83
周傳	女	1998/8/13	1330857211	82	86	56
张小	女	1997/5/7	1398456921	80	67	92
兰兰	女	1997/5/25	1551938874	80	57	61
梦梦	女	1998/10/15	1330857211	75	71	68
赵六	女	1997/12/6	1330857213	70	60	92
小美	女	1997/6/9	1551938874	68	74	92
赵大军	女	1997/4/22	1551938812	68	51	54
丽丽	女	1997/8/7	1551938874	65	61	60

图 4-79　数据清单排序结果

图 4-80　数据清单排序条件

（1）以数值为排序依据

指以“排序原则”为依据。如键盘字符排序的依据是 ASCII 码，汉字排序的依据是汉语拼音。

（2）以单元格颜色为排序依据

要以“单元格颜色”为排序的依据，首先要对主（次）关键字的各个数据单元格进行填充颜色。如图 4-81 所示，在对主要关键字的数据单元格填充了各种颜色的条件下，按照图中【排序】对话框内设置条件的排序结果一定是：以计算机成绩为主要关键字，按其单元格颜色为排序依据，红色所在的记录排在数据表的顶端。排序条件如图 4-82 所示。

广播电视专业15级学生成绩表						
姓名	性别	出生日期	联系电话	计算机成绩	英语成绩	高等数学成绩
周大全	男	1998/5/5	1330857211	79	84	93
周傳	女	1998/8/13	1330857211	82	86	56
兰兰	女	1997/5/25	1551938874	80	57	61
周小会	男	1997/12/27	1551938874	69	54	75
王小二	女	1998/8/5	1551938874	85	80	83

排序

添加条件(A)　删除条件(D)　复制条件(C)　选项(O)...　数据包含标题(H)

列		排序依据	次序	
主要关键字	计算机成绩	单元格颜色		在顶端

图 4-81　排序依据为“单元格颜色”的设置

图 4-82（a）～图 4-82（c）分别是图 4-81【排序】对话框中对应项的展开式。说明以"计算机成绩"为排序的主要关键字，其数据单元格中共填充有红色、黄色和绿色 3 种颜色（不包括白色），可以选其中一种颜色作为排序"次序"，选定颜色的记录可以放在数据表的顶端或底端，其他颜色所在的记录顺序相对不变。请读者结合图 4-82 进行理解。

（a）【排序依据】选项

（b）颜色【次序】选项

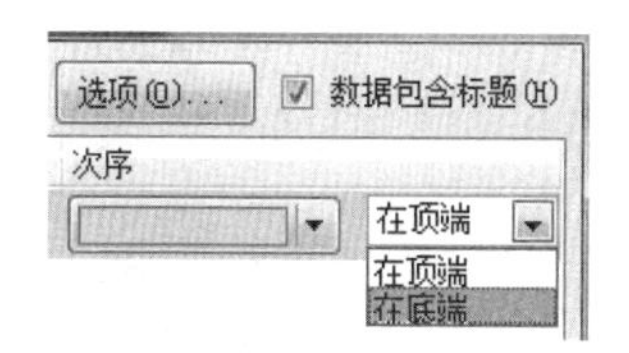

（c）颜色【位置】选项

图 4-82　排序条件

（3）以字体颜色为排序依据

要以"字体颜色"为排序的依据，首先要对主（次）关键字的各个数据单元格字体进行不同颜色的设置。其排序功能、排序条件的设置及排序的结果都与"以单元格颜色为排序依据"基本相同。

【思考题 4-1】：首先将图 4-83 中出生日期为 1996 年、1997 年和 1998 年的单元格字体分别设置成红色、绿色和蓝色；再按出生日期为排序主要关键字，排序依据选择【字体颜色】，次序选择【绿色】，位置选择【在顶端】进行排序，并分析排序结果。

（4）以单元格图标为排序依据

要以"单元格图标"为排序的依据，首先要对主（次）关键字段的数据单元格区域添加"图标集"类型的【条件格式】设置。具体方法如下：

选定关键字段的数据单元格区域，单击【开始】→【样式】命令组中的【条件格式】下拉按钮，单击【图标集】→【分类图标】，完成操作，如图 4-83 所示。

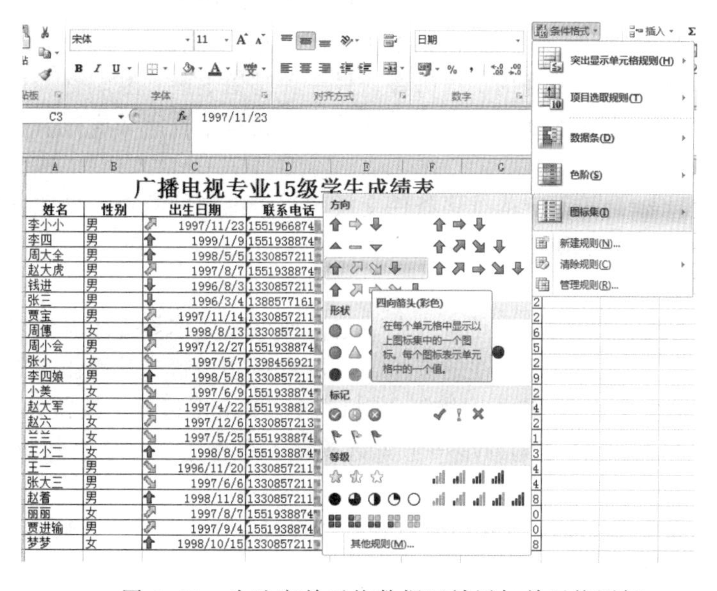

图 4-83　为选定单元格数据区域添加单元格图标

现在可以对图 4-83 的表以出生日期为主要关键字，以“单元格图标”为排序依据进行排序了。其排序方法与前面刚刚介绍的排序方法一样，不再赘述。从排序结果（见图 4-84）中不难看出，整个数据表记录以“次序”中选定的⬆单元格图标为排序依据，而其他的单元格图标相对位置不变。

2	姓名	性别	出生日期	联系电话	计算机成绩	英语成绩	高等数学成绩
3	李四	男	1999/1/9	1551938874	58	68	71
4	周大全	男	1998/5/5	1330857211	79	84	93
5	周傳	女	1998/8/13	1330857211	82	86	56
6	李四娘	男	1998/5/8	1330857211	66	84	59
7	王小二	女	1998/8/5	1551938874	85	80	83
8	赵看	男	1998/11/8	1330857211	70	61	98
9	梦梦	女	1998/10/15	1330857211	75	71	68
10	李小小	男	1997/11/23	1551966874	81	70	61
11	赵大虎	男	1997/8/7	1551938874	58	51	74
12	钱进	男	1996/8/3	1330857211	69	68	57
13	张三	男	1996/3/4	1388577161	70	81	92
14	贾宝	男	1997/11/14	1330857211	69	54	52
15	周小会	男	1997/12/27	1551938874	69	54	75

图 4-84　以“单元格图标”为排序依据的排序

4．高级排序

在【排序】对话框中单击【选项】按钮，可以满足用户期望的一些较为高级的排序要求。单击【选项】按钮，弹出【排序选项】对话框，如图 4-85 所示，可以选择按【方向】或是按【方法】排序，还可按【区分大小写】(指英文字母）为排序依据。

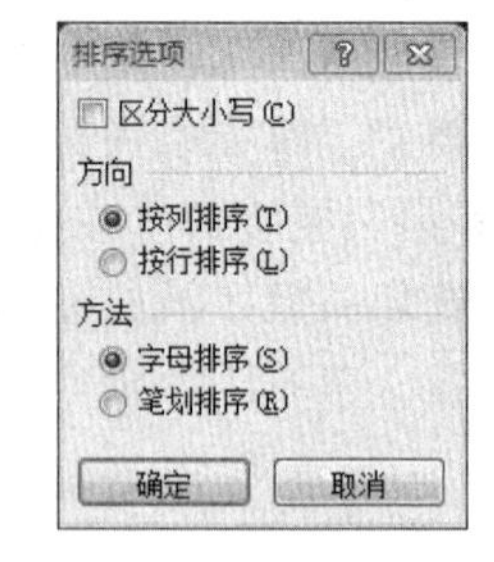

图 4-85　【排序选项】对话框

排序方向上可以选定按列排序或按行排序；排序方法中的字母排序是对英文起作用的，而笔画排序对中文很有效。至此，中文排序方法已有两种：一种是用汉语拼音，另一种是用笔画排序。另外，在【排序】文本框的【次序】选项中，还有【自定义序列】选项。

（1）按行排序

按行排序实际上就是按设定的排序条件交换数据表中列的数据，操作方法与按列排序的方法相似，但这一功能很少使用。

（2）按笔画排序

按笔画排序的方法一般用于满足按人名、地名或事物名称等排序需求。图 4-86 所示为以姓名为主要关键字按笔画升序排序的结果，请注意观察理解。其操作步骤如下：

① 选定数据清单（表)，打开【排序】对话框，单击【选项】按钮，弹出【排序选项】对话框（见图 4-85)，选择【笔画排序】单选按钮，单击【确定】按钮返回到【排序】对话框。

② 主要关键字选择“姓名”，排序依据选择“数值”——表示笔画数，次序选择“升序”，单击【确定】按钮，得到图 4-86 的排序结果。

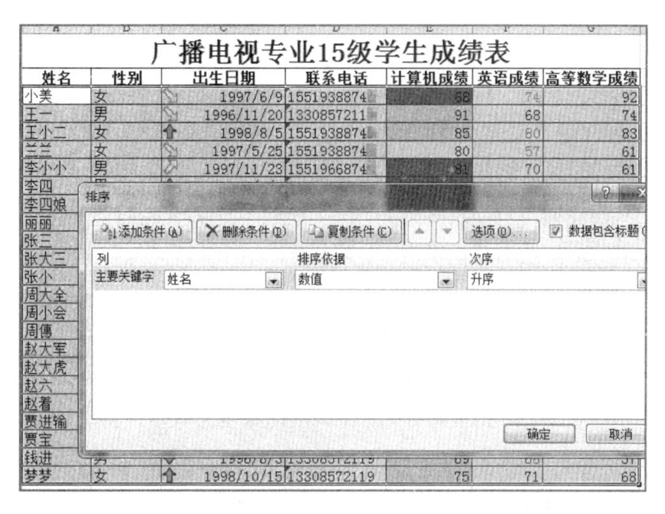

图 4-86　主要关键字按笔画升序排序

（3）按【自定义序列】次序排序

要按【自定义序列】次序排序，首先需要建立自定义序列，建立自定义序列的过程可参阅 4.3.3 节。

按【自定义序列】次序排序的操作步骤是：

首先创建好含有用作主关键字字段列的数据表，该主关键字字段的单元格数据区域以自定义序列项填充。选定该数据表，打开【排序】对话框，选定主要关键字，排序依据为“数值”，从【次序】下拉列表框中选择【自定义序列】选项，弹出【自定义序列】对话框，从“新序列”中找到并单击要用的序列（如“春，夏，秋，冬”），单击【确定】按钮，操作界面返回到【排序】对话框（见图 4-87）；确认选定的序列出现在“次序”框后，单击【确定】按钮，排序结果呈现，且【排序】对话框自动关闭，操作完成。结果如图 4-88 所示。

说明：若要用的序列找不到，可创建一个，其方法是：将插入点确定在【输入序列】输入框内，按需求输入序列的第一项，按【Enter】键转行；再输入序列的第二项，按【Enter】键转行；按此循环操作，直到所有的序列都输入完，最后单击【添加】按钮，自定义的新序列便添加到【自定义序列】列表框中。

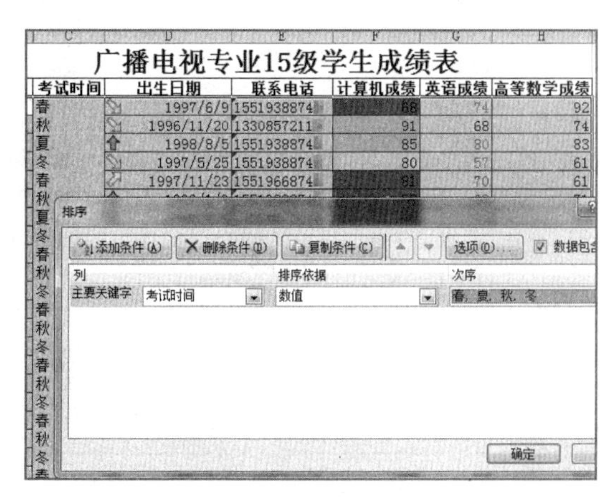

图 4-87 【排序】对话框次序为自定义序列

姓名	考试时间	出生日期	联系电话
小美	春	1997/6/9	155193887
李小小	春	1997/11/23	155196687
张三	春	1996/3/4	138857716
周大全	春	1998/5/5	133085721
赵大军	春	1997/4/22	155193881
赵看	春	1998/11/8	133085721
钱进	春	1996/8/3	133085721
王小二	夏	1998/8/5	155193887
李四娘	夏	1998/5/8	133085721
王一	秋	1996/11/20	133085721
李四	秋	1999/1/9	155193887
张大三	秋	1997/6/6	133085721
周小会	秋	1997/12/27	155193887
赵大虎	秋	1997/8/7	155193887
贾进输	秋	1997/9/4	155193887
梦梦	秋	1998/10/15	133085721
兰兰	冬	1997/5/25	155193887

图 4-88　按“自定义序列”次序排序结果

5．思考、操作与警示

【思考题 4-2】：现在提出一个问题请读者严肃思考：假若在图 4-87 所显现的选定区域中不包含“姓名”这一列（即“姓名”列被漏选了），其他一切都不变，那么上述排序操作还能执行吗？如果能，执行排序后的结果会怎样？后果如何？用实际操作验证。

图 4-89 是实际操作验证的排序结果，与图 4-88 进行对比后发现：李小小的一切信息都变成王一的了，张三的也变成王小二的……数据信息出现了张冠李戴的严重后果。

2	姓名	考试时间	出生日期	联系电话	计算机成绩	英语成绩	高等数学成绩
3	小美	春	1997/6/9	1551938874	68	74	92
4	王一	春	1997/11/23	1551966874	81	70	61
5	王小二	春	1996/3/4	1388577161	70	81	92

图 4-89　张冠李戴的数据排序

警示：排序应是非常严肃的操作，容易出现张冠李戴的后果。因此，选定排序的数据区域时，（除了总标题外）一定要把所有的列的数据都选上（包含标题行在内），只有这样才能保证排序的正确性。

4.7.3　数据筛选

读者不难验证：Excel 2010 一张工作表共有 1 048 576 行，16 384 列，17 179 869 184 个单元格。如果 Excel 数据表很大，包括成千上万甚至更大的行或列的单元格数据，想要查找某个数据可以说是大海捞针。但是 Excel 为用户提供了两种筛选数据的方法：一种是自动筛选，另一种是高级筛选，使用户在很短的操作时间内就可以查询出满足条件的记录信息。

1．自动筛选

自动筛选是对单个字段所建立的筛选，或多个字段之间通过逻辑与的关系建立的筛选。执行自动筛选功能时，所选数据区域的顶行各列（不一定是列标题）单元格数据旁边均出现一个下拉按钮，用户以选定区域内所属列的信息为自定义条件建立筛选，然后在当前数据表位置上只显示出符合筛选条件的记录。

（1）自动筛选的执行过程

进行自动筛选的一般步骤是：

① 选定数据区域作为筛选范围。

② 单击【数据】→【排序与筛选】→【筛选】按钮，并处于选定状态，选定数据区域的顶行各列右侧都出现下拉按钮。

③ 单击要进行自动筛选设定的下拉按钮，如“联系电话”，弹出供用户设置筛选条件的下拉列表框，如图 4-90 所示。

④ 选择筛选操作条件。

⑤ 在当前数据区域内显示符合条件的筛选结果。

图 4-90　自动筛选下拉列表框

说明：数据筛选结果中，只显示数据表中满足筛选条件的记录，其他记录将暂时被隐藏，一旦筛选条件被取消，隐藏的记录又自动恢复显示。

（2）自动筛选功能

下面进行自动筛选具体功能介绍：

① 升序排序：选择此命令，显示的记录均以当前列为主要关键字进行升序排序。

② 降序排序：功能与“升序排序”顺序刚好相反。

③ 按颜色排序：选择此命令，显示的记录均以当前列选定的单元格填充色为主要关键字进行排序。

④ 全选：选中此复选框，将显示数据清单中全部记录。

⑤ 数字筛选（或文本筛选、日期筛选等）：Excel 会自动判断显示当前列的数据类型。鼠标指向此选项，将呈现筛选条件设置列表。如图 4–91 所示，图 4–91（a）是关于数字筛选类型的，图 4–91（b）是关于文本筛选类型的。

⑥ 自定义筛选。选择图 4–91 中的【自定义筛选】命令，弹出【自定义自动筛选方式】对话框，如图 4–92 所示，可以设定作用于当前列的筛选条件：从左侧下拉列表中选择运算方式（如大于或等于、不大于等），从右边文本框中输入或选择判断的值；还可选择【与】或【或】单选按钮增加复合筛选条件：【与】表示只显示关联的两个筛选条件同时满足的记录，“或”表示显示关联的两个筛选条件中至少满足一个的所有记录。图 4–92 所示的示例中，设置计算机成绩小于 60 或者大于或等于 90，图 4–93 所示为按设定的条件显示的结果。

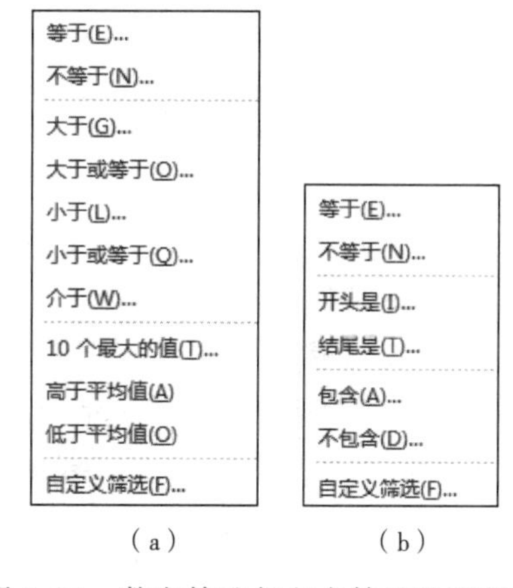

（a）　　（b）

图 4–91　数字筛选与文本筛选选项列表

对于文本类型的列数据，还可以在设置筛选条件中使用通配符“*”和“？”（“*”表示任意多个字符；“？”表示任意一个字符），比如设定条件：等于周*，则表示周姓的所有记录都满足。图 4–94 所示为对图 4–92 所示的表设定条件：等于周*显示的筛选结果。

2	姓名	考试时	出生日期	联系电话	计算机成	英语成	高等数学成
3	周大全	秋	1997/6/6	1330857211	69	74	84
4	周傳	秋	1997/8/7	1551938874	58	51	74
5	梦梦	冬	1997/11/14	1330857211	69	54	52
6	赵大军	秋	1997/9/4	1551938874	95	58	60
7	李四	春	1998/11/8	1330857211	70	61	98
8	李小小	春	1997/4/22	1551938812	[illegible]	51	54
9	周小会	秋	1997/12/27	1551938874	[illegible]	54	75
10	丽丽	夏	1998/8/5	1551938874	85	80	83
11	张三	夏	1998/5/8	1330857211	[illegible]	84	59

自定义自动筛选方式

显示行：
计算机成绩
小于　60
与(A)　或(O)
大于或等于　90
可用 ? 代表单个字符
用 * 代表任意多个字符
确定　取消

图 4–92　【自定义自动筛选方式】对话框

姓名	考试时	出生日期	联系电话	计算机成	英语成	高等数学成
周僡	秋	1997/8/7	1551938874	58	51	74
赵大军	秋	1997/9/4	1551938874	95	58	60
张大三	秋	1996/11/20	1330857211	91	68	74
张小	秋	1999/1/9	1551938874	68	68	71

图 4-93　自定义筛选记录

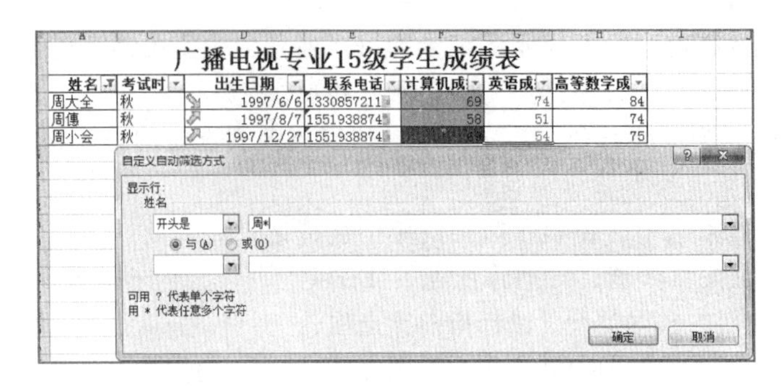

图 4-94　文本类型的列数据筛选设置及显示

自动筛选支持多个字段的复合查询，各字段之间的筛选条件相当于逻辑与的关联关系，设置了筛选条件的字段，其筛选图标由▼变成▼。如图 4-95 所示，显然“性别”“计算机成绩”和“英语成绩”这三个字段都设定了筛选条件，这是原数据清单中满足“性别为男，计算机成绩等于 69 分，并且英语成绩小于 60 分”筛选条件显示的结果。

姓名	性别	考试时	出生日期	联系电话	计算机成	英语成	高等数学成
周小会	男	秋	1997/12/27	1551938874	69	54	75
贾宝	男	冬	1997/11/14	1330857211	69	54	52

图 4-95　多个字段设置筛选条件实例

在由于筛选隐藏记录的情况下，若想将所有数据全部显示，有两种方法：一种方法是将所有字段的筛选条件都释放掉。即打开图 4-90 所示列表框，选中“全选”复选框，单击【确定】按钮；另一种方法是单击【数据】→【排序与筛选】→【清除】按钮；若要除去自动筛选下拉按钮，单击【数据】→【排序与筛选】→【筛选】按钮使其恢复未选中状态即可。

2. 高级筛选

对于数据清单“自动筛选”的各字段之间设定的筛选条件关系是“逻辑与”的关联关系，只显示同时满足各个条件的数据记录。若要实现各个字段之间“逻辑或”的关系，显示出至少满足一个字段筛选条件的数据记录集，那就要用高级筛选功能来实现。下面就对高级筛选的使用进行介绍。

（1）创建条件区域

使用高级筛选需要建立条件区域。所谓条件区域，指在数据清单以外任意单元格位置开始建立的一组存放筛选条件、用于高级筛选功能实现的数据区域，条件区域应至少由两行组成：首行为列标题字段，该字段一定要与原数据清单中相应字段精确匹配；从第二行开始为呈逻辑判断关系的筛选条件：处于同行的条件在筛选时按“逻辑与”处理；处于不同行的条件在筛选时按“逻辑或”处理。筛选结果可以显示在原数据清单位置，也可以显示在工作表中其他位置。在进行“高级筛选”操作之前，必须把条件区域建立好。建立条件区域的方法是：

① 按列建立用于存放筛选条件的列标题，各列标题之间要同处一行并左右紧靠，各列标题文字要保证与原数据清单中相应的列标题精确匹配，不能有任何差别，否则 Excel 不能

进行条件列标题的正确识别必将导致错误的筛选结果。

② 在列标题下面输入查询条件。查询条件表达式一般由关系符号和数据常量组成。关系符号一般有>、<、<>、>=、<=，若要表示“等于”关系，只需直接输入相关的数值即可（要注意 Excel 通常把“=”理解为公式的开头从而导致错误）。一般关系符号表达的意义如表 4-5 所示。

表 4-5 “高级筛选”条件区域的表达式意义

使用的符号	表达的中文意义
>	大于一个给定的数值
<	小于一个给定的数值
>=	大于或等于一个给定的数值
<=	小于或等于一个给定的数值
<>	不等于一个给定的数值或者文本
不写符号（表示“=”）	等于一个给定的数值或者文本

③ 列标题下如果需要两个以上的条件，那么筛选需求为“与”关系的条件必须放在同一行上；对筛选需求为“或”关系的条件必须放在不同行的位置。下面举几个例子说明：

【例 4-2】：请根据某个数据清单，创建符合条件的条件区域：（结果如图 4-96 所示）

① 筛选出满足所有计算机成绩大于或等于 69 分的男生的记录；（见图 4-96（a））

② 筛选出满足计算机成绩≥90，或者不及格的所有学生记录；（见图 4-96（b））

③ 筛选出性别为男，且计算机成绩≥90；或者不及格的所有学生记录；（见图 4-96（c））

④ 筛选出所有的周姓或李姓中，计算机成绩≥60 的学生记录。（见图 4-96（d））

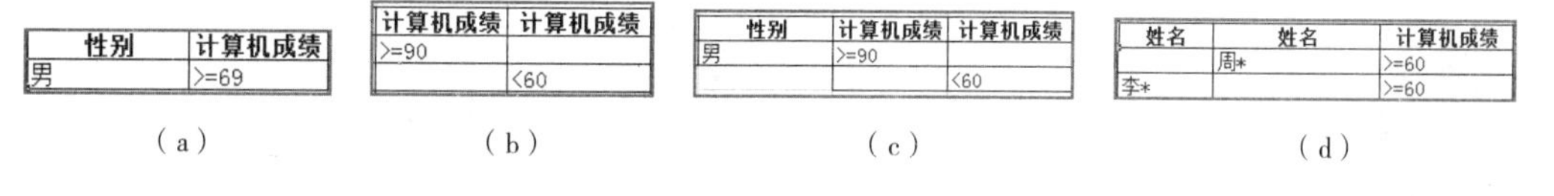

性别	计算机成绩
男	>=69

（a）

计算机成绩	计算机成绩
>=90	
	<60

（b）

性别	计算机成绩	计算机成绩
男	>=90	
		<60

（c）

姓名	姓名	计算机成绩
	周*	>=60
李*		>=60

（d）

图 4-96　条件区域的创建实例

说明：为了保证数据清单的列标题与条件区域中对应的列标题精确匹配，建议采用“复制”+“粘贴”的方式来创建条件区域的列标题；条件区域中对文本类型数据的表示不能加双引号；条件区域中使用文本类型数据时需要使用通配符“*”或“？”，例如：图 4-96 中“周*”表示所有姓周的人；条件区域中表示“等于一个给定的值”的条件时，值前不能加“=”号。

（2）高级筛选操作过程

确认数据清单工作表为当前工作表，单击【数据】→【排序与筛选】→【高级】按钮，弹出图 4-97 所示的【高级筛选】对话框。

图 4-97　【高级筛选】对话框

①【方式】单选按钮组：提供显示筛选结果的两种方式选择。一种是选择【在原有区域显示筛选结果】；另一种可以选择【将筛选结果复制到其他位置】。

②【列表区域】：用于确定筛选范围的数据清单区域，即指所有的列标题和数据单元格区域，但不能包含表名称在内。用户可以直接在输入框内输入供筛

选的数据区域单元格地址；也可以单击输入框最右边的【折叠】按钮,【高级筛选】对话框就会收窄成一行，鼠标单击输入框内（选中原地址）使表示数据清单区域的虚线显现，该虚线框将代表提供筛选记录的数据区域。如果觉得该区域选取范围不对，此时可用鼠标重新框选，Excel会自动在输入框中填入所选择范围的单元格区域地址。确定好正确的选择范围后，单击【高级筛选-列表区域】对话框最右边【展开】按钮，又返回到原来的【高级筛选】对话框界面。

③【条件区域】：用于存放条件区域的引用地址。可以采取像确定【列表区域】一样的操作方法，来确定条件区域输入框内输入的是正确的筛选条件区域地址。条件区域如果包含有多余的空白行或列，将使得筛选结果不正确。

④【复制到】：当选中【将筛选结果复制到其他位置】单选按钮时可用。就是用于指定存放筛选结果记录的开始位置。可单击最右边的【折叠】按钮，激活输入框，并在工作表中选中一个单元格，如A30，然后单击【展开】按钮返回，单击【确定】按钮，从A30开始将出现符合条件的筛选结果。

⑤【选择不重复的记录】复选框：若选中此复选框，筛选出的记录行将保证不重复。

4.7.4 分类汇总

分类汇总指对当前数据清单按指定字段进行分类，将相同字段值的记录分成一类，并进行求平均数、求和、计数、最大值、最小值等汇总的运算。通过分类汇总工具，可以准确高效地对给定数据进行分类汇总和分析，以提取有用的统计数据和创建数据报表。例如，仓库商品库存管理数据、销售管理数据、学生成绩统计与管理等数据统计表。分类汇总可以分简单分类汇总和嵌套分类汇总。

在进行分类汇总前，需要把要分类汇总的字段作为主要关键字在数据清单中进行排序，使字段值相同的记录排在相邻的行中，从而保证分类汇总统计数据的正确性。下面具体介绍分类汇总的相关操作方法：

1. 对需要进行分类汇总的字段排序

进行分类汇总的数据表必须是包含列表头的数据清单，并且要对确定分类汇总的列字段先进行排序。如果对分类汇总的列字段不先进行排序，那么分类汇总的统计结果就可能不准确，生成的数据统计表就没有意义。

2. 进行分类汇总

将汇总字段进行排序后，就可以按照下面的操作方法进行分类汇总：

① 将活动单元格确定在数据清单内任意位置，或选定整个数据清单（不包括总标题）。

② 单击【数据】→【分级显示】→【分类汇总】按钮，弹出【分类汇总】对话框，如图4-98所示。此时整个数据清单被系统自动选中。

③【分类汇总】对话框的应用。

【分类字段】：在【分类字段】下拉列表框中选定分类字段，

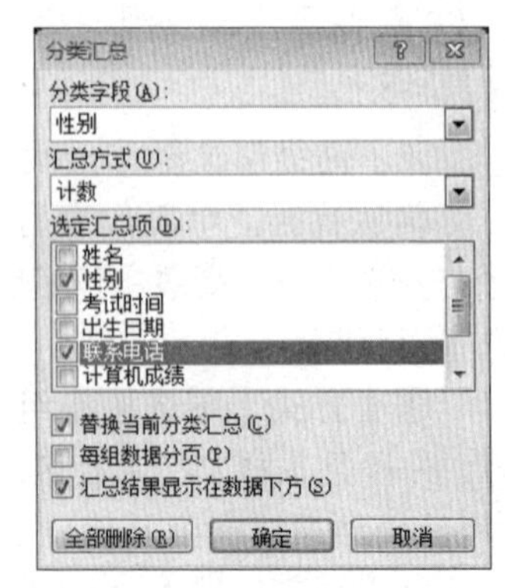

图4-98 【分类汇总】对话框

如“性别”。

【汇总方式】：在【汇总方式】下拉列表框中选定相应汇总方式，有计数、求和、平均值、最大值、乘积、最小值、数值计算、方差、标准偏差、总体标准偏差和总体方差等 11 种汇总方式可选，如选择【计数】。

【选定汇总项】：【选定汇总项】要求选定作为汇总字段的字段。要注意的是汇总字段的选取与【汇总方式】中选取的字段的数据类型要相匹配。

【替换当前分类汇总】复选框：指如果汇总条件被更新，则新的分类汇总将自动替换原来的分类汇总。

【每组数据分页】复选框：指将按分类汇总后生成的每组分类数据分页打印。

【汇总结果显示在数据下方】复选框：指分类汇总的数据将放在原数据下面。如果不选择此复选框，汇总数据便放在原数据的上面。

【全部删除】按钮：用于删除已生成的分类汇总，使原来的数据清单被还原。

④ 设置完后，单击【确定】按钮，分类汇总生成，当前工作表的最左侧将出现图 4-99 所示的分级显示菜单，左上方的数字按钮 1 2 3 表示数据共分成 3 级，分别单击【1】【2】【3】数字按钮，可以分别显示对应级别的数据。单击左边【 - 】按钮后（【 - 】变成【 + 】按钮），将会隐藏每一项的明细项目，只显示该项的汇总项；单击【 + 】按钮，又使被隐藏的明细项恢复显示。【分级显示】功能给用户对不同的汇总统计格式需求带来了方便。

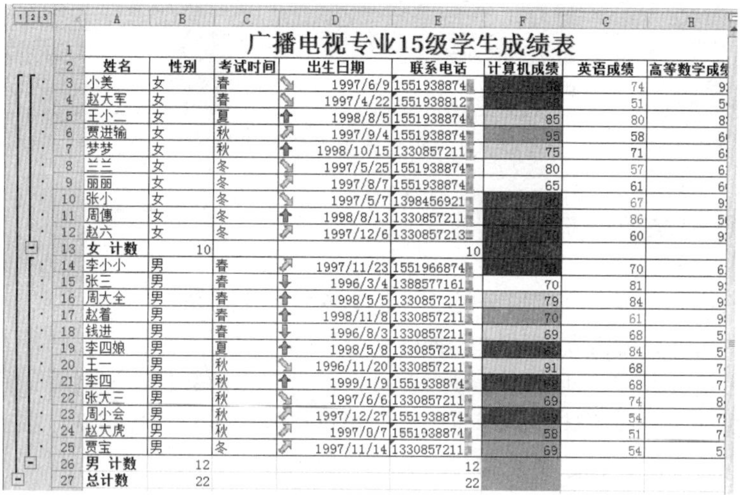

	A	B	C	D	E	F	G	H
1	广播电视专业15级学生成绩表							
2	姓名	性别	考试时间	出生日期	联系电话	计算机成绩	英语成绩	高等数学成绩
3	小美	女	春	1997/6/9	1551938874	[illegible]	74	9
4	赵大军	女	春	1997/4/22	1551938812	[illegible]	51	5
5	王小二	女	夏	1998/8/5	1551938874	85	80	8
6	贾进输	女	秋	1997/9/4	1551938874	95	58	6
7	梦梦	女	秋	1998/10/15	1330857211	75	71	6
8	兰兰	女	冬	1997/5/25	1551938874	80	57	6
9	丽丽	女	冬	1997/8/7	1551938874	65	61	6
10	张小	女	冬	1997/5/7	1398456921	[illegible]	67	9
11	周傳	女	冬	1998/8/13	1330857211	[illegible]	86	5
12	赵六	女	冬	1997/12/6	1330857213	[illegible]	60	9
13	女 计数	10			10			
14	李小小	男	春	1997/11/23	1551966874	[illegible]	70	6
15	张三	男	春	1996/3/4	1388577161	70	81	9
16	周大全	男	春	1998/5/5	1330857211	79	84	9
17	赵着	男	春	1998/11/8	1330857211	70	61	9
18	钱进	男	春	1996/8/3	1330857211	69	68	5
19	李四娘	男	夏	1998/5/8	1330857211	[illegible]	84	5
20	王一	男	秋	1996/11/20	1330857211	91	68	7
21	李四	男	秋	1999/1/9	1551938874	[illegible]	68	7
22	张大三	男	秋	1997/6/6	1330857211	69	74	8
23	周小会	男	秋	1997/12/27	1551938874	[illegible]	54	7
24	赵大虎	男	秋	1997/0/7	1551938874	58	51	7
25	贾宝	男	冬	1997/11/14	1330857211	69	54	5
26	男 计数	12			12			
27	总计数	22			22			

图 4-99　分类汇总分级显示

3. 分类汇总进行嵌套

即对同一字段进行多种不同方式的汇总，每次分类汇总作为分类字段的关键字各不相同。

在创建嵌套分类汇总之前，需要对多次分类汇总的分类字段进行分级排序。下面以“性别”和“院别”关键字段为例，进行嵌套分类汇总操作方法简介：

① 按关键字排序：单击【数据】→【排序和筛选】→【排序】按钮，弹出【排序】对话框，设置【主要关键字】为“性别”。再单击【添加条件】按钮，设置【次要关键字】为“院别”，【次序】皆按默认方式，最后单击【确定】按钮。

② 执行第 1 次分类汇总：单击【数据】→【分级显示】→【分类汇总】按钮，弹出【分类汇总】对话框，选择【分类字段】为“性别”，【汇总方式】为“计数”，【选定汇总项】为

“性别”，单击【确定】按钮完成第 1 次分类汇总。

③ 执行嵌套分类汇总：单击【数据】→【分级显示】→【分类汇总】按钮，弹出【分类汇总】对话框，选择【分类字段】为“院别”，【汇总方式】为“平均值”，【选定汇总项】为“计算机成绩”“英语成绩”“高等数学成绩”，取消选择“替换当前分类汇总”复选框。单击【确定】按钮完成嵌套分类汇总。汇总结果如图 4-100 所示。

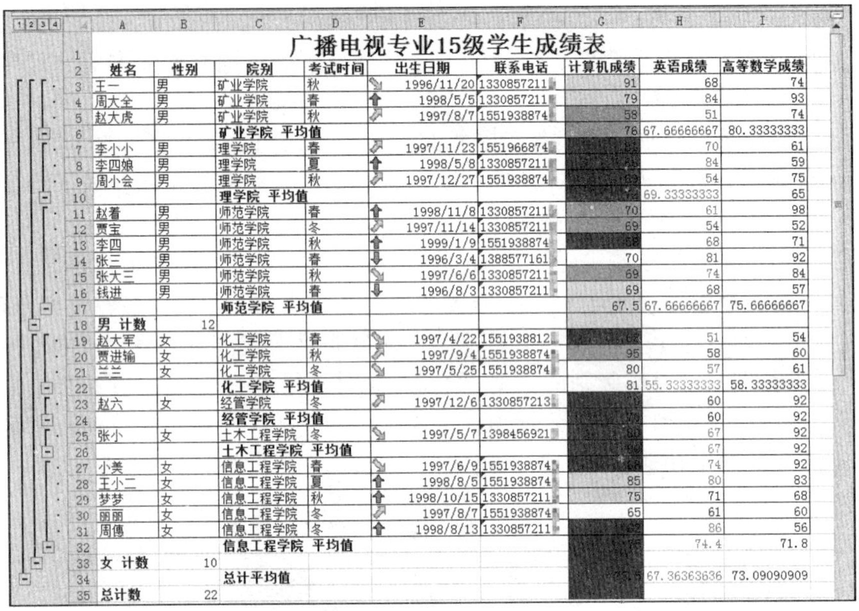

	A	B	C	D	E	F	G	H	I
1	广播电视专业15级学生成绩表								
2	姓名	性别	院别	考试时间	出生日期	联系电话	计算机成绩	英语成绩	高等数学成绩
3	王一	男	矿业学院	秋	1996/11/20	1330857211	91	68	74
4	周大全	男	矿业学院	春	1998/5/5	1330857211	79	84	93
5	赵大虎	男	矿业学院	秋	1997/8/7	1551938874	58	51	74
6			矿业学院 平均值				76	67.66666667	80.33333333
7	李小小	男	理学院	春	1997/11/23	1551966874	[illegible]	70	61
8	李四娘	男	理学院	夏	1998/5/8	1330857211	[illegible]	84	59
9	周小会	男	理学院	秋	1997/12/27	1551938874	[illegible]	54	75
10			理学院 平均值				[illegible]	69.33333333	65
11	赵着	男	师范学院	春	1998/11/8	1330857211	70	61	98
12	贾宝	男	师范学院	冬	1997/11/14	1330857211	69	54	52
13	李四	男	师范学院	秋	1999/1/9	1551938874	[illegible]	68	71
14	张三	男	师范学院	春	1996/3/4	1388577161	70	81	92
15	张大三	男	师范学院	秋	1997/6/6	1330857211	69	74	84
16	钱进	男	师范学院	春	1996/8/3	1330857211	69	68	57
17			师范学院 平均值				67.5	67.66666667	75.66666667
18	男 计数	12							
19	赵大军	女	化工学院	春	1997/4/22	1551938812	[illegible]	51	54
20	贾进输	女	化工学院	秋	1997/9/4	1551938874	95	58	60
21	兰兰	女	化工学院	冬	1997/5/25	1551938874	80	57	61
22			化工学院 平均值				81	55.33333333	58.33333333
23	赵六	女	经管学院	冬	1997/12/6	1330857213	[illegible]	60	92
24			经管学院 平均值				[illegible]	60	92
25	张小	女	土木工程学院	冬	1997/5/7	1398456921	[illegible]	67	92
26			土木工程学院 平均值				[illegible]	67	92
27	小美	女	信息工程学院	春	1997/6/9	1551938874	[illegible]	74	92
28	王小二	女	信息工程学院	夏	1998/8/5	1551938874	85	80	83
29	梦梦	女	信息工程学院	秋	1998/10/15	1330857211	75	71	68
30	丽丽	女	信息工程学院	冬	1997/8/7	1551938874	65	61	60
31	周傳	女	信息工程学院	冬	1998/8/13	1330857211	[illegible]	86	56
32			信息工程学院 平均值				[illegible]	74.4	71.8
33	女 计数	10							
34			总计平均值				[illegible]	67.36363636	73.09090909
35	总计数	22							

图 4-100　嵌套分类汇总分级显示

4.7.5　数据透视表与数据透视图

分类汇总的特点是按一个字段分类，一个或多个字段汇总。如果要实现按多个字段分类、多个字段汇总的问题，就需要使用“数据透视表”和“数据透视图”的功能来解决了。

数据透视表是具有交互性的数据报表，可以汇总较多的数据，同时可以筛选各种汇总结果以便查看源数据的各种统计结果。使用切片器可以快速实现筛选功能。数据透视图是数据透视表的最直观的展现，就像图表和与之关联的数据表一样。

1. 创建数据透视表

数据透视表创建的操作方法如下：

（1）呈现数据透视表界面

将活动单元格确定在数据区域内任意位置，单击【插入】→【表格】→【数据透视表】按钮，弹出【创建数据透视表】对话框，并按默认选定的单选按钮【选择一个表或区域】已经自动选择了数据表区域（如果选得不对，可以重新框选）；在【选择放置数据透视表的位置】选项组中选择【现有工作表】单选按钮，激活【位置】输入框后，在当前工作表中单击某单元格确定数据透视表放置的区域，如 A27，如图 4-101 所示。单击【确定】按钮后，呈现的操作界面如图 4-102 所示。

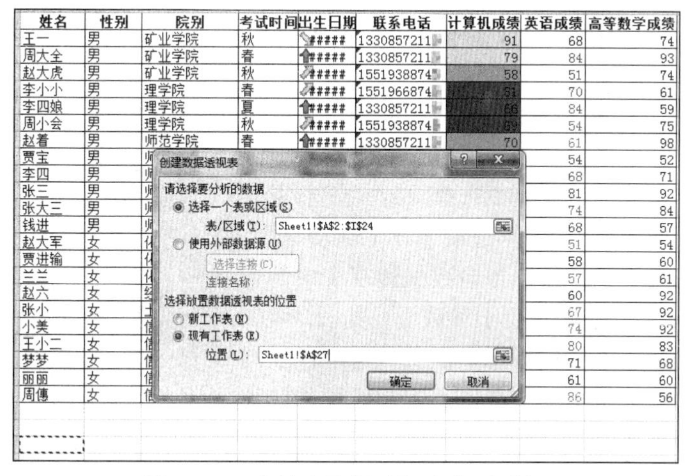

图 4-101 【创建数据透视表】对话框

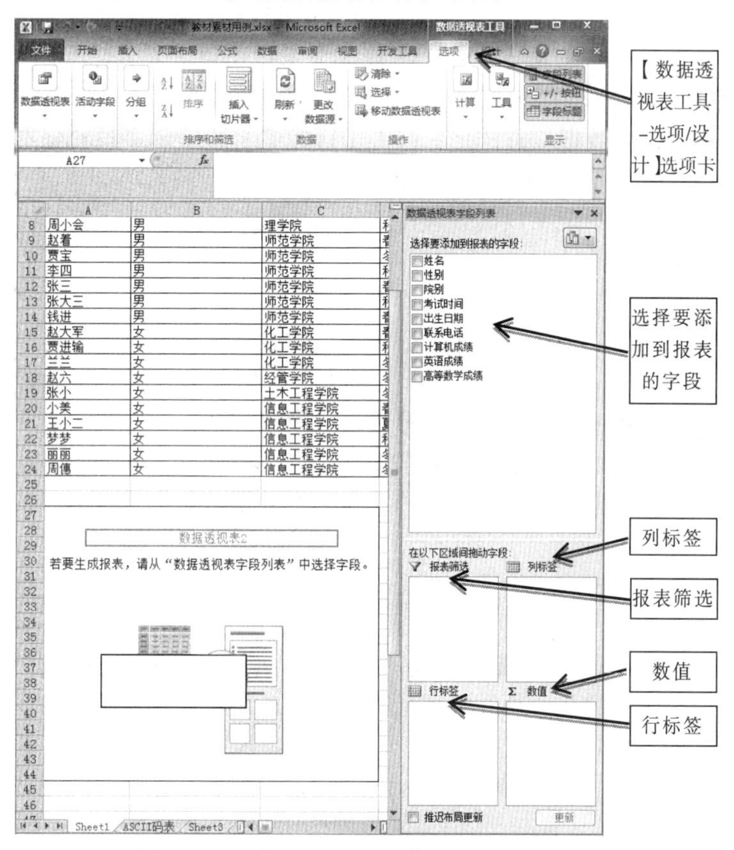

图 4-102　数据透视表操作界面

（2）操作数据透视表

① 添加或移除字段。从【选择要添加到报表的字段】列表框中将需要作为行标题的字段拖动到【行标签】列表框，如“院别”；将需要作为分析汇总的字段拖动到【数值】列表框，如“性别”“计算机成绩”“英语成绩”“高等数学成绩”。

若要移除数据透视表中的字段，只需在【选择要添加到报表】列表框中取消选择相应的复选框，或将【行标签】【列标签】或【数值】列表框中需要移除的字段拖动到列表框之外即可。

② 编辑汇总方式及相关属性。数据透视表默认的汇总方式是求和，但可以根据实际分析数据的需求进行改变，具体操作是：从数据透视表中选择要改变汇总方式的字段，单击【数据透视表工具-选项】→【活动字段】→【字段设置】按钮（或将鼠标指向数据透视表中的行标签并双击），弹出【值字段设置】对话框，如图 4-103 所示。在【值汇总方式】中选择用于汇总所选字段数据的计算类型，在此应选与字段的数据类型相匹配的计算类型，如对“计算机成绩”字段选平均值，并在【自定义名称】输入框中将对应名称更改为“计算机均分”，单击【确定】按钮。按相同的操作，将“求和项:英语成绩”字段改成求最大值，其名称改为“英语最高分”；“求和项:高等数学成绩”字段改成求最小值，其名称改为“高数最低分”。

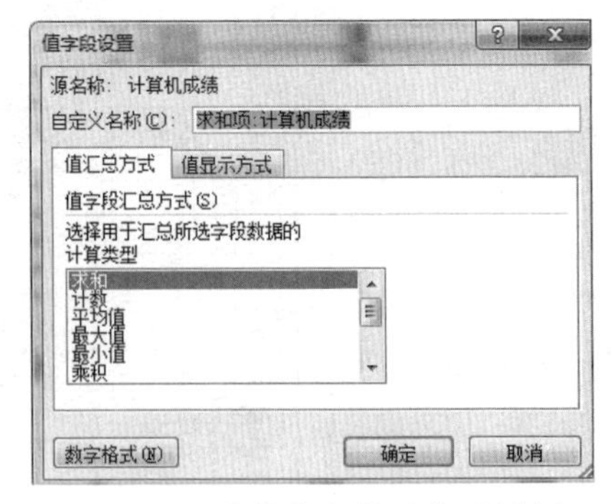

图 4-103 【值字段设置】对话框

③ 查看明细数据。在 Excel 数据透视表中，可以展开或折叠数据行标签中的数据项，以便查看或隐藏其明细数据。方法是：右击【行标签】所给定字段的分类项，在弹出的快捷菜单中选择【展开/折叠】命令，如图 4-104 所示，再在下级菜单中选定所需的命令。另外，也可单击【行标签】所给定字段的分类项前边的⊞按钮进行展开，然后⊞按钮变成⊟按钮，单击⊟按钮又变成折叠状态。

另外，在数据透视表中右击值字段中的任一数据，在弹出的快捷菜单中选择【显示详细信息】命令，则插入一个新的工作表，用于呈现该单元格所属的分类字段明细数据。

④ 设置行标签字段的分类项显示。单击【行标签】右侧的▼按钮，弹出【选择字段】对话框，可对行标签字段按分类进行筛选显示设置。

⑤ 数据透视表数据的更新。数据透视表同源数据表之间是相互关联的，如果更改了源数据，只需将鼠标指向数据透视表中的任意一个数据单元格并右击，在弹出的快捷菜单中选择【刷新】命令即可。

（3）数据透视表格式化设置

可以用工作表中一般的数据表格式化处理方法对数据透视表进行格式化，也可以使用“数据透视表样式”格式化数据透视表。方法是：单击【数据透视表工具-设计】→【数据透视表样式】命令组中的任一种样式即可。图 4-105 所示为按上述陈述演示生成并选择了一种样式格式化了的数据透视表。

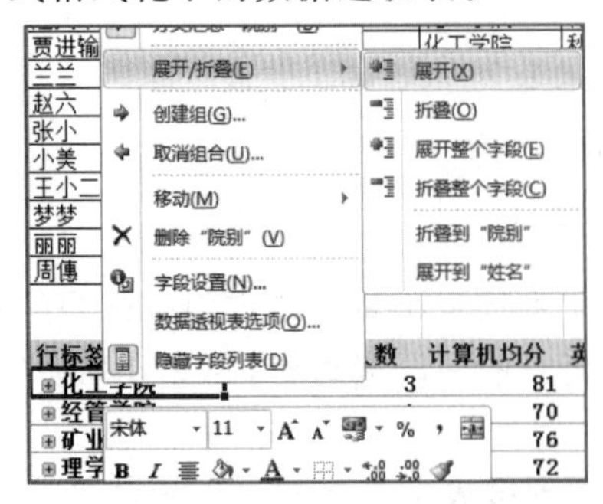

图 4-104 展开与折叠明细数据项

行标签	男生或女生人数	计算机均分	英语最高分	高数最低分
⊞化工学院	4	78	68	54
⊞经管学院	1	70	60	92
⊞矿业学院	3	76	84	74
⊞理学院	3	72	84	59
⊞师范学院	5	67.2	81	52
⊞土木工程学院	1	80	67	92
⊞信息工程学院	5	75	86	56
总计	22	73.5	86	52

图 4-105 生成的数据透视表

2. 创建数据透视图

数据透视图是数据透视表的直观显示，它是为用户提供交互式的数据分析图表。可以通过数据透视图，查看不同级别的明细数据，或通过拖动字段和显示或隐藏字段中的项来重新组织图表的布局。数据透视图的创建方法如下：

（1）根据工作表数据创建数据透视图

创建和交互性地操作数据透视图的方法与数据透视表相应的操作非常相似。操作不同之处在于：单击【插入】→【表格】→【数据透视表】下拉按钮，在打开的下拉列表中选择【数据透视图】命令。图 4-106 所示为数据透视图的操作界面。

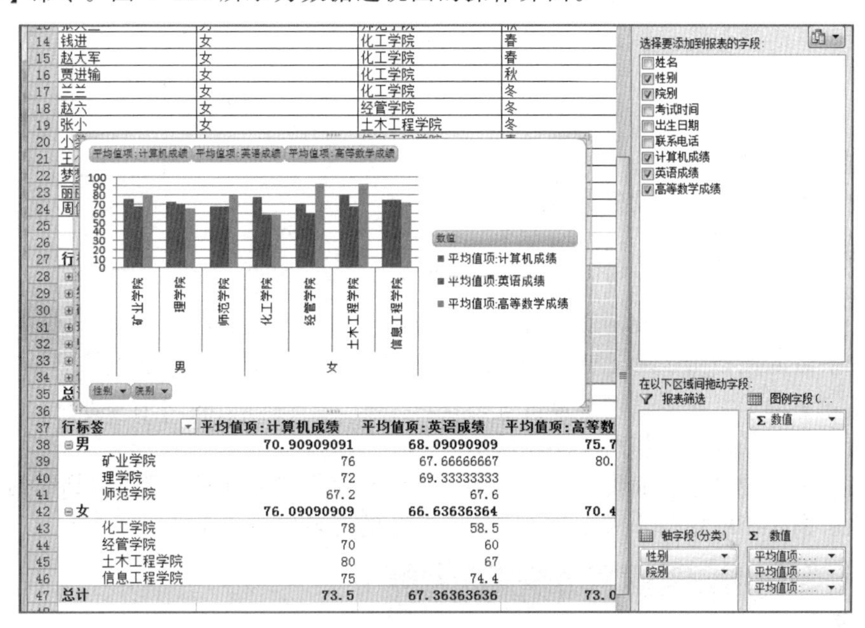

图 4-106　数据透视图的操作界面

在创建数据透视图时，显然也要同步生成数据透视表，并进行“图”与“表”的紧密关联。

（2）根据已建的数据透视表创建数据透视图

单击激活已建的数据透视表，单击【数据透视表工具-选项】→【工具】→【数据透视图】按钮，弹出【插入图表】对话框，从左窗格中选择一种模板，从右窗格中选择一种图表样式，单击【确定】按钮，便可创建出数据透视图。

4.8　页面设置及打印输出

4.8.1　页面设置

在打印工作表之前需要对工作表页面进行设置。图 4-107 所示为关于工作表页面设置的【页面布局】选项卡，页面设置主要包括设置页边距、纸张方向和大小、打印区域、分隔符、页眉页脚及打印标题等。

图 4-107 【页面布局】选项卡

1.【页面设置】对话框的使用

单击【页面布局】→【页面设置】命令组右下角的【对话框启动器】按钮，弹出图 4-108 所示的【页面设置】对话框。该对话框由【页面】【页边距】【页眉/页脚】【工作表】四个选项卡构成。

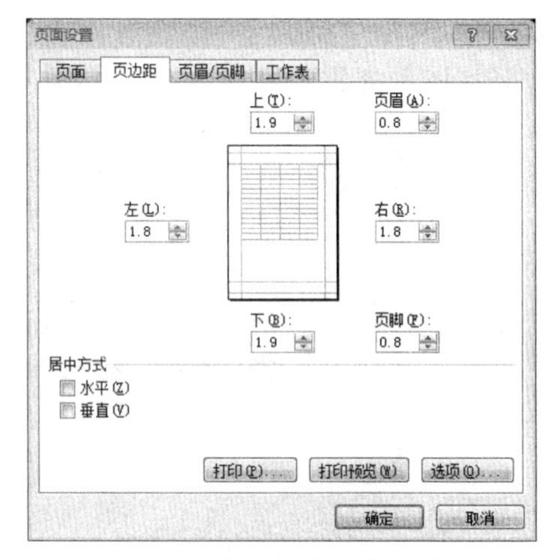

图 4-108 【页面设置】对话框

(1)【页面】选项卡

①【方向】区域：用于设置页面纸张方向，有【纵向】和【横向】两种选择方式。

②【缩放】区域：用于设置页面缩放和调整页宽和页高。默认页面为无缩放。通过对输入框中输入数据或单击微调按钮分别设定。设置后选择【文件】→【打印】命令，在【打印】窗格中将看到所见即所得的打印预览效果，如图 4-109 所示。

单击图 4-109 中的【页面设置】超链接，页面又返回到【页面设置】对话框的【页面】选项卡；单击图 4-109 中的【无缩放】按钮，打开的列表如图 4-110 所示。

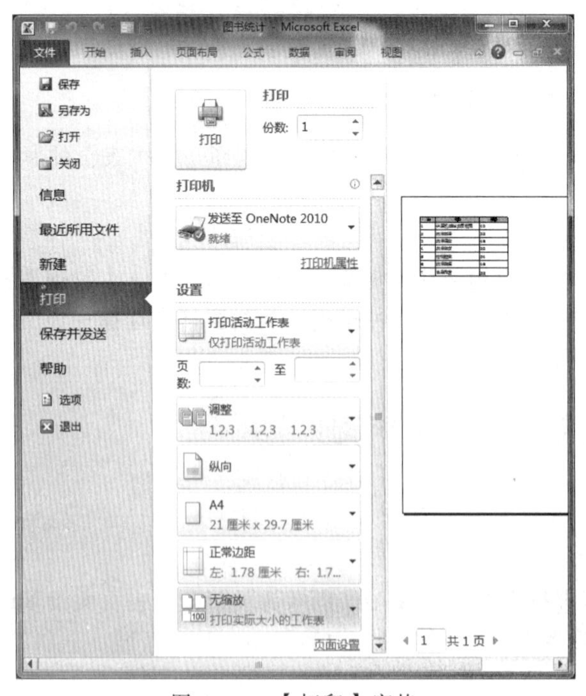

图 4-109 【打印】窗格

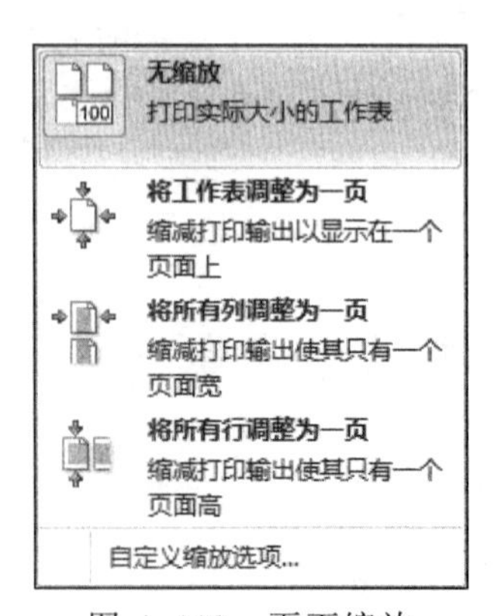

图 4-110 页面缩放

其命令功能分别为：

- 【无缩放】：工作表按实际大小打印。
- 【将工作表调整为一页】：缩减打印输出以显示在一个页面上。
- 【将所有列调整为一页】：缩减打印输出使其只有一个页面宽。
- 【将所有行调整为一页】：缩减打印输出使其只有一个页面高。
- 【自定义缩放】：当前选定的功能状态。
- 【自定义缩放选项】：弹出【页面设置】对话框。

（2）【页边距】选项卡

如图 4-108 所示，可以通过在输入框中输入数据或单击微调按钮分别设定【上、下、左、右、页眉、页脚】页边距的大小。页边距通常以厘米为度量单位。

注意：页眉和页脚的设置一定要比对应的上下边距小，否则页眉页脚内容会覆盖打印出来的内容。

【居中方式】选项组：有【水平】和【垂直】两个复选框，用于设定页面的水平居中对齐或垂直居中对齐效果。从预览框中可以看到设置的效果。

说明：除了可以自定义页边距外，用户还可以直接选择一种预设。方法是：单击【页面布局】→【页面设置】→【页边距】下拉按钮，在打开的下拉列表中选择一种预设。

（3）【页眉/页脚】选项卡

在【页面设置】对话框中选择【页眉/页脚】选项卡，用于设置“页眉”和“页脚”的页面效果，如图 4-111 所示。

① 创建页眉和页脚：单击【自定义页眉】按钮，弹出【页眉】对话框，如图 4-112 所示。

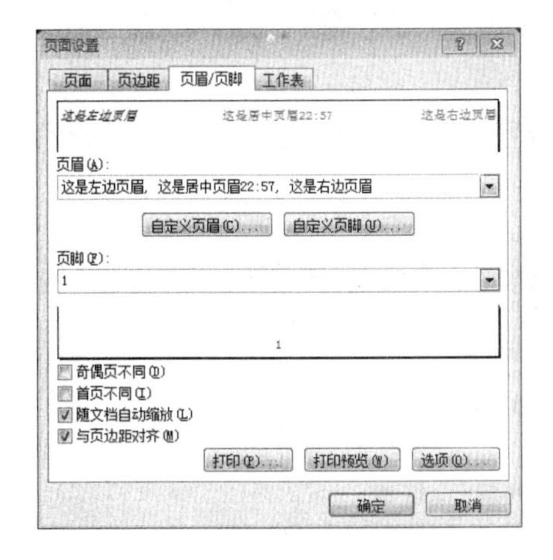

图 4-111 【页眉/页脚】选项卡

图 4-112 【页眉】对话框

可以在页面顶端分别设定【左】【中】【右】三个不同位置的页眉。方法是：从对应的输入框中输入页眉内容，也可插入页码、页数、日期、时期、图片等对象。创建页脚的方法与此相同。通常页脚中用于放置页码及页数等内容。下面对图 4-112 中为设定页眉/页脚而提供的按钮进行介绍：

【字体】按钮：通过【字体】按钮设置字体格式，例如字体、字号、字形、下画线及特殊效果等。

【页码】按钮：通过【页码】按钮可在页眉/页脚中插入页码。对工作表进行添加或删除时页码会自动更新。

【总页数】按钮：通过【总页数】按钮可以在页眉/页脚中插入总页码。对工作表进行添加或删除时页码会自动更新。

【日期】按钮：通过【日期】按钮可以在页眉/页脚中插入日期。可以选择插入当前日期或者是制表日期。

【时间】按钮：通过【时间】按钮可以在页眉/页脚中插入任意时间。

【文件路径】按钮：单击【文件路径】按钮可以在页眉/页脚中插入当前工作簿文件保存的路径。

【文件名】按钮：用于在页眉/页脚中插入本工作簿文件名。

【工作表名称】按钮：单击该按钮可以插入当前工作表的名称。

【图片】按钮：单击【图片】按钮可以选择一幅图片插入页眉/页脚中，作成工作表背景效果。

【图片属性】按钮：该功能只有插入图片才可用。单击【图片属性】按钮，弹击【设置图片格式】对话框。

②【奇偶页不同】复选框：如果工作表数据有多页，若选中此复选框，可以按奇数页和偶数页分别设置不同的页眉或页脚。

③【首页不同】复选框：如果工作表数据有多页，若选中此复选框，可以分别设置首页及其他页的页眉或页脚。

④【随文档自动缩放】复选框：若选中此复选框，当页面发生缩放时，设置的页眉和页脚也按相同比例进行缩放。

⑤【与页边距对齐】复选框：若选中此复选框，设置的页眉或页脚中的“左”及“右”的内容将分别与页面的左边距和右边距对齐。

再次提醒：页眉和页脚的设置一定要比对应的上下边距小，否则页眉/页脚内容会覆盖打印出来的内容。

(4)【工作表】选项卡

在【页面设置】对话框中选择【工作表】选项卡，用于设置打印区域、打印标题行、打印顺序及其他打印效果。界面如图 4-113 所示。

① 设置“打印区域”：用于设置工作表打印区域，用单元格区域引用地址表示。设定打印区域后，仅仅打印输出指定的数据区域。可以在输入框中手动输入或采用框选工作表数据区域的方法输入单元格区域引用地址。例如，本例中将打印从 A1 单元格到 I24 单元格为对角线的所有区域。

② 设置“打印标题”：【顶端标题行】和【左端标题列】两项设置。用于针对要打印的工作表数据记录较多，需要打印若干页；或者要打印的

图 4-113 【工作表】选项卡

工作表列数较多，需要打印若干页的情形。为使打印的每一页都有相同的标题及标题行、或左边标题列的单元格内容，最简单有效的办法就是用“打印标题”的功能。使用方法很简单，只需在【顶端标题行】和【左端标题列】文本框中确定标题及标题行、或左边标题列的单元格区域引用（建议用绝对引用）地址即可。

③ 设置“打印”选项：

- 【网格线】复选框：对没加边框线的数据表而言，选择此复选框，将添加虚线边框的效果；若不选择此复选框，打印出的数据表无边框。可以从“打印预览”中观察结果。
- 【单色打印】复选框：针对彩色打印机而言。选择此复选框，按单色打印；否则按彩色打印。可以从“打印预览”中观察结果。
- 【草稿品质】复选框：用于打印品质的设定，不常用。
- 【行号列标】复选框：选择此复选框，将对应行号打印在页面上数据表的最左端。

另外，如果打印区域中有批注的单元格，还可对批注进行打印设置；同样，对有显示错误的单元格（如#N/A 等）也可进行打印设置。

④ 打印顺序设置：可以设置按【先列后行】或者按【先行后列】的打印顺序打印。

2.【页面设置】命令组中其他功能介绍

① 【纸张方向】按钮：用于设置纸张打印方向，有“横向”和“纵向”两种选择。

② 【纸张大小】按钮：用于设置纸张打印的大小，下拉列表中提供了许多纸张大小预设。如 letter、legal、A5、A4、B5 等，当前办公最常用的是 A4 纸，教材纸张常用 B5 纸，letter 为传统信纸大小。在下拉列表中选择【其他纸张大小】命令，弹出【页面设置】对话框，选择【页面】选项卡进行定义。

③ 【背景】按钮：用于为打印页面添加背景效果。单击【页面布局】→【页面设置】→【背景】按钮，弹出【工作表背景】对话框，选取用作工作表背景的图片后，单击【打开】按钮即可。

4.8.2 工作表的打印输出

对工作表进行了页面设置，现在可以对工作表（包括图表）实施打印了。由于打印预览功能具有“所见即所得”的页面效果，因此，应充分使用打印预览功能，在屏幕上预先观察打印效果。通过“观察→修改设置→观察”的不断重复过程将文档打印设置得更加满意，之后再打印输出。

1. 打印预览

工作表创建完成，并进行页面设置之后，可选择【文件】→【打印】命令，在 Excel 窗格右边便呈现【打印】窗格，如图 4-109 所示。

通过单击页面预览右下角的【缩放到页面】按钮，可以改变预览页面的大小显示效果。

2. 打印设置

选择【文件】→【打印】命令，窗口中间部分如图 4-114 所示。下面对其主要功能进行介绍：

①【打印】按钮：单击该按钮就按照设定的效果开始打印。

②【打印机】区域：用于选择打印机，并设置打印机属性。在【打印机】下拉列表框中

可以看到已经正确安装了的打印机名称。可以选择要使用的打印机；也可以选择【添加打印机】命令，弹出【查找打印机】对话框，根据打印机的位置、名称及型号查找本地或网络共享的打印机；也可以将文档按文件格式输出保存。方法是：选择【Fax 就绪】选项后单击【打印】按钮，弹出【打印的文件】对话框，在“输出文件名”输入框中输入文件名称，并单击【确定】按钮即可。

【打印机属性】超链接：单击该超链接，弹出用户默认使用的打印机属性对话框，不同类型的打印机设置方法大同小异。主要的基本设置有：打印质量、色彩浓度、页面布局、纸张尺寸及方向以及打印机的维护等。对不同类型的打印机属性设置，读者可具体参看其使用说明书，在此不再赘述。

③【设置】区域：主要进行打印页数、单面或双面打印设置、页面打印排序的调整、纸张大小及方向等设置。

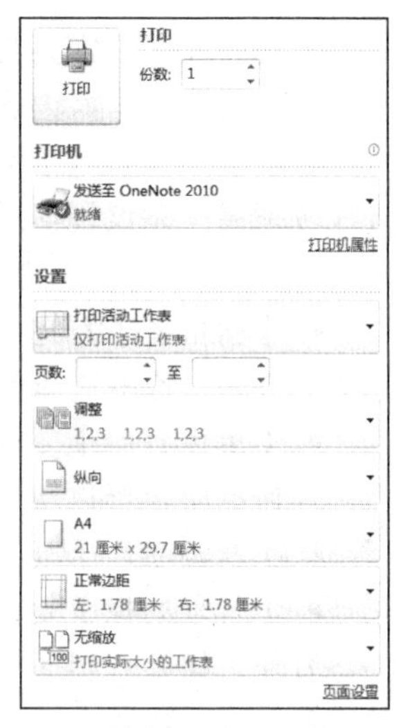

图 4-114　打印设置区

小　　结

Excel 简称电子表格，主要用于数据管理、数据计算和分析，是在线办公主要应用软件之一。使用 Excel 2010 工具的方式有三种：一是利用选项卡命令组；二是通过快捷菜单；三是通过快捷命令。

工作簿是指 Excel 环境中用来处理并存储工作表数据的文件。

工作表的主要功能是创建数据表，并进行数据分析和管理。数据清单由表结构单元格和纯数据单元格两部分组成。创建符合数据清单规则的数据表是对数据有效分析和利用的基础。

单元格是工作表中存储数据的基本单元，通常存放的数据类型有常规、数值、货币、日期、时间、百分比及文本等。

第 5 章　PowerPoint 2010 演示文稿制作软件

学习目标：

1. 了解 PowerPoint 2010。
2. 掌握演示文稿的创建、保存和打印的方法。
3. 掌握演示文稿的使用、幻灯片的编辑方法及幻灯片的放映设置。
4. 演示文稿中多媒体对象的插入及编辑。
5. 演示文稿的打包和演示文稿之间的信息共享，将演示文稿保存为其他格式。

5.1　了解 PowerPoint 2010 的界面及功能

PowerPoint 演示文稿软件不仅可以制作如贺卡、电子相册等声音、图像并茂的多媒体演示文稿，还可以借助超链接功能创建交互式的演示文稿，并能充分利用万维网的特性，在网络上“虚拟”演示。

5.1.1　PowerPoint 2010 的启动

最常用的启动方法是单击 Windows 7 任务栏的【开始】→【所有程序】→【Microsoft Office】→【Microsoft PowerPoint 2010】命令。

也可以在桌面上建立 PowerPoint 2010 的快捷方式图标，通过双击 PowerPoint 2010 的快捷方式图标启动；还可双击已保存的演示文稿文件，使得打开该演示文稿的同时启动 PowerPoint 2010 应用程序。

5.1.2　PowerPoint 2010 的工作界面

启动 PowerPoint 2010 后，打开图 5-1 所示的工作界面。

1. 标题栏

显示正在编辑的演示文稿的文件名以及所使用的软件名，一般位于窗口的顶端。

2. 快速访问工具栏

常用命令位于此处，如【保存】【撤销】【重复】等。用户可以添加自己的常用命令。

3.【文件】选项卡

基本命令位于此处，如【新建】【打开】【关闭】【另存为】【打印】等。

图 5-1　PowerPoint 2010 的工作界面

4．选项卡命令组

同 Office 其他组件一样，各选项卡下都包含若干命令组，工作时需要用到的命令位于此处。

5．编辑窗口

显示正在编辑的演示文稿。

6．状态栏上的【视图】按钮

用户可以根据自己的要求更改正在编辑的演示文稿的视图模式。分别是【普通视图】按钮、【幻灯片浏览】按钮、【阅读视图】按钮、【幻灯片放映】按钮。

（1）普通视图

如图 5-1 所示就是普通视图，它是系统的默认视图，只能显示一张幻灯片。它集成了【大纲】视图和【幻灯片】视图。

① 【大纲】视图。仅显示文稿的文本内容（大纲）。按序号从小到大的顺序和幻灯片内容层次的关系，显示文稿中全部幻灯片的编号、标题等文本占位符中的文本。

② 【幻灯片】视图。显示每张幻灯片的外观。可以在幻灯片编辑窗口添加图形、影片和声音，并创建超链接以及向其中添加动画，按照幻灯片的编号顺序显示演示文稿中全部幻灯片的图像。在普通视图中，还集成了备注窗格，备注是演讲者对每一张幻灯片的注释，用户可以在备注窗格中输入注释仅供演讲者使用，不能在幻灯片上显示。

（2）幻灯片浏览视图

可以同时显示多张幻灯片，方便对幻灯片进行移动、复制、删除等操作。

（3）阅读视图

进入阅读模式，给用户带来美观便捷的阅读环境。

（4）幻灯片放映视图

从当前幻灯片开始按顺序全屏幕放映，可以观看动画、超链接效果等。在幻灯片放映状态下，按【Enter】键或单击将显示下一张，按【Esc】键或放映完所有幻灯片后将结束幻灯片放映。

7. 滚动条

方便用户浏览或定位演示文稿中幻灯片的位置。

8. 缩放滑块

用于缩放幻灯片，方便用户编辑当前幻灯片。

9. 状态栏

显示正在编辑的演示文稿的相关信息。例如，显示当前幻灯片处于第几张、幻灯片共有多少张，以及演示文稿的主题等。

5.2　PowerPoint 2010 的基本操作

5.2.1　创建演示文稿

启动 PowerPoint 2010 之后，软件默认建立了一个空演示文稿。选择【文件】→【新建】命令，可新建演示文稿，如图 5-2 所示。PowerPoint 提供了【可用的模板和主题】和【Office.com 模板】创建新的演示文稿。根据需要选择相应的类型，然后单击【创建】按钮即可。

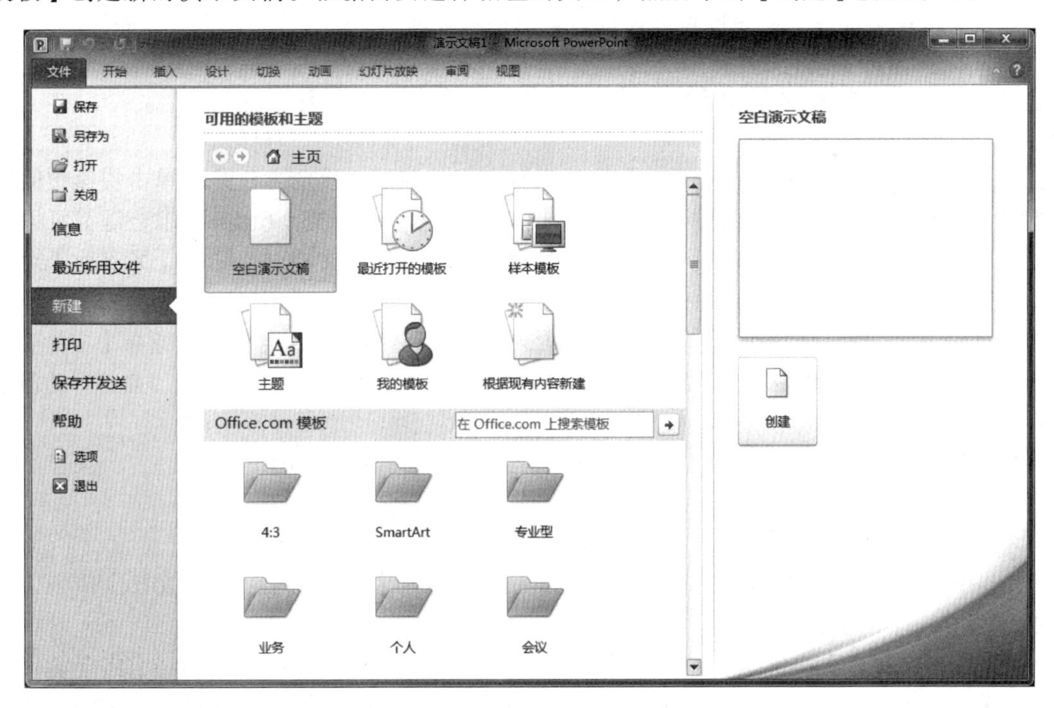

图 5-2　PowerPoint 2010 的新建窗口

1. 创建一个空演示文稿

在【可用的模板和主题】区域选择【空白演示文稿】选项，单击【创建】按钮创建一个空演示文稿，用户即可建立具有自己风格和特色的幻灯片。

2. 最近打开的模板

可根据最近使用过的文档建立演示文稿。

3. 样本模板

【样本模板】下提供了【相册】【培训】【项目报告】等多种模板，用户可以根据需要选择模板，然后单击【创建】按钮。

4. 主题

在已经具备设计概念、字体和颜色方案的PowerPoint模板基础上创建演示文稿（模板还可自己创建）。

5. 我的模板

本机上已经保存的模板。用户可以把自己创建的演示文稿创建成模板并保存在【我的模板】中，方法是：选择【文件】→【另存为】命令，然后将该文件另存为模板。PowerPoint模板扩展名为*.potx。以后在新建文档时，选择【我的模板】，即可出现本机上自制的模板。

6. 根据现有内容新建

根据用户之前所编辑的PowerPoint文档进行制作。

7. Office.com模板

在连网状态下，可以下载Office提供的模板。在Microsoft Office模板库中，从其他PowerPoint模板中选择。这些模板是根据演示类型排列的。

5.2.2 保存、关闭演示文稿

新建文档或对文档进行修改都需要进行保存，保存演示文稿的方法是：单击快速访问工具栏中的【保存】按钮，或选择【文件】→【保存】命令，或按【Ctrl+S】组合键都可以对文档进行保存。第一次保存文件或者选择【另存为】命令保存文档时，弹出【另存为】对话框，提示用户设定文件名称、保存路径和文件类型。

单击演示文稿标题栏中的【关闭】按钮，或按【Alt+F4】组合键，或选择【文件】→【退出】命令，将退出PowerPoint 2010，选择【文件】→【关闭】命令，将关闭当前打开的演示文稿。

【例5-1】新建一个演示文稿，命名为“办公软件PowerPoint 2010演示文稿”，保存后关闭该文件。

具体操作步骤如下：

① 单击【开始】→【所有程序】→【Microsoft Office】→【PowerPoint 2010】命令，系统默认建立一个的空的演示文稿（见图5-1）。

② 单击【保存】按钮，或选择【文件】→【保存】命令，或按【Ctrl+S】组合键，弹出【另存为】对话框，如图5-3所示，在“文件名”列表框中输入“办公软件PowerPoint 2010演示文稿”，单击【保存】按钮。

③ 单击演示文稿标题栏上的【关闭】按钮，或按【Alt+F4】组合键，或选择【文件】→【退出】命令，退出程序。

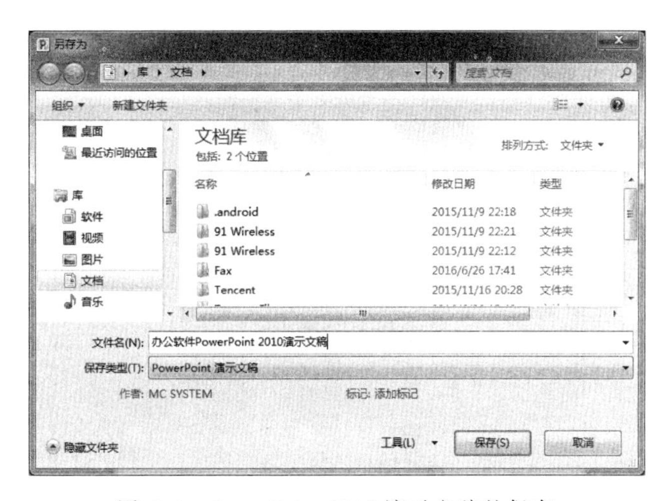

图 5-3　PowerPoint 2010 演示文稿的保存

5.3　演示文稿的文本处理

5.3.1　文本的输入

1. 利用占位符直接输入文本

在新建幻灯片时，可以单击【开始】→【幻灯片】→【版式】下拉按钮来设置幻灯片的版式，如图 5-4 所示。

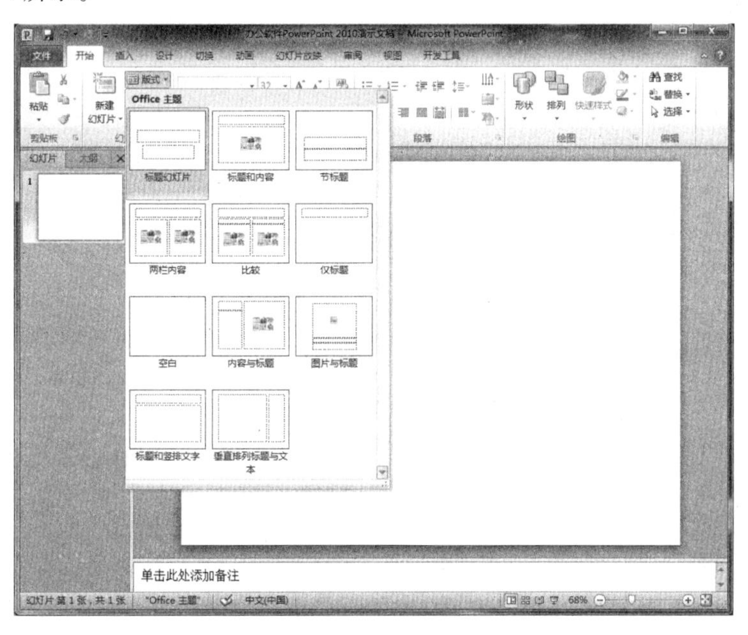

图 5-4　PowerPoint 2010 版式设置

除了“空白”幻灯片版式外，其他的幻灯片版式均含有文本占位符。占位符是一种带有边框虚线的特殊文本框，框内有“单击此处添加标题”之类的提示语，一旦单击之后，提示语会自动消失，光标在占位符内闪烁，此时可以在占位符中输入文本，然后在占位符之外单击即可。例如，在图 5-5 所示的标题占位符输入“第 5 章 PowerPoint 2010 演示文稿制作软件”，如图 5-6 所示。

2. 使用文本框添加文本

除了使用占位符添加文本外，也可使用插入文本框添加文本的方法在幻灯片的任意位置添加文本。方法是：单击【开始】→【绘图】→【文本框】或【垂直文本框】按钮，在空白区域拖动鼠标，此时文本框中出现一个闪烁的插入点，输入完文本，单击文本框以外的任何位置即可。如图 5-7 所示，输入“贵州工程应用技术学院”。

图 5-5 幻灯片标题版式

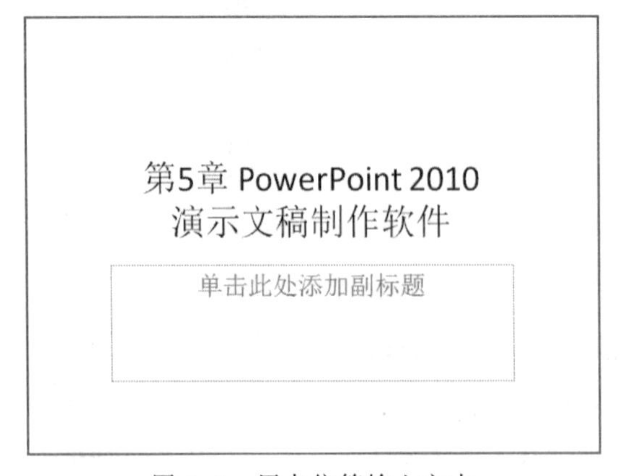

图 5-6 用占位符输入文本

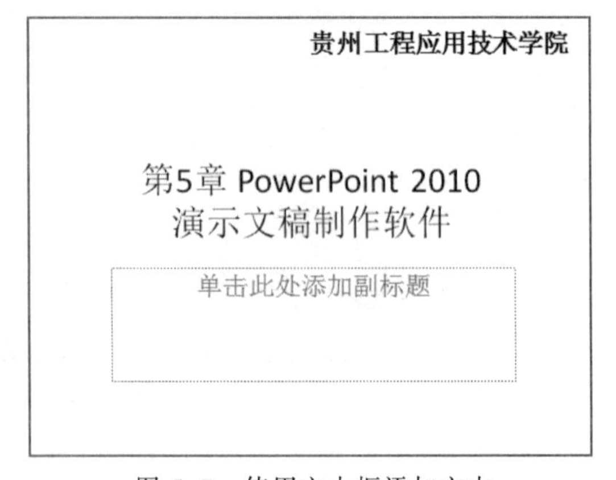

图 5-7 使用文本框添加文本

注意： 只有占位符中的文本内容才能在“大纲模式”中出现。所以一般情况下，能使用占位符输入就不要使用文本框输入。

3. 添加备注、批注

备注的作用是对幻灯片的内容进行注释，它与幻灯片的页面一一对应，在幻灯片播放时，备注只有演讲者能看见，从而起到提醒演讲者的作用，防止遗忘内容。在 PowerPoint 中的每张幻灯片都有一个用于输入注释的备注窗口，只要在普通视图的备注窗口中单击，然后输入文本即可，如图 5-8 所示。

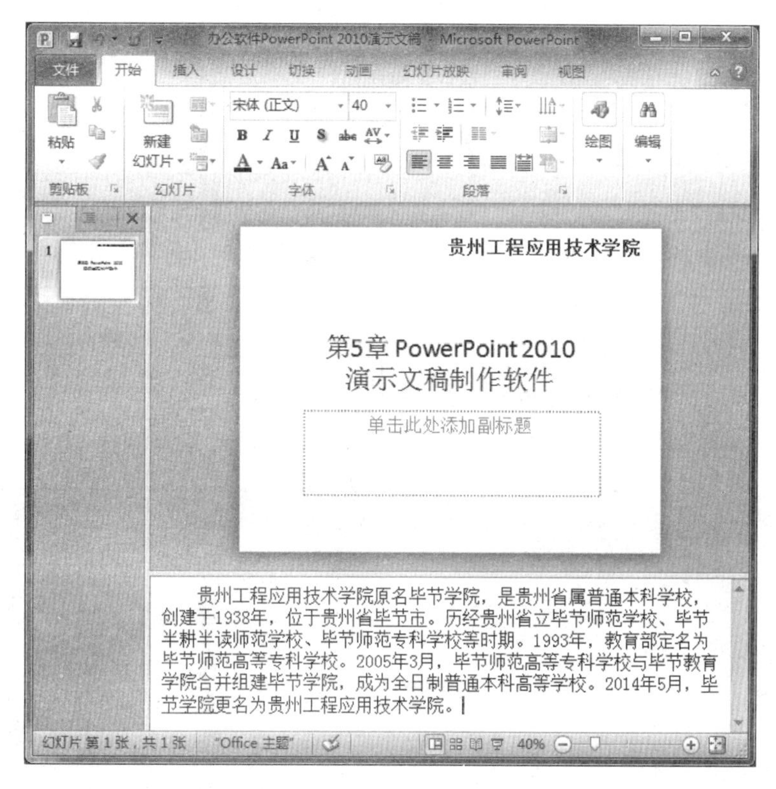

图 5-8　给幻灯片添加备注

5.3.2　文本的格式化

1. 更改文本的字体、字形、字号等设置

要更改文本字体、字形等设置，可以单击【开始】→【字体】命令组中的工具。选定要设置的文本或段落，单击【字体】命令组中的对应按钮进行设置，如图 5-9 所示。要进行更详细的设置，可单击【字体】命令组右下角的【对话框启动器】按钮 ，弹出【字体】对话框进行设置（见图 5-10）。

2. 设置对齐方式、行距和添加项目符号等

要更改文本或段落的行距、项目符号等设置，可以单击【开始】→【段落】命令组中的工具。选定要设置的文本或段落，单击【段落】命令组中的对应按钮进行设置，如图 5-11

所示。要进行更详细的设置，可以单击【段落】命令组右下角的【对话框启动器】按钮，弹出【段落】对话框进行设置。

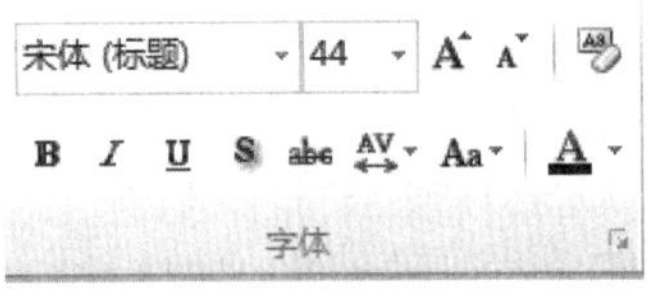

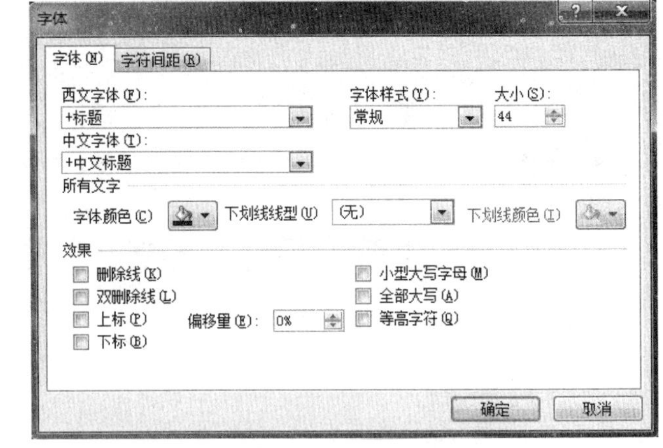

图 5-9 【字体】命令组

图 5-10 【字体】对话框

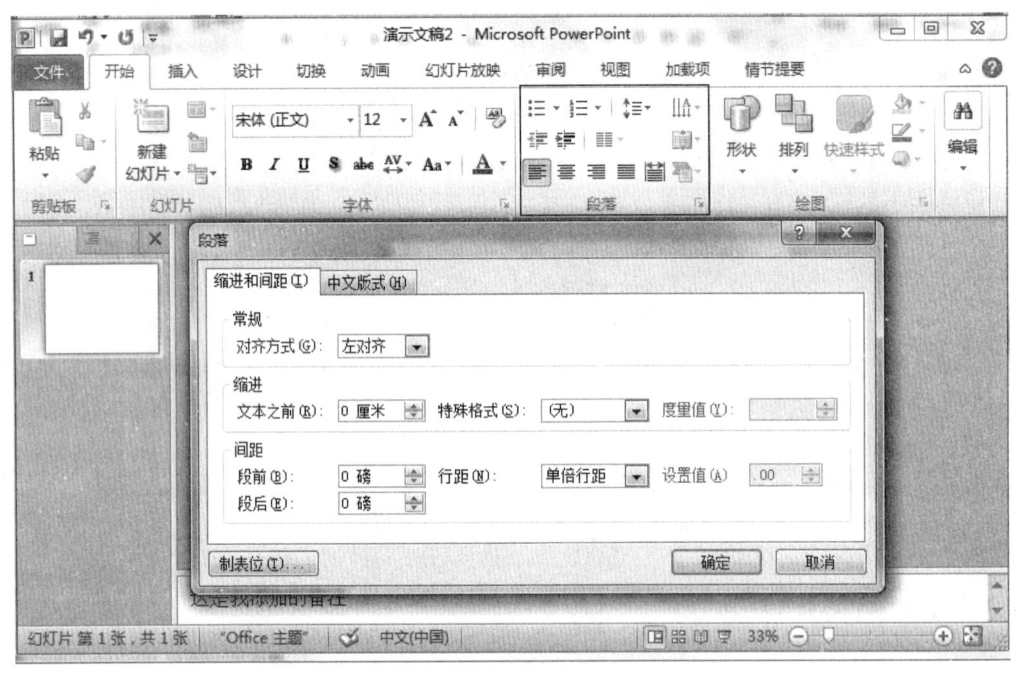

图 5-11 【段落】命令组及【段落】对话框

3. 文本框和占位符的设置

单击文本框内的文字，文本框内文本便处于编辑状态；单击文本框的边框位置，文本框就选定。若要同时选定多个文本框，可按住【Shift】键或【Ctrl】键不放，依次单击需要选定的文本框。若对文本框进行填充、边线等设置，可以单击【开始】→【绘图】命令组中的工具。首先选定要设置的占位符或文本框，再单击【绘图】命令组中的按钮即可；若要进行更多设置，可以单击【绘图】命令组右下角的【对话框启动器】按钮，弹出【设置形状格式】对话框进行设置，如图 5-12 所示。

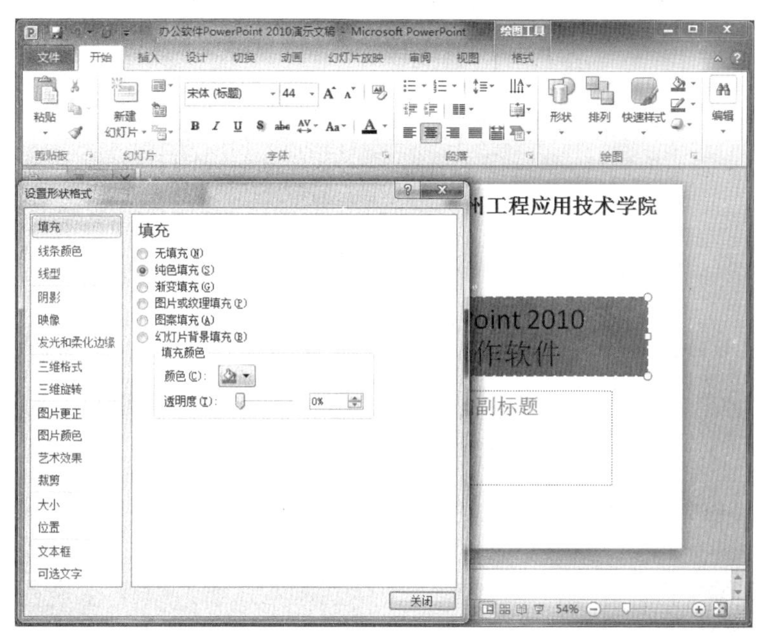

图 5-12 【设置形状格式】对话框

【例 5-2】打开演示文稿“办公软件 PowerPoint 2010 演示文稿”，给第一张幻灯片中副标题文字加上项目符号，并将其设置为左对齐、1.5 倍行距，占位符加上颜色填充。

具体操作步骤如下：

① 打开“办公软件 PowerPoint 2010 演示文稿”。

② 选定第一张幻灯片中的副标题的文本，单击【开始】→【段落】→【左对齐】按钮。

③ 选定第一张幻灯片中的副标题的文本，单击【开始】→【段落】→【项目符号】按钮，如图 5-13 所示，单击所要添加的项目符号。

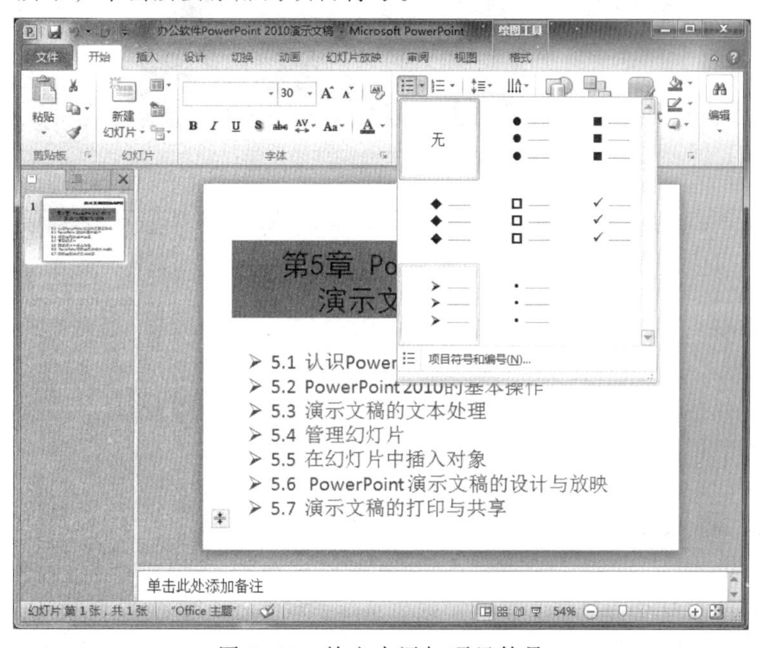

图 5-13　给文本添加项目符号

④ 选定第一张幻灯片中副标题的文本，单击【段落】命令组右下角的【对话框启动器】按钮，弹出【段落】对话框，如图 5-14 所示，在“间距”区域设置“行距”为“1.5 倍行距”。

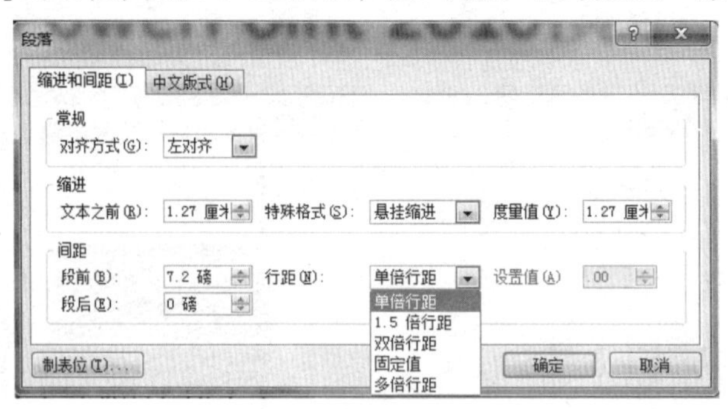

图 5-14 设置文本的行距

⑤ 选定第一张幻灯片中的副标题的占位符，单击【开始】→【绘图】命令组中的【形状填充】下拉按钮，如图 5-15 所示，在下拉列表中选择一种颜色。

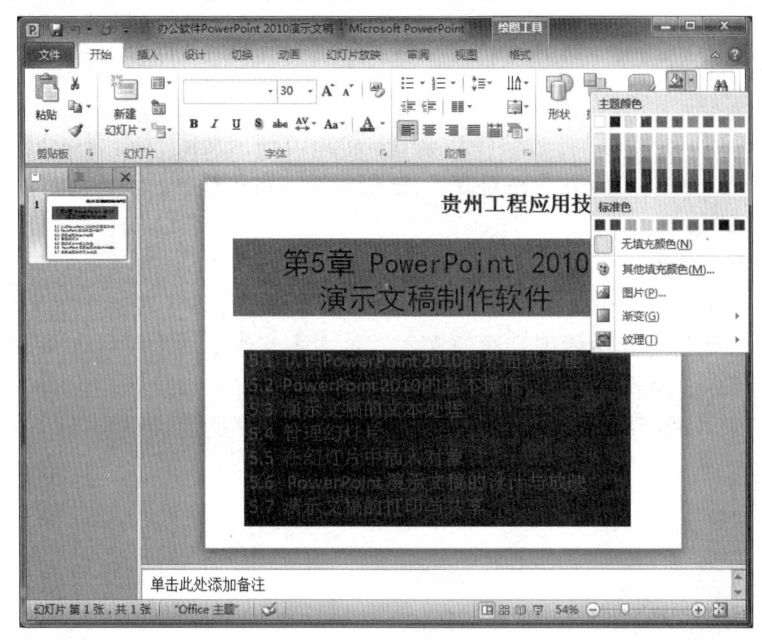

图 5-15 设置占位符的填充样式

5.4 管理幻灯片

演示文稿文件是由若干张幻灯片组成的，在制作过程中，要对幻灯片进行添加、删除、移动、复制以及引用其他文档的幻灯片等操作。

5.4.1 插入、删除新幻灯片

要插入一张新幻灯片，首先在普通视图中选定要新插入幻灯片位置的上一张幻灯片，然后单击【开始】→【幻灯片】→【新建幻灯片】下拉按钮，如图 5-16 所示。

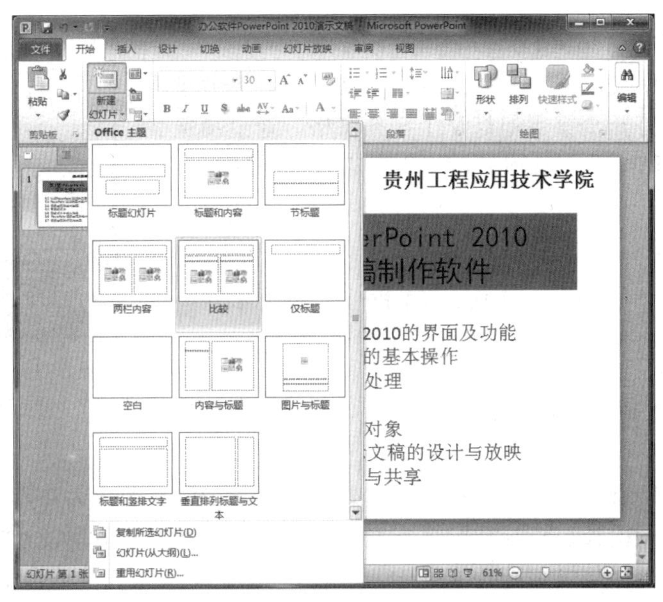

图 5-16　插入新幻灯片

1．插入空的幻灯片

在【新建幻灯片】下拉列表的【Office 主题】区域单击任何一种版式的选项，即可在所选定幻灯片的下方建立一张该版式的空幻灯片。

2．复制所选幻灯片

在【新建幻灯片】下拉列表的【Office 主题】区域选择【复制所选幻灯片】命令，即可在选定幻灯片的下面复制一张幻灯片。另外，也可在普通视图的幻灯片视图中选定该幻灯片，按【Ctrl+C】组合键，然后在要复制的位置按【Ctrl+V】组合键完成幻灯片的复制。

3．幻灯片（从大纲）

在【新建幻灯片】下拉列表的【Office 主题】区域选择【幻灯片（从大纲）】命令，弹出【插入大纲】对话框，选择要作为幻灯片插入的大纲文件即可，如图 5-17 所示。可打开作为幻灯片导入的文件类型有*.docx、*.txt、*.rtf、*.wps 及网页文件等。

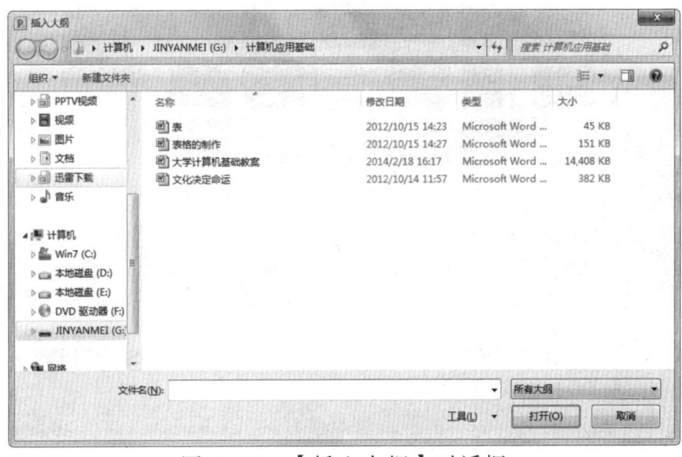

图 5-17　【插入大纲】对话框

4．重用幻灯片

在【新建幻灯片】下拉列表的【Office 主题】区域选择【重用幻灯片】命令，打开【重用幻灯片】任务窗格，通过浏览命令，即可在演示文稿中插入其他演示文稿的幻灯片，如图 5-18 所示。

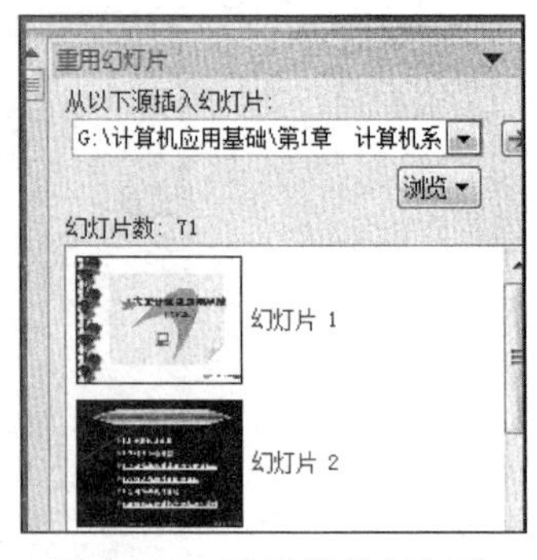

图 5-18　引用其他幻灯片

5．删除幻灯片

选定要删除的幻灯片，按【Delete】键，或单击【开始】→【剪贴板】→【剪切】按钮。

5.4.2　控制幻灯片的外观

使演示文稿的所有幻灯片都具有统一的外观是 PowerPoint 的一大特点，控制幻灯片外观的方法有三种：设计模板、模板和配色方案。本节主要讲解如何应用设计模板，如何用模板控制幻灯片的外观，如何添加配色方案。

1．改变设计模板

运用设计模板可以控制一张幻灯片的外观，也可以控制整个演示文稿的外观，在建立新演示文稿时可选用一种设计模板，在制作好整个演示文稿之后也可以改变设计模板。方法如下：

选定一张幻灯片，单击【设计】→【主题】命令组中的滚动条下的【其他】按钮，展开【所有主题】面板，如图 5-19 所示。

图 5-19　幻灯片设计模板

在【所有主题】面板中找到所需的模板并单击，该模板便应用到整个演示文稿；如果只需改变当前选定幻灯片的模式，就在该模板上右击，在弹出的快捷菜单中选择【应用于所选幻灯片】命令即可，如图 5-20 所示。

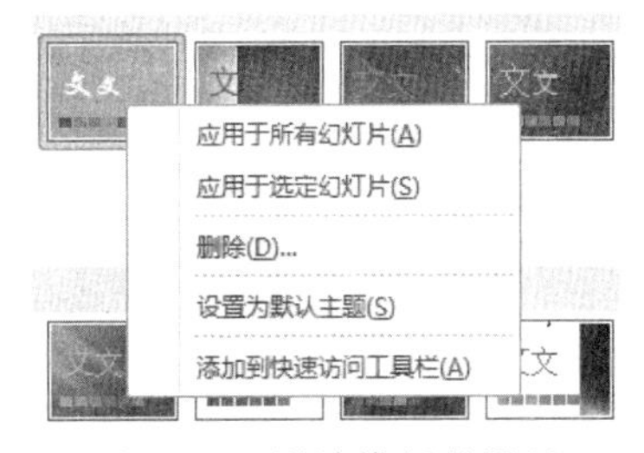

图 5-20　设计模板的设置

2. 使用母版

母版是 PowerPoint 中一类特殊的幻灯片，母版可以控制某些文本的特征、背景颜色和一些特殊的动画。

母版分为幻灯片母版、讲义母版和备注母版。幻灯片母版控制除标题以外的所有幻灯片，比如要在每张幻灯片的同一位置插入一张相同的图片，就在幻灯片母版的该位置插入该图片，而不需要在每张幻灯片上一一插入。

单击【视图】→【母版视图】→【幻灯片母版】按钮，即可切换到幻灯片母版视图窗口，如图 5-21 所示。此时，窗口中增加了【幻灯片母版】选项卡。默认的幻灯片母版包含 1 张总的控制整个幻灯片样式及外观和 11 张分别控制不同版式的幻灯片外观的幻灯片。

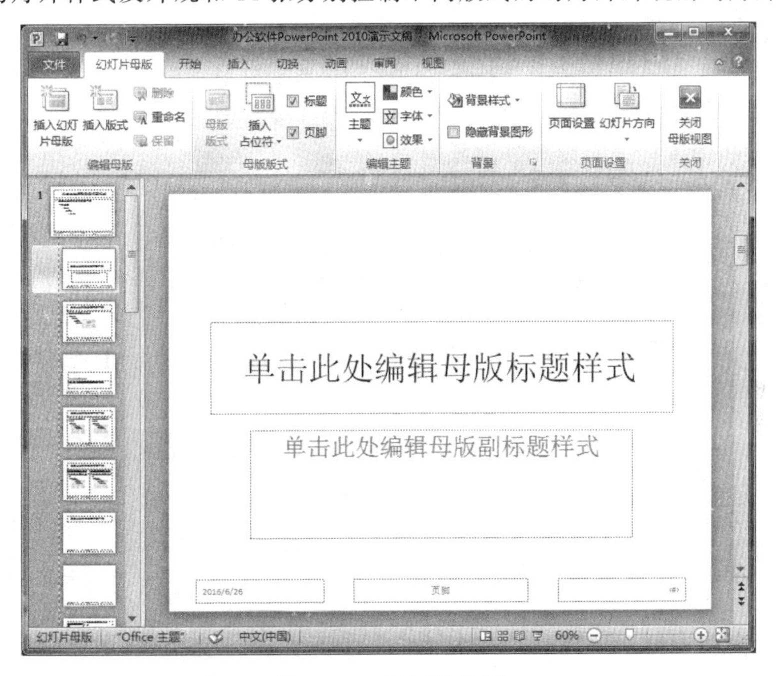

图 5-21　幻灯片母版

在设置过程中，如果是对整个演示文稿的控制，那么就在第一张中进行编辑，如果是对不同版式幻灯片的要求，则在下面的对应版式的母版幻灯片中进行编辑。

【例 5-3】 打开演示文稿“办公软件 PowerPoint 2010 演示文稿”，利用幻灯片母版将每张幻灯片中的标题占位符设置成蓝色，强调文字颜色 4，淡色 60%，在每张幻灯片中插入一幅图片。

具体操作步骤如下：

① 打开“办公软件 PowerPoint 2010 演示文稿”。单击【视图】→【母版视图】→【幻灯片母版】按钮，此时进入幻灯片母版编辑窗口，如图 5-21 所示。

② 选定幻灯片母版中的第一张幻灯片，选定要设置的标题占位符，单击【开始】→【绘

图】→【形状填充】下拉按钮，在打开的下拉列表中选择蓝色，强调文字颜色 4，淡色 60%。如图 5-22 所示。

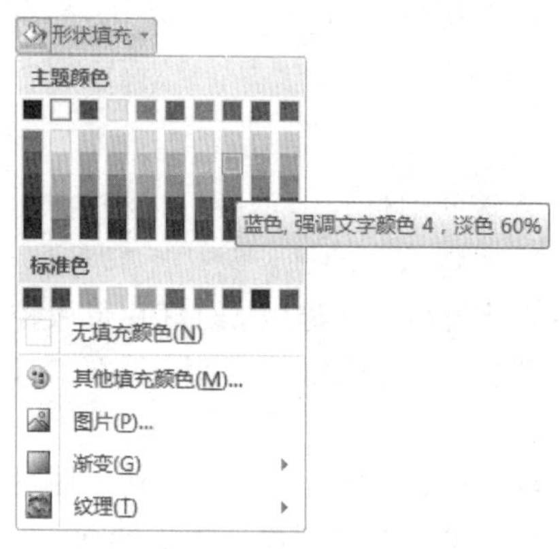

图 5-22　填充母版标题

③ 单击【插入】→【图像】→【剪贴画】按钮，在幻灯片母版的第一张幻灯片的右下角插入一张剪贴画，则每张幻灯片中都有同样的图片，设置好后，单击【幻灯片母版】→【关闭】→【关闭母版视图】按钮，返回幻灯片编辑窗口。

讲义母版和备注母版的设置分别影响讲义和备注的外观形式。讲义指演讲者在打印时，一张纸上能安排几张幻灯片，讲义母版和备注母版可以设置页眉、页脚等内容，可以在幻灯片以外的空白位置添加文字或图片，使打印出来的文字或备注每页的形式相同。讲义母版和备注母版所设置的内容，只能通过打印讲义或备注显示出来，不影响幻灯片中的内容，也不会在放映幻灯片时显示出来。单击【视图】→【母版视图】→【讲义母版】按钮，切换到【讲义母版】窗口，如图 5-23 所示；单击【视图】→【母版视图】→【备注母版】按钮，切换到【备注母版】窗口，如图 5-24 所示。

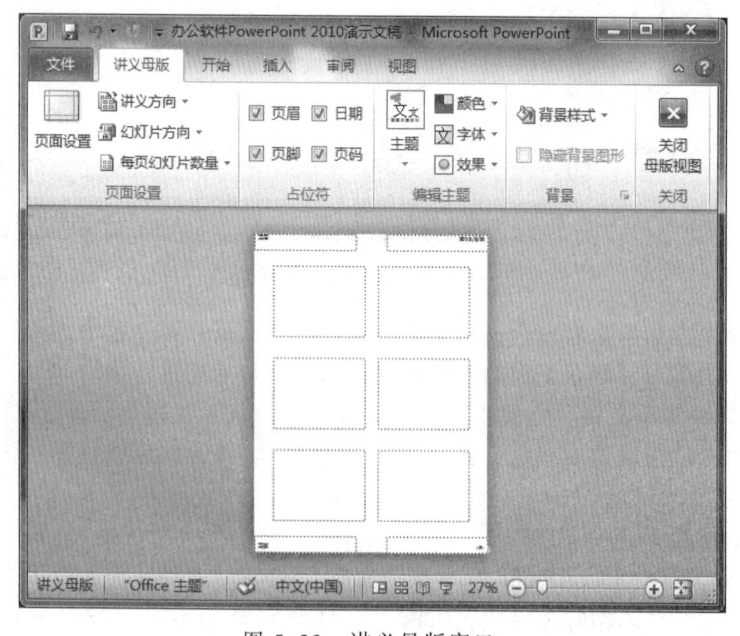

图 5-23　讲义母版窗口

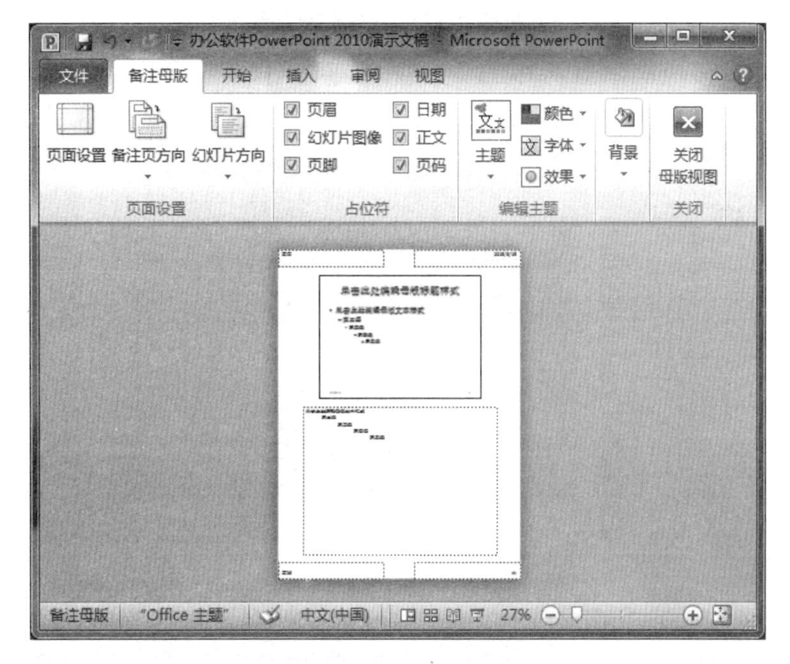

图 5-24 备注母版窗口

5.5 在幻灯片中插入对象

演示文稿与 Word 文档最大的区别就是演示文稿强调给人的视觉感受，因此在幻灯片中应用图片、表格、图表等能丰富幻灯片的视觉效果，从而激发观众的兴趣。

5.5.1 插入表格

在演示文稿中,有些内容用表格显示比较简洁明了,PowerPoint中可插入普通表格和Excel表格，插入表格后，可以对表格的格式进行修改，也可以通过套用表格格式进行调整。

【例 5-4】新建一个演示文稿，在演示文稿中制作一张如图 5-25 所示的课程表。

具体操作步骤如下：

① 建立一个新的演示文稿，将幻灯片的版式设置为空白版式，保存为“课程表”。

② 单击【插入】→【表格】→【表格】按钮，用鼠标拖动确定行和列插入表格，如图 5-25 所示。也可在【插入表格】下拉列表中选择【插入表格】命令，弹出【插入表格】对话框，设置表格的行数和列数，单击【确定】按钮。当插入的表格被选定时，自动增加【表格工具-设计】和【表格工具-布局】选项卡，用于对表格相关属性进行设置，如图 5-25 所示。

③ 选定表格的第一行，单击【布局】→【合并】→【合并单元格】按钮，应用同样的方法合并第五行。

④ 将光标放到表格下边线的中部，当光标变成上下的双箭头时，按住鼠标左键向下拖动，垂直放大表格。

⑤ 单击【表格工具-设计】→【表格样式】命令组中的【边框】下拉按钮田▾，在打开的下拉列表中选择【斜下线框】选项，设置斜线表头，然后设置表格的边框和内框，如图 5-26 所示。

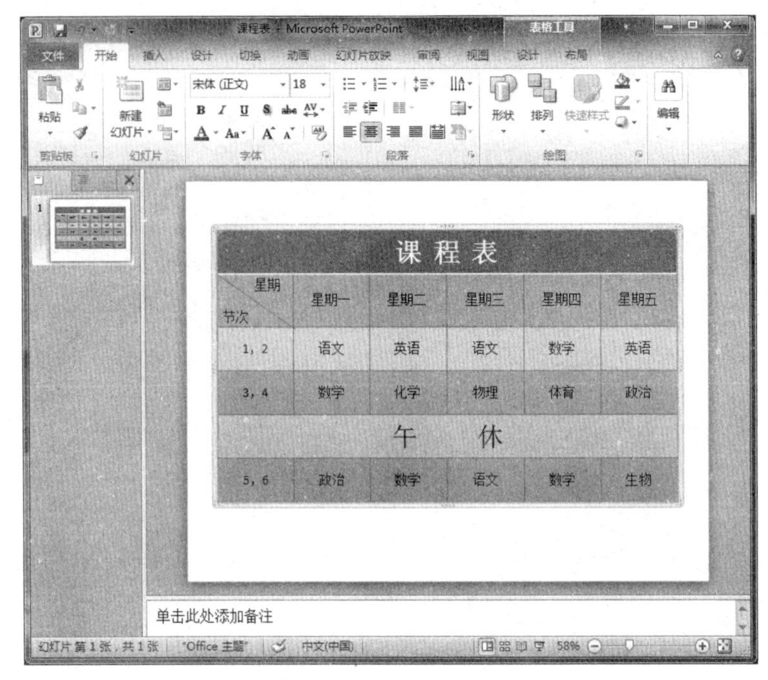

图 5-25 课表模板

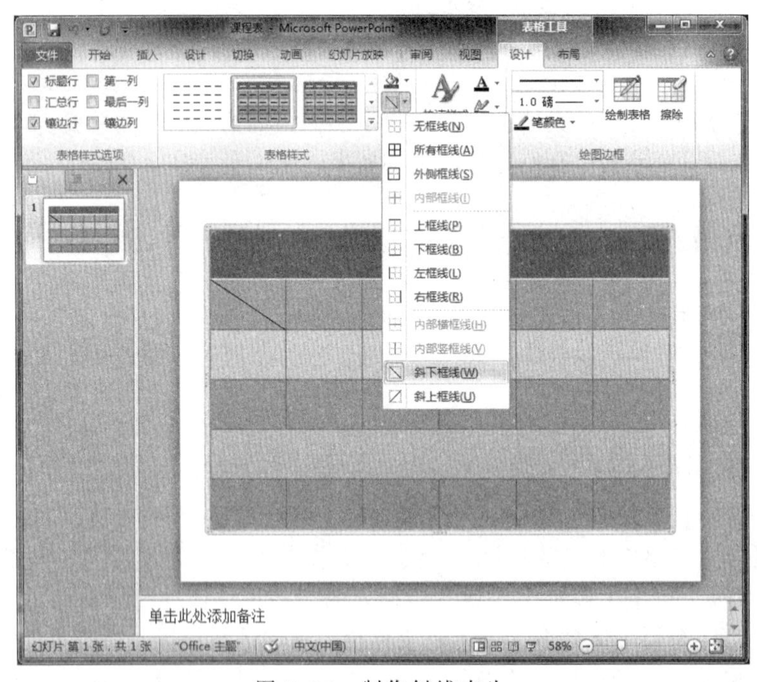

图 5-26 制作斜线表头

⑥ 在表格中输入相应的文本，应用【开始】选项卡中的工具对文本进行相应的设计即可。

同样，单击【插入】→【表格】→【表格】下拉按钮，在打开的下拉列表中选择【Excel 电子表格】命令，可以在演示文稿中插入 Excel 电子表格，界面同时进入 Excel 电子表格的编辑窗口。Excel 表格编辑完后单击幻灯片上表格以外的地方即可退出表格编辑状态；在退出编辑 Excel 的情况下，若双击表格又可重新编辑表格。

5.5.2　插入图像

1. 插入来自文件的图片

若在计算机的磁盘上保存有图像文件，用户可以将其直接插入到幻灯片中。

操作步骤如下：

① 单击【插入】选项卡【图像】命令组中的【图片】按钮。

② 弹出【插入图片】对话框，选择图片文件后单击【打开】按钮。

2. 插入剪贴画

剪贴画是办公软件自带的图片，系统提供了 1 000 多种剪贴画供用户使用。其中包括人物、植物、动物、建筑物、背景等图形类别，用户可以在【搜索文字】文本框中输入关键字搜索需要的图片。

插入剪贴画的具体步骤如下：

① 单击【插入】→【图像】→【剪贴画】按钮，打开【剪贴画】任务窗格，如图 5-27 所示。

图 5-27　在幻灯片中插入图片

② 在【搜索文字】文本框中输入需要的关键字（如人物），单击【搜索】按钮，搜索出相应类别的图片；在需要的图片上单击，即可将图片插入到幻灯片中，如图 5-28 所示。

单击【插入】→【图像】命令组中的【屏幕截图】按钮可将当前用户打开的任何一个窗口截图插入到幻灯片中；单击【插入】→【图像】命令组中的【相册】按钮可将大量的图片插入到演示文稿中，并每张图片生成一张幻灯片。

图 5-28　在幻灯片中插入人物剪贴画

5.5.3　插入插图

1. 插入形状

单击【插入】→【插图】→【形状】下拉按钮，将打开【形状】下拉列表，其中包括线条、矩形、基本形状、箭头总汇、公式形状、流程图、星与旗帜、标注等形状。单击所需形状，然后在幻灯片中拖动鼠标，即可画出所选形状图形。

2. 插入 SmartArt 图形

SmartArt 图形是 PowerPoint 2010 新增加的图形功能，可以方便地表示各种关系。插入 SmartArt 图形的具体步骤如下：

① 单击【插入】→【插图】→【SmartArt】按钮，弹出【选择 SmartArt 图形】对话框，如图 5-29 所示。其中包括列表、流程、循环、层次结构等关系图形。

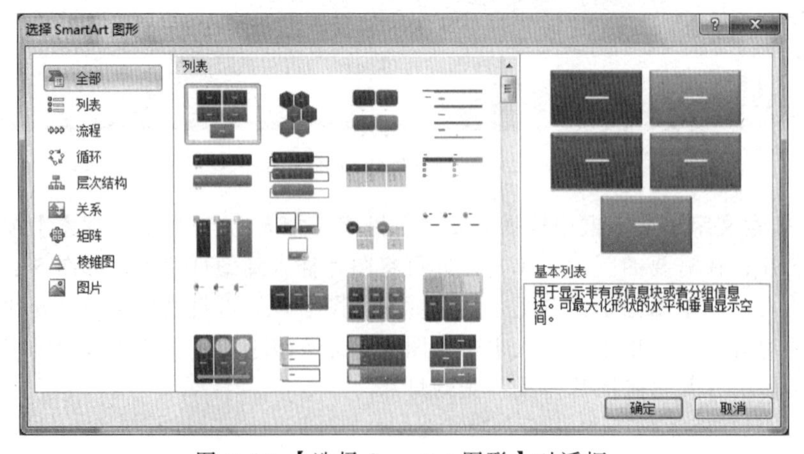

图 5-29 【选择 SmartArt 图形】对话框

② 在对话框中单击所需的图形，即可将图形插入到幻灯片中，如图 5-30 所示。

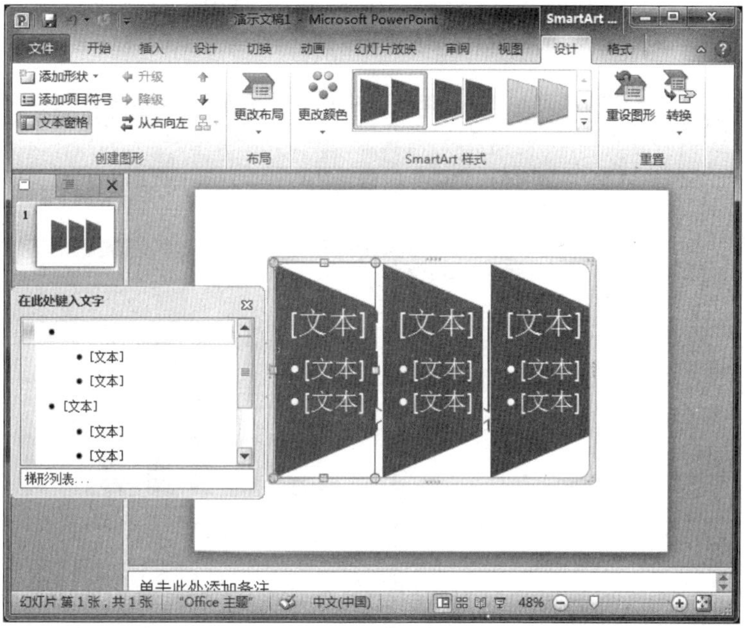

图 5-30　编辑 SmartArt 图形

③ 在 SmartArt 图形中输入所需的文字，还可以通过【SmartArt 工具-设计】和【SmartArt 工具-格式】选项卡中的相应按钮进行设置。

3. 插入图表

在演示文稿中需要用数据说明问题时，用图表表示更为直观，PowerPoint 2010 提供了二维和三维的图表形式，同时嵌入 Excel 表格进行编辑。

插入图表的具体步骤如下：

① 单击【插入】→【插图】→【图表】按钮，弹出【插入图表】对话框，如图 5-31 所示。其中包括柱形图、折线图、饼图、条形图等多种图表形式。

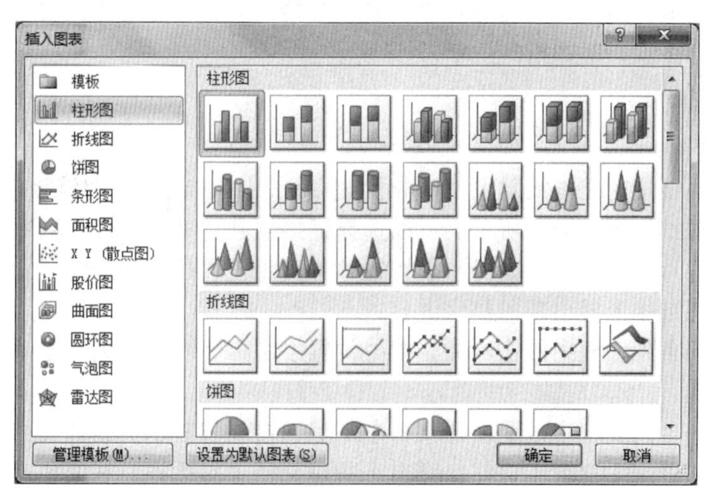

图 5-31 【插入图表】对话框

② 在右侧窗格中单击所选类型中具体的图表，即可在幻灯片中插入选定的图表，同时嵌入 Excel 表格编辑窗口，如图 5-32 所示，在 Excel 表格中进行数据编辑，然后关闭 Excel 窗口即可。

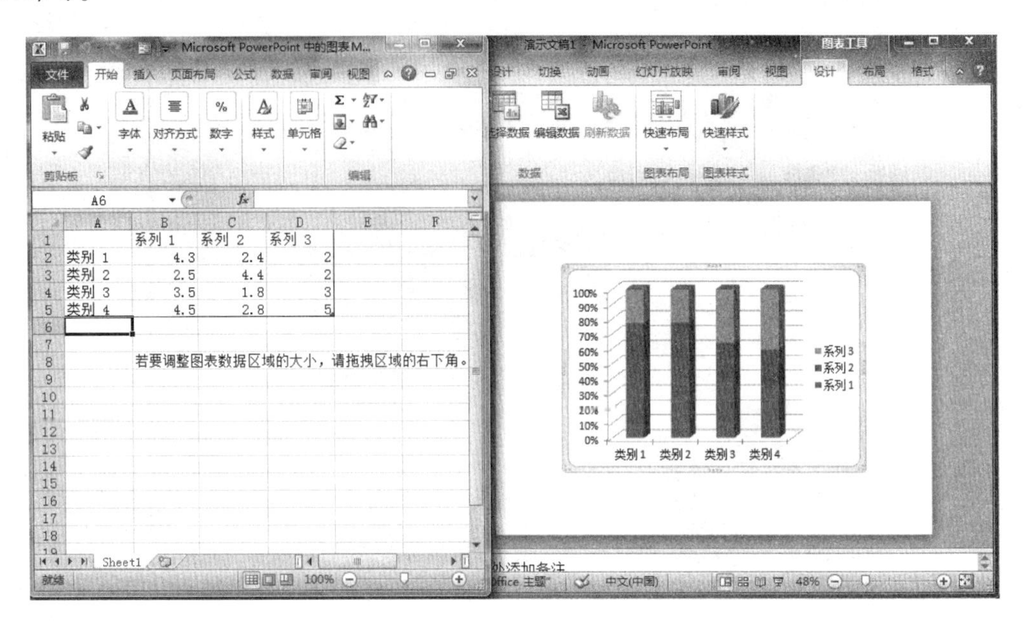

图 5-32　图表编辑

PowerPoint 2010 为用户提供了功能强大的媒体剪辑库，包括音频和视频，为了改善幻灯片放映时的视听效果，用户可以在幻灯片中插入声音、视频等多媒体效果，从而制作出有声有色的幻灯片。

5.5.4　插入链接

在 PowerPoint 中，链接是指从一张幻灯片到另一张幻灯片、一个网页或一个文件的链接，链接本身可能是文本、图片、图形等对象，表示链接的文本一般用下画线表示，而图形、形状和其他对象的链接没有附加格式。

1. 插入超链接

具体步骤如下：

选定要创建超链接的文本或对象，单击【插入】→【链接】→【超链接】按钮，弹出【插入超链接】对话框，如图 5-33 所示。可以选择链接到其他某个文件，网页或本演示文稿中的其他某一张幻灯片。单击【屏幕提示】按钮，弹出【设置超链接屏幕提示】对话框，设置当鼠标指针置于超链接上时出现的提示内容。

单击【链接到】列表框中的【本文档中的位置】图标，右侧将列出本演示文稿的所有幻灯片供选择。

单击【链接到】列表框中的【新建文档】图标，右侧将显示“新建文档名称”文本框，如图 5-34 所示。单击【更改】按钮，弹出【新建文档】对话框，在其中进行相应的设置，单击【确定】按钮即可。

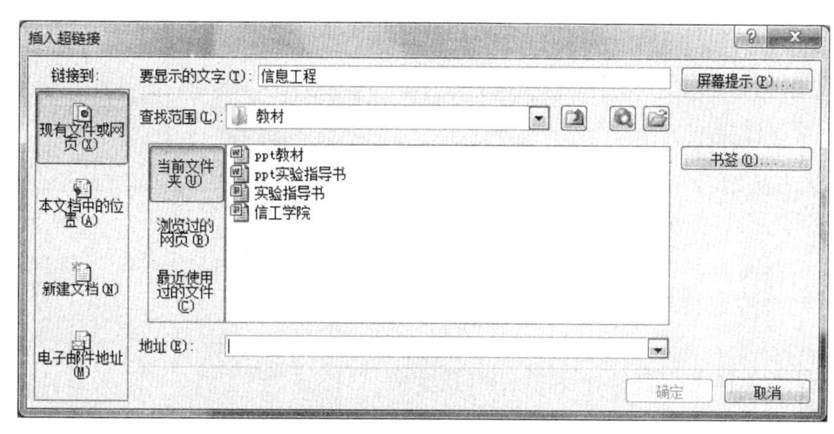

图 5-33 【插入超链接】对话框

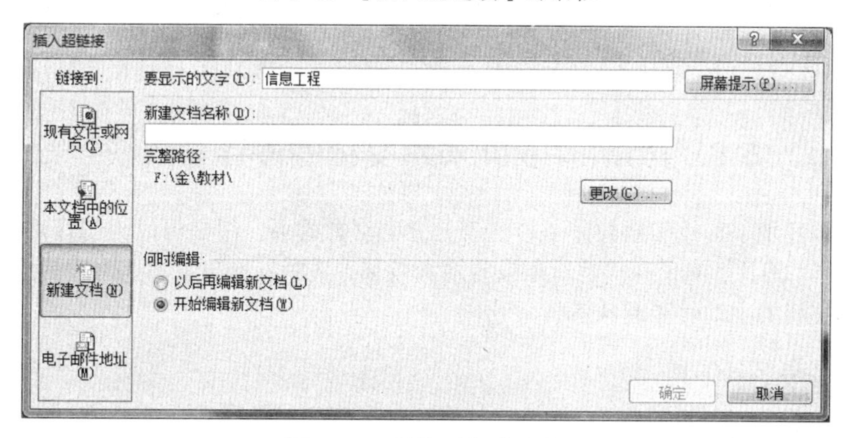

图 5-34　链接到新建文档

单击【链接到】列表框中的【电子邮件地址】图标，如图 5-35 所示，右侧将显示【电子邮件地址】文本框，在“电子邮件地址”文本框中输入要链接的邮件地址，在【主题】文本框中输入邮件的主题。所需的链接设置完后，单击【确定】按钮即可。

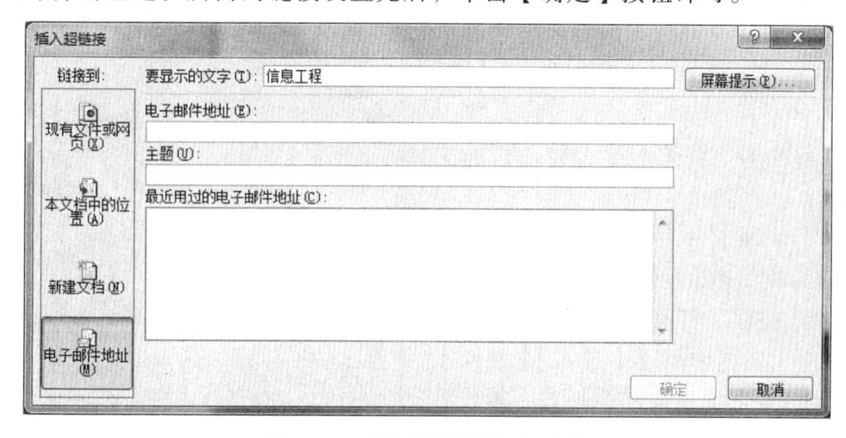

图 5-35　链接到电子邮件地址

在放映演示文稿时，如果将鼠标指针移动到超链接上，鼠标指针会变成“手形”，此时单击鼠标即可跳转到相应的链接位置。如果要编辑或者删除超链接，则选定设置超链接的文本或对象并右击，在弹出的快捷菜单中选择【编辑超链接】或【删除超链接】命令即可。

2. 编辑动作链接

选定要创建超链接的文本或对象，单击【插入】→【链接】→【动作】按钮，弹出【动作设置】对话框，如图 5-36 所示，选择【超链接到】单选按钮，并选择要链接到的幻灯片及【播放声音】等位置即可。

【单击鼠标】选择卡：设置单击鼠标启动跳转。

【鼠标移过】选择卡：设置移过鼠标启动跳转。

【超链接到】选项：在列表框中选择跳转的幻灯片位置。

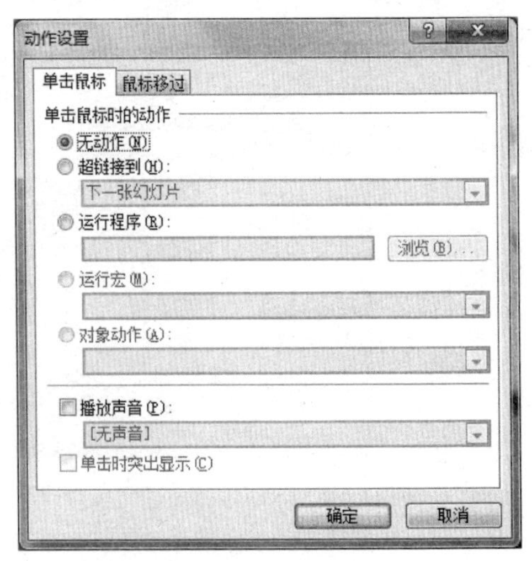

图 5-36 【动作设置】对话框

5.6 PowerPoint 演示文稿的设计与放映

演示文稿区别于其他文档的一个特点就是它的动画效果，用户可以为幻灯片的切换、幻灯片中的文本、图片、声音和其他对象设置动画效果，从而突出演示文稿内容的重点和层次，并提高演示文稿的生动性和趣味性。

5.6.1 动画设置

1. 添加动画

幻灯片动画设计指在演示幻灯片时，幻灯片上各种对象以不同的方式呈现。用户可为幻灯片中的对象添加进入、强调、退出和路径等动画效果，由于设置各种效果的动画方式基本相同，所以以进入效果为例，设置进入动画效果的步骤如下：

① 在普通视图中，选中要设置动画的文本或对象。

② 单击【动画】→【动画】→【动画样式】下拉按钮，或单击【动画】→【高级动画】→【添加动画】按钮，打开的动画样式下拉列表如图 5-37 所示。图中呈现【进入】【强调】【退出】和【动作路径】四类动画样式，如需更多的动画样式则可选择【更多进入效果】命令，弹出【添加进入效果】对话框，如图 5-38 所示。其中包括了【基本型】【细微型】【温和性】和【华丽型】四种类型，拖动滚动条选择需要

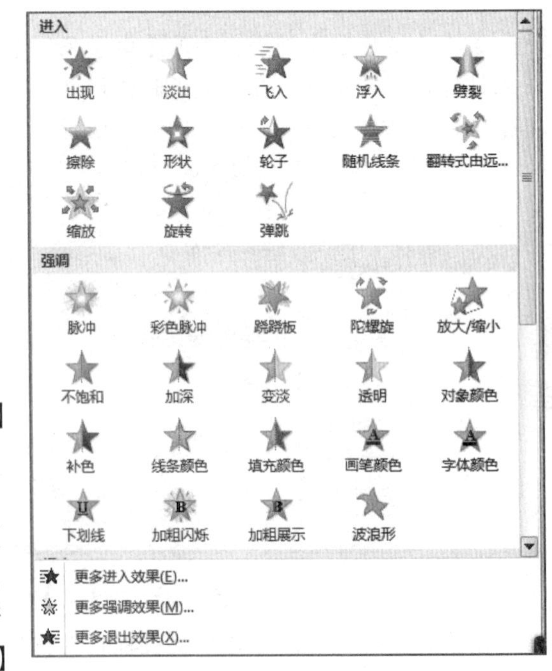

图 5-37 动画样式下拉列表

的动画效果，单击【确定】按钮即可。

【更多强调效果】【更多退出效果】【其他动作路径】的对话框与【更多进入效果】对话框类似，操作方法也相同。

③ 选择一种“进入”方式，功能区中的【动画窗格】【触发】【动画刷】按钮均呈现高亮度显示，即可以使用，如图 5-39 所示。

图 5-38　【添加进入效果】对话框

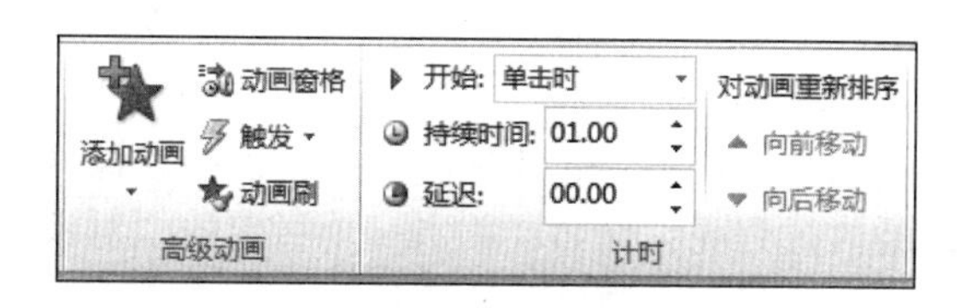

图 5-39　触发方式和计时的设置

单击【高级动画】→【动画窗格】按钮，打开【动画窗格】任务窗格，如图 5-40 所示。【动画窗格】中列出所设置的动画，序号表示动画对象的播放顺序，如需调整顺序，则按住鼠标左键拖动到相应的位置即可。单击动画条右方的下拉按钮，即可选择设置动画的各种属性，如图 5-41 所示。

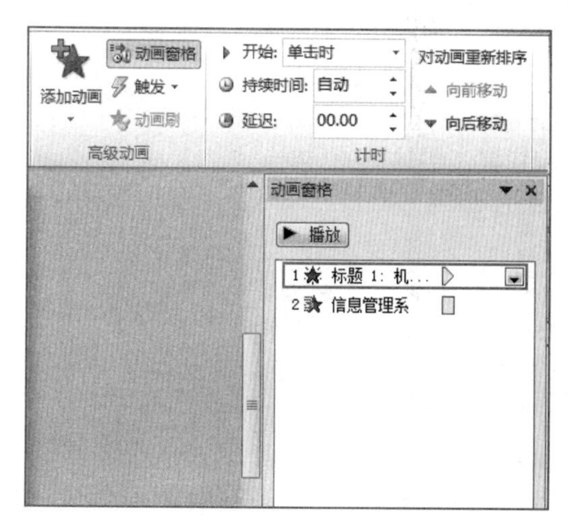

图 5-40 【动画窗格】任务窗格

图 5-41　动画属性设置

①【单击开始】：播放幻灯片时，单击即可触动所设置的动画。

②【从上一项开始】：播放幻灯片时，动画和上一个动画同时进行，可以用作对同一对象进行两个动画设置时用。

③【从上一项之后开始】：播放幻灯片时，上一个动画播放完毕，即随后播放。

④【效果选项】：单击将弹出已选动画的对话框，如图 5-42 所示，包括【效果】【计时】【正文文本动画】选项卡，【效果】选项卡可以对动画播放时的声音、动画播放后的状态以及文本出现的形式进行设置。

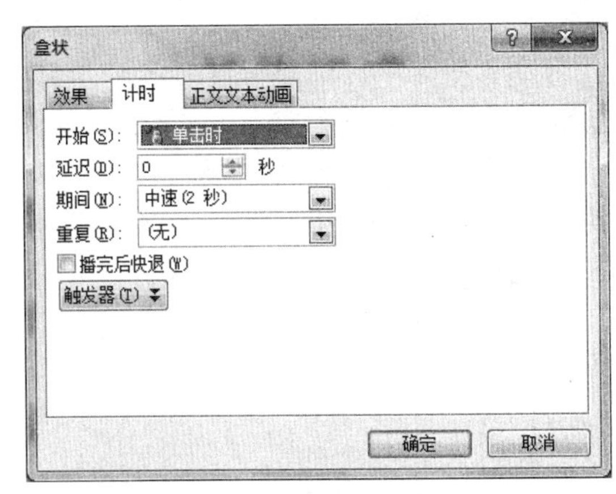

图 5-42　效果选项设置

⑤【删除】：删除此动画设置。

2. 触发设置

PowerPoint 触发器是通过单击按钮控制 PowerPoint 页面中已设定动画的执行，它是动画的高级设计，它可以是一个图片、文字、段落、文本框等，相当于是一个按钮，在 PowerPoint 中设置好触发器功能后，单击触发器会触发一个操作，该操作可以是多媒体文本、音乐、影片、动画等。

在制作 PowerPoint 课件时，经常需要在课件中插入一些声音文件，但是怎样才能控制声音的播放过程呢？例如：单击一个指定的“对象”按钮，声音就会响起来，再次单击该按钮声音就暂停播放；当处于暂停播放时单击该按钮，声音又继续接着播放（而不是回到开头进行播放）。下面以实例来讲解触发器的应用。

【例 5-5】图片（文字）的触发——景区介绍

要求：演示文稿播放时，单击景点图片，才出现相应景点的介绍，图面布局如图 5-43 所示。

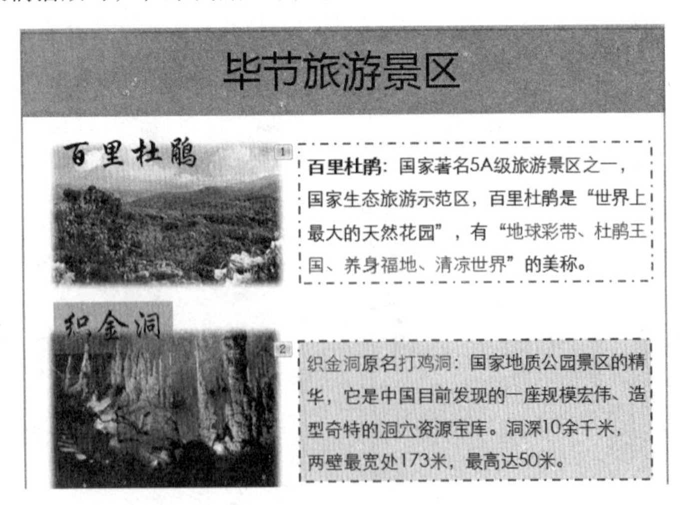

图 5-43　实例效果图

具体操作步骤如下：

① 建立一个新的演示文稿，新建一张幻灯片，如图 5-43 所示。

② 选定“百里杜鹃”简介文字，将其动画设置为：自定义擦出的进出效果，持续时间为 03.00，利用【动画刷】工具，将“织金洞”简介也设置成同样的动画效果。【动画刷】工具的操作方法是：选定已设有动画的“百里杜鹃”简介文本，单击【动画刷】按钮，此时，光标变成刷子形状，再用动画刷选择“织金洞”简介文本即可。

③ 选定“百里杜鹃”简介文本，单击【触发】按钮，将光标移动到【单击】下拉列表上，如图 5-44 所示。

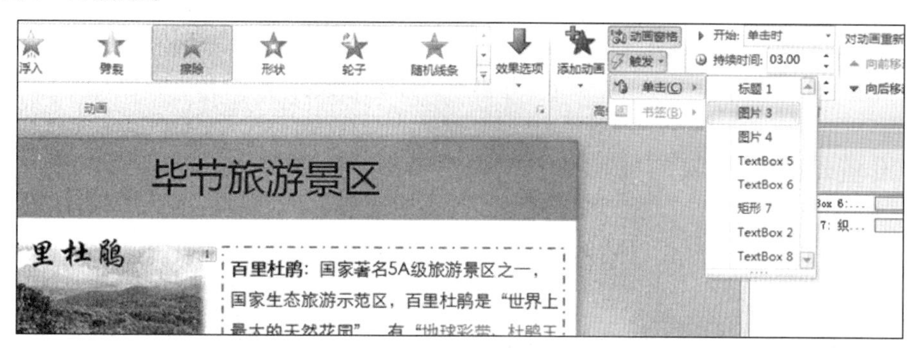

图 5-44　触发设置

单击“图片 3”，即可把“百里杜鹃”简介文本的动画效果设置成通过本幻灯片中的“图片 3”对象来触发（这里的“图片 3”就是标明有“百里杜鹃”文字的图片）。当幻灯片播放时，光标移到“图片 3”对象上时光标形状会变成手状，单击才能出现文字简介，再次单击文字又消失。同理设置“织金洞”简介文本的动画触发为图片 4（织金洞图片）。

5.6.2　设置幻灯片的切换效果

切换也是演示文稿区别于其他文稿的特点之一，设置演示文稿的切换效果，可以使演示文稿的播放效果更为生动。具体步骤如下：

① 在普通视图中，选中要设置切换的幻灯片。

② 单击【切换】→【切换到此幻灯片】功能区中的【其他】按钮，即可下拉出切换设置选项框，如图 5-45 所示。

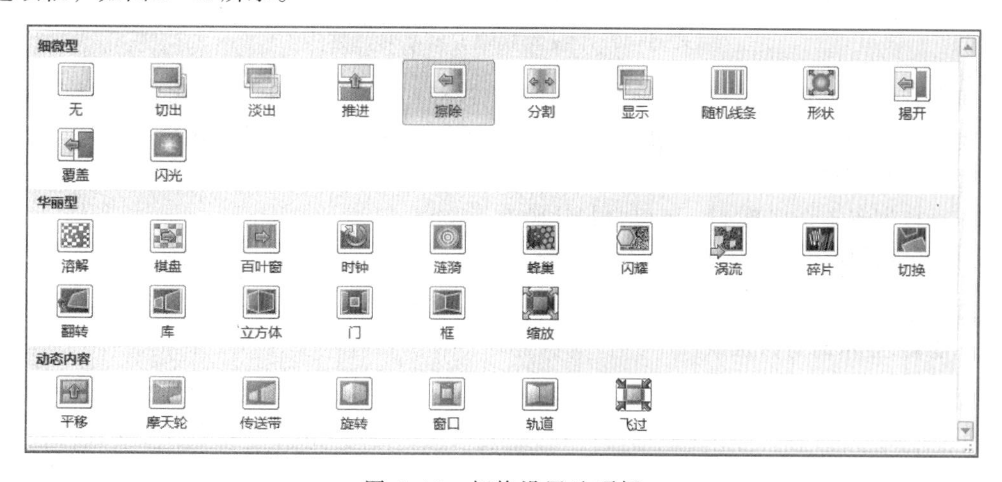

图 5-45　切换设置选项框

③ 单击要设置的切换方式，即可将该切换方式应用于当前幻灯片，如果要将切换方式应用于所有幻灯片，可单击【计时】→【全部应用】按钮，这样，就将所有幻灯片设置了相同的切换方式，同时还可以对幻灯片的切换进行其他设置，如图 5-46 所示。

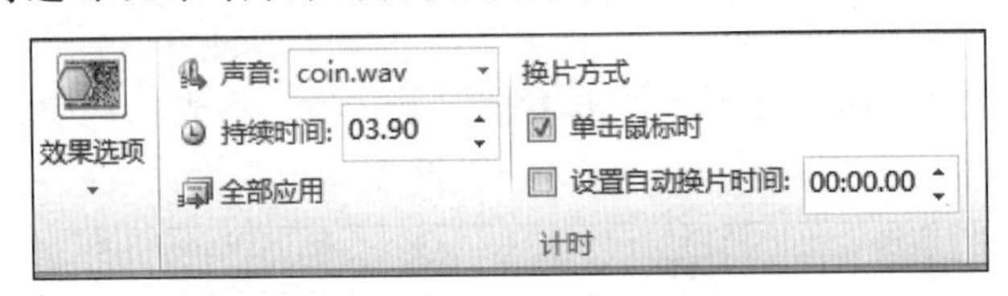

图 5-46 切换方式的其他设置

5.6.3 设置幻灯片放映方式

演示文稿制作完后，即可放映演示文稿。

1. 设置幻灯片放映

单击【幻灯片放映】→【设置】→【设置幻灯片放映】按钮，弹出【设置放映方式】对话框，如图 5-47 所示。

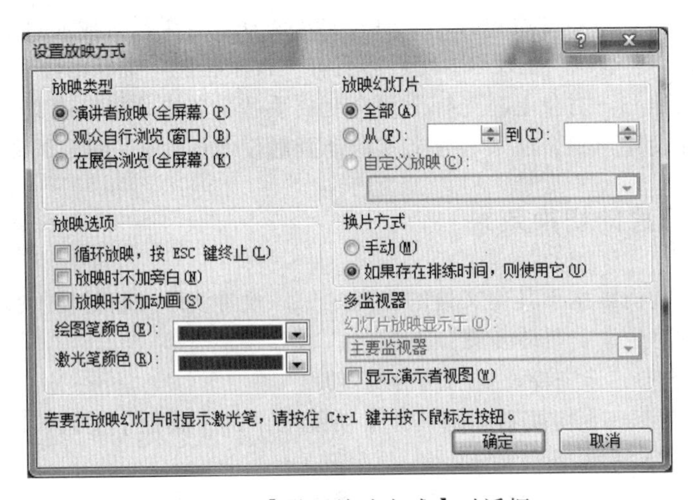

图 5-47 【设置放映方式】对话框

【演讲者放映（全屏幕）】：这是最常用的放映类型，它将以全屏幕方式显示演示文稿。

【观众自行浏览（窗口）】：在小型的窗口内播放幻灯片，并提供操作命令，允许移动、编辑、复制和打印幻灯片。

【在展台浏览（全屏幕）】：可以自行放映演示文稿。

用户可以根据需要，对放映类型、放映选项、换片方式等进行设置，然后【确定】按钮即可。

2. 隐藏/显示幻灯片放映

在放映演示文稿的过程中，如果不希望播放某张幻灯片，可以将其隐藏起来，这样放映过程中就不显示该幻灯片，但不是删除幻灯片。选定要隐藏的幻灯片，单击【幻灯片放映】→【设置】→【隐藏幻灯片】按钮，就可以将此幻灯片在播放过程中隐藏；如果需要重新显示，则选定该幻灯片，再次单击【隐藏幻灯片】按钮即可。

3. 幻灯片放映

有以下放映方式：

① 单击【幻灯片放映】→【开始放映幻灯片】→【从头开始】(或【从当前幻灯片开始】)按钮。

② 按【F5】键：从头开始放映幻灯片。

③ 按【Shift+F5】组合键：从当前幻灯片开始放映。

在放映状态下，要强制结束放映，可以按【Esc】按钮（或右击幻灯片→【结束放映】)。

5.7　演示文稿的打印与共享

演示文稿制作完毕，不但可以在计算机上进行放映，而且可以将幻灯片打印出来，还可以将演示文稿保存为其他的类型，从而进行信息共享。

5.7.1　页面设置

和前面所学的 Word 一样，幻灯片也可以进行页面设置，单击【设计】→【页面设置】→【页面设置】按钮（见图 5-48)，弹出【页面设置】对话框，如图 5-49 所示。

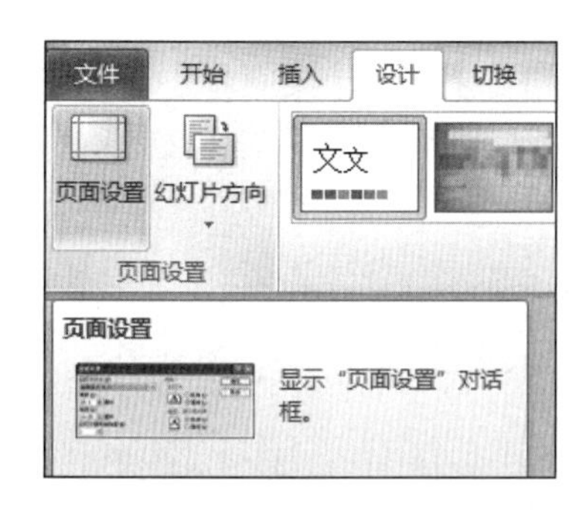

图 5-48　幻灯片页面设置

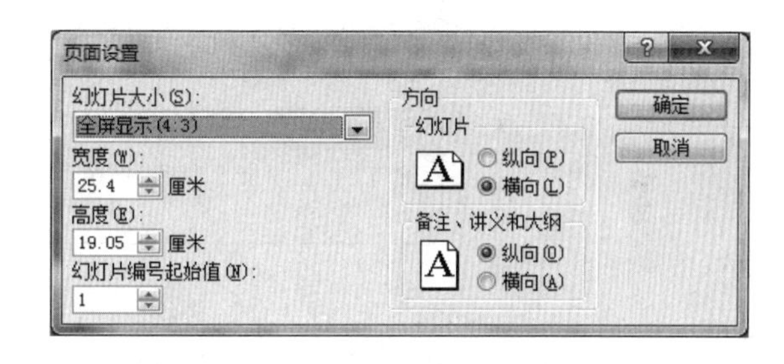

图 5-49　【页面设置】对话框

可以在【页面设置】对话框中设置幻灯片显示形式、宽度和高度、幻灯片编号的起始值，幻灯片、备注、讲义和大纲的方向。

5.7.2　幻灯片的打印

选择【文件】→【打印】命令，打开【打印】窗格，如图 5-50 所示。可以根据自己的需要进行打印设置。例如，打印幻灯片采用的颜色、打印的内容、打印的范围、打印的份数以及是否需要打印成特殊格式等。

在【打印】窗格中，【打印机】名称栏内可以选择打印机的名称。单击【打印机属性】超链接，在弹出的对话框中设置打印机属性、纸张来源、大小等。

【设置】区域可以设置幻灯片的打印对象，是全部打印还是打印其中一部分等都可以进行设置，选择【整页幻灯片】命令，弹出图 5-51 所示的窗口。

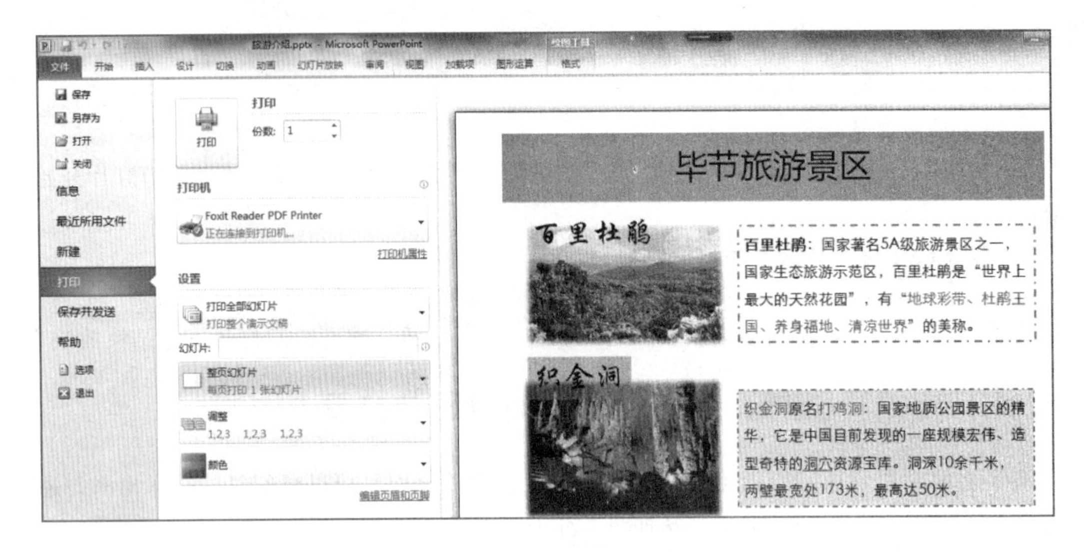

图 5-50　演示文稿的打印设置

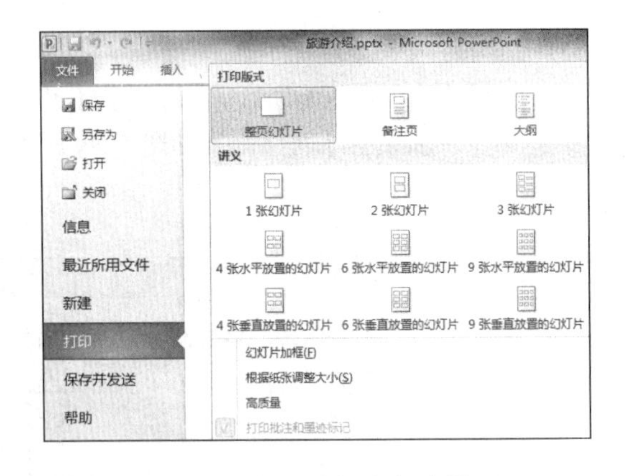

图 5-51　幻灯片打印版式设置

可以选择幻灯片的打印版式，或选择以讲义的形式进行打印，幻灯片是否加边框等设置，根据需要完成上述设置后，单击【打印】按钮即可按照所设置样式进行打印。

5.7.3　演示文稿的打包与发送

在工作中用户可能需要将演示文稿带到没有安装 PowerPoint 2010 的计算机上放映，此时需要将制作好了的演示文稿打包，等放映时解压其压缩包即可。

打包演示文稿的操作方法如下：

① 单击【文件】→【保存并发送】→【将演示文稿打包成 CD】→【打包成 CD】按钮（见图 5-52），弹出【打包成 CD】对话框，如图 5-53 所示。

② 单击【添加】按钮添加要打包的演示文稿。

③ 单击【选项】按钮，弹出【选项】对话框，如图 5-54 所示，在其中选择所需包含的文件及设置保护密码。

图 5-52　将演示文稿打包成 CD

④ 单击【复制到文件夹】或【复制到 CD】按钮，PowerPoint 将自动完成打包过程。应用时只需将文件解包即可。

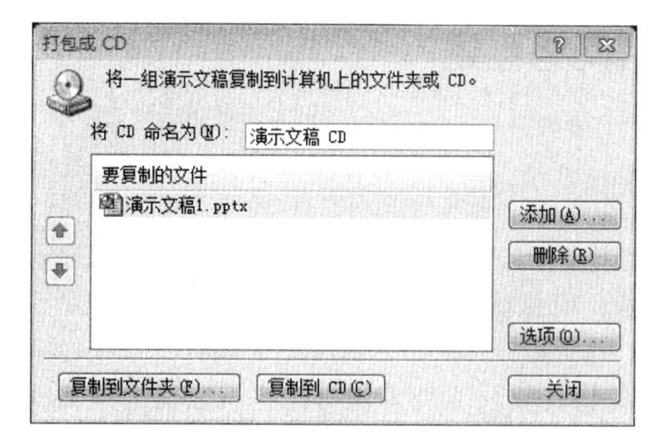

图 5-53 【打包成 CD】对话框

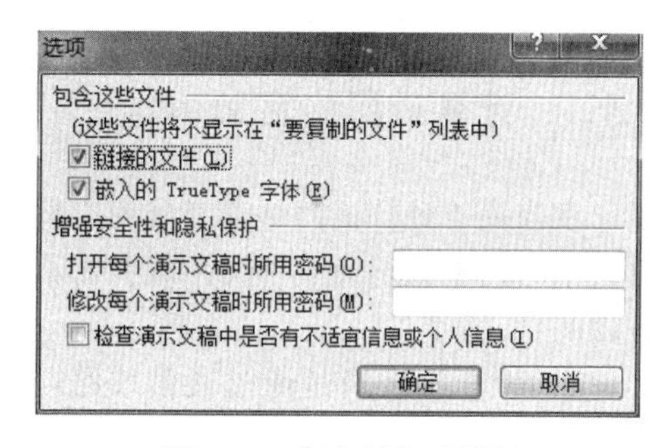

图 5-54 【选项】对话框

选择【文件】→【保存并发送】命令，从切换的面板中可看到（见图 5-52），除了可将演示文稿打包外，还可将其【使用电子邮件发送】；或【保存到 Web】；可创建成【PDF/XPS 文档】；或【创建视频】；或【创建讲义】。具体功能的体验读者自行完成。

小　　结

本章主要介绍演示文稿的作用及功能、构架、设计及编辑环境。演示文稿分演示型和交互型。演示文稿由幻灯片组成，通过幻灯片版式占位符可插入各种多媒体对象，使用选项卡提供的功能可以格式化及美化幻灯片显示效果；使用幻灯片母版可创建个性化的幻灯片版式，从而整体地改变幻灯片的外观；可对幻灯片上各个对象创建动画（包括触发器动画）；可以设置幻灯片的切换效果；可以将演示文稿打包并发送。

第 6 章　网 络 基 础

学习目标

1. 了解计算机网络的基础知识。了解计算机网络的定义、功能以及网络的分类。

2. 了解 Internet 的基础知识。了解 TCP/IP 协议，理解 IP 地址的构造原理，并能为本机进行 IP 配置。了解域名的基本原理及作用，理解 URL 的作用。

3. 了解局域网的基础知识，会组建小型局域网。

4. 会使用 IE 浏览器进行网上冲浪。

5. 会使用万维网进行资源检索，掌握常用搜索引擎的使用方法，会从网络资源网站（如百度文库）获取网络文献。

6. 掌握网络安全技术基础，会使用杀毒软件和防火墙技术等。

6.1　计算机网络概述

6.1.1　计算机网络定义

在当代，计算机网络已经成为人们日常生活中一个必不可少的组成部分，对于什么是计算机网络，不同行业、不同领域有着不同的说法，但总体上说计算机网络的定义主要包括三方面的含义。

① 计算机网络是通过通信线路与通信设备将具有独立处理能力的主机连接起来而构建的网络。

② 计算机网络中的主机需遵守网络中的通信协议进行通信，且需使用在通信协议基础之上建立起来的通信软件。

③ 人们使用计算机网络的目的是实现网络通信、资源共享以及网络中的主机协同工作。

6.1.2　计算机网络的功能

从计算机网络的定义以及人们使用网络的情况来看，计算机网络的主要功能分为资源共享、数据通信以及协同工作。

① 资源共享：人们可以利用网络将资源（软件资源和硬件资源）共享给他人使用。例如，网友可以将资源上传到百度文库以供其他网友下载使用。

② 数据通信：数据通信功能是计算机网络用于通信与信息交换的一项重要功能。例如，我们可以通过电子邮件在几秒之内给远方的亲友发邮件；另外，我们也可以通过 QQ 和朋友进行视频聊天。

③ 协同工作：计算机网络中的主机可以通过网络分工合作的方式完成同一任务。

6.1.3　计算机网络的分类

1. 按网络传输的距离与覆盖范围的大小分类

按网络传输的距离与覆盖范围的大小来分，计算机网络分为局域网（LAN）、园区网（CPN）、广域网（WAN）。

（1）局域网

在一小的区域（如一个房间）之内，使用交换机等通信设备将计算机连接起来传递信息、共享资源的网络称为局域网（Local Area Network，LAN）。

（2）园区网

园区网（Campus Network，CPN）的范围要比局域网的范围大，一般指大学的校园网或企业的内部网。例如，你可以通过学校某教室中的网络接口连入校园网来获得相关网络服务。

（3）广域网

广域网（Wide Area Network，WAN）的连接范围横跨数百或数千千米，目前最流行的互联网（Internet）就是一个全球的广域网络。

2. 按网络的连接结构分类

按网络的连接结构（又称为拓扑结构）来分，计算机网络分为总线网络、星状网络、环状网络和网状网络四种。

（1）总线网络

总线网络由一条主通信线路作为主干线，所有的机器设备都串联到该主干线上以构成网络。所有机器设备通过该主干线共享数据。

总线网络主要代表为总线局域网，该类局域网中的任何一台主机要传送数据时，是将信息通过主干线朝两个方向广播到网上的主机，网上主机获得信息后，根据地址判断数据是否为自己的信息，若为自己的信息则保留并处理，否则将信息丢弃。

总线网络最大的问题是主干线为网络中所有主机所共享，网络若要正常通信则需调整好各主机控制主干线的问题。

（2）星状网络

在星状网络中，有一个通信设备（一般为交换机）为中央通信设备，网络中的各个主机通过网线连接到该通信设备，以构成以中央通信设备为中心的星状网络。

星状网络结构简单，通信控制容易实现，目前室内局域网大多采用星状网络。

（3）环状网络

环状网络是以一主干线构成环状，各主机通过网线连接到该环状网络。典型环状网络为令牌环网，网中的主机通过获得令牌来传递数据，当数据传递完后，将令牌在环中循环传递以达到网络的通信控制。

（4）网状网络

在网状网络中，各主机至少有两条以上的通信线路与其他主机相连。网状网络主要用于军事网络或公用的通信网络。由于网状网络中的各个主机之间至少有一条线路，这样可以保证网络不会因为某条线路的损坏而使整个网络不能正常工作。

6.2 Internet 基础

Internet 又称因特网或全球互联网，是目前最大的网络，它可以将全球任何一个位置的计算机连接到一起进行通信。通常所指将计算机连入外网，即将计算机连入互联网。下面主要介绍 Internet 的基本概念以及接入 Internet 的方法。

6.2.1 Internet 的基本概念

1. TCP/IP 协议簇

计算机网络能正常通信主要靠通信协议支撑，通信双方通过协议来约定通信数据的结构与通信方式，以确保数据能正常传递。Internet 使用 TCP/IP 协议簇中的协议。其中最主要的是传输控制协议（Transmission Control Protocol, TCP）和互联网协议（Internet Protocol，IP）。IP 协议实现数据在网络中传递的路径选择，TCP 协议则确保数据的传输过程是可靠的。因此 TCP/IP 协议簇是互联网的通信标准，所有互联网中的计算机都需遵循 TCP/IP 协议的规定。

2. IP 地址

连入 Internet 的主机通过 IP 地址来标识自己。网络上的每台主机都必须拥有一个 IP 地址，且该 IP 地址只能给一台主机使用。IP 地址的表示方法是由 4 个 0～255 之间的数字组成，中间用“.”符号隔开，如 172.168.20.16。

设置 IP 地址是每台上网计算机必须配置的工作。下面介绍计算机 IP 地址的配置方法。

① 选择【开始】→【控制面板】命令，打开【控制面板】窗口。

② 双击【控制面板】窗口中的【网络和共享中心】图标，打开【网络和共享中心】窗口。双击左侧的【更改适配器设置】超链接，打开【网络连接】窗口。右击【本地连接】图标，在弹出的快捷菜单中选择【属性】命令，弹出【本地连接属性】对话框，如图 6-1 所示。

图 6-1 【本地连接属性】对话框

③ 双击“Internet 协议版本 4（TCP/IPv4）”选项，弹出“Internet 协议版本 4（TCP/IPv4）属性”对话框，如图 6-2 所示。

④ 选中“使用下面的 IP 地址”与“使用下面的 DNS 服务器地址”单选按钮，将 IP 地址、子网掩码、默认网关以及首选和备用 DNS 服务器进行配置，配置完后单击【确定】按钮即可，如图 6-3 所示。

3. 域名

在上面 IP 地址的配置中需配置域名服务器的 IP 地址，那什么是域名呢？域名是指网络上的一台主机的代称，域名比 IP 地址容易记忆，方便人们使用域名查找网络中的主机。域名是分层级构成，各层级域名用“.”连接。例如，百度公司的域名为 www.baidu.com。

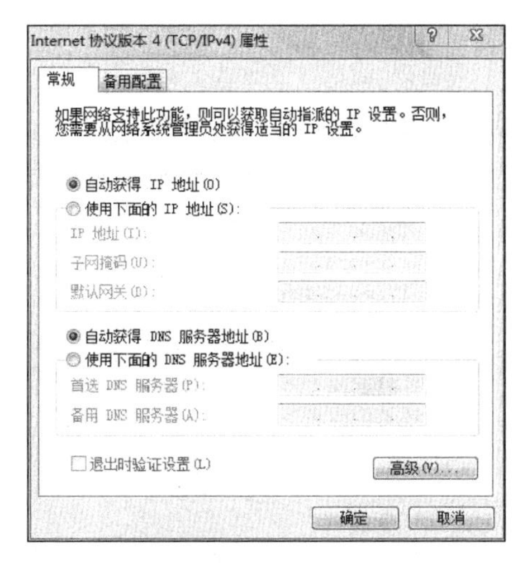

图 6-2 【Internet 协议版本 4（TCP/IPv4）属性】对话框

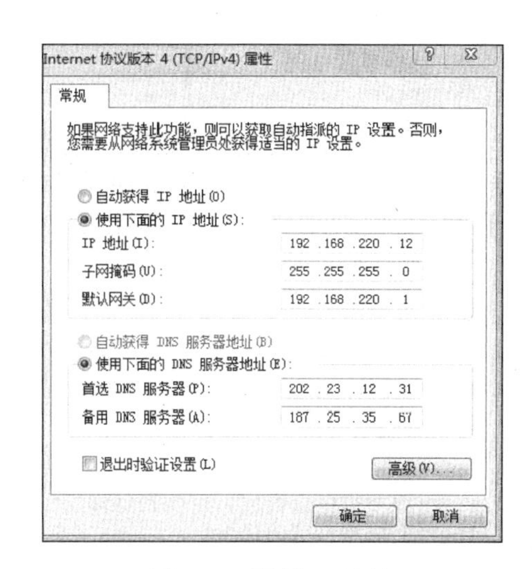

图 6-3 配置 IP 地址

4. URL

URL（Uniform Resource Locator，统一资源定位器）主要用来指示网络上某一资源的位置及访问的方法。它的格式为：

协议://资源所在的主机地址/路径/文件名称

例如：http://www.gzbjc.cn/index.jsp，其中“http”是指使用的网络协议为超文本传输协议，“www.gzbjc.cn”为资源所在主机地址（此例的主机地址为网络域名），“index.jsp”为资源文件名称。

6.2.2 Internet 接入技术

目前连入 Internet 有拨号上网、宽带上网、由园区网上网及无线局域网（VLAN）上网等四种方法。

1. 拨号上网

拨号上网所需设备为一台 PC、一根网线、一个 Modem（调制解调器）以及一根电话线。网线将 PC 连入 Modem，电话线将 Modem 与电话网络相连，连接好后 PC 使用拨号软件和 Internet 服务提供商（ISP）的主机相连接，然后通过它连入互联网。

2. 宽带上网

将 PC 与宽带服务提供商的通信设备（如交换机）相连，在宽带服务提供商处付费并注册一个宽带号，然后使用宽带拨号软件拨号即可连入互联网。

3. 由园区网上网

使用学校或企业的园区网来上网，将 PC 连入园区网并设置好 IP 地址即可通过园区网的服务器连入互联网。

4. WLAN 上网

随着无线网络技术的不断发展，无线上网已经是一项流行的上网方式。在无线通信设备中找到“WLAN”图标，搜索无线网络信号，并选择可上网的无线网络的名称，单击进入【身份认证】对话框并输入账号和密码即可连入互联网。

6.3 局 域 网

局域网是由通信设备与网线将主机连在一起的、覆盖范围小的计算机网络；它一般属于一个单位或部门。局域网的通信设备和通信线路由用户自备，因此局域网的传输速率很高，但它的网络通信距离较短，所以局域网只能存在于一个小范围的区域内。

组建一个小型局域网所需设备为一台二层交换机、多台 PC、若干网线，按照图 6-4 所示的拓扑结构布线。

从图 6-4 所示的网络拓扑图可得知该局域网为星状网络结构，以交换机为中心，各台计算机连在其周围。下面具体介绍该局域网的组建步骤：

① 硬件设备准备：一台 Cisco 的二层交换机，9 台 PC，9 根直连网线。

② 按拓扑结构构建网络：使用网线将 PC 连入交换机，将网线的一头插入 PC 的网线口，另一端插入交换机的网线口即可。

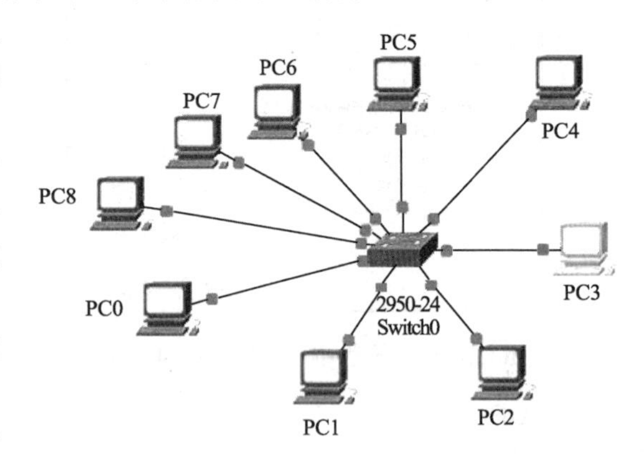

图 6-4　小型局域网的网络拓扑结构图

说明：一个二层交换机一般拥有 24 个网线口，即一台交换机可连接 24 台主机设备。

③ 启动交换机。

④ 为每台 PC 配置 IP 地址：按 6.2.1 节的 IP 地址配置方法配置 IP 地址。

说明：局域网内的各台 PC 的 IP 地址应在同一网段，即网络号相同。例如，本案例中 9 台 PC 的 IP 设置为：192.168.1.10 ~ 192.168.1.18，子网掩码为：255.255.255.0，从 IP 地址的设置可以看出各台 PC 的 IP 前三个数字相同，最后一个数字不同；即网络号为 192.168.1。

⑤ 测试各 PC 的连通性：在 PC0 的【开始】菜单→【搜索程序和文件】文本框中输入 cmd 并按【Enter】键，启动命令行界面，输入 ping 192.168.1.18，显示若如图 6-5 所示，即表示 PC0 与 PC8 可以相互通信；在各 PC 之间，重复上述操作显示的结果若如图 6-5 所示，则表示局域网组建成功，各 PC 可通过局域网共享资源和通信。

```
Packet Tracer PC Command Line 1.0
PC>ping 192.168.1.18

Pinging 192.168.1.18 with 32 bytes of data:

Reply from 192.168.1.18: bytes=32 time=70ms TTL=128
Reply from 192.168.1.18: bytes=32 time=40ms TTL=128
Reply from 192.168.1.18: bytes=32 time=40ms TTL=128
Reply from 192.168.1.18: bytes=32 time=40ms TTL=128

Ping statistics for 192.168.1.18:
    Packets: Sent = 4, Received = 4, Lost = 0 (0% loss),
Approximate round trip times in milli-seconds:
    Minimum = 40ms, Maximum = 70ms, Average = 47ms

PC>
```

图 6-5　使用 CMD 工具测试网络的连通性

说明：ping 192.168.1.18 命令为测试本机与 IP 地址为 192.168.1.18 的主机之间是否连通，若连通则会显示图 6-5 所示的结果。

6.4　网 上 冲 浪

网上冲浪是人们的一项很重要的日常活动，人们可以通过手机、平板电脑、计算机等通信设备连入互联网进行网上冲浪。下面主要介绍 IE 浏览器的基本设置、浏览网页的技术技巧、收藏夹的使用、BBS 论坛的使用、网上交易和电子邮件的使用等内容。

6.4.1　IE 浏览器的基本设置方法

在使用 IE 浏览器进行网上冲浪之前，对浏览器进行一些设置有利于用户方便快捷地浏览网页。

IE 浏览器的各种设置可以通过【Internet 选项】进行设置。下面介绍对【Internet 选项】的设置。

1. 打开【Internet 选项】对话框

在打开 IE 浏览器后，选择【工具】→【Internet 选项】命令，弹出【Internet 选项】对话框，如图 6-6 所示。

2. 设置主页

① 将【主页】输入框中原来的网址删除，输入所需设置的主页网址 http://www.gues.edu.cn/。

② 单击【Internet 选项】对话框中的【确定】按钮即可设置好“主页”。

③ 单击浏览器的【主页】按钮，浏览器将打开“主页”的网页。

3. 删除“浏览历史记录”

为保存用户浏览网页后的历史记录，以便下次使用历史记录快速访问网页，浏览器会自动保存“浏览历史记录”，但“浏览历史记录”存储过多后会影响上网速度，另外也可能会有一定的安全隐患；因此，用户可采用【Internet 选项】的“浏览历史记录”删除功能完成对“浏览历史记录”的删除。

① 单击图 6-6 中【浏览历史记录】区域的【删除】按钮，弹出图 6-7 所示的【删除浏览的历史记录】对话框。

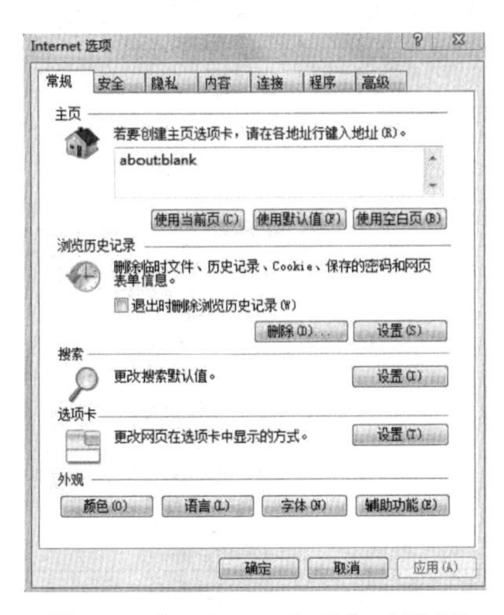

图 6-6 【Internet 选项】对话框

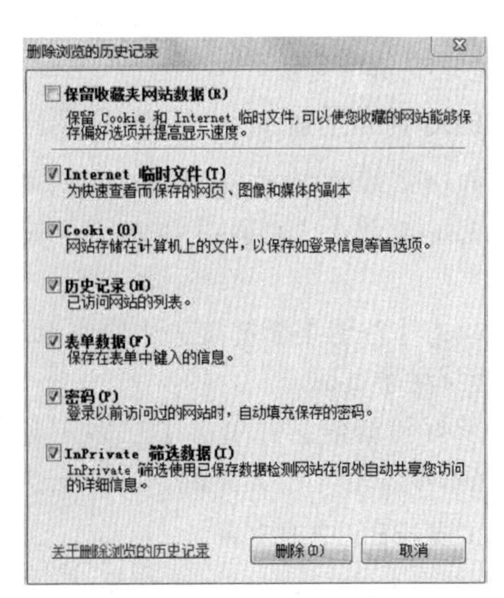

图 6-7 【删除浏览的历史记录】对话框

② 在【删除浏览的历史记录】对话框中选中所需删除的复选框，单击【删除】按钮即可将“浏览的历史记录”从 IE 浏览器中删除。

6.4.2 收藏网页

用户在浏览网页时，常会看到一些比较有用的信息并想下次再浏览。用户可以通过浏览器的【收藏夹】收藏该网页地址，以便用户通过【收藏夹】快速浏览该网页。

1. 将网页收藏到【收藏夹】

① 在 IE 浏览器的 URL 地址栏中输入 www.baidu.com 并按【Enter】键，进入百度主页。

② 在浏览器窗口中单击【收藏夹】按钮→选择【添加到收藏夹】命令，弹出【添加收藏】对话框，如图 6-8 所示。

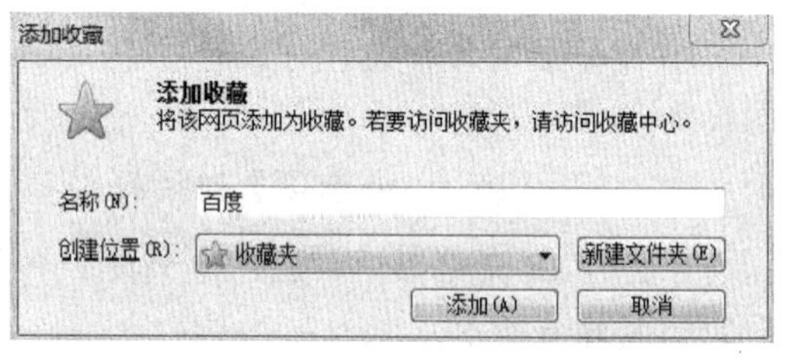

图 6-8 【添加收藏】对话框

③ 在【添加收藏】对话框的【名称】文本框中输入“百度”。

④ 在【创建位置】下拉列表框中选择收藏网页所需创建的位置，或单击【新建文件夹】按钮新建“创建位置”。

⑤ 单击【添加】按钮。

2. 利用【收藏夹】打开网页

在浏览器窗口中单击【收藏夹】按钮→选择“百度”选项，即可打开百度主页。

小提示：除通过浏览器的【收藏夹】按钮完成网页收藏外，也可通过浏览器的【收藏夹】菜单完成网页的收藏。

6.4.3 BBS 论坛交流

电子公告板（Bulletin Board System，BBS）是互联网提供的一项重要的交流服务。通过 BBS，用户可以发表文章、阅读文章并评论文章。下面通过对“天涯论坛”的使用来说明利用 BBS 论坛交流的方法。

1. BBS 用户注册

① 在浏览器的 URL 地址栏中输入 http://bbs.tianya.cn/并单击【Enter】键进入“天涯”主页。

② 单击【注册】超链接进入图 6-9 所示的“天涯”注册页面。

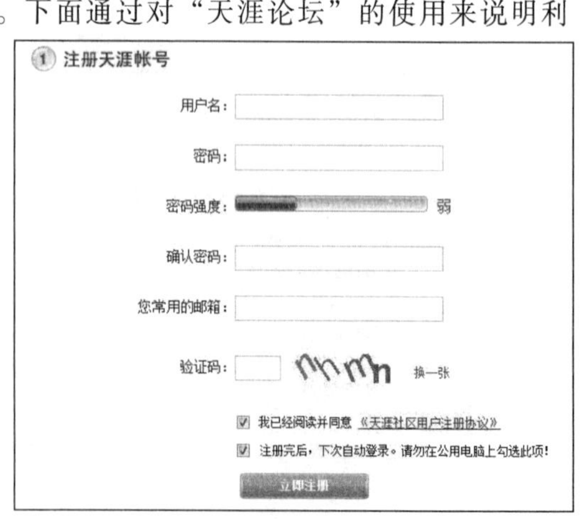

图 6-9 天涯注册页面

③ 填好注册信息并单击【立即注册】按钮后按提示步骤填写相关资料。

2. 浏览 BBS 中的文章

① 打开“天涯论坛”网页，如图 6-10 所

示。选择【天涯主版】→【我的大学】进入讨论页面。

图 6-10 天涯论坛页面

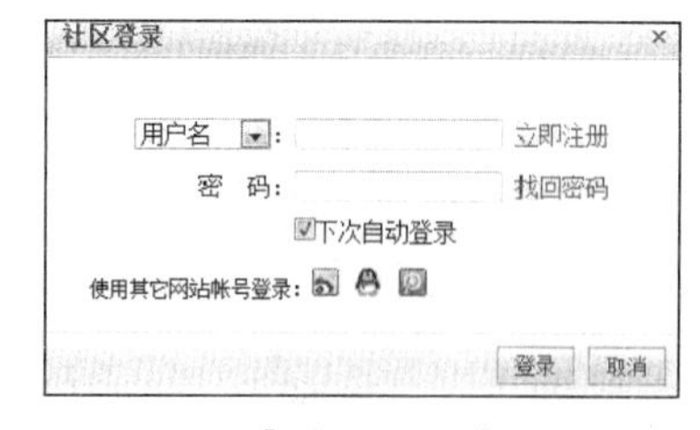

图 6-11 【社区登录】对话框

② 选择想阅读的文章并单击其链接即可阅读。

③ 阅读完文章后，输入评论内容，单击【回复】按钮可对文章进行评论。

3. 在 BBS 上发表文章

① 打开图 6-10 所示的“天涯论坛”页面，进入【我的大学】话题，单击【发帖】按钮，出现会员验证窗口，如图 6-11 所示。

② 在【社区登录】对话框中输入用户名和密码并单击【登录】按钮进入编辑帖子窗口，如图 6-12 所示。

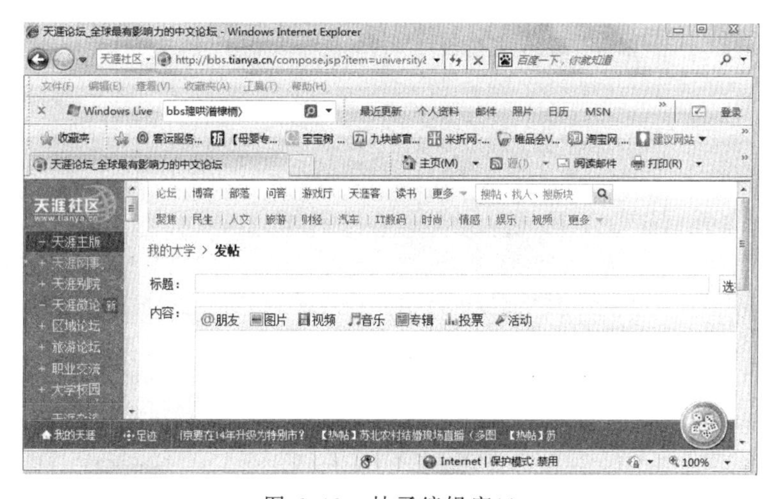

图 6-12 帖子编辑窗口

③ 在帖子编辑窗口中输入“标题”与“内容”。

④ 单击【发表】按钮。

6.4.4 使用网站免费邮箱收发邮件

使用互联网的免费电子邮箱服务（E-mail）收发电子邮件已经成为当今社会的一项必备技能，用户只要登录到提供免费电子邮箱服务的网站，输入用户名和密码登录到电子邮箱即可收发电子邮件。下面介绍在网上申请免费电子邮件及其使用的方法。

1. 申请免费电子邮箱

（1）打开网易网站的电子信箱网址 http://email.163.com/#163，如图 6-13 所示。

（2）单击【注册网易免费邮】超链接，进入“电子邮箱注册”页面，填好相关信息并单击【立即注册】按钮即可，如图 6-14 所示。

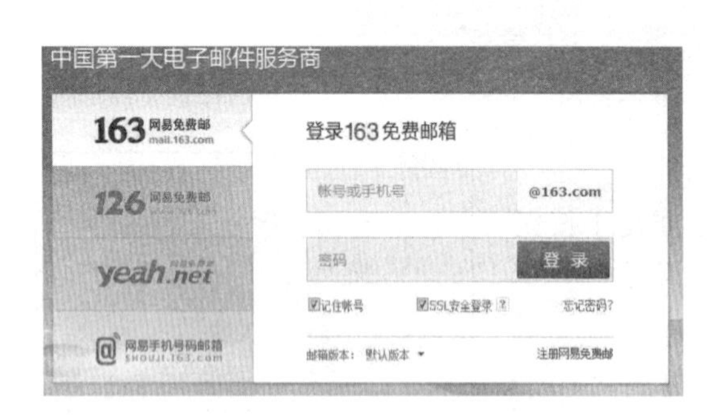

图 6-13 网易免费电子邮箱首页

图 6-14 网易免费电子邮箱注册页面

2. 免费电子邮箱的使用

① 打开网易免费电子邮件登录页面，输入“用户名”与“密码”。

② 单击【登录】按钮即可进入免费电子邮箱，如图 6-15 所示。

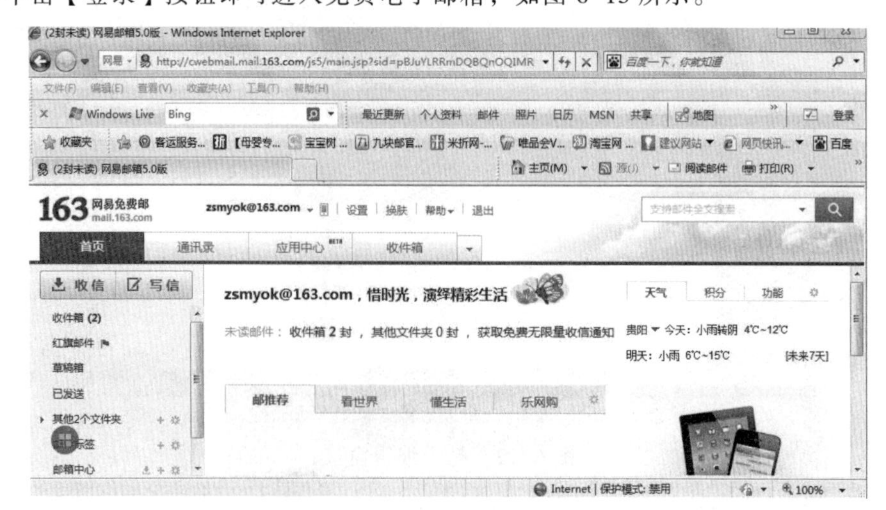

图 6-15 网易免费电子邮箱

③ 单击【收信】按钮，可以查看你邮箱中别人发给你的信件。

④ 单击【写信】按钮，进入写信界面，即可书写邮件并发送邮件。

6.4.5　运用新浪微博进行网络分享与交流

随着人们进入互联网时代，采用简短快速的方式进行分享与交流已成必需，而微博是这种交流方式中的佼佼者。因此，本小节以“新浪微博”为例介绍如何采用微博进行网络分享与交流。

1. 注册微博用户

① 在浏览器的地址栏中输入“新浪微博”的网址 http://weibo.com/，进入其首页，如图 6-16 所示。

图 6-16　新浪微博首页

② 单击图 6-16 中的【立即注册】超链接，进入“微博用户注册”页面，填写相关注册信息，单击【立即注册】按钮，并按提示完成相关操作，即完成注册，如图 6-17 所示。

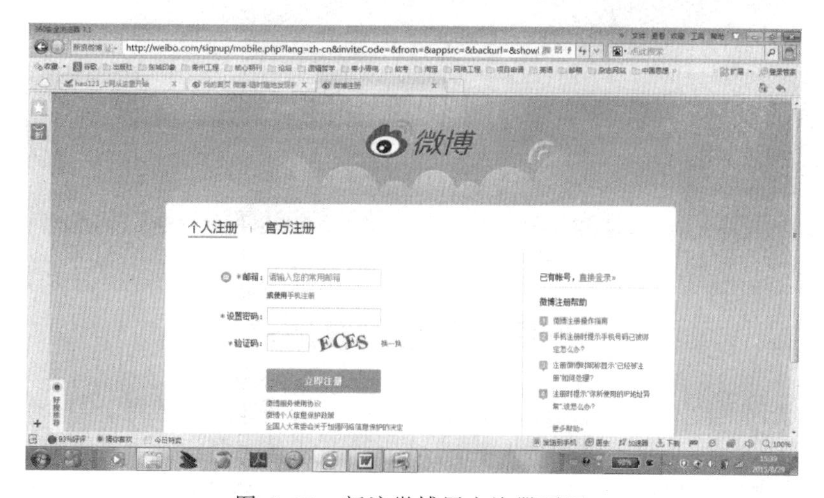

图 6-17　新浪微博用户注册页面

2．发布微博

注册成为微博用户后，在图 6-16 所示的微博首页中，输入用户名和密码，单击【登录】按钮，则进入图 6-18 所示的微博主页，输写微博后，单击【发布】按钮即可完成微博发布。

图 6-18　新浪微博主页

3．关注微博

如果你是某明星的粉丝，需要关注他的微博，只需在图 6-18 所示的【搜索】文本框中输入其姓名（如“玲玲”）并单击【搜索】按钮，即可进入玲玲的微博，单击【关注】按钮即可，如图 6-19 所示。

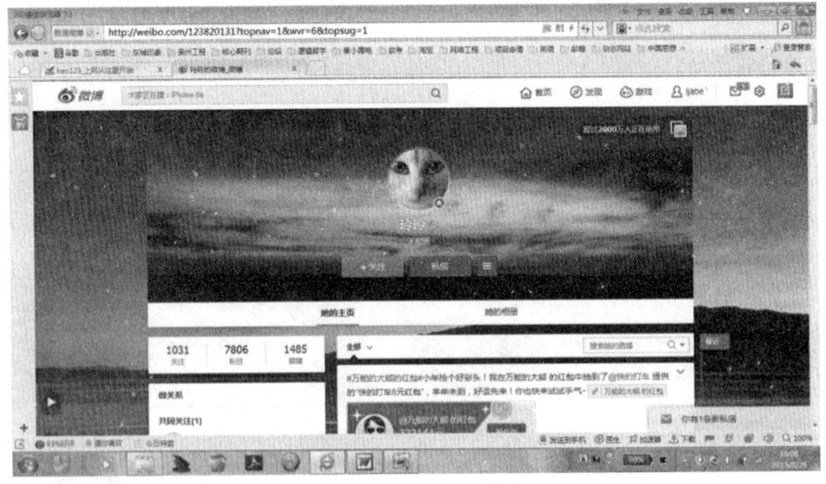

图 6-19　玲玲的微博主页

6.5　使用万维网获取资源

随着计算机网络技术的不断发展，特别是 Internet 技术的不断发展，当今社会已步入到信息化时代。人们主要使用万维网（WWW）来获取所需信息资源；通过搜索引擎搜索到资源所在的网站，然后使用资源下载工具（如迅雷）从该网站将资源下载到自己的本机保存以备长久使用。下面介绍如何使用搜索引擎搜索资源，然后介绍使用下载工具下载资源，最后以从百度文库获取资源为例介绍获取文献资源的方法。

6.5.1 搜索引擎的使用

为获取资源，人们往往根据资源的关键字，通过搜索引擎搜索到大量与资源相关的数据，然后从中筛选自己想要的资源。目前著名的搜索引擎主要有百度、谷歌以及各大网站的内嵌引擎等。

各大搜索引擎的使用方法大致相同，即在搜索引擎的查询栏输入资源的关键字，单击查询按钮即可得到大量数据的相关链接，然后在这些链接中选取最接近的链接单击查询。

1. 使用百度搜索清华大学的门户网站

① 打开百度的网站：在 IE 浏览器的地址栏中输入 www.baidu.com 并按【Enter】键。

② 在查询文本框中输入“清华大学”并单击【百度一下】按钮，进入“数据链接页面”，如图 6-20 和图 6-21 所示。

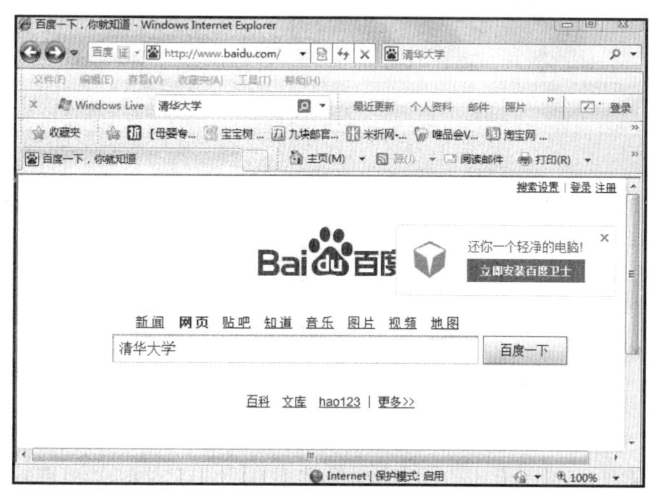

图 6-20 在百度中搜索“清华大学”

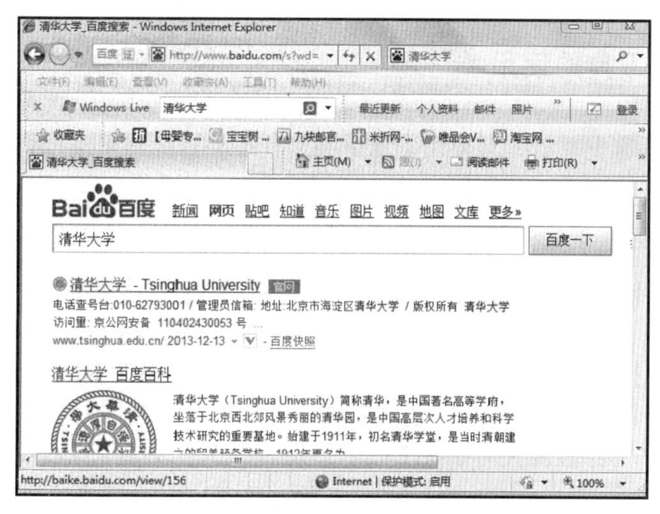

图 6-21 搜索“清华大学”的链接页面

③ 在链接页面中单击第一个链接“清华大学–Tinghua University【官网】”即可进入清华大学的门户网站。

2. 使用搜狐网的内嵌引擎搜索“大学英语四级考试”相关网页

① 打开搜狐网，其网址为 www. sohu.com。

② 在搜索类型选项卡一栏中选择“网页”，并在查询栏中输入“大学英语四级考试”并单击【搜索】按钮，如图 6–22 所示。

图 6–22 使用搜狐网的内嵌引擎

③ 在单击【搜索】按钮后，进入“数据链接页面”，在本页面浏览并选择相关链接即可得到相关网页。

6.5.2 资源下载工具的使用

当用户搜索到所需资源后，需使用资源下载工具下载资源到本地以供离线使用。下面介绍流行资源下载工具“迅雷”的使用。

1. 设置迅雷为默认下载工具

① 选择【开始】菜单→【迅雷软件】→【迅雷 7】→【启动迅雷 7】命令，进入图 6–23 所示界面。

② 选择【工具】→【下载配置中心】命令，启动系统设置界面如图 6–24 所示。

③ 选择【我的下载】选项卡→【监视设置】选项，将【监视对象】区域的【监视浏览器】复选框选中，迅雷将会设置为默认下载工具。

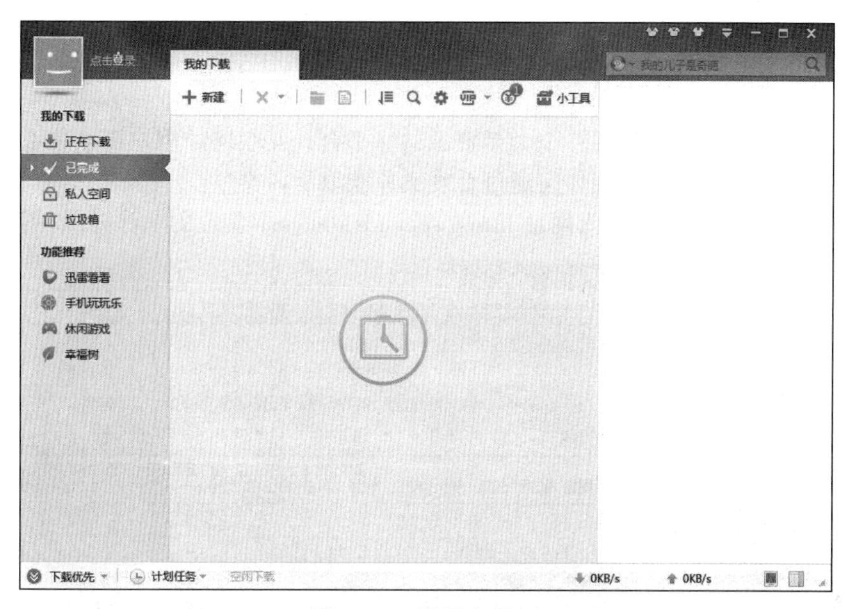

图 6-23　迅雷主界面

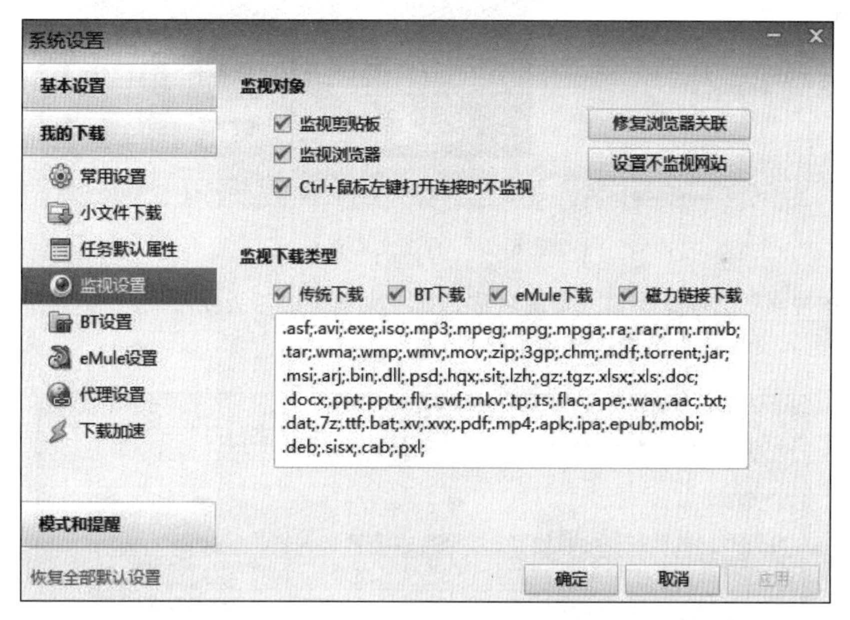

图 6-24　迅雷系统设置界面

2. 使用迅雷下载资源

① 进入资源所在网站，单击资源链接，弹出图 6-25 所示的【新建任务】对话框。在【文件路径】选择框中选好文件保存路径。

② 单击【立即下载】按钮即可将资源下载到本地指定的位置。下载完成后用户即可从文件保存的路径处找到本资源。

图 6-25 【新建任务】对话框

6.5.3 利用百度文库获取文献

百度文库是百度公司提供的一个大型资源共享平台，互联网的用户可以自由地从百度文库中上传或下载资源。下面介绍如何通过百度文库获取所需文献。

① 在浏览器的地址栏中输入网址 http://wenku.baidu.com/进入文库首页，如图 6-26 所示。

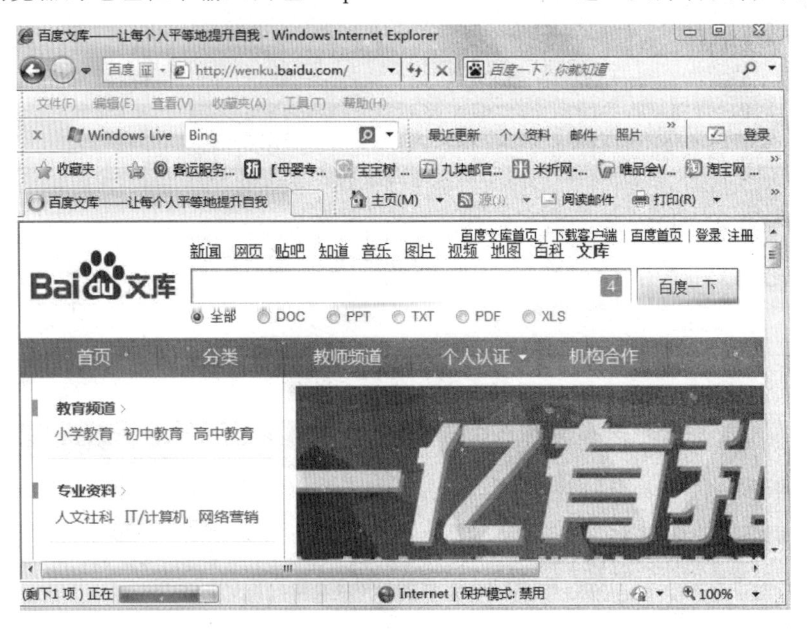

图 6-26 百度文库首页

② 在“搜索”文本框中输入资源名称，如“大学英语四级复习资料”，并单击【百度一下】按钮，进入资源链接页面，如图 6-27 所示。

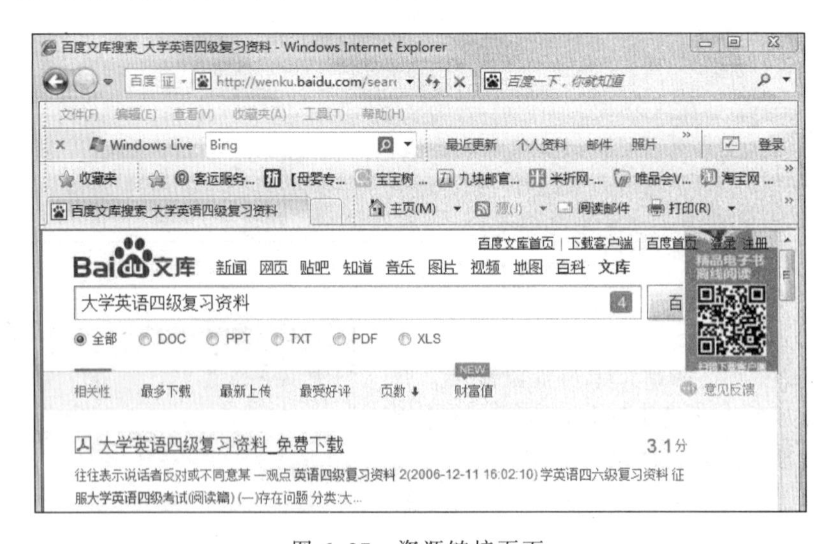

图 6-27 资源链接页面

③ 在“资源链接”页面中选择一个最接近的链接并单击进入“资源”页面，如图 6-28

所示。单击【下载】按钮后按提示操作即可将资源下载到本地以供用户使用。

图 6-28　资源页面

6.6　网络安全基础

随着 Internet 技术的不断发展，互联网成为人们日常生活和工作中不可缺少的一部分，但与此同时，计算机网络安全问题日渐成为人们必须面对的一个严峻问题。我们每个人的重要数据都存储在硬盘设备上，可能会因为操作不当或计算机病毒以及黑客攻击等遭到窃取、损坏或丢失。下面主要介绍病毒防范与防火墙的基本设置等网络安全基础的内容。

6.6.1　计算机病毒与防治

1．计算机病毒的定义

计算机病毒是一个计算机程序，是一段可以执行的计算机代码。它具有像生物病毒一样的传染能力，它可以附载在计算机的各种类型文件之上。因此，计算机病毒有传染性、破坏性、隐蔽性以及依附性等特征。

① 传染性。计算机病毒能通过自我复制传染正常计算机文件来破坏计算机的正常运行。计算机病毒的传染也必须有传染条件，即计算机病毒程序必须被执行才能传染到其他文件。因此，用户只要不去执行有计算机病毒的文件就不会被计算机病毒感染。

② 破坏性。当计算机病毒被执行后，会占用大量计算机系统资源而降低计算机的工作效率，甚至会使计算机系统出现紊乱而破坏计算机的软件与硬件。

③ 隐蔽性。一般的计算机病毒都具有高明的手段来隐蔽自己，系统在感染病毒后计算机仍能正常工作，只有计算机病毒被执行且破坏计算机系统后，用户才会感觉到计算机病毒的存在。

④ 依附性。一般情况下，计算机病毒不会独立存在，而是依附在其他计算机程序中，当执行这个计算机程序时，计算机病毒代码才会被执行。因此，一旦正常的计算机程序感染到计算机病毒，用户就应该立即查毒杀毒以防计算机系统更进一步被感染与破坏。

2. 使用防毒软件查杀计算机病毒

① 选择【开始】菜单→【360 安全中心】→【360 杀毒】命令，进入图 6-29 所示的【360 杀毒】界面。

图 6-29 【360 杀毒】界面

② 单击【全盘扫描】图标，进入图 6-30 所示界面，为计算机系统全面扫描查毒与杀毒。

图 6-30 使用“360 杀毒”软件全盘扫描杀毒

另外，用户也可对单个目录或文件进行快速查杀，即选中所需查杀病毒的目录或文件并右击，在弹出的快捷菜单中选择【使用 360 杀毒扫描】即可快速对该目录或文件进行查毒与杀毒。

6.6.2 防火墙的基本设置

黑客指通过网络攻击他人以获取非法利益的人，可以通过网络进入到用户的计算机系统并远程控制该系统以获取其感兴趣的数据。为阻止黑客入侵，我们可以使用防火墙技术将黑客排除在计算机系统之外。下面介绍 Windows 防火墙的开启与基本配置。

① 选择【开始】菜单→【控制面板】→【Windows 防火墙】命令，进入图 6-31 所示的【Windows 防火墙】窗口。

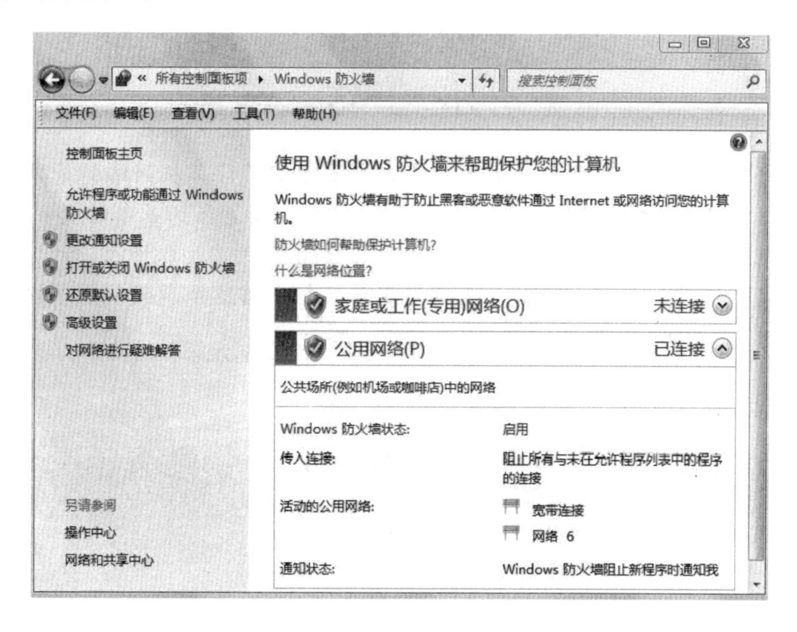

图 6-31　【Windows 防火墙】窗口

② 单击【打开或关闭 Windows 防火墙】超链接，进入【自定义设置】窗口，如图 6-32 所示。

图 6-32　Windows 防火墙【自定义设置】窗口

③ 在Windows防火墙【自定义设置】窗口中选择网络位置，并选中【启用Windows防火墙】单选按钮。

④ 选中【Windows防火墙阻止新程序时通知我】复选框，如有程序被防火墙阻止时系统即会通知用户。

⑤ 单击【确定】按钮即可设置好Windows防火墙。

小　　结

本章从用户对计算机网络知识的需要出发，主要介绍了计算机网络的基础知识、Internet的基础知识、局域网的基础知识、小型局域网的组建、IE浏览器的基本设置、收藏夹的运用、BBS论坛的使用、电子邮件的使用、微博的使用、使用互联网获取资源、计算机病毒与防火墙的设置等内容。通过本章的学习使学生通过用计算机网络这个现代信息获取工具用于日常生活、学习与工作。

第 7 章　数据库技术基础

学习目标

1. 了解、掌握数据库的相关概念。

2. 熟悉 Access 2010 软件的工作环境和基本功能。

3. 掌握用 Access 2010 构建数据库系统的基本过程；掌握基于数据库的表的相关操作；会建立查询，并会应用常用的 SQL 查询命令。

7.1　数据库基础知识

随着信息社会及大数据时代的到来，每天都要产生许多信息及海量数据，如何对这些数据进行有效管理，具有极其重要的意义和价值。

数据库技术是数据管理的最新技术，是计算机科学领域的重要分支。当前数据库技术已经渗透到各行各业中，如银行、证券市场、飞机和火车订票、超市管理、电子商务等。

我们利用数据库中的各个对象记录并分析各种数据。运用数据库，用户不但可以有效解决数据的存储问题，而且对各种数据可以进行合理归类和整理，使其转化为高效有用的数据。今天，数据库已经成为有效存储和处理各种信息数据最便捷的方法之一。

7.1.1　数据库相关概念

1．数据（Data）

数字只是数据的一种最简单形式，数据的种类繁多，例如文字、图像、声音、视频、动画、学生档案记录等都是数据。因此可以将数据定义为：描述事物的符号记录称为数据。

数据的概念包括两方面内容：一是指数据的语义，二是指数据的结构。数据的语义就是指数据的含义，即对数据的解释；数据的结构，是指计算机存储、组织数据的方式。例如，学生信息表中按这样的数据结构表述一条记录：

(35321315220,张三,男,199711,贵州毕节,机械工程学院)

其语义是：张三，男，1997 年 11 月出生于贵州毕节，机械工程学院 15 级学生，学号是 35321315220。

2．数据库（DataBase，DB）

数据库就是存放数据的仓库。这个仓库在计算机存储设备上按一定的格式存储。实质上，数据库就是为实现一定目的，按照一定规则组织的数据集合。说得更确切一些，数据库就是长期存储在计算机内，有组织、可共享的数据集合。数据库中的数据要求按照一定的数据模型进行组织、描述和存储，并具有较小冗余度，较高数据独立性和易于扩展性，供各个用户共享。

数据库中的数据通常面向多种应用，通常被多个用户和多个应用程序共享。因此为了保障数据的安全，通常对使用数据库的用户进行一定访问数据的权限限制。

3. 数据库管理系统（DBMS）

数据库管理系统（Database Management System，DBMS）是一种数据管理软件，它由一组程序构成，其主要功能是提供给用户一个简明的应用入口，使用户能进行数据库中数据的定义及数据的操纵，从而实现特定的事务处理。常见的数据库管理系统有Oracle、SQL Server、FoxPro、MySQL、Access等。

4. 数据库系统的组成

数据库系统由数据库、数据库管理系统、数据库运行环境、数据库应用程序以及数据库管理员（Database Administrator，DBA）等组成。

① 数据库由一系列相互联系的数据文档组成，其中最基本的是用户数据文件。

② 数据库管理系统负责物理地址与逻辑数据之间的映射，并提供应用程序和数据库接口，是管理和控制数据库运行的工具。通过数据库管理系统用户可以逻辑地进行数据库中数据的访问。数据库管理系统可提供的功能包括：数据库定义、数据控制、数据操纵及数据维护等。

③ 不同的数据库管理系统要求的软、硬件环境有所不同。

④ 允许用户通过数据库应用程序插入、修改或删除相关数据。数据库应用程序是由程序员编写的。

⑤ 数据库管理员是指管理和维护数据库系统正常运行的人员。

7.1.2 数据模型

数据模型有三种：层次模型、网状模型和关系模型。层次模型采用树形结构表示实体与实体之间联系的模型；网状模型采用网状结构表示实体及其之间的联系的模型；关系模型采用二维表结构表示实体及其之间的联系的模型。

7.1.3 数据库的基本功能

一个通用型数据库，具有下列基本功能：

① 支持添加新的数据记录的功能。

② 支持编辑现有数据的功能。

③ 支持删除信息记录的功能。

④ 支持按不同方式重新组织和查看数据的功能。

⑤ 支持通过电子邮件、报表、Intranet（企业内部网）或Internet同他人共享数据的功能。

7.2 关 系 模 型

关系模型是当前最常用、最重要的数据模型。在关系模型中数据以二维表的形式体现，操作的对象及结果都是二维数据表，每个表都是一个关系，如图7-1所示。如Oracle、SQL Server、FoxPro、Access等，都是基于关系模型的数据库管理系统。

14特教1期末成绩							
学号	姓名	性别	作业	课堂表现	平时成绩	期末成绩	总评
31311313109	张三	男	65	90	75	65	70
31311314101	李四	女	62	100	77.2	65	71.1
31311314102	王五	男	78	98	86	65	75.5
31311314104	赵六	男	85	100	91	70	80.5
31311314105	江七	女	80	99	87.6	60	73.8

图 7-1　二维数据表

1. 关系

一个关系即是一个二维表，一个关系一般有关系名，对关系的表述称为关系模式。格式为：

关系名(属性名 1,属性名 2,…,属性名 n)

在关系数据库管理系统中，关系模式按表结构表示：

表名(字段名 1,字段名 2,…,字段名 n)

例如图 7-1 的关系模式表示为：

14 特教 1 期末成绩(学号,姓名,性别,作业,课堂表现,平时成绩,期末成绩,总评)

2. 元组和属性

关系数据库中的关系就是一张二维表，表中的每行就是一个元组。因此关系数据库中的元组又称记录。

二维数据表中的每列都称为属性，每个属性都有属性名，属性又称字段。每个字段都有数据类型，不同数据类型的字段有不同的宽度。字段的数据类型和宽度在创建表结构时指定。

3. 域

属性的取值范围称为域。例如，学号、姓名的域是文本字符；性别的域只能是“男”或“女”；“婚否”若定义为逻辑型字段，则其域只能是逻辑“真”或“假”(用“Y”或“N”表示)。

4. 关键字和外部关键字

关键字能唯一标识元组的属性或属性集合，数据库中的关键字一般是指表的索引，根据关键字来方便、快捷地检索数据。例如，学号可用作关键字，但姓名不能（因为一所学校每个学生的学号是唯一的，但姓名可能会有重复）。

虽然表中的某字段不是本表主关键字，但它却是另一个表的主关键字或候选关键字，这个属性（字段）称为外部关键字。

注意：在创建关系表时，应遵从以下几点规则：

① 关系中的每个属性必须是不可再次分割的数据单元。

② 同一关系表中不能出现相同的字段名。

③ 关系中不能出现完全相同的元组（记录），即冗余。

④ 关系中的元组次序无关紧要。

⑤ 关系中的列（属性）次序无关紧要。

5. 实体及实体关系

在数据库设计中，客观存在并相互区别的事物称为实体。实体可以是具体的，也可以是抽象的；可以是有形的，也可以是无形的。例如，一个学生是实体，学生的选课也可看作实体。

现实世界中不同事物内部和不同事物之间都存在着联系，在数据库中分别反映为实体内部各个属性之间的联系，以及不同实体集之间的联系。两个实体之间的联系分为下列 3 种类型：

（1）一对一联系（1:1）

对于实体集 X 中每个实体而言，实体集 Y 中最多有一个实体与之对应，且反之亦然，则称实体集 X 与 Y 具有一对一的联系，简记为 1:1。例如教室中学生与座位之间就是一对一联系。

（2）一对多联系（$1:n$）

对于实体集 X 中每个实体而言，实体集 Y 中存在多个实体 n 与之对应；反过来，对于实体集 Y 中每个实体而言，实体集 X 中最多有一个实体与之对应，则称实体集 X 与 Y 具有一对多的联系，简记为 $1:n$。例如学院对班级、班级对学生之间都属于一对多的联系。

（3）多对多联系（$m:n$）

对于实体集 X 中每个实体而言，实体集 Y 中存在多个实体 n 与之对应；反过来，对于实体集 Y 中每一个实体而言，实体集 X 中存在多个实体 m 与之对应，则称实体集 X 与 Y 具有多对多的联系，简记为 $m:n$。例如课程与学生之间是多对多的联系。

实体之间的联系可用图形表示，简称 E-R 图。E-R 图即实体-联系图（Entity Relationship Diagram），提供了表示实体型、属性和联系的方法，用来描述现实世界的概念模型。构成 E-R 图的基本要素是实体型、属性和联系，其表示方法为：

实体型用矩形表示，矩形框内写明实体名；属性用椭圆形表示，并用无向边将其与相应的实体连接起来；联系用菱形表示，菱形框内写明联系名，并用无向边分别与有关实体连接起来，同时在无向边旁标上联系的类型（1 : 1、1 : n 或 m : n）。需要注意的是，如果一个联系具有属性，则这些属性也要用无向边与该联系连接起来。

例如，学校中有一个校长和若干个班级，每个班级有若干个教师和学生，每个教师教授许多学生，每个学生都有学号、姓名、性别、班级、入学时间等属性，其 E-R 图如图 7-2 所示。

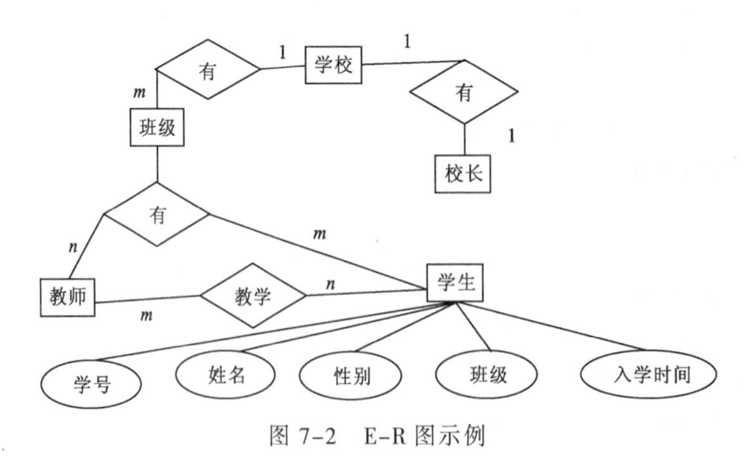

图 7-2　E-R 图示例

7.3　认识 Access 2010

7.3.1　Access 2010 简介

Access 2010 是 Office 2010 的一个组成部分。

Access 2010 是一个面向对象、采用事件驱动的关系型数据库。

Access 2010 提供表生成器、报表设计器、查询生成器及宏生成器等多种可视化操作工具；Access 2010 提供多种向导，如数据库向导、表向导、报表向导、查询向导及窗体向导等，从而帮助用户较方便地构建完成一定功能的数据库系统；Access 也有 Visual Basic for Application（VBA）编程功能，可以开发执行更为高级、功能更加丰富的数据库系统。

Access 还可通过 ODBC（Open Database Connectivity，开放数据库互连）与 Oracle、FoxPro、Sybase 等数据库相连，从而实现数据交换和共享。当然 Access 与 Word、Excel、Outlook 等其他 Office 组件也能很好地进行数据互通互融和共享。

Access 2010 还提供丰富的函数，使数据库系统的开发更加高效。

7.3.2　Access 2010 的启动及界面结构

选择【开始】→【所有程序】→【Microsoft Office】→【Microsoft Access 2010】命令，启动 Access 2010，应用程序的最初界面如图 7-3 所示。

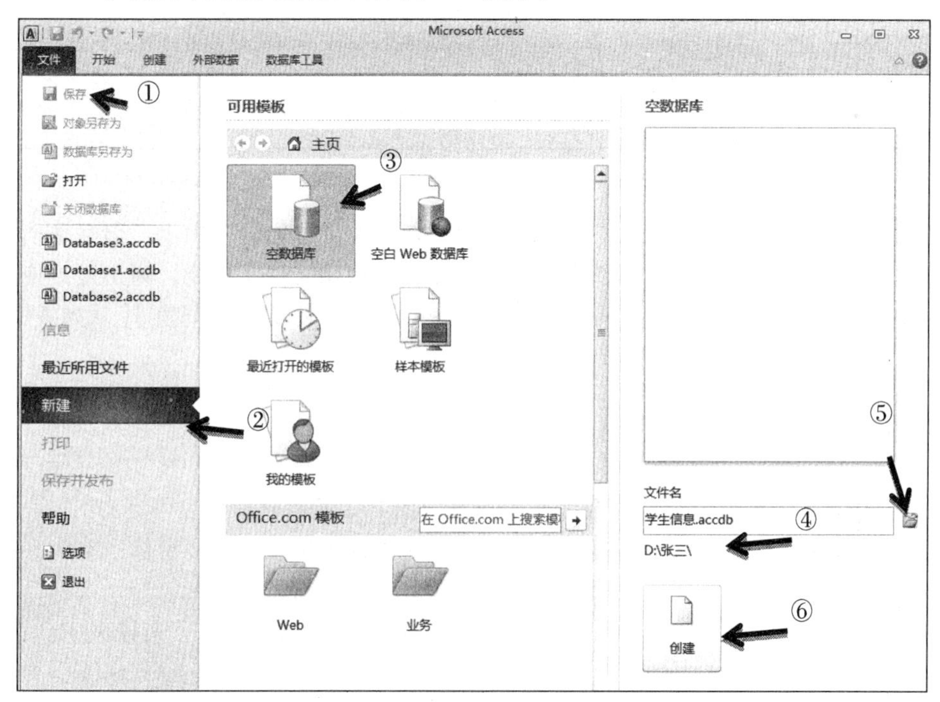

图 7-3　Access 2010 界面

Access 2010 界面与 Word2010 一样由导航窗格、快速访问工具栏、标题栏、（文件、开始、创建、外部数据和数据库工具）选项卡及命令组、状态栏等组成。

7.4 创建数据库

在 Access 2010 中，数据库以.accdb 文件形式进行存储，数据库中包含的对象主要有表、查询、窗体、报表、宏及模块等。

7.4.1 创建一个空数据库

创建一个空数据库是数据库设计工作的开端工作。

【例 7-1】创建一个名为“学生信息”的空数据库，并将其保存在 D 盘以自己姓名命名的文件夹下。

操作提示：

启动 Access 2010，如图 7-3 所示，①【文件】→②【新建】→③【空数据库】按钮→④在“文件名”文本框中输入“学生信息”，⑤单击【浏览】按钮按要求创建文件夹，⑥单击【创建】按钮。

切换界面如图 7-4 所示。

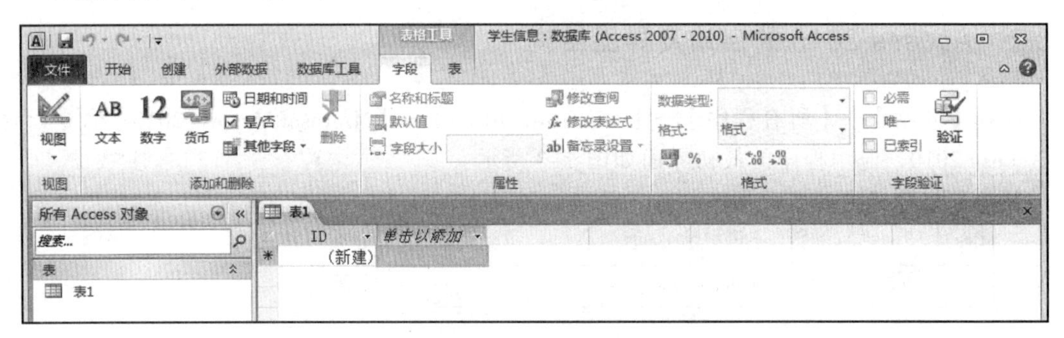

图 7-4 Access 数据库设计界面

用户可同时打开多个数据库，打开的数据库文件名在“导航区”列出，但在文档信息区显示的仅是当前数据库的信息。选择【文件】→【最近所用文件】命令，列出最近使用的数据库文件，可通过右键快捷菜单对其中某个文件进行【打开】【固定在列表】【从列表中删除】【清除已取消固定的项目】等操作。

7.4.2 根据“模板”创建数据库

Access 2010 提供了若干类型的数据库模板，如图 7-3 所示。用户也可到 Office.com 下载更多模板。每个模板都是完整的应用程序，在其中包含有预定义的表、窗体、查询、报表、宏、关系等。使用户工作简便和快速。

【例 7-2】使用模板创建一个教职员数据库，并保存在 D 盘“张三”文件夹中。

操作提示：

启动 Access 2010，如图 7-3 所示，①【文件】→②【新建】→③【可用模板】→④【教职员】→⑤单击【浏览】按钮确定保存目标为“张三”文件夹，⑥单击【创建】按钮。

创建的“教职员”数据库可以在导航栏中查看其结构，并针对实际进行数据库的进一步设计工作，如图 7-5 所示。

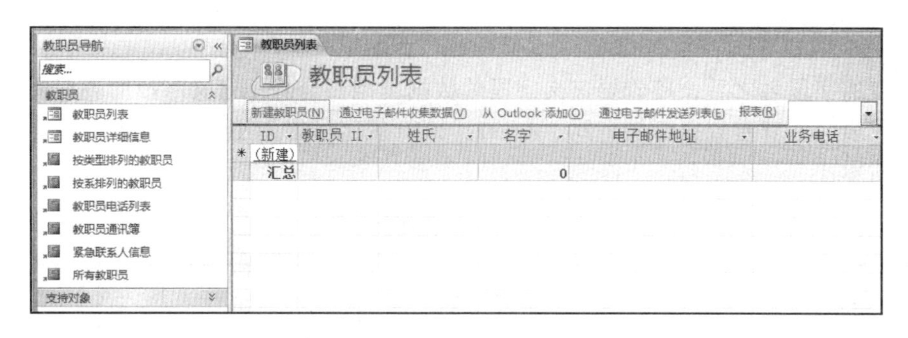

图 7-5　“教职员”数据库导航

7.5　打开、关闭和保存数据库

1. 打开数据库

在 Access 中打开数据库的操作提示：启动 Access 2010，选择【文件】→【打开】命令。

或者，在 Windows 某个文件夹中，双击某个数据库文件，将直接启动 Access 2010 并打开该文件。

2. 保存数据库

保存数据库文件的方法与 Office 其他应用程序组件的保存方法相同。例如，单击快速工具栏中的【保存】按钮；选择【文件】→【保存】/【对象另存为】命令，按【Alt+F4】组合键等。

3. 关门数据库

关闭数据库文件的方法与 Office 其他应用程序组件的关闭方法相同。例如，单击 Access 2010 右上角的【关闭】按钮；选择【文件】→【关闭数据库】/【退出】命令；按【F12】键等。

7.6　表的基本操作

7.6.1　表的基本知识

表是数据库最基本的组成单位。对于规划和建立数据库，首先要从建立各种数据表开始。表是数据库中数据存储的唯一单位，我们通常将各种信息按照分门别类的方法，将其存放在各类数据表中。一个数据表由表的结构和表的记录组成。创建一个表，一般先定义表结构，再录入数据完成表的创建。表的结构由字段、数据类型和字段属性构成，字段的数据类型及属性在 Access 2010 中都有统一的规定。

1. 字段名称和数据类型的规则

① 字段名最长可达 64 个字符。

② 字段名可以包含字母、数字、汉字，以及除句号“。”、感叹号“!”、小括号“(　)”、方括号“[ ]”外的特殊字符，但不能以前导空格开头。字段名的使用应遵循见名知义的原则。

2. 字段的数据类型

定义表的字段名之后，接着要定义字段的数据类型。合理地定义字段的数据类型可以方便用户操作表，并节省数据存储空间。Access 2010 规定可以使用 12 种数据类型定义字段。如表 7-1 所示。

表 7-1　字段的数据类型

数据类型	存储数据类型		存储大小及小数位数
文本型	字母数字字符，默认宽度 50 个字符		0～255 个字符
备注型	字母数字字符，无默认宽度		0～65 535
数字型	类型	取值范围	字段长度
	字节	0～255	1B
	整数	-32 768～32 767	2B
	长整数	-214 783 648～214 783 647	4B
	单精度数	-3.4×10^{38}～3.4×10^{38}	4B，小数位数 7 位
	双精度型	-1.797×10^{308}～1.797×10^{308}	8B，小数位数 15 位
日期时间型	允许录入日期、时间，或日期与时间的组合		8B
货币型	输入数据时，不必输入人民币符号和千位处的逗号，Access 会自动显示人民币符号和逗号，并添加两位小数		8B
自动编号型	缺省初值为 1，自动以 1 递增，不随记录删除变化		4B
是/否型	布尔型。Yes/No，True/False，-1 表示真值，0 表示假值		1 位（0 或者-1）
OLE 对象型	允许各类型的数据文件和对象；图片、声音、动画、表格等		最大为 1GB
超链接	包含作为超链接地址的文本或以文本形式存储的字符与数字，指：①在字段或控件中显示的文本；②指向文件的路径；③作为工具提示显示的文本		最大 3×2048 字符
查询向导	提供建立字段内容的列表，可在其中选择作为添入字段的内容。该选项将创建“查询向导”，用于创建“查阅”字段		4B
附件	允许存储所有种类的文档和二进制文件，而不使数据库容量变大		
计算	可以使用表达式生成器来创建计算		

说明：

①“备注”字段。不限于使用纯文本，可以使用加粗、倾斜、字体和颜色，以及其他常用格式设置的文本格式，并将文本存储于数据库中。

②“计算”字段。根据同一表中的其他数据计算而来的值，可以使用表达式生成器来创建计算，以便受益于智能感知功能。

7.6.2 数据表的创建

1. 直接在当前数据库中创建

【例 7-3】在“学生信息”数据库中创建学生信息表。表结构要求如表 7-2 所示。

表 7-2 “学生信息表”表结构

字段名	字段类型	长度	字段名	字段类型	长度
学号	文本	8	籍贯	文本	10
姓名	文本	8	电话	文本	12
性别	文本	2	E-mail 地址	文本	20
民族	文本	6	照片	OLE 对象	–
班号	文本	6	简历	备注	–
出生日期	日期/时间	长日期	是否代培	是/否	–
政治面貌	查询向导	2			

操作提示：

① 打开“学生信息”数据库，在左侧导航窗格中右击“表 1”(可单击【创建】→【表格】→【表】按钮，创建一个“表”)，在弹出的快捷菜单中选择【设计视图】命令，弹出【另存为】对话框，如图 7-6 所示。

图 7-6 【另存为】对话框

输入表名称为“学生信息表”单击【确定】按钮（或单击【表格工具-设计】→【视图】→【视图】下拉按钮，在打开的下拉列表中选择【设计视图】命令）。在切换的窗口中，按表 7-2 所示定义好“学生信息表”的结构，并保存。结果如图 7-7 所示。

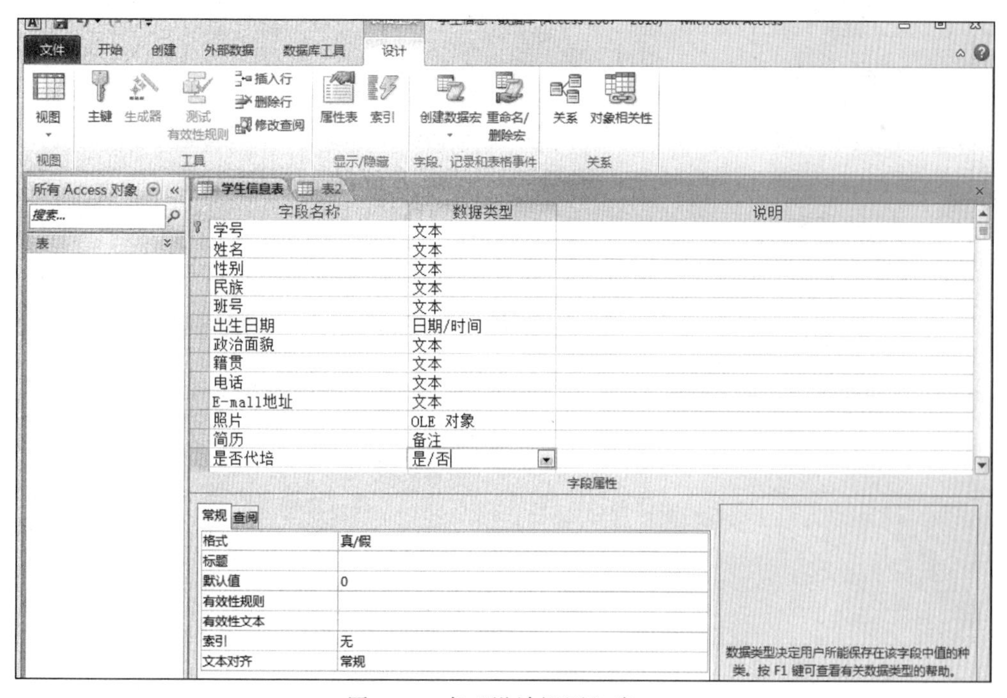

图 7-7 表“设计视图”窗口

② 双击导航窗格中的“学生信息表”(或单击【开始】→【视图】→【视图】下拉按钮→【数据表视图】命令)，输入各条记录数据，如图 7-8 所示。

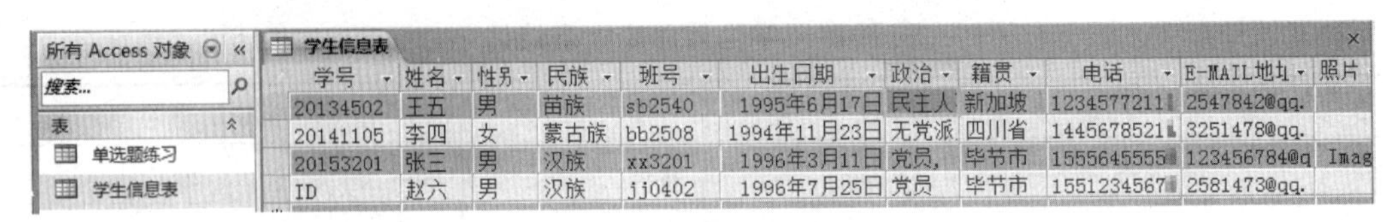

图 7-8 学生信息表

2. 将外部数据导入到当前数据库

可以将其他数据导入或链接，在当前数据库中创建表。例如，可以导入 Excel 数据、导入 Access 数据库、导入或链接到 ODBC 数据库（如 SQL Server）、XML 文件等。

若是导入数据，将在当前数据库新表中创建数据副本。此后无论是对源数据或者对导入的数据进行更改都不会相互受到影响；若是链接数据，将在当前数据库中创建一个链接表。当更改源数据时链接表中的数据会被更改，但反之则不受影响。无论是导入的数据或链接到的数据在当前数据库中创建的表，都可以随意编辑其表的结构和表的记录。

【例 7-4】将指定的 Excel 工作表数据导入到学生信息数据库中。

操作提示：

单击【外部数据】→【导入并链接】→【Excel】按钮，弹出【获取外部数据-Excel 电子表格】对话框，如图 7-9 所示。

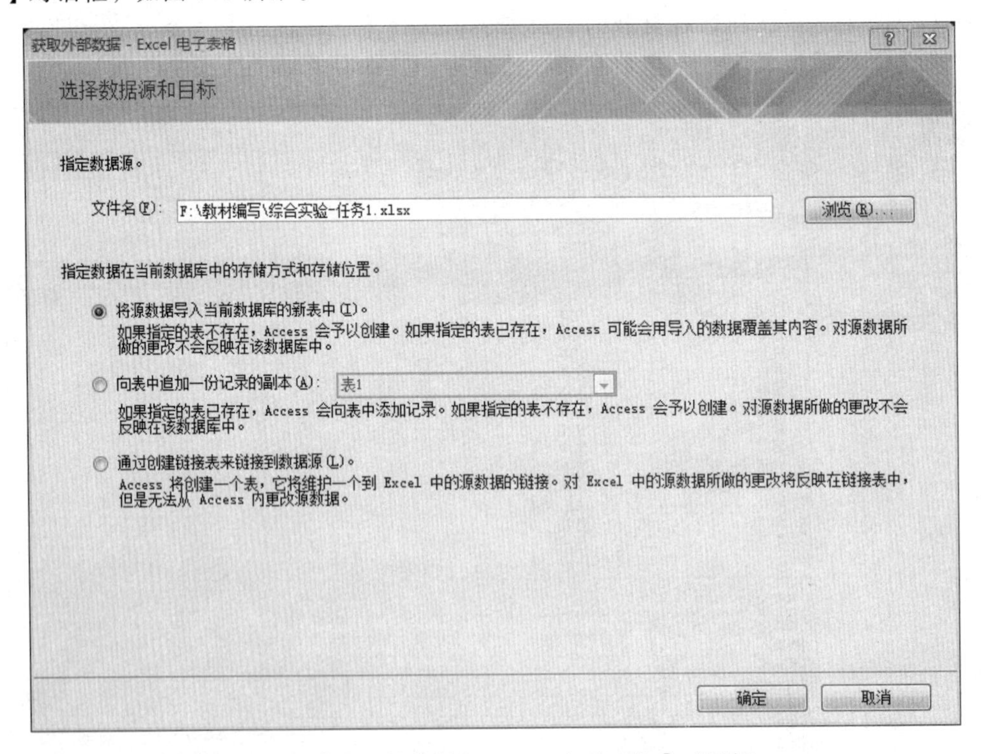

图 7-9 【获取外部数据-Excel 电子表格】对话框

在对话框中单击【浏览】按钮找到并单击【打开】按钮指定数据源文件，然后指定数据在当前数据库中的存储方式和存储位置，单击【确定】按钮，界面切换成图 7-10 所示的【导入数据表向导】对话框。

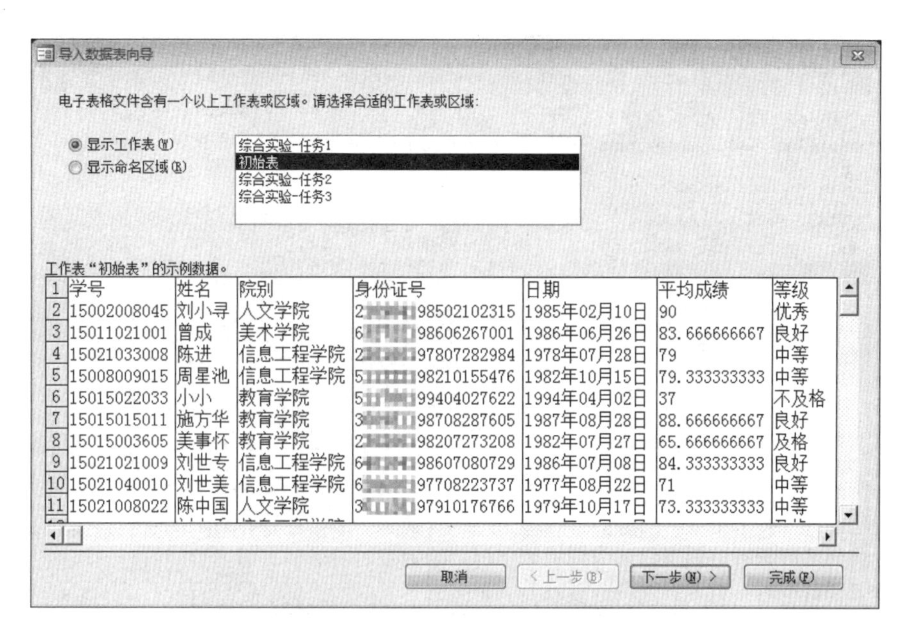

图 7-10 【导入数据表向导】对话框（1）

选择“显示工作表”单选按钮，在其列表框中选择要导入的工作表，单击【下一步】按钮，根据情况决定是否选定“第一行包含列标题”复选框，单击【下一步】按钮，可修改各个字段的名称、数据类型、对不导入的字段进行确定，以及设置索引，如图 7-11 所示。

导入数据表向导

您可以指定有关正在导入的每一字段的信息。在下面区域中选择字段，然后在“字段选项”区域内对字段信息进行修改。

字段选项

字段名称(M): 学号　　数据类型(T): 文本

索引(I): 无　　不导入字段(跳过)(S)

	学号	姓名	院别	身份证号	日期	平均成绩	等级
1	15002008045	刘小寻	人文学院	2[illegible]98502102315	1985年02月10日	90	优秀
2	15011021001	曾成	美术学院	6[illegible]98606267001	1986年06月26日	83.666666667	良好
3	15021033008	陈进	信息工程学院	2[illegible]97807282984	1978年07月28日	79	中等
4	15008009015	周星池	信息工程学院	5[illegible]98210155476	1982年10月15日	79.333333333	中等
5	15015022033	小小	教育学院	5[illegible]99404027622	1994年04月02日	37	不及格
6	15015015011	施方华	教育学院	3[illegible]98708287605	1987年08月28日	88.666666667	良好
7	15015003605	美事怀	教育学院	2[illegible]98207273208	1982年07月27日	65.666666667	及格
8	15021021009	刘世专	信息工程学院	6[illegible]98607080729	1986年07月08日	84.333333333	良好
9	15021040010	刘世美	信息工程学院	6[illegible]97708223737	1977年08月22日	71	中等
10	15021008022	陈中国	人文学院	3[illegible]97910176766	1979年10月17日	73.333333333	中等
11	15021007101	刘大香	信息工程学院	3[illegible]98408171764	1984年08月17日	61.666666667	及格

取消　< 上一步(B)　下一步(N) >　完成(F)

图 7-11 【导入数据表向导】对话框（2）

单击【下一步】按钮设置主键，如选择【我自己选择主键】单选按钮，选择要设置为主键的字段；再单击【下一步】按钮，可重命名表名；最后单击【完成】按钮。在当前数据库中导入了名为“初始表”的表，如图 7-12 所示。

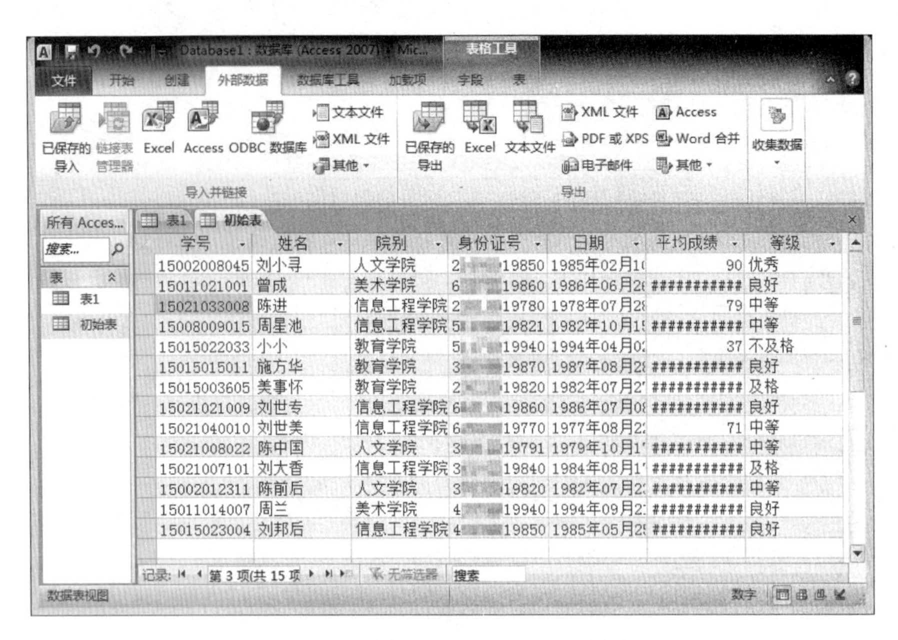

图 7-12　导入 Excel 表——初始表

7.6.3　表的编辑与维护

1. 修改表结构

修改表结构包括：删除或增加字段、重命名字段名、定义主键、重定义字段的属性等。

修改表结构的方法是：先打开表，再切换到“设计视图”进行修改操作。

有三种方法可切换到表设计视图，分别是：

① 右击导航窗格中的【表】对象，在弹出的快捷菜单中选择【设计视图】命令。

② 在数据库导航窗格中双击【表】对象，打开该表；单击【开始】→【视图】→【视图】下拉按钮→【设计视图】命令。

③ 在数据库导航窗格中双击【表】对象，单击其右下角的【设计视图】按钮。

（1）添加字段与删除字段

添加字段：确定添加位置→右击→选择【插入行】→输入字段名，设定其数据类型和字段大小并保存。

删除字段：右击要删除的字段→选择【删除行】命令并保存。

（2）修改字段

直接修改并保存即可。

（3）重设“主键”字段

右击要重设“主键”的字段→选择【主键】命令，该字段左侧将出现“钥匙”标记，保存。

2. 编辑数据表记录

编辑数据表记录之前要先打开数据表。双击导航窗格中指定的“表”即可打开数据表。

（1）修改记录数据

直接修改记录中的数据内容。

（2）追加记录

单击记录左侧的定位标记（或者右击左侧定位标记列处某位置，在弹出的快捷菜单中选择【新记录】命令），即可在表的尾部录入新记录。

（3）删除记录

右击左侧定位标记欲删除的记录位置，在弹出的快捷菜单中选择【删除记录】命令。

（4）查找记录、替换数据

切换到【数据表视图】，右击欲查找的数据所在的列的字段名→【查找】，弹出【查找与替换】对话框：在【查找】选项卡中输入查找的内容，单击【查找下一个】按钮，可找到所匹配的记录；若要将查找的数据进行替换，就在【替换】选项卡的“替换为”文本框中输入替换的内容，单击【替换】或【全部替换】按钮，完成替换数据操作。

（5）排序记录

切换到“数据表视图”，右击欲排序的字段名→选择【升序】/【降序】命令。

（6）调整表的外观

切换到“数据表视图”，选定要操作的列（行）或整个数据表，使用【开始】→【文本格式】命令组中的命令；或者单击【开始】→【文本格式】命令组右下角的【对话框启动器】按钮，弹出【设置数据表格式】对话框，对数据表外观进行设置。

说明：可按住【Shift】键+鼠标选定，可选定连续多行或连续多列区域。

3. 数据表的整体操作

（1）复制数据表

在导航窗格中打开数据库，鼠标指向【表】对象并右击，在弹出的快捷菜单中选择【复制】命令，再在导航窗格空白处或文档信息区空白处右击，在弹出的快捷菜单中选择【粘贴】命令，按提示操作可粘贴原“表”的副本。

（2）删除数据表

在导航窗格中打开数据库，鼠标指向“表”对象并右击，在弹出的快捷菜单中选择选择【删除】命令可删除该表。

（3）重命名数据表

在导航窗格中打开数据库，鼠标指向“表”对象并右击，在弹出的快捷菜单中选择【重命名】命令，输入新的表名即可。

（4）表的导出

表的导出是将当前数据表导出到其他位置或导出为其他数据文件，如图7-13所示。

操作方法是：在导航窗格中打开数据库，鼠标指向“表”对象并右击，在弹出的快捷菜单中选择【导出】子菜单的文件类型，再按提示进一步操作即可。

4. 数据表记录的筛选

筛选就是将符合条件的记录显示，将不符合条件的记录隐藏的一种操作。筛选分自动筛选和高级筛选。

（1）自动筛选

这种筛选方式很像Excel的自动筛选。

在导航窗格中双击表名打开数据表，可从打开的表中看到每个字段名的右侧都有一个下拉按钮，展开该按钮（见图 7-14）可自行设置筛选条件进行筛选。

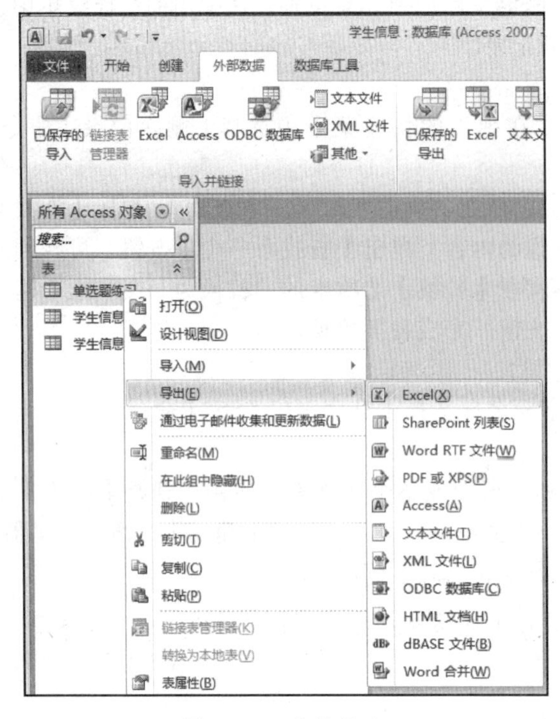

图 7-13　表的导出

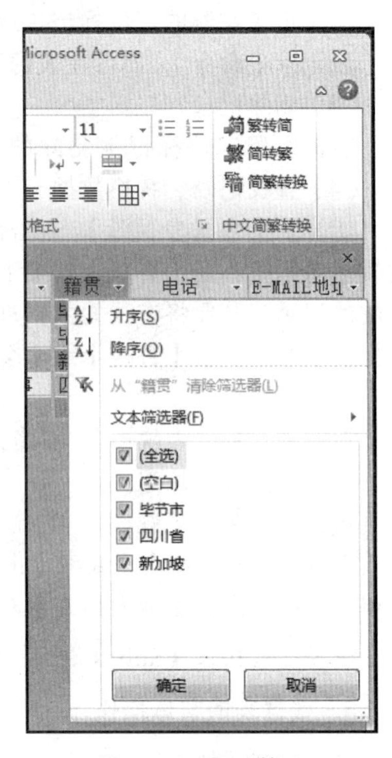

图 7-14　自动筛选

（2）高级筛选

可以通过高级筛选，对表进行多条件的筛选操作。打开【高级筛选】界面的方法是：

在数据表视图中，单击【开始】→【排序与筛选】→【高级】下拉按钮在打开的下拉列表中选择【高级筛选/排序】命令，弹出图 7-15 所示的筛选界面。

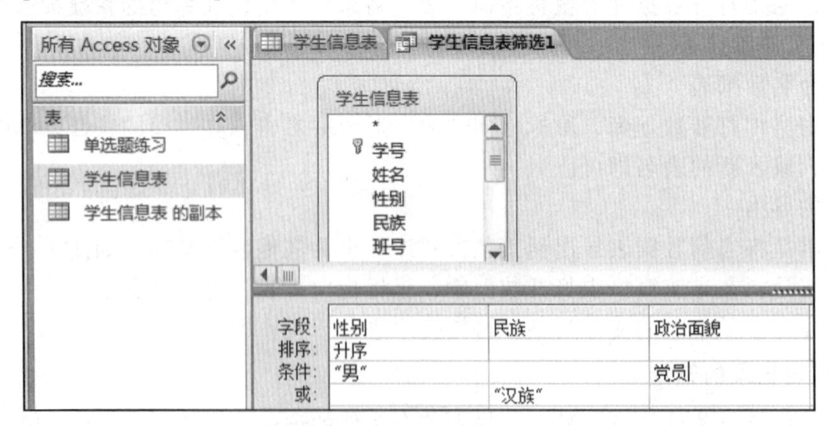

图 7-15　高级筛选界面

在该界面中设置筛选的相关方法是：

① 在【字段】栏设置筛选的字段（系统提供字段名下拉列表）。

② 在【条件】栏和【或】栏设置筛选条件。处于同行的条件表示“and”关系，按“同时满足”进行筛选；处于不同行的条件表示“or”关系，按“并列”进行筛选。例如，满足

图 7-15 中所示的筛选条件的筛选结果将是：筛选出所有性别为“男”并且政治面貌为“党员的记录，或所有民族为“汉族”的记录。

③ 在【排序】栏设置筛选记录的排序方式。例如图 7-15 中的筛选记录将按性别进行升序排序。

高级筛选的结课将作为一个新表保存起来。

7.7　建立表间关系

在 Access 中可建立 3 种不同的表关系，即建立一对一表关系、一对多表关系和多对多表关系。3 种表关系建立方法基本相同，下面以建立一对多的表关系为例进行介绍。

【例 7-5】在学生信息数据库中建立学生信息表与学生成绩表一对多的关系。

操作提示：

（1）分别对学生信息表与学生成绩表进行主键设置。打开“学生信息”数据库，再打开学生信息表设计视图，右击“学号”字段，在弹出的快捷菜单中选择【主键】命令，将在“学号”字段名前显示“钥匙”图标，表示主键设置成功；使用同样的方法将学生成绩表中的“学号”与“课程”同时选定并右击，在弹出的快捷菜单中选择【主键】命令。将这两个字段同时设置为主键。

（2）选择【表格工具-设计】（或【数据库工具】）→【关系】命令组中的【关系】按钮，打开【关系】窗口；在“关系”窗口空白处右击，在弹出的快捷菜单中选择【显示表】命令，分别选中“学生成绩表”和“学生信息表”，单击【添加】命令，将这两个表添加到了【关系】窗口中。

（3）用鼠标拖动“学生信息表”中的“学号”字段到“学生成绩表”中的“学号”字段上释放鼠标，就建立了这两个表之间的一对一关系，并弹出【编辑关系】对话框，依次选定【实施参照完整性】【级联更新相关字段】【级联删除相关记录】三个复选框，单击【确定】按钮，如图 7-16 所示。

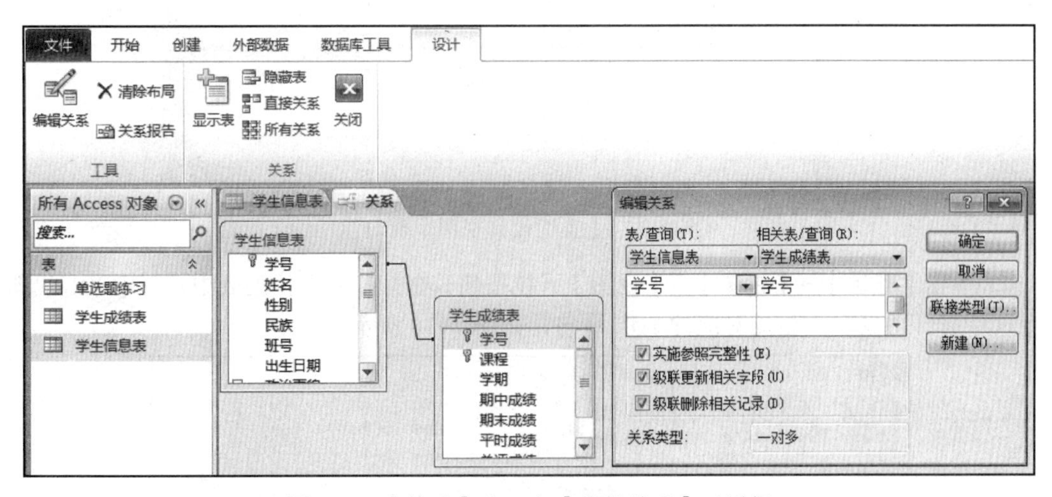

图 7-16 【关系】窗口和【编辑关系】对话框

7.8 SQL 查询

7.8.1 SQL 查询的简单应用

可以用 SQl 来查询、更新和管理 Access 关系数据库。在查询【设计视图】中创建查询后，Access 会在后台生成等效的 SQL 语句。

1. 查看 SQL 查询语句

建立查询后，查看 SQL 查询语句的方法是：

① 鼠标指向某查询并右击，在弹出的快捷菜单中选择【设计视图】命令。

② 单击【开始】→【视图】→【视图】下拉按钮，在打开的下拉列表中选择【SQL 视图】命令，便可看到该查询所对应的 SQL 查询语句。

2. 创建 SQL 查询

① 打开 Access 数据库，单击【创建】→【查询】→【查询向导】按钮，弹出【新建查询】对话框，单击【确定】按钮，弹出【简单查询向导】对话框，选择表（如学生信息表），添加字段（如添加“姓名、性别、民族、政治面貌、籍贯”），再单击【下一步】按钮，输入查询标题，选中【修改查询设计】单选按钮，再单击【完成】按钮，进入“查询设计视图”窗口，如图 7-17 所示。

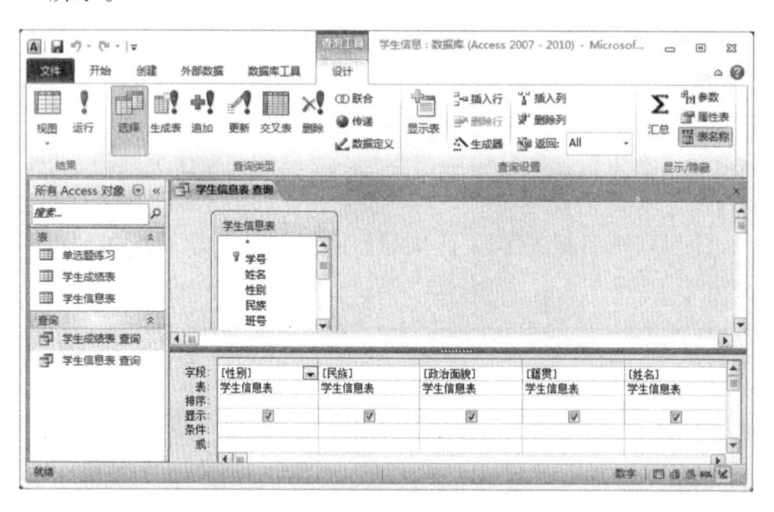

图 7-17 【查询设计视图】窗口

② 单击【开始】→【视图】→【视图】下拉按钮，在打开的下拉列表中选择【SQL 视图】命令，在打开的窗口中生成对应的 SQL 语句，如图 7-18 所示。

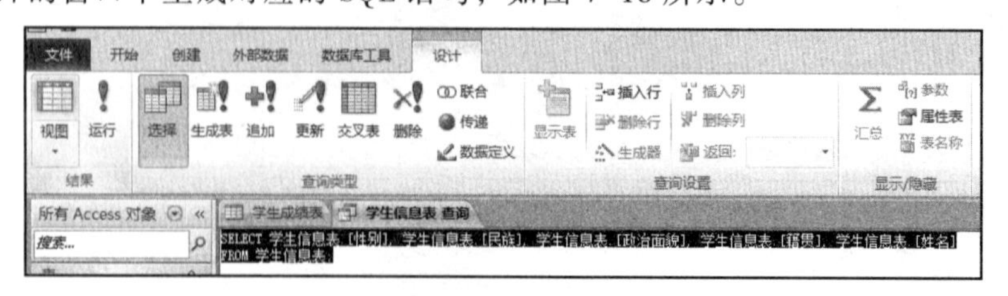

图 7-18 SQL 语句编辑窗口

3. 运行 SQL 查询

单击【查询工具-设计】→【结果】→【运行】按钮!，查询结果如图 7-19 所示。

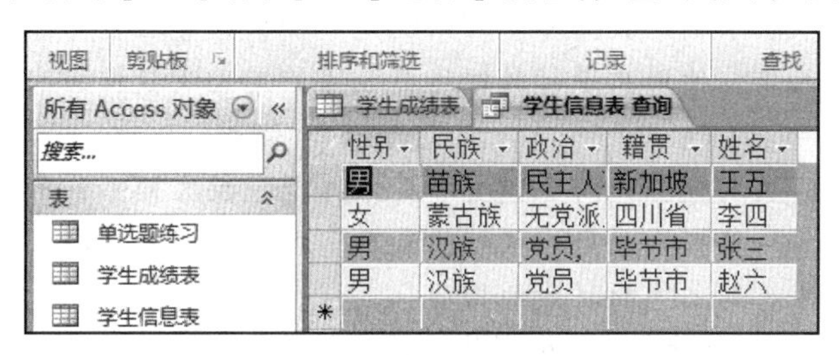

图 7-19　运行查询结果

7.8.2　SQL 常用查询命令简介

要正确使用 SQL 查询，必须熟悉 SQL 语法规则及关键字等。

1. 基本命令格式说明

```
SELECT <字段列表>|<表达式>(*)[AS<替代内容>]FROM<表列表>[<条件>][GROUP BY<分组条件>][ORDER BY<排序条件>][DESC][UNION[ALL]]
```

说明：

① 命令中英文单词不限大小写，所有符号必须是英文半角符号。

② [...]：中括号内容为可选项（可以不选）。

③ <…>：尖括号内容为必选项。

④ <字段列表>：表示可以选择多个字段，但每个字段之间要用“,”隔开。

⑤ <表列表>：可以选择多个表，但每个表名之间要用“,”隔开。

⑥ (*)：如果不选任何字段，就必须使用“*”号，表示全部字段。

⑦ AS：输出<替代内容>。

⑧ DESC：表示降序排列，缺省为升序。

⑨ UNION：连接另一张表（不要重复值）；UNION[ALL]：连接另一张表（要重复值）。

2. 常用 SQL 查询举例

① 输出“学生信息表”中性别为“女”的学生姓名、籍贯。

```
SELECT 姓名,籍贯 FROM 学生信息表 WHERE 性别="女"
```

② 输出“学生成绩表”中平时成绩大于或等于 80 分的学生学号、平时成绩。

```
SELECT 学号,平时成绩 FROM 学生成绩表 WHERE 平时成绩>=80
```

③ 输出“学生信息表”中非代培的学生姓名。

```
SELECT 姓名 FROM 学生信息表 WHERE 是否代培=-1
```

④ 输出“学生信息表”中 1995-1-1 以后出生的姓名及出生日期。

```
SELECT 姓名,出生日期 FROM 学生信息表 WHERE 出生日期>=#1995-1-1#
```

小　　结

本章主要介绍关系数据库基础知识。

描述事物的符号记录称为数据。数据包括数据语义和数据结构。数据库就是存放数据的仓库。数据库中的数据通常面向多种应用，为了保障数据的安全，通常对使用数据库的用户进行一定访问数据的权限限制。数据库管理系统是一种数据管理软件，其主要功能是提供给用户一个简明的应用入口，使用户进行数据库中数据的定义及数据的操纵，从而实现特定的事务处理。

数据模型有三种：层次模型、网状模型和关系模型。层次模型采用树形结构表示实体与实体之间联系的模型；网状模型采用网状结构表示实体及其之间的联系的模型；关系模型采用二维表结构表示实体及其之间的联系的模型。

Access 2010是一个面向对象、采用事件驱动的关系型数据库。表是数据库最基本的组成单位。一个数据表由表的结构和表的记录组成。创建一个表，一般先定义表结构，再录入数据完成表的创建。表的结构由字段、数据类型和字段属性构成。创建表，可以直接在数据库中创建，也可通过导入或链接外部数据创建。表结构的设计及创建在表设计视图窗口中进行。表数据的编辑在数据表视图窗口中进行。

在关系模型中数据以二维表的形式体现，操作的对象及结果都是二维数据表，每个表都是一个关系。可以用SQL来查询、更新和管理Access关系数据库。在查询“设计视图”中创建查询后，Access会在后台生成等效的SQL语句。

第 8 章　计算机多媒体技术基础

学习目标

1. 了解多媒体技术的基本概念。
2. 会使用数字音频处理软件对音频进行编辑与处理。
3. 会使用图形图像处理软件对图形图像进行编辑与处理。
4. 会使用视频处理软件对视频进行编辑与处理。
5. 会使用动画制作软件制作基本动画。

8.1　多媒体技术概述

随着电子技术和大规模集成电路的迅猛发展，计算机技术、广播电视技术和通信网络技术这三大领域相互融合、相互促进。从而形成了一门新的技术即多媒体技术。随着多媒体技术的进一步发展，计算机处理的信息已经由原来只能处理数字、文字信息逐渐发展到可以处理图像、声音、动画和视频等多种形式的信息，从而使计算机处理信息的能力得到大大增强。

8.1.1　基础知识

1. 媒体和多媒体

媒体（Medium）就是人与人之间实现信息交流的中介，包含两个含义：一是指信息的物理载体（即存储和传递信息的实体），如磁盘、光盘、磁带、U 盘及相关的播放设备等；二是指承载信息的载体（即信息的表现形式），如文本、声音、图像、视频、动画等。

多媒体（Multimedia）一般是指将多种信息媒体有机组合，能够全方位传递文字、声音、图像、视频、动画等媒体信息，即多种信息载体的表现形式和传递方式。

2. 媒体的分类

根据媒体的表现形式，国际电信联盟对媒体进行了如下分类。媒体分为感觉媒体、表示媒体、表现媒体、存储媒体和传输媒体。

（1）感觉媒体（Perception Medium）

感觉媒体指的是能直接作用于人们的感觉器官，从而能使人产生直接感觉的媒体。如文字、数据、声音、图形、图像等。例如，人的语音、文字、音乐、自然界的声音、图形图像、动画、视频等都属于感觉媒体。

在多媒体计算机技术中，我们所说的媒体一般指的是感觉媒体。

（2）表示媒体（Representation Medium）

表示媒体指的是为了传输感觉媒体而人为研究出来的媒体，借助于此种媒体，能有效地存储感觉媒体或将感觉媒体从一个地方传送到另一个地方，它表现为信息在计算机中的编码。

如电报码、条形码、ACSII码、图像编码、声音编码等。

（3）表现媒体（Presentation Medium）

表现媒体指的是用于通信中使电信号和感觉媒体之间产生转换用的媒体，又称显示媒体，是计算机用于输入/输出信息的媒体。如输入、输出设备，包括键盘、鼠标、光笔、显示器、扫描仪、打印机、数字化仪等。

（4）存储媒体（Storage Medium）

存储媒体指的是用于存放表示媒体的媒体，又称介质。常见的存储媒体有硬盘、软盘、磁带、纸张、光盘等。

（5）传输媒体（Transmission Medium）

传输媒体指的是用于传输某种媒体的物理媒体。如双绞线、电缆、光纤、电话线、微波、红外线等。

3. 多媒体技术

多媒体技术一般是指把文字、图形图像、动画、音频、视频等各种媒体通过计算机进行数字化的采集、获取、加工处理、存储和传播而综合为一体化的技术。多媒体技术具有交互性、集成性、实时性、多样性等特点。

多媒体技术涉及信息数字化处理技术、数据压缩和编码技术、高性能大容量存储技术、多媒体网络通信技术、多媒体系统软硬件核心技术、多媒体同步技术、超文本超媒体技术等，其中信息数字化处理技术是基本技术，数据压缩和编码技术是核心技术。

4. 多媒体元素

多媒体元素（Multimedia Element）包括文本、图形、动画、声音及视频，在演示及网页中，多媒体元素扮演着重要的角色。

（1）文本

文本是以文字和各种专用符号表达的信息形式，它是现实生活中使用得最多的一种信息存储和传递方式。用文本表达信息给人充分的想象空间，它主要用于对知识的描述性表示，如阐述概念、定义、原理和问题以及显示标题、菜单等内容。 文本的最大优点是存储空间小；缺点是形式呆板，仅能利用视觉获取，靠人的思维进行理解，难以描述对象的形态、运动等特征。文本包括字体（Font）、字形（Style）、字号（Size）、颜色（Color）等属性。

（2）图形图像

图形图像是多媒体软件中最重要的信息表现形式之一，它是决定一个多媒体软件视觉效果的关键因素。 在计算机中，一类是由点阵构成的位图图像，另一类是用数学描述形成的矢量图形。由于对图片信息的表示存在两种不同的方式，对它们的处理手段也是截然不同的。矢量图形与位图图像的最大区别是：矢量图形不受分辨率的影响，放大或缩小不会影响图片的清晰度且不失真，其占用的存储空间也比较小。但图片颜色不丰富不形象逼真；位图图像比较形象、直观、信息量大，但是放大或缩小会影响图片的清晰度且容易失真，并且其占用的存储空间也较大。

（3）动画

动画是利用人的视觉暂留特性，快速播放一系列连续运动变化的图形图像，也包括画面的缩放、旋转、变换、淡入淡出等特殊效果。通过动画可以把抽象的内容形象化，使许多难以理解的教学内容变得生动有趣。合理使用动画可以达到事半功倍的效果。

（4）音频

声音是人们用来传递信息、交流感情最方便、最熟悉的方式之一。主要包括人的语音、音乐、自然界的各种声音、人工合成的声音等。 音频信号分为模拟信号和数字信号，传统的录音磁带上记录的信息是模拟信号，其具有连续性，即时间上的连续性和幅度上的连续性。数字信号是指时间上和幅度上都是离散的信号，计算机只能处理数字信号，因此，将模拟信号输入计算机需要进行数字化处理，即把模拟信号转换为数字信号。

（5）视频影像

视频影像具有时序性与丰富的信息内涵，常用于交代事物的发展过程。视频类似于我们熟知的电影和电视，有声有色，在多媒体中充当重要的角色。

8.1.2　多媒体技术的特点

多媒体技术具有多样性、交互性、实时性和集成性等主要特点。

（1）多样性

指信息媒体的多样性，即将文字、文本、图形、图像、视频、语音等多种媒体信息集于一体。

（2）交互性

交互性是指用户可以与计算机的多种信息媒体进行交互操作从而为用户提供更加有效地控制和使用信息的手段，即通过各种媒体信息，使参与的各方（不论是发送方还是接收方）都可以进行编辑、控制和传递。交互性将向用户提供更加有效地控制和使用信息的手段和方法，同时也为应用开辟了更加广阔的领域。

（3）实时性

所谓实时就是在人的感官系统允许的情况下，进行多媒体交互，就好像面对面（Face to Face）一样，图像和声音都是连续的。当用户给出操作命令时，相应的多媒体信息都能够得到实时控制。

（4）集成性

集成性是指以计算机为中心综合处理多种信息媒体，它包括信息媒体的集成和处理这些媒体的设备的集成。

8.1.3　多媒体技术的发展和应用

多媒体技术的开端是以 1839 年法国的达盖尔发明的照相技术开始的，后来，人们除了将文本和数值处理作为信息处理的主要方式以外，开始重视图形、图像以及音频、视频技术在信息处理领域的作用。从 20 世纪 40 年代计算机被发明以后，多媒体技术获得了空前的发展，基于计算机的多媒体技术大体上经历了 3 个阶段：

第一个阶段是 1985 年以前，这一时期是计算机多媒体技术的萌芽阶段。在这个时期，人们就将声音、图像进行数字化后利用计算机进行处理加工。例如，美国 Apple 公司推出了具有图形用户界面和图形图像处理功能的 Macintosh 计算机，并且提出了位图（Bitmap）的概念。

第二个阶段是在 1985 年至 20 世纪 90 年代初，是多媒体计算机初期标准的形成阶段。主要的标准有：CD-I 光盘信息交换标准、CD-ROM 和 CD-R 可读/写光盘标准、MPC 标准 1.0

版、Photo CD 图像光盘标准、JPEG 静态图像压缩标准和 MPEG 动态图像压缩标准等。

第三个阶段是 20 世纪 90 年代至今，是计算机多媒体技术飞速发展的阶段。在这一阶段，各种多媒体技术日臻完善，各类标准进一步完善，各种多媒体产品层出不穷，价格不断下降。

近年来，多媒体技术得到了迅速发展，应用领域也不断扩大，这是社会需求与科学技术发展相结合的结果。目前，多媒体的应用已经遍及社会生活的各个领域，如教育应用、电子出版、广告与信息咨询、管理信息系统和办公自动化、家庭应用、虚拟现实等。随着多媒体技术的不断成熟和完善，它的应用将遍及人类生活的每个领域。

8.2 图形图像处理技术

8.2.1 数字图像的基本属性

1. 分辨率

分辨率是指单位长度内的像素数即像素密度，如每英寸多少点（dot per inch，dpi）。分辨率是影响图像显示质量的重要指标，它有 4 种形式，显示分辨率、图像分辨率、像素分辨率、输出分辨率。

① 显示分辨率：包括最大显示分辨率和当前分辨率。显示分辨率又称屏幕分辨率，是指显示器在显示图像时的分辨率，也就是指屏幕上显示的像素个数。分辨率是用点来衡量的，显示器上这个“点”就是指像素（pixel）。显示分辨率的数值是指整个显示器所有可视面积上水平像素和垂直像素的数量。例如，800×600 的分辨率，是指在整个屏幕上水平显示 800 个像素，垂直显示 600 个像素。最大显示分辨率是衡量显示系统性能优劣的主要技术指标之一。

② 图像分辨率为数码照相机可选择的成像大小及尺寸，单位为 dpi。常见的有 640×480、1024×768、1600×1200、2048×1536。在成像的两组数字中，前者为图片宽度，后者为图片的高度，两者相乘得出的是图片的像素。长宽比一般为 4∶3。

在大部分数码照相机内，可以选择不同的分辨率拍摄图片。一台数码照相机的像素越高，其图片的分辨率越大。分辨率和图像的像素有直接关系，一张分辨率为 640×480 的图片，它的分辨率就达到了 307 200 像素，也就是我们常说的 30 万像素，而一张分辨率为 1600×1200 的图片，它的像素就是 200 万。这样，我们就知道，分辨率表示的是图片在长和宽上占的点数的单位。

③ 输出分辨率又称打印机分辨率，是指在打印输出时横向和纵向两个方向上每英寸最多能够打印的点数，通常以“点/英寸”即 dpi 表示。而所谓最高分辨率就是指打印机所能打印的最大分辨率，也就是所说的打印输出的极限分辨率。平时所说的打印机分辨率一般指打印机的最大分辨率，目前一般激光打印机的分辨率均在 600×600 dpi 以上。

2. 颜色理论

可见光谱的每部分都有唯一的值称为颜色。我们能看见一些物体，要么是因为它们本身能够发光，要么是因为它们能够反射光。发光物体的颜色是其本身直接发出可见光的颜色，而反射光物体的颜色是由其本身反射出去的光的颜色所决定的。

（1）三基色原理

人们通过大量实验发现，用三种不同颜色的单色光按一定比例混合，可得到自然界中绝大多数的彩色。具有这种特性的三个单色光称为三基色光，而这一发现也被总结成三基色定理，是利用人眼空间细节分辨力差的特点，将三种基色光点放在同一表面的相邻处，只要这三个基色光点足够小，相距足够近，当人眼在一定距离之外观看时，就会看到三种基色光混合后的彩色光。

（2）混色法

把三基色按照不同的比例混合获得彩色的方法称为混色法。相加混色法是指把不同的颜色相加得到颜色的方法。电视、显示器等使用的就是相加混色法颜色系统。相加混色法由三个基本颜色：红、绿和蓝，即RGB，称为三基色。相减混色法所得到的颜色是减剩后的颜色。相减混色法中的三基色是：靛蓝、洋红、黄色，即CMY。当这三种基色等量组合到一起时就呈现黑色。这种颜色系统主要应用于彩色印刷、彩色打印。

（3）颜色模型

颜色模型：是指人们为了利用计算机处理颜色而建立的颜色模型。不同的颜色模型都各自有自己的优缺点。常见的颜色模型有RGB模型、CMYK模型、HSB模型、Lab模型、Indexed模型和GrayScale模型。

（4）色彩三要素

色彩三要素（Elements of color）：色彩可用色调（色相）、饱和度（纯度）和明度来描述。色调是指色彩的相貌，是区分色彩的主要依据，色彩用不同的名称表示。如：红、黄、蓝、绿、紫。纯度通常是指色彩的鲜艳度，用来表现色彩的鲜艳和深浅。明度是指色彩的明暗程度，是表现色彩层次感的基础。

3. 位图图像和矢量图形

（1）位图图像

位图图像是由像素（Pixel）组成的，像素是位图最小的信息单元，存储在图像栅格中。每个像素都具有特定的位置和颜色值。按从左到右、从上到下的顺序来记录图像中每一个像素的信息。位图图像质量是由单位长度内像素的多少来决定的。单位长度内像素越多，分辨率越高，图像的效果越好。位图也称为“位图图像”、“点阵图像”、“数据图像”和“数码图像”。

（2）矢量图形

矢量图使用直线和曲线来描述图形，这些图形的元素是一些点、线、矩形、多边形、圆和弧线等等，它们都是通过数学公式计算获得的。例如一幅花的矢量图形实际上是由线段形成外框轮廓，由外框的颜色以及外框所封闭的颜色决定它显示出的颜色。

矢量图形与位图图像的最大区别是：矢量图形不受分辨率的影响，放大或缩小不会影响图片的清晰度且不失真，其占用的存储空间也比较小，但图片颜色不丰富不形象逼真；位图图像比较形象、直观、真实性强、信息量大，但是放大或缩小会影响图片的清晰度且容易失真，并且其占用的存储空间也较大。

8.2.2 常用数字图像文件格式

1. 常用位图图像的文件格式

常用的位图图像格式有BMP、PCX、GIF、TIFF、JPEG、TGA、PSD等。

BMP：位图是Windows系统下的标准位图格式，具有多种分辨率。其结构简单，未经过压缩，一般图像文件会比较大。

TIFF：TIFF 是图像文件格式中最复杂的一种，它是一种多变的图像文件格式，图像格式的存放灵活多变，它独立于操作系统和文件系统。此格式图像存储的质量高，占用的存储空间非常大，信息较多。该格式适合在不同软件间交换图像数据使用。

2. 常用矢量图的文件格式

矢量图是指由线条、文字、椭圆和多边形等图形元素构成的图形，是用这些图形元素的颜色、形状、大小、位置等的代数表达式来记录图像。常用的矢量图格式有 WMF、DRW、CDR、DXF、FLI、FLC、CG、EMF 等。

矢量图像主要用于工程图、白描图、卡通漫画等。制作矢量图的软件主要有 Illustrator、CorelDRAW、PageMaker 等。

8.2.3 Adobe Photoshop 图像处理软件简介

Photoshop 是美国 Adobe 公司开发的一个集图像输入、创建、编辑、存储、转换和输出等多种功能于一体的图像处理软件。我们可以利用 Photoshop 的图层、图层蒙版和滤镜等功能对图像进行编辑，利用 Photoshop 强大的抠图功能和图像配成功能，可以使图像合成达到以假乱真的效果。

Photoshop 工作界面如图 8-1 所示。

图 8-1 Photoshop 工作界面图

① 窗口：Photoshop 的窗口环境是编辑和处理图形图像的操作平台，它由标题栏、菜单栏、选项栏、工具箱、控制调板、图像窗口以及状态栏等组成。

② 主菜单和快捷菜单：Photoshop 主窗口中的菜单栏位于标题栏的下方，为整个环境下的所有窗口提供菜单控制。为了方便操作，右击还可以弹出快捷菜单，不同状态下系统所打开的快捷菜单不同。

③ 工具箱与工具属性栏：如图 8-2 所示，使用工具箱中的工具可完成创建选区、添加

文字、绘制图形、添加注释信息、选取颜色等多种编辑图像操作。Photoshop 工具箱中的工具大致可分为选区制作工具、绘画工具、修饰工具、颜色设置工具以及显示控制工具等几类。要使用某种工具，只需单击该工具。

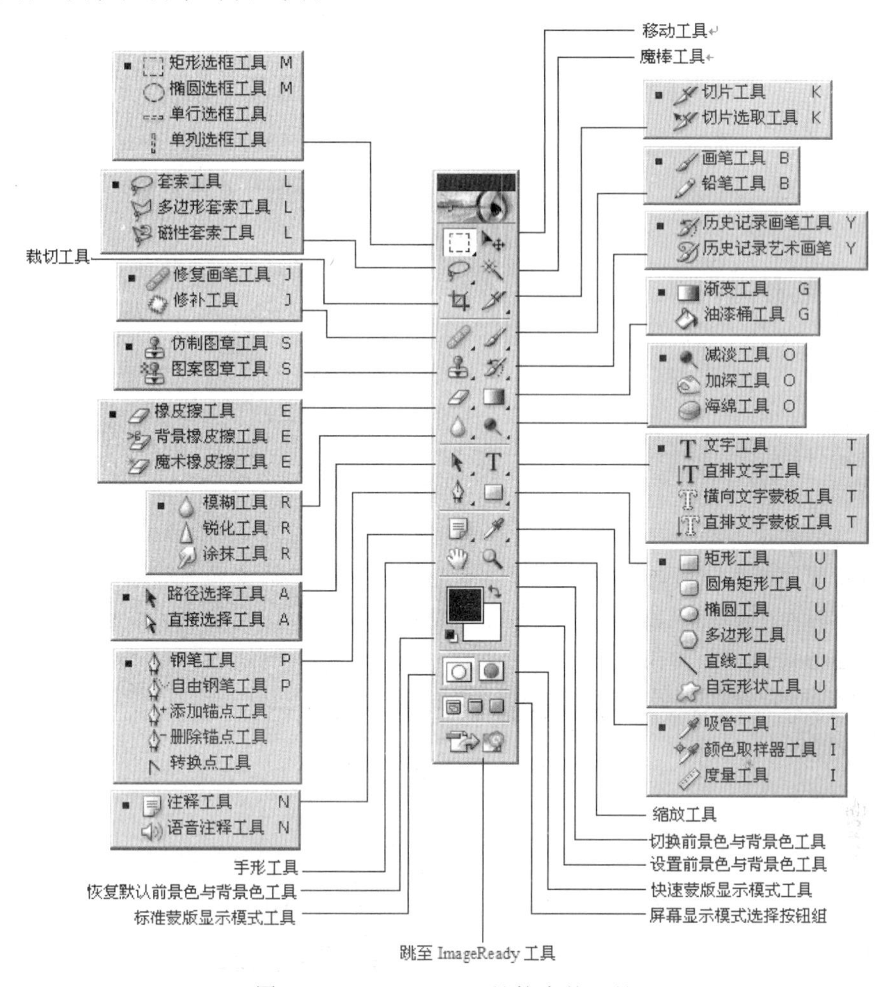

图 8-2　Photoshop 工具箱中的工具

④ 调板：调板是 Photoshop 中一项很有特色的功能，用户可利用调板的导航显示，观察编辑信息，选择颜色，管理图层、通道、路径、历史记录、动作等。调板窗口中有“导航器”调板、“信息”调板、“直方图”调板、“色板”调板、“样式”调板、“图层”调板、“通道”调板、“路径”调板、“画笔”调板等。

⑤ 状态栏：状态栏位于窗口底部，它由三部分组成。

文件的操作主要包括：创建新图像、保存图像、打开图像、浏览图像以及关闭图像等。

Photoshop 的基本操作主要有：选区、绘画、图像处理（包括像素编辑、颜色处理和图像修复）和文本操作等。Photoshop 的高级操作主要有：图层的应用、路径的应用以及滤镜的应用等。

Photoshop 的基本功能主要有图像编辑、图像合成、校色调色及特效制作等。

① 图像编辑：图像编辑是图像处理的基础，可以对图像进行各种变换（如缩放、旋转、倾斜、镜像、透视等），也可以进行复制、清除斑点、修补以及修饰图像的残损等。

② 图像合成：图像合成则是将几幅图像通过图层操作和工具应用合成为一幅完整的、能传达明确意义的图像。利用 Photoshop 提供的绘图工具可以让外来图像与创意很好地融合，使图像的合成天衣无缝。

③ 校色调色：是 Photoshop 中最具威力的功能之一，可方便快捷地对图像的颜色进行明暗、色调的调整和校正，也可在不同颜色之间进行切换以满足图像在不同领域（如网页设计、印刷等）的应用需求。

④ 特效制作：它在 Photoshop 中主要由滤镜、通道及工具综合应用完成。其中包括图像的特效创意和特效字的制作，如油画、浮雕、石膏画、素描等常用的传统美术技巧都可由 Photoshop 特效完成。

8.2.4 矢量图形制作软件简介

CorelDRAW 是一款加拿大的 Corel 公司开发的图形图像软件，它集合了图形绘制、图像编辑、图像抓取、图像转换、动画制作等一系列实用的应用软件，构成了一个高级图形设计和编辑出版软件包。这为设计师提供了矢量动画、页面设计、网站制作、位图编辑和网页动画等多种功能，其非凡的设计能力广泛地应用于绘画、绘制图标、商标以及复杂的图形；应用于图文混排、制作海报、宣传单、宣传画册、广告等；应用于印刷出版；应用于标志制作、模型绘制、插图描画、排版与分色输出等领域。CorelDRAW 的主界面如图 8-3 所示，由标题栏、菜单栏、标准工具栏、属性栏、工具箱、标尺、调色板、状态栏、滚动条、泊坞窗、页面控制栏和绘图页面等部分组成。

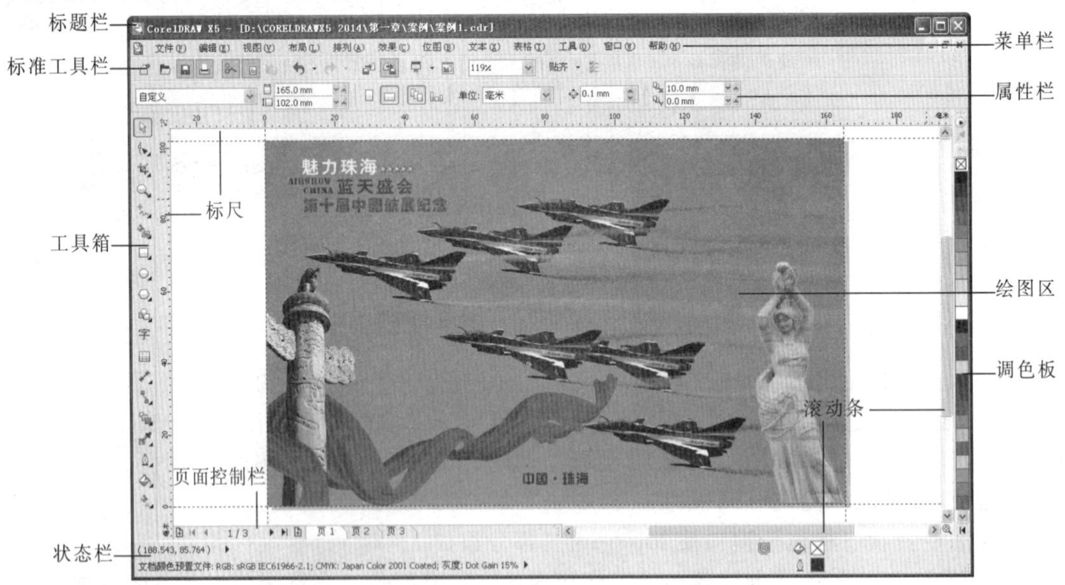

图 8-3　CorelDRAW 的主界面

矢量图形是根据几何特性绘制的图形，采用点、线、矩形、多边形、圆和弧线等进行描述，通过数学公式计算获得。因为图形是由公式计算获得的，所以矢量图形文件体积一般比较小。矢量图形最大的优点是不受分辨率的影响，无论放大、缩小或旋转等均不会失真；最大的缺点是难以表现色彩层次丰富的逼真图像效果。

CorelDRAW 是平面设计领域的优秀软件，是最为流行的矢量图形设计软件。与 Photoshop 相比，CorelDRAW 矢量绘图能力比较强，更适用于图文混排，在彩色印刷、广告制作等平面出版领域是首选软件之一。

8.2.5　图像处理案例——Photoshop 制作倒影效果

操作步骤如下：

① 启动 Photoshop 应用程序，在其工作区打开制作倒影所需的图片素材，如图 8-4 和图 8-5 所示。

图 8-4　动物图片

图 8-5　风景图片

② 选择"动物图片"文档，综合利用"魔棒工具"和"矩形工具"等多种创建选区工具将鸽子从动物图片中抠出来。

③ 按【Ctrl+C】组合键将选中的图像复制到剪贴板，然后按【Ctrl+V】组合键将复制的图像粘贴到新图层中，并将该图层命名为"动物图层"。选择【编辑】→【自由变换】命令（快捷键为【Ctrl+T】）调整鸽子的大小，按【Enter】键确认；再使用"移动工具"将鸽子调整到"风景图片"中的适当位置。

④ 复制"动物图层"并命名为"动物倒立图层"。

⑤ 选中"动物倒立图层"，选择【编辑】→【变换】→【垂直翻转】（快捷键为【Ctrl+T】，调出自由变换框）命令，将鸽子图像垂直向下移动到合适的位置，就创建了倒影效果，按【Enter】键确认。

⑥ 选中"动物倒立图层"，选择【滤镜】→【模糊】→【动感模糊】命令。

⑦ 在"动感模糊"对话框中设置"角度"为 90°，"距离"值为 13 像素，单击【确定】按钮。

⑧ 选择【滤镜】→【扭曲】→【水波】命令，弹出"水波"对话框，将【样式】设置为"水池波纹"，设置【数量】值为 32，【起伏】值为 10，单击【确定】按钮，按【Ctrl+D】组合键取消选区，便可得到最终的画面倒影效果，如图 8-6 所示。

图 8-6　具有倒影效果的图片

8.3　音频处理技术

在多媒体作品开发时，数字音频信息是经常采用的元素。数字音频信息主要的表现形式是讲解、声效和音乐。通过这些媒介，能烘托出多媒体作品的主题并营造气氛，尤其对于多媒体教学光盘、多媒体广告、多媒体课件等，数字音频信息显得更加重要。

8.3.1　数字音频的基本知识

1. 声音的三要素

声音的三要素：音调、音强和音色。声音质量的高低主要取决于这三要素。

① 音调：是指人耳对声音频率高低的感觉，由声音的频率决定。

② 音强：是指声音的强度，也就是常说的“音量”，是由声音的振幅决定的。

③ 音色：是指声音的感觉特性，即声音的特色，与声音的波形有关。声音分为纯音和复音两种类型。纯音是指振幅和频率均为常数的声音。复音是指具有不同频率和不同振幅的混合声音。在复音中，最低频率的声音是“基音”，它是声音的基调，其他频率的声音称为“谐音”，又称泛音。基音和谐音是构成声音音色的重要元素。

2. 数字音频的技术指标

声音的数字化过程主要包括：采样、量化和编码。数字化后的声音质量各不相同，声音的好坏主要取决于数字化过程中采样频率、量化位数、声道数和编码算法等技术指标。

（1）采样频率

采样频率是指每隔一定时间间隔在声音波形上取一个幅度值，把时间上的连续信号变成时间上的离散信号。该时间间隔称为采样周期。其倒数为采样频率。采样频率即每秒的采样次数，如 44.1 kHz 表示将 1s 的声音用 44 100 个采样点数据表示。采样频率越高，数字化音频的质量越高，但数据量也越大。

采样频率的选取应该遵循奈奎斯特（Harry Nyquist）采样定理：如果对某一模拟信号进行采样，采样频率只有不高于模拟信号最高频率的两倍时，才能从采样信号中恢复原始信号。

根据该采样定理，CD 激光唱盘采样频率为 44 kHz，可记录的最高音频为 22 kHz，这样的音频与原始声音相差无几，这也就是常说的超级高保真音质（Super High Fidelity，HiFi）采样的 3 个标准频率分别为 44.1 kHz，22.05 kHz 和 11.025 kHz 。

（2）量化位数

量化位数（又称采样精度）是对模拟音频信号的幅度进行数字化，它表示存放采样点振幅的二进制位数，它决定了模拟信号数字化以后的动态范围。通常量化位数有 8 位、16 位和 32 位等。分别表示有 2^8 、2^{16} 和 2^{32} 个量化等级。

在相同的采样频率下，量化位数越高，则采样精度越高，声音的质量也越好，但信息的存储量也相应越大，所需要的存储空间也就越大。

（3）声道数

声道数是指声音通道的个数即一次同时产生的声波组数。单声道只记录和产生一个波形；双声道产生两个波形，称立体声，在硬件中要占两条线路，音质较好，但存储空间是单声道的两倍。数字化音频除了单声道和双声道以外，还有环绕 4 声道、5.1 声道和 8.1 声道。

（4）编码算法

编码是将采样和量化后的数字数据以一定的格式记录下来。编码的方式很多，常用的编码方式是脉冲编码调制（Pulse Code Modulation，PCM），其主要特点是抗干扰能力强、失真小、传输特性稳定，但编码后的数据量比较大。

记录每秒存储音频容量的公式为：

$$数据量 = 采样频率（Hz）\times 量化位数 \times 声道数 \div 8$$

8.3.2 常用数字音频文件格式

目前，随着多媒体技术的发展，数字音频格式也层出不穷。这里介绍几种常见的数字音频格式。

1. CD 格式

CD 格式是当今世界上音质最好的音频格式。标准 CD 格式是 44.1 kHz 采样频率，速率 88 KB/s，16 位量化位数。

注意：不能直接复制 CD 格式的 CDA 文件到硬盘上播放，需要使用抓音轨软件（如 ECA）把 CD 格式的文件转换成 WAV 格式的文件才能播放。

2. MP3 格式

MP3 格式是 MPEG 标准中的音频部分，它的全称是 MPEG Audio Layer3，所以简称为 MP3。它的突出优点是：压缩比高，音质较好，能够以极小的失真换取较高的压缩比。正是因为它的体积小，音质的特点使得 MP3 格式的音乐在网上非常流行。

3. WMA 格式

WMA（Windows Media Audio）是微软公司力推的音频格式。由于 WMA 支持“音频流”技术，所以能够进行在线播放，适合网络实时播放。压缩比高，音质比 MP3 好。

4. WAV 格式

WAV 格式是微软公司开发的一种声音文件格式，又称波形文件格式，它是经典的 Windows

多媒体音频格式，应用非常广泛。WAV 的音质与 CD 格式相差无几，但 WAV 格式对存储空间需求太大，不便于交流和传播。

5．MIDI 音乐

MIDI（Music Instrument Digital Interface）音乐是电子合成音乐，是为了把电子乐器和计算机连接起来而制定的规范，是数字化音乐的一种国际标准。MIDI 是人们可以利用多媒体计算机和电子乐器去创作、欣赏和研究的标准协议。它的主要优点是；生成的文件比较小；容易编辑；可以作为背景音乐。

8.3.3 常用音频处理软件

目前，市场上出现的有关音频处理的软件很多，下面介绍几种常用的音频处理软件。

1．GoldWave 软件

GoldWave 是一种比较典型的数字音频处理软件，运行在 Windows 环境中，该软件的主要功能有：

① 以不同的采样频率录制声音信号：录制声音时，声音可以是 CD-ROM 播放的 CD 音乐，电缆传送过来的声音信号，也可以通过麦克风直接进行录音。

② 声音剪辑：例如，去掉一段不需要的声音；或截取一段声音，并复制到另外的位置；或将某段声音移动到另外的位置；或连接两段声音；或把多种声音合成在一起等。

③ 增加特殊效果：例如，增加混响时间，称回声效果；改变声音的频率；制作声音的淡入、淡出效果等。

④ 文件操作：新建数字音频文件，此项功能通常用于录制一段新的声音。还有打开、保存和删除数字音频文件等功能。

GoldWave 软件主界面如图 8-7 所示。包括编辑器和播放器两部分。

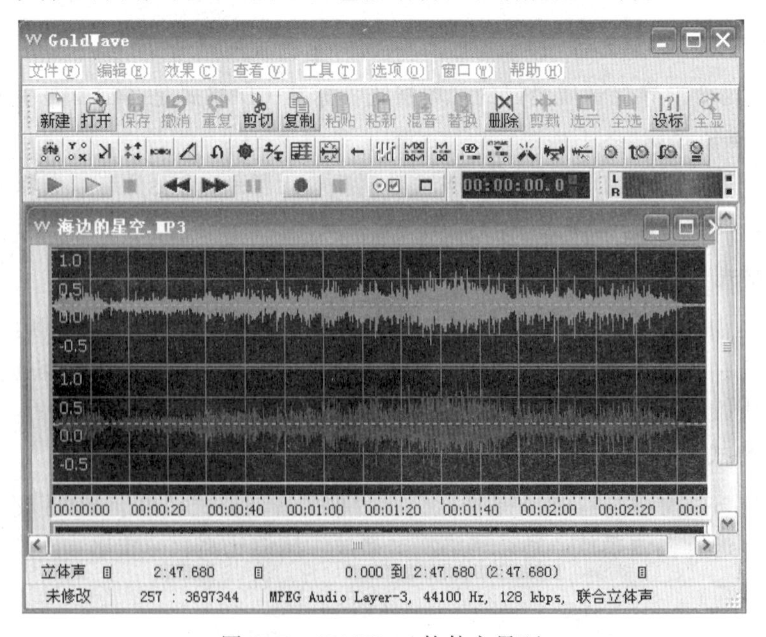

图 8-7　GoldWave 软件主界面

2. Windows Media Player 软件

Windows Media Player 软件是 Windows 操作系统自带的一种音频处理软件。它的主要功能是抓音轨。通过抓音轨，并编码为 WMA 文件的操作步骤如下：

① 勾选要抓取的音轨。

② 选择编码种。

③ 选择码流率。

④ 在菜单栏选择【翻录】→【更多选项】命令，在弹出的对话框中可以选择更多的控制参数。

⑤ 单击【开始翻录】按钮，即可启动抓音轨和编码过程。

⑥ 为了下一步工作需要，再将同一音轨制作成 WAV 格式的文件。

Windows Media Player 软件主界面如图 8-8 所示。

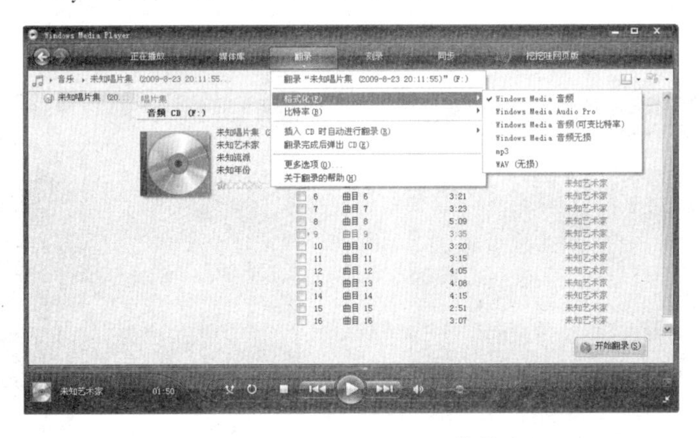

图 8-8　Windows Media Player 软件主界面

3. Adobe Audition 软件

Adobe Audition 是由 Adobe 公司 2003 年收购了 Cool Edit Pro 软件并将其改名而得到的。Audition 的基本技术特征有：按时间线工作方式，支持 128 条单轨、多种音频特效、多种音频格式，可以很方便地对音频文件进行修改、合并操作；提供高级混音、编辑、控制和特效处理能力；允许用户编辑个性化的音频文件；支持实时特效、环绕声、分析工具、MIDI、视频功能等。

Adobe Audition 的工作界面如图 8-9 所示，窗口中包含文件列表、效果列表、单轨/多轨/CD 切换按钮、传送器、时间显示栏、缩放控制器栏、轨道属性窗口、电平表等组件。

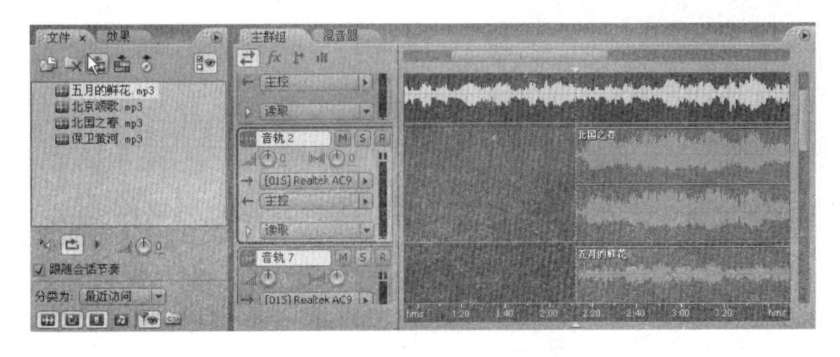

图 8-9　Audition 的工作界面

音频文件在 Adobe Audition 软件中有四种显示方式：分别为波形、频谱、声相谱、相位谱。Audition 软件有单音轨（编辑模式）和多音轨两个工作模式。Audition 的基本操作主要有：对音频数据的录音、选定、复制、粘贴、剪切、移动、删除、静音等。Audition 的高级操作主要有：声音的连接操作、混音处理、幅度调整和淡入淡出操作、噪音处理以及音频波形的颠倒、反转、静音处理和音频幅度的放大和压缩处理等。

8.3.4 音频编辑案例——Adobe Audition 为一段录音降低噪声

操作步骤：

① 自己录制一段朗读的语音（一般情况下，自己录制的声音都存在噪声）。录音波形如图 8-10 所示。

② 打开刚才录制的音频文件，放大显示录音波形，如图 8-11 所示；找到一段停顿的区域，创建选区，如图 8-12 所示。

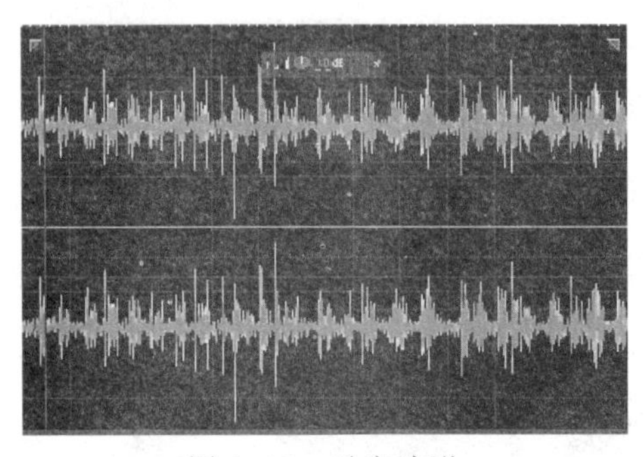

图 8-10 录音波形

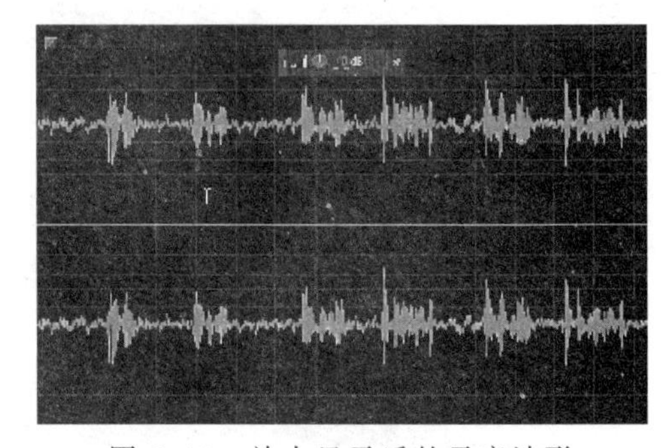

图 8-11 放大显示后的录音波形

③ 单击播放按钮，试听选区声音内容，判断是否为一段噪声，若包含朗读声音，需重新创建选区，直到全部为一段噪声为止。

④ 选择【效果】→【降噪/修复】→【采集噪声样本】命令。

⑤ 选择全部录音波形，如图 8-13 所示，选择【效果】→【降噪/修复】→【降噪（破坏性处理）】命令。

⑥ 在弹出的【效果 - 降噪】对话框中单击【应用】按钮，如图 8-14 所示。

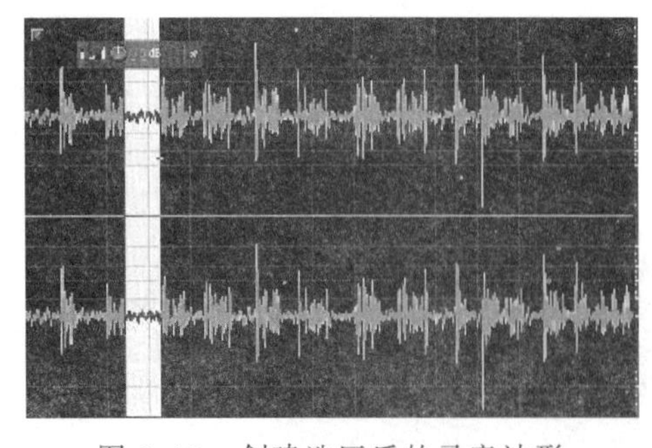

图 8-12 创建选区后的录音波形

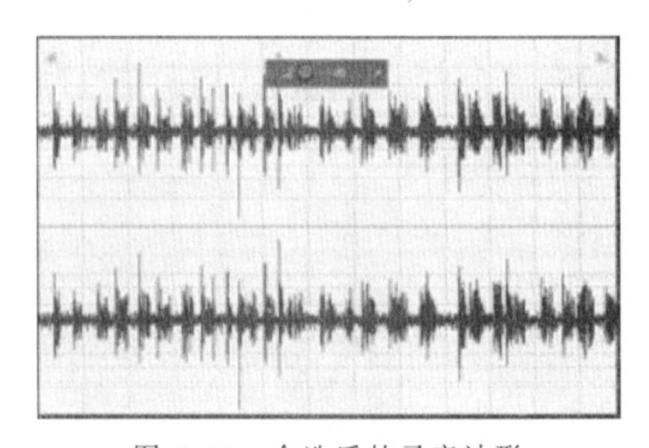

图 8-13 全选后的录音波形

⑦ 降噪处理后的音频波形中，所有语音停顿的波形基本都变为横线，这说明降噪成功，如图 8-15 所示。

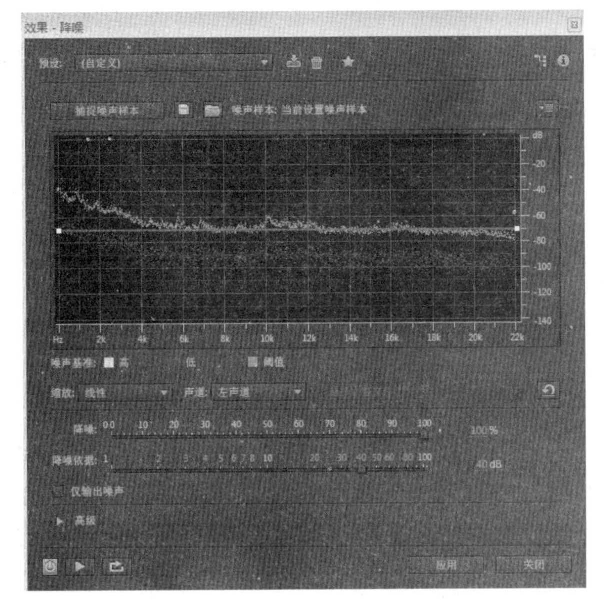

图 8-14 【效果 - 降噪】对话框

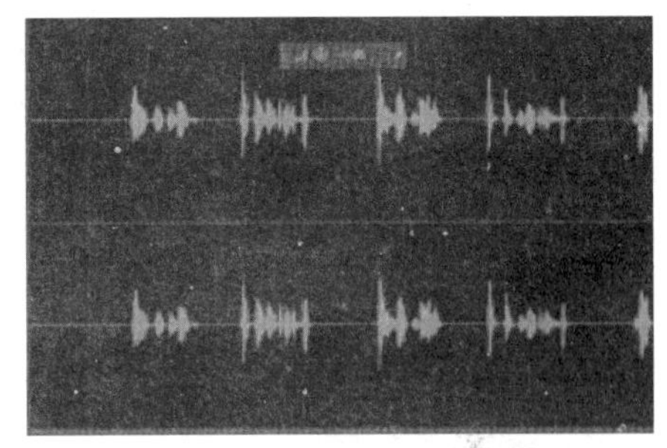

图 8-15　降噪处理后的音频波形

⑧ 保存文件。

8.4　视频处理技术

视频（Video）是多幅静止图像（图像帧）与连续的音频信息在时间轴上同步运动的混合媒体，多帧图像随时间变化而产生运动感，因此视频又称为运动图像。

8.4.1　视频的基础知识

1. 电视制式

电视制式是指电视信号（包括图像和声音）传输的标准，不同电视制式之间的区别在于屏幕扫描频率、解码方式、信号带宽及色彩处理方式等方面。如果视频信号与接收视频的电视制式不同，播放画面的效果就会明显下降，有时甚至根本没有图像。对于模拟电视，有黑白电视制式和彩色电视制式；对于数字电视，有图像信号、声音信号压缩编码格式（信源编码）、TS 流编码格式（信道编码）、数字信号调制格式和图像显示格式等制式。

（1）模拟黑白电视制式

目前世界上使用的黑白电视制式共有 14 种，我国黑白电视信号采用 D/K 制式。电视画面传输速率是 25 f/s，50 场，每帧图像信号的总行数为 625 行，分两场扫描，帧周期为 4 ms。

（2）模拟彩色电视制式

模拟彩色电视有三大制式，即 PAL 制式、NTSC 制式和 SECAM 制式。在这三种制式中，NTSC 制式最早研究成功，PAL 制式和 SECAM 制式分别针对 NTSC 制式的缺点而提出的两种改进制式，但是这三种制式各有自己的优点和缺点，三大制式的区别在于调制方式的不同。美国、日本、加拿大等国采用 NTSC 制式，德国、英国、西欧地区采用 PAL 制式，法国、俄罗斯等国采用 SECAM 制式。在 PAL 制式中，根据不同的参数细节，又可以进一步划分为 G、I、D 等制式，我国采用的是 PAL-D 制式。现在市场上出售的全制式电视机都能收看到这三大制式的电视信号。

PAL 制式电视的颜色模型为 YUV，供电频率为 50 Hz，场频为 50 场，帧频为 25 帧，图像宽高比为 4:3，扫描线为 625 行，色度信号使用正交频率调制，声音使用调频制（FM），亮度带宽至少为 4 MHz，总的电视通道带宽为 8 MHz，标准分辨率为 720 像素 × 576 像素。

2. 数字电视和数字视频

数字电视：从节目采集、节目制作、节目传输直到用户端都以数字方式处理信号的端到端系统。可以为用户提供同质量的图像和声音。传输数字电视需要数字电视播出系统，接收数字广播电视需要数字电视机。数字电视机可接收模拟电视节目，而模拟电视机增加机顶盒后才可收看数字电视节目。数字电视目前主要有三种标准：美国的 ATSC　DTV 标准、欧洲的 DVB 标准和日本的 ISDB 标准。

数字视频（Digital Video）是由多幅连续的图像序列构成的，是以离散的数字信号方式表示、存储、处理和传输的视频信息，所用的存储介质、处理设备以及传输网络都是数字化的。标准的 PAL、NTSC 和 SECAM 制式视频信号都是模拟的，计算机只能处理和显示数字视频信号，因此要让计算机处理视频信息，必须首先进行视频数字化。所谓视频数字化，是指在一段时间内,以一定的速度对模拟视频信号进行捕获并加以采样后形成数字化视频的处理过程。模拟视频的数字化一般需要经过采样、量化和编码这三个步骤。数字视频的优点主要具有再现性好、便于处理和网络共享等。

3. 视频的技术指标

（1）视频分辨率

视频信号本身的分辨率，只与视频信号的带宽有关。视频分辨率与像素分辨率不同。比如在视频信号的一个行上，若采样 600 个像素，则像素分辨率为 600，若采样 2000 个像素，则像素分辨率为 2000。

（2）图像深度决定其可以显示的颜色数

选择较小的图像深度可以减小文件的容量，但同时也降低了图像的质量。某些编码（压缩算法）使用固定的图像深度。

（3）帧率

每秒能够显示的帧数（f/s），高帧数可以使画面更流畅逼真。远程通信中为实现“实时”效果，常采用减少帧率。

（4）压缩质量

压缩质量通常用百分比来表示，100%表示最佳压缩效果。同一种压缩算法下，压缩质量越低，文件容量越小，丢失信息也越多。

（5）宽高比

宽高比指扫描行的长度与图像在垂直方向上的所有扫描行所跨过的距离之比。一般电视显示器是 4:3，HDTV 是 16:9。

8.4.2　常用的视频文件格式

1. AVI 格式

AVI（Audio Video Interleaved，音频视频交错格式）是 Microsoft 公司在 1992 年推出的一

种视频格式，所谓“音频视频交错”是指视频和音频交织在一起进行同步播放。其优点：图像质量好，可以跨多个平台使用；其缺点：体积过于庞大。

2．MPEG 格式

MPEG 文件格式采用了运动图像压缩算法的国际标准，它使用了有损压缩方法减少运动图像中的冗余信息，压缩比高。目前 MPEG 格式有三个压缩标准，分别是 MPEG-1、MPEG-2 和 MPEG-4。

3．MOV 格式

MOV 格式是 Apple 公司开发的一种视频格式，默认的播放器是苹果的 QuickTime Play，具有较高的压缩比率和较完美的视频清晰度，但其最大的特点还是跨平台性。

4．WMV 格式

WMV 格式（Windows Media Video）也是微软推出的一种采用独立编码方式，并且可以直接在网上实时观看视频节目的文件压缩格式。其主要优点：本地或网络回放、可扩充的媒体类型、部件下载、可伸缩的媒体类型、流的优先级化、多语言支持、环境独立性、丰富的流间关系以及扩展性等。

5．RM 格式

RM（Real Media）是 Real Networks 公司制定的音频视频压缩标准。其优点是：用户可以使用 RealPlayer 或 RealOne Player 对符合 RealMedia 技术规范的网络音频/视频资源进行实况转播；RealMedia 可以根据不同的网络传输速率制定出不同的压缩比率，从而实现在低速率的网络上进行影像数据实时传送和播放；用户使用 RealPlayer 或 RealOne Player 播放器可以在不下载音频/视频内容的条件下实现在线播放。

6．RMVB 格式

RMVB 格式是由 RM 视频格式升级延伸出的新视频格。其优点：在保证平均压缩比的基础上能够合理利用比特资源，静止和动作场面少的画面场景采用较低的编码速率，这样可以为快速运动的画面场景留出更多的带宽,从而使图像质量和文件大小之间达到了较好的平衡。它的另一个优点是具有内置字幕和无须外挂插件支持。

8.4.3　常用视频处理软件

用于视频处理的软件很多，目前用得较多的有 Windows Movie Maker（WMM）、会声会影和 Adobe Premiere。

1．Windows Movie Maker

Windows Movie Maker（WMM）是 Windows XP 的一个标准组件，其功能是将录制的视频素材经过剪辑、配音等编辑加工，制作成富有艺术魅力的个人电影。它也可以将大量照片进行巧妙的编辑，配上背景音乐，还可以加上自己录制的解说词和一些精巧特技，加工制作成电影式的电子相册。Windows Movie Maker 的最大特点就是操作简单、使用方便，并且用它制作的电影体积小巧，非常适合通过 E-mail 发送，或者上传到网络供大家下载收看。

2．会声会影

会声会影（Corel Video Studio Pro Multilingual）是一个功能强大的视频编辑软件，具有图像抓取和编修功能，可以抓取、转换 MV、DV、V8、TV 和实时记录抓取画面文件，并提供有超过 100 多种编制功能与效果，可导出多种常见的视频格式，甚至可以直接制作成 DVD 和 VCD 光盘。支持各类编码，包括音频和视频编码，是最简单好用的 DV、HDV 影片剪辑软件。

会声会影主要的特点是：操作简单，适合家庭日常使用，完整的影片编辑流程解决方案、从拍摄到分享、新增处理速度加倍。

它不仅符合家庭或个人所需的影片剪辑功能，甚至可以挑战专业级的影片剪辑软件。适合普通大众使用，操作简单易懂，界面简洁明快。该软件具有成批转换功能与捕获格式完整的特点，虽然无法与 EDIUS，Adobe Premiere，Adobe After Effects 和 Sony Vegas 等专业视频处理软件媲美，但以简单易用、功能丰富的特色赢得了良好的口碑，在国内的普及度较高。

会声会影启动窗口提供了三种操作模式，三种模式功能如图 8-16 所示，利用影片向导模式，只要三个步骤即可快速制作出 DV 影片，入门新手可以在短时间内体验影片剪辑；同时会声会影编辑模式从捕获、剪接、转场、特效、覆叠、字幕、配乐，到刻录，全方位剪辑出好莱坞级的家庭电影。其成批转换功能与捕获格式完整支持，让剪辑影片更快、更有效率；画面特写镜头与对象创意覆叠，可随意做出新奇百变的创意效果；配乐大师与杜比 AC3 支持，让影片配乐更精准、更立体；同时具有酷炫的 128 组影片转场、38 组视频滤镜、86 种标题动画等丰富效果。

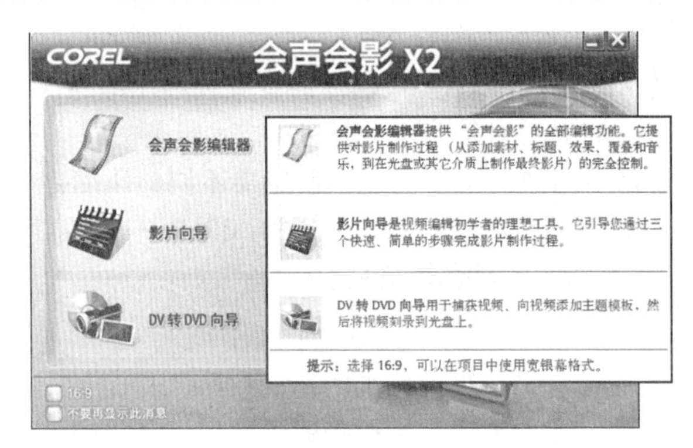

图 8-16　会声会影的三种操作模式

3. Adobe Premiere

Adobe Premiere 是视频编辑爱好者和专业人士必备的编辑工具。它可以提升用户的创作能力和创作自由度，它是易学、高效、精确的视频剪辑软件。Premiere 提供了采集、剪辑、调色、美化音频、字幕添加、输出、DVD 刻录等一整套流程，并和其他 Adobe 软件高效集成，使用户足以完成在编辑、制作、工作流上遇到的所有挑战，满足用户创建高质量作品的要求。

Adobe Premiere 的工作界面如图 8-17 所示，主要由菜单，项目，信息、历史和效果面，素材源、效果控制和调音台面，节目监视器面，时间线面，音频基准电平表和工具面板等组成。

Adobe Premiere 制作视频的工作流程：新建或打开项目→ 采集或导入素材→整合并剪辑序列→添加字幕→添加转场和特效→混合音频→输出。

Premiere Pro 与 AE（After Effects）的区别：AE 是 Premiere 的兄弟产品，是一套动态图形的设计工具和特效合成软件。有着比 Premiere 更加复杂的结构，学习难度更大，主要应用于 Motion Graphic 设计、媒体包装和 VFX（视觉特效）。而 Premiere 是一款剪辑软件，用于视频段落的组合和拼接，并提供一定的特效与调色功能。Premiere 和 AE 可以通过 Adobe 动态链接联动工作，满足日益复杂的视频制作需求。

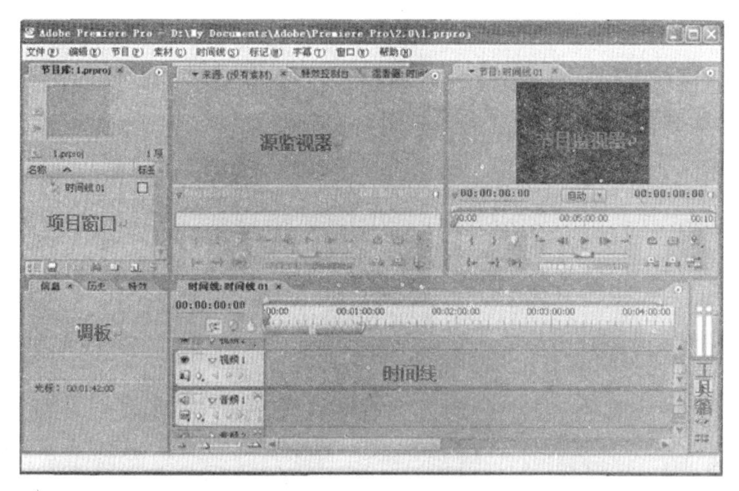

图 8-17 Adobe Premiere 的工作界面

8.4.4 视频编辑案例——使用 Premiere 给视频添加字幕

操作步骤：

① 新建项目。启动 Premiere，在弹出的欢迎界面中单击【新建项目】按钮（见图 8-18），弹出图 8-19 所示的【新建项目】对话框，设置相关参数。

相关参数设置及命名完成以后，单击【确定】按钮。

② 向项目中加入所有需要的素材，具体实现如下：

a. 新建文件夹：在【项目】面板中建立文件夹。

b. 导入素材：从【导入】对话框中选择要导入的素材到【项目】面板的文件夹中。

图 8-18 Premiere 欢迎界面

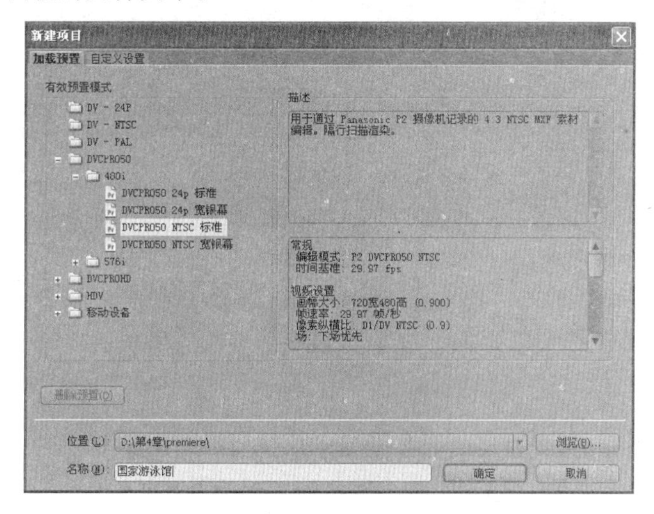

图 8-19 【新建项目】对话框

c. 双击【视频】文件夹中的“资源.avi”，该视频显示在【素材源】面板上，同时在【信息】面板上显示当前选择资源的相关信息。

③ 给视频添加需要的字幕，添加字幕以强化影片的主题，具体实现如下：

制作片头字幕

a. 在窗口左侧【项目】面板中创建新容器“标题字幕”，如图 8-20 所示。

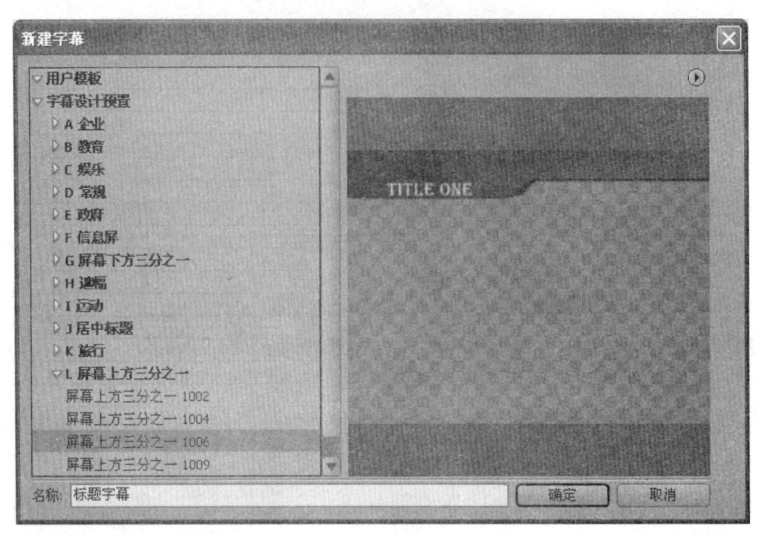

图 8-20 【新建字幕】窗口

b. 单击【确定】按钮，打开字幕设置窗口，如图 8-21 所示。

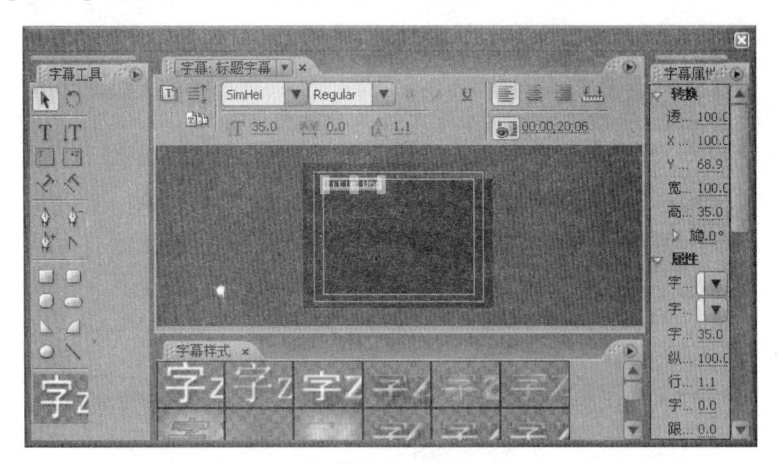

图 8-21 【字幕设置】对话框-标题字幕

c. 将其中的大标题文字内容修改为“片头字幕”，选中全部文字，在【字幕样式】面板中选择第一个样式。

d. 在【字幕属性】面板的【属性】选项组中，将【字体】设置为中文字体“STHupo”，将字体【尺寸】设置为 40。

e. 在【填充】选项组的【填充类型】下拉列表框中选择【4 色渐变】选项，单击色块，弹出【颜色拾取】对话框，如图 8-22 所示，分别设置颜色值，将上方颜色设置为

RGB(255,255,255)、RGB(240,238,213)，将下方颜色设置为 RGB(68,153,219)、RGB(48,161,144)，如图 8-23 所示。

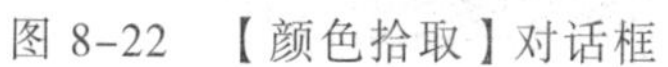

图 8-22　【颜色拾取】对话框

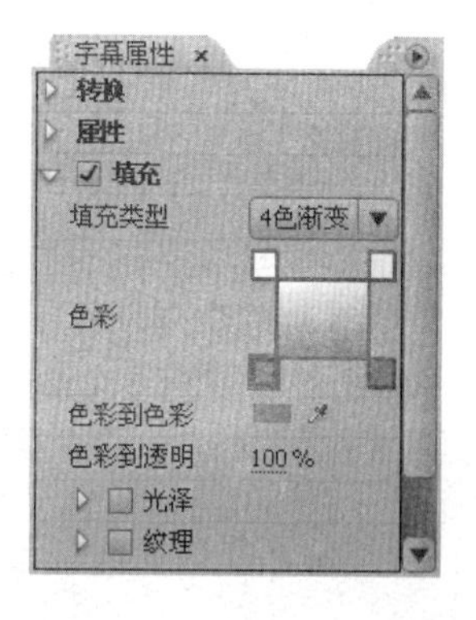

图 8-23　【字幕属性】设置-填充

f. 关闭【字幕设置】窗口，在时间线面板中，右击【视频 3】通道，在弹出的快捷菜单中选择【添加轨道】命令，如图 8-24 所示。

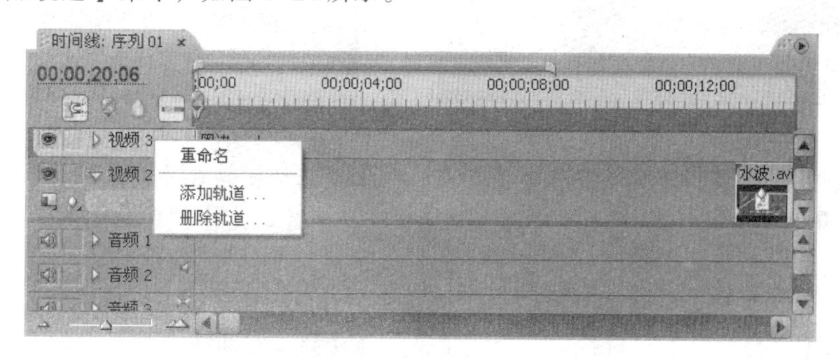

图 8-24　【时间线】面板中的视频快捷菜单

g. 将“片头字幕”拖到其中，使其左端位于视频的开始处，延长字幕的持续时间，使其右端位于视频的结束端，如图 8-25 所示。

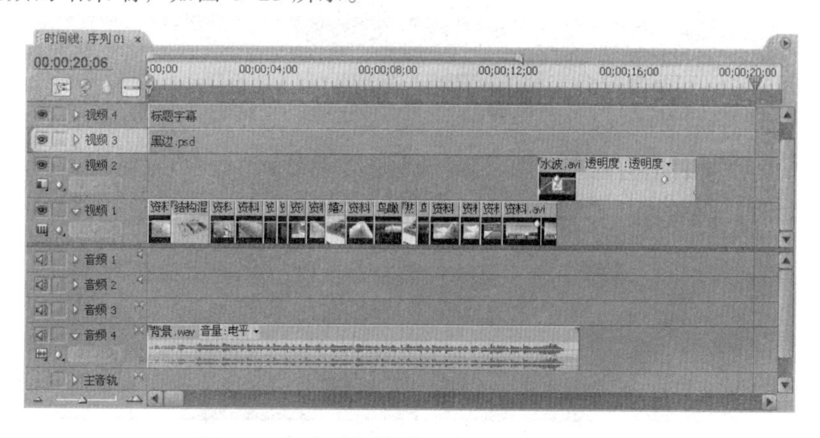

图 8-25　【时间线】面板中添加的字幕

视频的片头字幕效果如图 8-26 所示。

创建动态字幕

a. 选择【字幕】→【新建字幕】→【默认爬行】命令，弹出【新建字幕】对话框，在【名称】文本框中输入字幕的名称“介绍字幕”，单击【确定】按钮，打开【字幕设置】窗口。

b. 将“字幕文字内容.txt”文件中的文字复制到当前插入点所在的位置上。

c. 选中全部文字，将字体设置为中文字体“SimHei”，将字体尺寸设置为 25。

d. 在【填充】选项组的【填充类型】下拉列表框中选择【实色】选项，将颜色设置为纯黄色。

e. 单击对话框顶部工具栏中的【滚动/游动选项】按钮，弹出【滚动/游动选项】对话框，如图 8-27 所示。

图 8-26　片头字幕

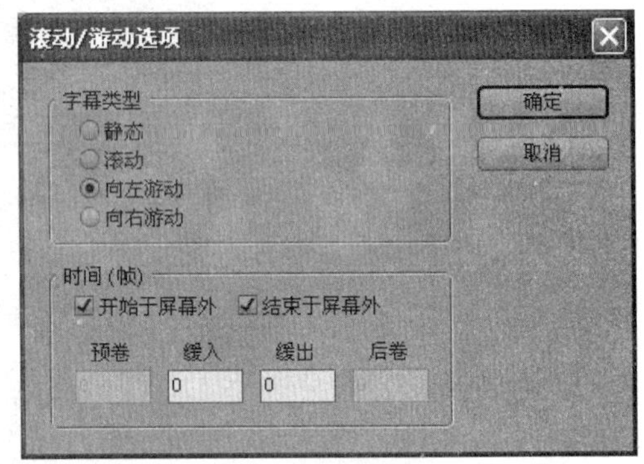

图 8-27　【滚动/游动选项】对话框

f. 在【字幕类型】选项组中选中【向左游动】单选按钮，在【时间（帧）】选项组中选中【开始于屏幕外】和【结束于屏幕外】复选框，单击【确定】按钮关闭对话框。

g. 将底部水平滚动条移动到最左侧，调整文字对象的位置。

h. 将底部水平滚动条移动到最右侧，调整文字对象的位置。

i. 关闭【字幕设置】窗口，将“介绍字幕”拖动到【时间线】面板中的【视频 4】通道上，自动出现【视频 5】通道，其左端位于视频的开始处，延长字幕的持续时间，使其右端位于视频的结束端，如图 8-28 所示。

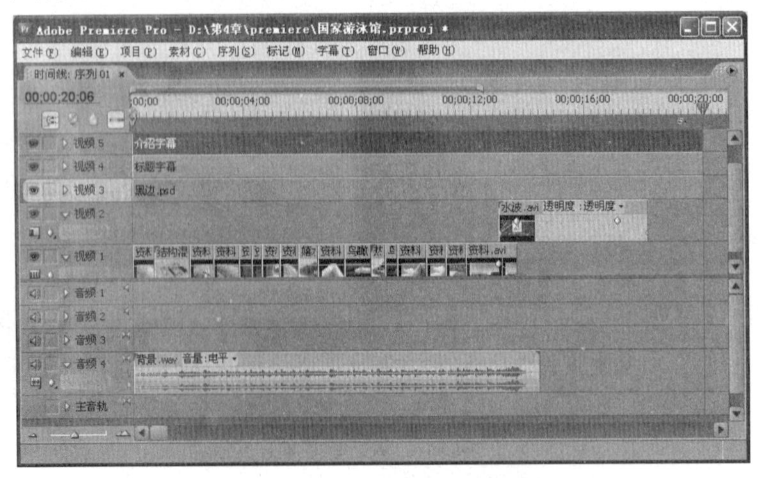

图 8-28　在【时间线】面板中添加字幕视频通道

j. 至此字幕制作完毕，单击节目面板上的播放按钮，查看效果，如图 8-29 所示。

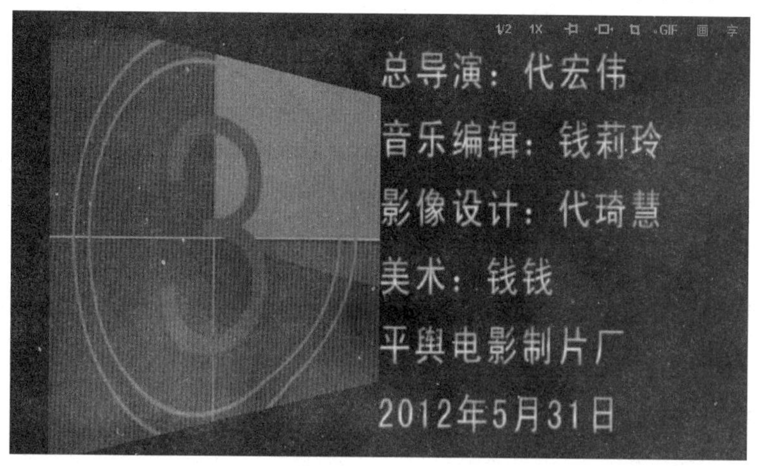

图 8-29　动态字幕

④ 导出影片。

选择【文件】→【导出】→【影片】命令，弹出【导出影片】对话框。

8.5　动画处理技术

动画的基本原理：动画是利用了人眼的“视觉暂留”效应。人在看物体时，当一场景从人眼前消失后，该场景在视网膜上不会立即消失，而是要保留约 1/24 s。计算机动画是采用连续播放静止图像的方法产生景物运动的效果，即使用计算机产生图形、图像运动的技术。

8.5.1　动画的分类

1. 按照创作方式分类

帧动画：指构成动画的基本单位是帧，很多帧组成一部动画片。

矢量动画：通过矢量线条和色块表示每一帧的动画，主要表现变换的图形、线条、文字和图案。

2. 按动画的表现形式分类

二维动画：又称“平面动画”，是帧动画的一种。

三维动画：又称“空间动画”，可以是帧动画，也可以制作成矢量动画。主要表现三维物体和空间运动。

3. 按动画的表现形式分类

变形动画：变形动画也是帧动画的一种，它具有把物体形态过渡到另外一种形态的特点。

8.5.2　动画的技术指标

1. 帧速度

帧速度：指 1 s 播放的画面数量，即帧的数量。一般帧速度为 30 f/s 或 25 f/s。

2. 画面大小

画面的大小与图像质量和数据量有直接关系，一般情况下，画面越大，图像质量越好，但数据量也越大。

3. 图像质量

图像质量和压缩比有关，一般来说，压缩比较小时对图像质量不会有太大的影响，但当压缩比超过一定的数值后，将会明显地看到图像质量下降。

4. 数据量

在不计压缩的情况下，数据量是指帧速度与每幅图像的数据量的乘积。具体公式如下：

数据量 = 帧速度 × 每幅图像的数据量

8.5.3 动画的文件格式

1. GIF 文件格式（.gif）

GIF 动画文件是指 GIF 的“89a”格式。该文件格式最多只能处理 256 种色彩，不能用于存储真彩色的图像文件，但能够存储成背景透明的形式。

2. SWF 文件格式（.swf）

一种矢量动画格式，因其采用矢量图形记录画面信息，所以这种格式的动画在绽放时不会失真，且容量很小，非常适合描述由几何图形组成的动画。

3. AVI 文件格式（.avi）

一种带有声音的文件格式，符合视频标准，通常称为视频文件或电影文件。受视频标准的制约，该格式的动画画面分辨率是固定的。另外，AVI 格式只是作为控制界面上的标准，不限定压缩算法。

4. FLC 文件格式（.fli/.flc）

FLC 是一种“无声动画”格式。该格式的动画文件采用数据压缩格式，代码效率较高。FLI 是最初基于 320 × 200 分辨率的动画文件格式，而 FLC 则是在 FLI 上的进一步扩展，采用更高的数据压缩技术，分辨率扩大到 320 × 200～1600 × 1280。

8.5.4 常用动画制作软件

常用的动画制作软件有：Animator Studio、Flash、GIF Construction（简称 GIFCON）、3D Studio Max 和 Cool 3D、Maya 等。这里只介绍较常用的 Flash 软件。

Flash CS5 安装成功后，启动 Flash CS5，新建一个文档，将出现图 8-30 所示的工作界面。该界面主要包括菜单栏、绘图工具箱、“时间轴”窗口、舞台、属性面板以及多个浮动面板等。

标题栏：位于窗口最上方，显示 Flash 标志。

菜单栏：标题栏下面是菜单栏，提供菜单命令。Flash CS5 的菜单栏中包括文件、编辑、视图、插入、修改、文本、命令、控制、窗口、帮助和调试 11 个主菜单项。

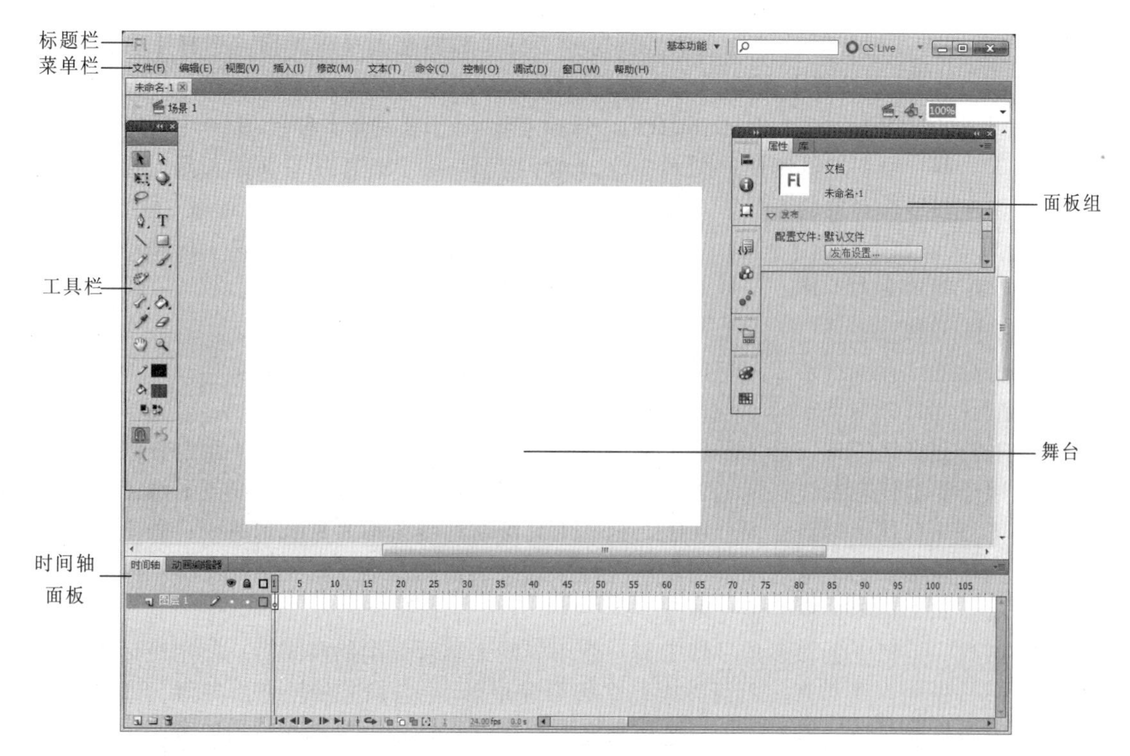

图 8-30　Flash CS5 的工作界面

【时间轴】窗口：用于管理动画中的图层和帧。帧，简单地讲就是一个时间单位。不同帧显示不同的画面，连续播放就构成了动画。Flash 中的动画就是按帧计算的，在时间轴上每一个小方格就代表一帧。图层的概念与 Photoshop 中类似，像层叠在一起的幻灯片，每个图层上绘制和编辑的对象相互独立。时间轴中的主要组件是图层，帧和播放头。

舞台：又称编辑区，是制作动画的工作区。可以在舞台中直接绘制图形，或者导入所需的图形图像等媒体文件。默认时，舞台大小为 550（宽）×400（高）px，背景为白色，帧频为 12 f/s。根据需要，用户可以选择【修改】→【文档】命令，弹出【文档设置】对话框，修改当前 Flash 文档的属性.

属性面板：显示当前所选工具或对象的属性设置选项。例如，当选择“椭圆工具”时，属性面板将显示【椭圆工具】的属性设置选项；当选择【文本工具】时，属性面板则显示“文本工具”的属性设置选项。在没有选择任何工具或对象时，属性面板显示的是当前文档的属性选项。

【颜色】面板：主要用来为对象设置边框颜色和填充颜色。可选择【窗口】→【颜色】命令，打开【颜色】面板。

【库】面板：用于存储用户创建的元件、声音、影片、组件等内容。选择【窗口】→【库】命令，打开【库】面板。

【变形】面板：用于对选中的对象进行旋转、变形、缩放和复制等操作。选择【窗口】→【变形】命令，打开【变形】面板。

【信息】面板：用于对舞台上的对象的大小和位置进行精确的编辑。选择【窗口】→【信息】命令，打开【信息】面板。

【对齐】面板：用于对选中的对象进行对齐、分布和匹配大小等操作。选择【窗口】→【对齐】命令，打开【对齐】面板。

【动作】面板：用于存放ActionScript代码。选择【窗口】→【动作】命令，打开【动作】面板。

绘图工具箱：绘图工具箱（见图8-30）一般位于Flash CS5工作界面的左侧，提供了很多种用于创建和编辑对象的工具。工具箱主要被划分成四个区域：【工具】区域、【查看】区域、【颜色】区域和【选项】区域。这里只介绍【工具】区域的工具。【工具】区域：包括绘图、编辑、填充和文本工具。

（1）绘图工具

绘图工具主要有：线条工具、铅笔工具、钢笔工具、画笔工具、椭圆工具、矩形工具、多角星形工具。

线条工具和铅笔工具：是Flash中常用的画线工具，线条工具主要用于绘制直线，铅笔工具主要用于绘制任意曲线；钢笔工具主要用于绘制更精确的路径，如直线或平滑流畅的曲线，钢笔工具具有强大的路径调节功能。钢笔工具绘制的线条称为贝塞尔曲线；画笔工具主要用来绘制不同形态的矢量色块或制作一些特殊效果，使用画笔工具绘制的图形从外观上看似乎是线条，其实是无轮廓的填充图形。

椭圆工具、矩形工具和多角星形工具：使用椭圆工具可以绘制椭圆形，使用矩形工具可以绘制矩形，使用多角星形工具可以绘制多边形和星形。 它们的使用方法类似，即单击工具按钮，设置笔触颜色、填充颜色、笔触高度及样式，在舞台中单击并拖动即可。

设置图形的笔触与填充属性：使用Flash CS5中的绘图工具时，用户可以选择系统提供的多种笔触线条形式与填充方式。对于图形笔触线条来说，颜色只能设置为纯色，但可以设置笔触宽度与样式；对于填充区域来说，颜色可以设置为纯色、渐变色或位图。系统提供了多种设置笔触与填充属性的方法。

（2）编辑工具

编辑工具主要有：选择工具、部分选取工具、套索工具和任意变形工具。

（3）填充工具

填充工具主要有：颜料桶工具、墨水瓶工具、吸管工具和填充变形工具。

（4）文本工具

在Flash中包含三种类型的文本，即静态文本、动态文本和输入文本。通常用户所创建的文本是静态文本，它在动画播放过程中是不变的。动态文本是可动态改变的文本，在动画播放过程中，其内容可以通过事件的激发来改变。输入文本是在动画的播放过程中可以由用户自己输入信息的文本区域，它可以在用户和动画之间产生交互。

制作动画的一般过程是：策划动画、收集素材、制作动画、调试动画、测试动画、发布动画。

8.5.5 动画制作案例——用Flash制作地球自转动画

操作步骤：

1. 制作地球自转元件

第1步：新建Flash文档，选择【插入】→【新建元件】命令，选择影片剪辑类型，改名为“地球”，进入“地球”影片剪辑元件编辑区。

第 2 步：制作立体球。制作方法：

先把图层 1 重命名为“立体球”层。选择工具箱中的椭圆工具，在【属性】面板中设置笔触颜色为【无色】，填充颜色选择为【渐变放射状】。选择【窗口】→【颜色】命令，打开【颜色】面板，调整渐变放射状的中心色为【浅蓝色】，外沿色为【深蓝色】，如图 8-31 所示：按住【Shift + Alt】组合键，用鼠标在编辑区中心拖出一个蓝色放射状渐变的立体大球。在“立体球”层第 40 帧插入帧。

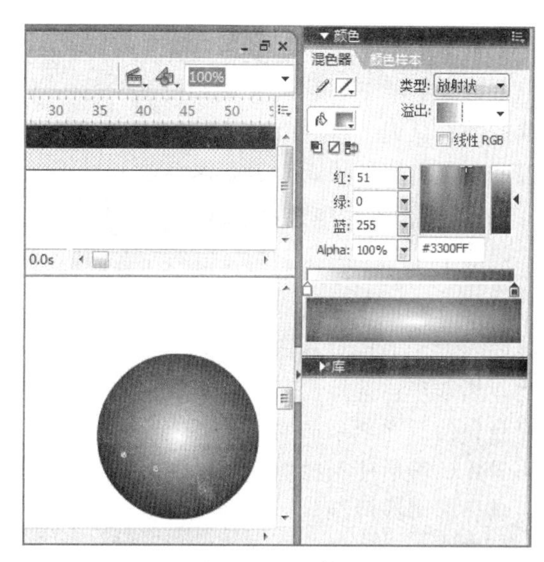

图 8-31　立体球

第 3 步：在“立体球”层上边新增一个图层并命名为“地图”层。选择【文件】→【导入】→【导入到库】命令，将“地图”导入到库。

第 4 步：将“地图元件”从“库”里边拖到“地图”图层上，对“地图”创建动作补间动画。

制作方法：首先调整地图的大小，使地图的宽度与立体球的直径相等，并使地图的右边与立体球的边对齐，如图 8-32 所示；然后在第 40 帧插入关键帧，水平移动地图，使地图的左边与立体球的左边对齐，如图 8-33 所示；最后选择中间任意一帧，在“属性”面板的【补间】中选择“动画”。

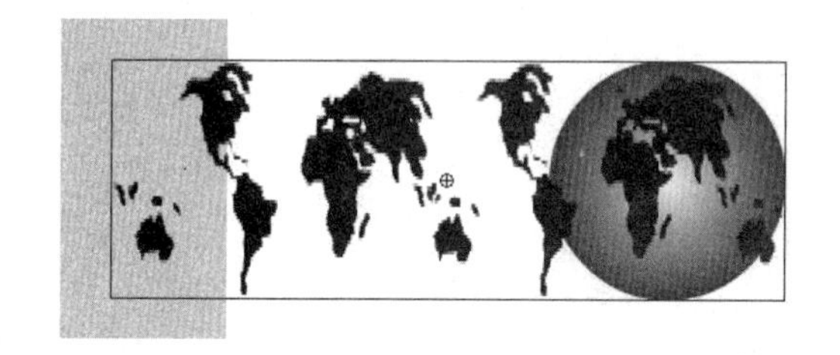
图 8 - 32　地图动画开始帧

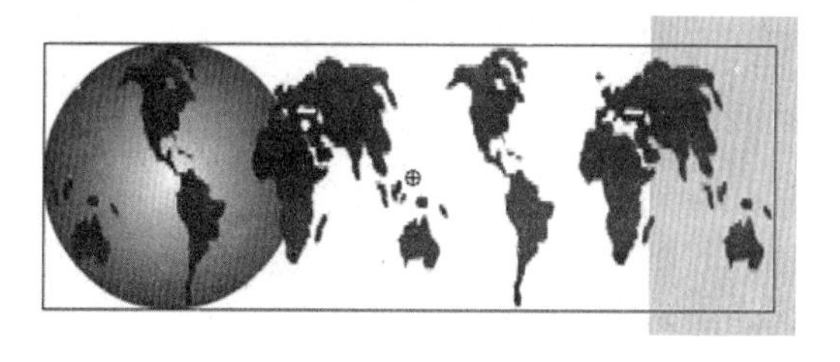
图 8-33　地图动画结束帧

第 5 步：创建遮罩层。

制作方法：首先在“地图”层上新增一个图层并命名为遮罩层，选中“立体球”图形并将其复制粘贴到遮罩层（注意粘贴时使用的是“粘贴到当前位置”）；然后选择遮罩层，右击鼠标，在弹出的快捷菜单中选择【遮罩层】命令。地球自转元件制作的结果如图 8-34 所示。

图 8-34　地图自转元件

2. 制作月球元件

第 1 步：新建 Flash 文档，选择【插入】→【新建元件】命令，选择图形类型，重命名为“月球”，进入“月球”图形元件编辑区。

第 2 步：选择工具箱中的椭圆工具，在【属性】面板中设置笔触颜色为【无色】，填充颜色选择为【渐变放射状】。选择【窗口】→【颜色】命令，打开【颜色】面板，调整渐变放射状的中心色为“白色”，外沿色为“黑色”，按【Shift + Alt】组合键，用鼠标在编辑区中心拖出一个黑白放射状渐变的立体小球。

3. 制作月球绕地球旋转

第 1 步：回到场景，将图层 1 修改为“地球”层，并将地球元件拖到该图层中心位置。

第 2 步：在“地球”图层上增加一个图层并命名为“月球”层，将月球元件从库中拖到该图层上，最后对月球制作运动补间动画。

第 3 步：选择“月球”图层并右击，在弹出的快捷菜单中选择【添加传统运动引导层】命令；然后在新添加的引导层上使用椭圆工具绘制一个较大的椭圆线作为月球绕地球旋转的引导线；最后使用橡皮擦工具在椭圆线与地球交界处分别擦出两个小口，把被地球遮挡的那一部分椭圆线段删除。

第 4 步：选择“月球”图层的第 1 帧，把月球元件中心移动到椭圆线的一个端点上，再选择“月球”图层的最后一帧，将月球元件中心移动到椭圆线的另外一个端点上。月球围绕地球旋转的动画如图 8-35 所示。

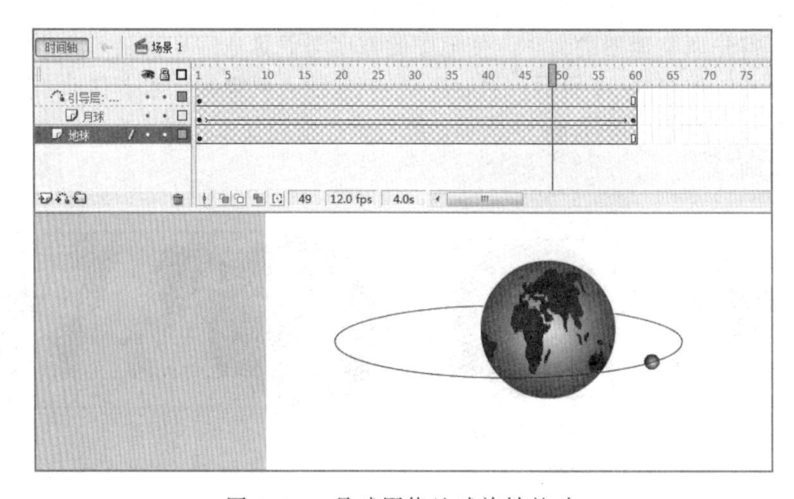

图 8-35 月球围绕地球旋转的动

小 结

本章主要介绍了计算机多媒体技术的有关概念和基本原理，计算机多媒体技术处理信息的基本方法和常用基本工具的使用方法。通过本章的学习，要求学生了解媒体、多媒体、多媒体技术的基本概念、特点和媒体分类形式；掌握各种媒体素材采集整理方法；重点掌握媒体素材整理、编辑工具的基本使用方法。

第 9 章　程序设计初步

学习目标

1. 了解程序设计相关概念，如机器语言、汇编语言、高级程序设计语言等。

2. 熟悉 Raptor 编程环境，掌握 Raptor 程序设计过程，为其他高级程序设计语言的学习打下坚实的基础。

9.1　程序设计概述

程序设计技术是计算机最核心的应用技术之一。计算机能广泛渗透到各个行业应用，主要得益于程序员设计编写的各种应用程序。

9.1.1　程序概念

在中华人民共和国国家标准《质量管理体系基础和术语》中对于“程序”的定义是“为进行某项活动或过程所规定的途径。”例如，人们每天的生活程序是起床、刷牙、洗脸、吃早餐、工作、吃午餐……

所谓程序，是指能够实现某一功能的一系列指令集合。计算机程序（Computer Program）又称软件（Software），简称程序。程序是指一组指示计算机或其他具有信息处理能力装置每一步动作的指令，通常用某种程序设计语言编写，运行于某种目标体系结构上。计算机程序首先用一种程序设计语言编写，然后用编译程序或解释执行程序翻译成机器语言。随着计算机程序设计语言大众化和智能化的发展和普及，使用计算机设计及编程已成为各个行业的专业人员必须掌握的知识和技能。

9.1.2　程序设计

程序设计一般不只是编写一个程序，它是指利用计算机去解决问题的全过程，它涉及多方面的内容，而编程只是程序设计工作的一部分。程序设计过程应当包括分析、设计、编码、测试、排错等不同阶段。

程序设计的步骤一般是：分析问题、设计算法、编写程序、运行程序并分析结果、编写程序文档。

目前比较流行的程序设计方法有：面向过程或面向对象的程序设计方法。

1. 面向过程的程序设计方法

面向过程的程序设计有三种基本结构：顺序结构、选择结构、循环结构。

设计原则：

（1）自顶向下，逐步求精

指从问题的全局入手，把一个复杂任务分解成许多易于控制和处理的子任务，子任务还可能做进一步分解，如此重复，直到每个子任务都容易解决为止。

（2）模块化

指解决一个复杂问题是自顶向下逐层把软件系统划分成一个个较小的、相对独立但又相互关联的模块的过程。

2. 面向对象程序设计方法

面向对象的基本概念有：对象、类、封装、继承、消息、多态性等。

面向对象程序设计的优点：

① 符合人们认识事物的规律。

② 改善了程序的可读性。

③ 使人机交互更加贴近自然语言。

9.2 程序设计语言

要想深入地掌握计算机，必须学会编程。计算机各类程序设计语言具有一定共同基础的知识，掌握其基础知识是深入学习程序设计语言的基础。程序设计语言经历过机器语言、汇编语言及高级语言等发展阶段。

9.2.1 机器语言

本质上计算机只能识别 0 和 1 两个二进制数码。也就是说计算机只能直接读取由若干个 0 和 1 连接起来的二进制编码指令，即机器指令。

机器语言（Machine Language）是指计算机能够直接识别的基本指令的集合，它是最早出现的计算机语言。一条指令就是机器语言的一个语句，每条指令规定计算机要完成某个特定的操作。机器指令一般由操作码和操作数组成，操作码指明了指令的操作性质及功能；操作数指出参与运算的对象，以及运算结果所存放的位置等。

由于机器指令与 CPU 紧密相关，所以不同种类的 CPU 所对应的机器语言是不相通的。但是对于同一系列的 CPU，为了保证各型号的 CPU 之间具有良好的兼容性，要求最新的 CPU 指令系统必须包括此前相同系列 CPU 的指令系统，以此保证不同时期开发的机器语言程序能够在同系列的 CPU 上正常运行。

用机器语言编写程序，程序员首先要熟记所用计算机的全部指令代码及代码的含义。最初的程序设计员使用机器语言时，将 0 和 1 数码编成的程序指令代码打在纸带或卡片上，遇 1 打孔，遇 0 不打孔，再通过纸带机或卡片机将程序输入计算机进行运算。编程过程中，程序员必须记住每步所使用的工作单元状态，并同时要处理好每条指令及每一数据的存储分配及输入/输出。编出的程序全是些 0 和 1 的指令代码，直观性差，还容易出错。现在除了计算机生产厂家的专业人员外，绝大多数程序员已经不再学习机器语言了。

总之，机器语言的优点是能够被 CPU 直接识别，因而运行速度快、占用内存少；缺点是记忆难、书写难、编程难、可读性差、可移植性差、容易出错。

9.2.2　汇编语言

为了改进机器语言的缺点，人们引进一些容易记忆、书写和辨别的符号去代替较复杂的机器指令，从而形成汇编语言（Assembly Language），又称符号语言。

汇编语言用助记符（Mnemonics）替代机器指令的操作码；用地址符（Symbol）或标号（Label）替代指令或操作数的地址。不同设备的汇编语言对应着不同的机器语言指令集，通过汇编过程转换成机器指令。即特定的汇编语言与特定的机器语言指令集是一一对应的关系，因而移植性较差。

例如，在特定汇编语言中，用 ADD 表示加法指令，用 MOV 表示传送数据指令，那么用汇编语言实现“5+8”的程序可写为：

```
MOV AL,5              ;将 AL 赋值 5，即把加数 5 送到累加器 AL 中，也就是 AL=0x05H
ADD AL,8              ;把加数 AL 中的内容加上另一个加数 8，结果存入 AL
HLT                   ;操作停止
```

汇编语言的主体是汇编指令。汇编指令和机器指令的差别主要在于指令的表示方法上。汇编指令是机器指令便于记忆的书写格式。例如：

```
1000100111011000      ;机器指令
MOV AX,BX             ;汇编指令——将寄存器 BX 的内容送到累加器 AX 中
```

通常把用汇编语言编写的程序称为汇编语言源程序，它必须经过翻译将其转换成用二进制代码表示的程序，才能被计算机直接识别和运行。这个负责翻译的程序称为汇编程序。从汇编语言源程序到可执行程序的整个过程如图 9-1 所示。

图 9-1　汇编源程序的执行过程

汇编程序的作用是把汇编源程序转换为用二进制表示的机器语言目标程序。这种将汇编指令转换成机器指令的汇编程序（翻译程序）称为编译器。虽然目标程序计算机能够直接识别，但它通常还要通过连接程序把本程序与其他目标程序和库文件连接起来，才能形成计算机可以直接识别和运行的可执行程序。

汇编语言源程序虽然比机器语言程序有更直观的表达性，但它们都是面向机器的语言。因而在本质上汇编语言仍然不可避免地存在着机器语言的一些特征和缺点。

从另一方面也可以看到，汇编语言虽然不像其他高级程序设计语言一样被广泛应用，但时至今日汇编语言还存在特定的应用领域。它通常被应用在底层，硬件操作和高要求的程序优化的场合，以及驱动程序、嵌入式操作系统和实时运行程序都需要汇编语言。

9.2.3　高级语言

从机器语言到汇编语言的历程让人们意识到应该设计这样一种语言：它既接近于数学语言和自然语言，同时又从本质上脱离具体的计算机硬件，具有这样特性的计算机语言称为高级程序设计语言。显然，高级程序设计语言不但在机器上具有通用性，而且在语法上符合数学语言表示，在陈述问题上符合人的思维和解决问题的习惯。

高级语言源程序不能被机器直接识别，需要使用翻译程序把源程序翻译成用二进制代码表示的目标程序后机器才能识别。不同的高级语言有各自不同的翻译程序。

说明：源程序是指未经编译的按照一定程序设计语言规范书写的可读性文本文件。

翻译程序的工作方式分编译方式和解释方式两种：

① 编译方式。采用编译方式的源程序的执行分三步：编译→连接→运行。即先通过一个存放在计算机内部的称为编译程序的机器语言程序，把源程序全部翻译成和机器语言表示等价的目标程序代码；然后再通过连接程序将目标程序与计算机内部或外部的程序（包括函数或过程）进行连接，组装形成一个完整的可执行程序；最后计算机执行这个可执行程序，从而完成并输出源程序所要求的结果。整个编译过程如图 9-2 所示。

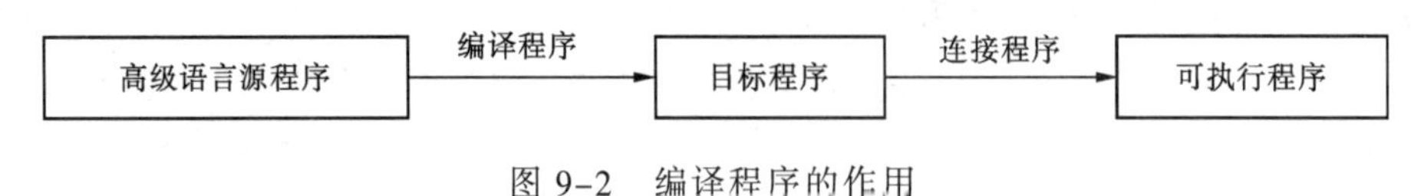

图 9-2　编译程序的作用

② 解释方式。解释程序将输入到计算机中的源程序逐句翻译，翻译一句执行一句，边翻译边执行，不产生目标程序。程序执行时，解释程序伴随源程序一起运行得出最终结果，如图 9-3 所示。

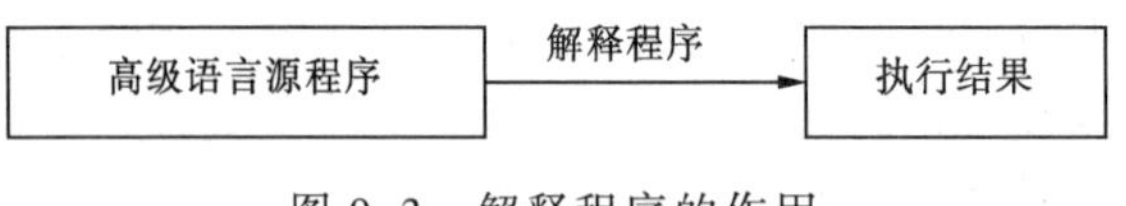

图 9-3　解释程序的作用

高级语言分为两种：一种是面向过程的语言；另一种是面向对象的语言。

1. 面向过程的语言

面向过程的语言又称第三代语言。它采用完全符号化的描述形式，用类似自然语言的形式描述对问题的处理过程，用数学表达式的形式描述对数据的计算过程。它只要求人们向计算机描述问题的求解过程，而不关心计算机的内部结构。第一个面向过程的高级程序设计语言 FORTRAN 问世于 1954 年。典型的面向过程的语言还有 BASIC、COBOL、C、PASCAL 等。

2. 面向对象的语言

面向对象的语言又称第四代语言。它是面向问题、非过程化的程序设计语言。用户只需要告诉系统“做什么”，而无须说明“怎么做”，系统将会自动调用其相应过程，达到实现特定目标的目的。

第四代语言的特点是支持面向对象技术和非过程化，以及图形化和可视化，具有“所见即所得”的编程效果。面向对象语言以对象作为基本程序结构单位，并以对象为核心，语言中提供了类、继承等成分。

类和对象：类是对象的抽象，而对象是类的具体实例。类是抽象的，不占用内存，而对象是具体的，占用存储空间。

例如，我们现在从抽象的角度来思考“什么是人类？”这个问题。首先分析人类所具有的一些特征属性以及方法。显然，每个人都有身高、体重、年龄、血型等属性；同时人会劳动、人会直立行走、人会用自己的头脑去创造工具等方法。人之所以能区别于动物，是因为每个人都具有人这个群体的属性与方法。“人类”只是一个抽象的概念，它是不存在的实体。但凡所有具备“人类”群体属性与方法的对象都称为人。这个对象“人”是实际存在的实体，每个人都是“人类”这个群体的一个对象。老虎为什么不是人？因为它不具备人这个群体的属性与方法，例如老虎不会直立行走，不会使用工具等，所以说老虎不是人。

由此可见，类描述了一组有相同特性（属性）和相同行为（方法）的对象。

9.3　Raptor 编程基础

Raptor（the Rapid Algorithmic Prototyping Tool for Ordered Reasoning，Raptor）被称为“用于有序推理的快速算法原型工具”。Raptor 是一种可视化的程序设计环境，使用 Raptor 设计的程序和算法可以直接转换成 C++、C#、Java 等高级程序语言，从而为程序和算法设计课程的教学提供了实验的环境。

9.3.1　认识 Raptor

Raptor 是基于流程图的可视化编程软件。Raptor 程序实际上是一个流程图，运行时一次执行一个图形符号，以便帮助用户跟踪 Raptor 程序的指令流执行过程。开发环境可以在最大限度地减少语法要求的情形下，帮助用户编写正确的程序指令。程序员在具体使用高级程序设计语言编写代码之前，通常使用流程图来设计其算法，现在可以应用 Raptor 来运行算法设计的流程图，使抽象问题具体化。

使用 Raptor 设计的程序的调试和报错消息更容易为初学者理解。使用 Raptor 的目的是进行算法设计和运行验证，所以避免了重量级编程语言，如 C++或 Java 的过早引入，从而帮助初学者更加容易地学习程序设计语言。

1. Raptor 的特点

Raptor 具有下列特点：

① Raptor 语言简洁灵活，用流程图实现程序设计，可使初学者不用花太多时间就能进入计算思维中关于问题求解的算法设计阶段。

② Raptor 具有基本的数据结构、数据类型和运算功能。

③ Raptor 具有结构化控制语句，支持面向过程及面向对象的程序设计。

④ Raptor 语法限制较宽松，程序设计灵活性大。

⑤ Raptor 可以实现计算过程的图形表达及图形输出。

⑥ Raptor 对常量、变量及函数名中所涉及的英文字母大小写视为同一字母，但只支持英文字符。

⑦ 程序设计可移植性较好，可直接运行得出程序结果，也可将其转换为其他程序语言，如 C++、C#、Ada 及 Java 等。

2. Raptor 的界面及符号

Raptor 的界面由绘图编程窗口和主控台窗口组成，主控台窗口用于显示运行状态和运行结果。Raptor 的界面及主控台窗口如图 9-4 和图 9-5 所示。

从 Raptor 的界面（见图 9-4）可看到，有七种不同的图形符号，分别代表一种不同的语句类型。各图形所代表的语句含义及功能如下：

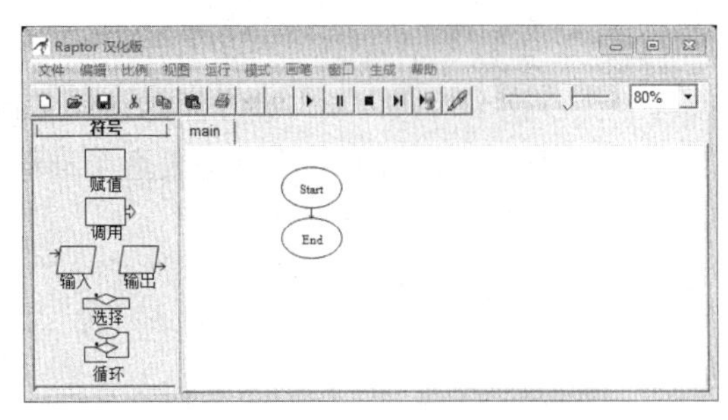

图 9-4　Raptor 汉化版界面

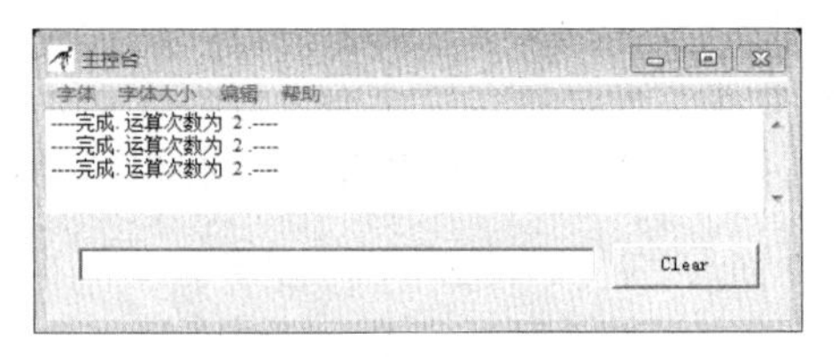

图 9-5　Raptor 汉化版主控台

① 赋值语句：使用某些运算来更改变量的值。

② 过程调用：调用系统自带的子程序，或用户定义的子图等程序块。

③ 输入语句：输入数据给一个变量。

④ 输出语句；用于显示变量的值。

⑤ 选择语句：用于从两种选择路径的条件判断中选择路径走向。

⑥ 循环语句：允许重复执行一个或多个语句构成的语句体，直到给定的条件为真。

3. Raptor 程序执行

① 通过单击工具栏中的【运行】按钮执行程序。

② 按【F5】键：运行流程图程序。

③ 按【F10】键：单步执行程序。

9.3.2　Raptor 的变量和常量

1. 常量

常量（Constant）是在程序运行过程中其值保持不变的量。

Raptor 虽然没有提供为用户定义常量的功能，但在其系统内部定义了若干个保留字（见表 9-1）表示特定的数值型常量，当用户在编程中需要这些数值型常量时，可以使用其相应的保留字。

表 9-1　Raptor 常量保留字

保　留　字	含　　义	常　　量
Pi	圆周率	3.1416
e	自然对数底	2.7183
True/Yes	（布尔值）真	1
False/No	（布尔值）假	0

2. 变量

变量（Variable）代表计算机内存中的位置，用来存放数据，即存放变量的值。变量的初始值决定了变量的数据类型，在流程执行过程中变量的数据类型不能更改，但变量的值可以改变。变量有变量名，一个变量名实际上代表了一个内存地址。在任何时候一个变量只能容纳一个值。

在 Raptor 中，用左箭头符号（←）表示将其右边的值赋给左边的变量，如图 9-6 所示。程序从 Start 开始（当程序开始时，没有任何变量存在）：

程序执行 a←3 的结果是，将数值 3 赋值给变量 a。

程序再执行 b←a+1 语句，检索到当前 a 的值为 3，给它加 1，并把其结果 4 赋值给变量 b。b 得到 4 的值。

最后，是 End 语句，表示程序执行结束，变量所占用的存储单元被释放。

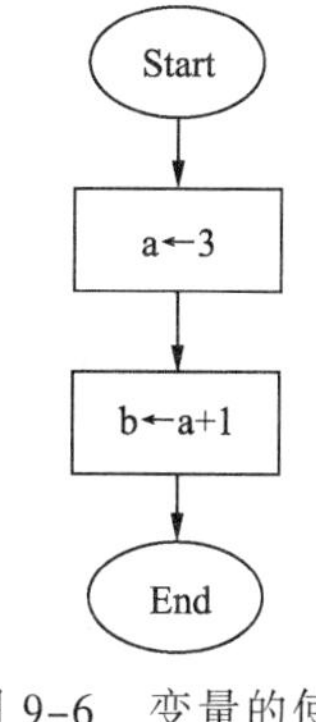

图 9-6　变量的使用

Raptor 变量值的设置原则：

① 任何变量在被引用前必须存在并被赋初值。

② 变量的类型由最初的赋值语句所给的数据决定。

Raptor 变量值的设置方法：

① 通过输入语句赋值

② 通过赋值语句获得。

③ 通过调用过程的返回值赋值。

Raptor 的数据类型：

① 数值型（Number）：如 123、-4、3.14159、0.0000345。

② 字符串型（String）：如"I am student"、"Tom,how are you?"、"x1="。

③ 字符型（Character）：如'A'、'#'。

9.3.3　输入语句

所有程序语言都必须有输入语句，通过它可拾取用户输入的数据。在程序执行中，用户通常使用键盘或鼠标输入信息，信息同步显示在显示器上。输入语句的作用，就是实现用户通过输入指令控制程序执行的需要，或程序执行时接收用户提供的数据。

在 Raptor 编程中添加输入语句的方法是：使用鼠标指针将符号区域的【输入】符号直接拖动到流程图编程区中。

编辑输入语句的方法是：双击编程区中的输入语句（或右击→【编辑】），弹出图 9-7 所示的【输入】对话框。

在【输入提示】文本框中设置好特定的变量的相关提示信息；在下方的【输入变量】文本框中定义好变量名（变量的取名，可以以字母、下画线开头，后面或连接字母、数字及下画线），最后单击【完成】按钮，操作完成。

例如，在流程图编辑区中，分别添加一个输入语句、一个赋值语句、一个输出语句，使程序根据用户输入的半径值完成圆面积的计算。程序如图 9-8 所示。

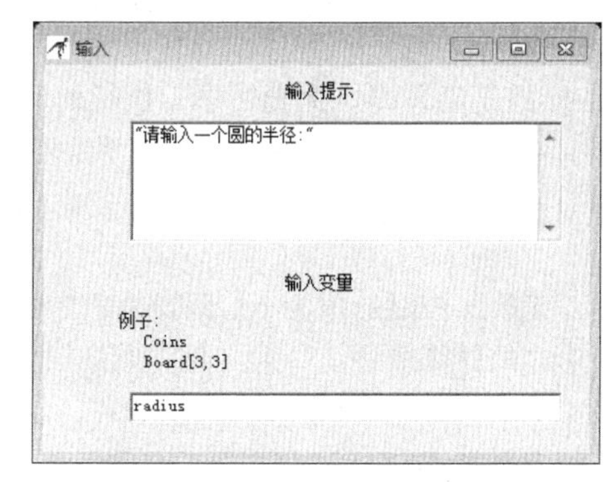

图 9-7　Raptor 输入语句对话框

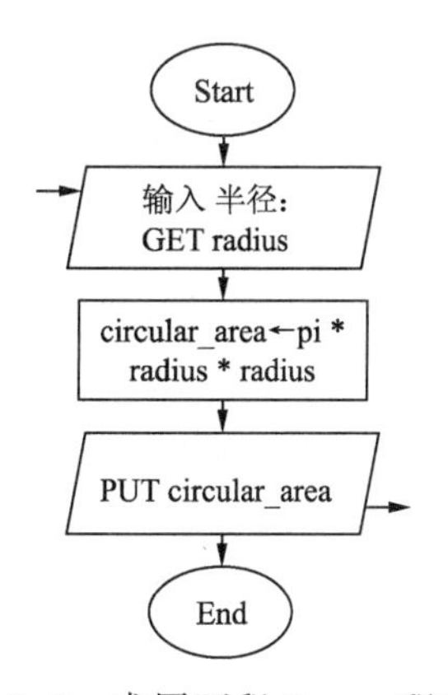

图 9-8　求圆面积 Raptor 程序

输入语句允许用户在程序执行过程中输入程序变量的数据值。最为重要的是，必须让用户明白这里程序需要什么类型的数据值。因此，当定义一个输入语句时，一定要在输入提示文本框中注明所需输入的数据类型。

当你定义一个输入语句时，用户必须指定两件事：一是提示文本，二是变量名称，该变量的值将在程序运行时由用户输入。在用户输入一个值，并按下【Enter】键，用户输入值由输入语句赋给变量。请仔细思考“语句定义”和“语句执行”的区别。定义语句对话框与执行程序时使用的对话框是完全不同的。

注意：“输入提示”文本框中虽然可以用中文作输入提示，但程序运行时凡是中文字符都不能正确显示。因此建议读者在整个 Raptor 中，除了对语句可用中文注释外，其他任何地方不要使用中文字符。

9.3.4 赋值语句

赋值符号用于程序执行计算后，将结果存储于定义的变量中。赋值语句在流程图编程区添加及其编辑对话框打开方法，和输入语句的操作相同，如图 9-9 所示。

将需要赋值的变量名输入到“Set”文本框中，需要执行的计算输入到“to”文本框中。图中执行的计算是求半径为 radius 的圆面积，其中 pi 表示常量 3.14159。定义好后按【Enter】即可，如图 9-8 所示。

图 9-9　Raptor 赋值语句

Raptor 使用的赋值语句的语法为：

变量←表达式　　　（即 Variable ← Expression）

需要强调几点：

① 一个赋值语句只能定义一个变量的值，如箭头左边所指的变量。如果该变量在前面的语句中未曾出现过，raptor 就会创建一个新变量；如果该变量在前面的语句中已经出现了，那么先前的值必将为当前所执行的计算产生的值所代替，但位于箭头右侧的表达式中的变量的值不会被改写。

② 一个赋值语句中的表达式不能是关系表达式或逻辑表达式；表达式是值和运算符的组合。请仔细考查下面构建有效表达式的规则。

当一个表达式进行计算时，执行的顺序是按预先定义的“优先顺序”执行的。例如：

① x ← (4+8)/4

② x ← 4+(8/4)

③ x← (1<2) and (3>=4)

在①中，变量 x 被赋的值为 3，而在②中，变量 x 被赋的值为 6，而③为非法表达式。在表示式运算中用户可以使用小括号随时控制表达式的计算顺序。一般“优先顺序”为：

函数→小括号→乘幂（^、**）→ 从左到右，计算乘法和除法→从左到右，计算加法和减法。

在表达式中，运算符须放在两个操作数之间，而函数应使用小括号将要操作的数据括起来（如 SQRT(4.7)），运算符及函数将各自执行计算并返回其结果。Raptor 内置的运算符和函数如表 9-2 所示。

表 9-2　Raptor 内置的运算符和函数

运　　算	说　　明	范　　例
+	加	2+3=5
-	减	2-3=-1
-	负号	-2
*	乘	2*3=6
/	除	2/3=0.6667
^或**	幂运算	2^3=2*2*2=8，或 2**3=8
Rem 或 mod	求余数	7 rem 3=1;11 Mod 4=3
Sqrt(x)	求 x 平方根	Sqrt(3)=1.7321;Sqrt(4)=2
Log(x)	求 x 自然对数（以 e 为底）	Log(e)=1;Log(10)=2.3026
Abs(x)	求 x 绝对值	Abs(-4)=4;Abs(4)=4
Ceiling(x)	对 x 向上取整	Ceiling(3.1)=4;Ceiling(-3.1)=-3
Floor(x)	对 x 向下取整	Floor(9.99)=9;Floor(-9.9)=-10
Sin(x)	求 x 正弦值（x 以弧度表示）	Sin(pi/4)=0.7071;Sin(pi/2)=1
Cos(x)	求 x 余弦值（x 以弧度表示）	Cos(0)=1;Cos(pi/3)=0.5000
Tan(x)	求 x 正切值（x 以弧度表示）	Tan(pi/3)=1.7321;Tan(pi/2)出现“系统错误”提示
Cot(x)	求 x 余切值（x 以弧度表示）	Cot(pi/6)=1.7321
Arcsin(x)	求 x 反正弦（返回弧度）	Arcsin(0.5)=0.5236
Arccos(x)	求 x 反余弦（返回弧度）	Arccos(0.5)=1.0472
Arctan(y,x)	求 y、x 的反正切（返回弧度）	Arctan(10,3)=1.2793
Arccot(y,x)	求 y、x 的反余切（返回弧度）	Arccot(10,3)=0.2915
Random	生成一个(0,1)之间的随机值	Random*50=0.0000～49.9999
Length_of(str_s)	返回字符串变量 str_s 的字符个数	Str_s←"Good by!" Length_of(str_s)=8
==或=	等于	1==2 为假
<	小于	1<2 为真
>	大于	1>2 为假
<=	小于或等于，即不大于	1<=2 为真
>=	大于或等于，即不小于	1>=2 为假
And 或&&	与运算（And 左右都同时为真值为真）	1<=2 And 3>=4 为假
Or 或||	或运算（Or 左右至少有一个为真值为真）	1<=2 Or 3>=4 为真
Not 或!	非运算（真的结果为假，假的结果为真）	Not(1<=2)为假
Xor	异或运算（Xor 左右逻辑值相异时值为真）	Yes Xor No，结果为 Yes

特别说明：表中关系运算符或逻辑运算符不能用于构造赋值语句或输出语句中的表达式；它们只能构造判断条件作为选择语句或循环语句的条件判断。

赋值语句中的表达式可以是用加号“+”连接起来的多个数值表达式或字符串的合并。例如：

```
Std_name ← "Joe " + "Alexander " + "Smith"
Answr ← "The average is " + (Total / Number)
```

9.3.5 调用语句

一个子程序是为了实现某一特定功能的一系列编程语句的序列集合。每个子程序都必须有确定的子程序名称，才能被调用。调用子程序时，首先暂停当前程序的执行，而从调用子程序处执行子程序中的程序指令，然后再从暂停的程序的下一语句接着执行程序。要正确调用子程序，需要知道子程序的名称和子程序的参数等。

Raptor 在子程序“调用”对话框中，会随用户在文本输入框中输入的信息，按部分匹配原则在其下方以列表框形式呈现相应的子程序名称及参数，这对用户减少输入错误大有帮助。例如，输入字母“draw”后，窗口下方会列出所有以“draw”开头的内置子程序。

【例 9-1】调用相关子程序，绘制卡通人头像。

解： 要调用 Raptor 子程序绘制图形，必须注意两点：

① 必须首先打开图形窗口。通过调用子程序 Open_Graph_Window()可以打开。

② 调用绘图的子程序要注意先后顺序。因为所绘图形是按照后面绘制覆盖前面绘制的重叠区域图形的规则进行的，所以程序运行时要保证绘制大图的子程序先执行，再执行绘制图上的图形的子程序。

经过设计和不断调试，得出绘制卡通人头像的程序流程图，如图 9-10 所示。程序运行结果如图 9-11 所示。

Raptor 自带丰富的内置子程序，读者可以参考 Raptor 有关帮助文档进行详细了解。

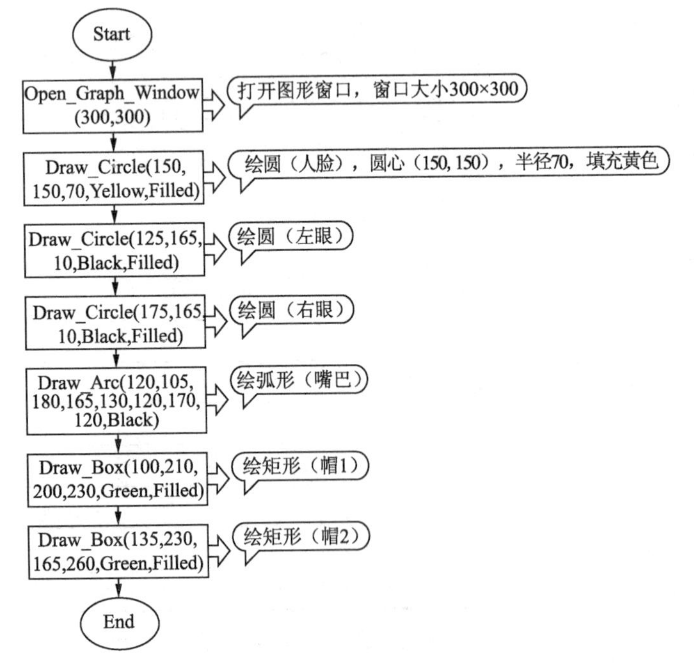

图 9-10 子程序调用流程图

图 9-11 程序运行结果

9.3.6　输出语句

图 9-12　输出语句对话框

Raptor 执行输出语句，将在主控窗口显示程序的输出结果。当在图 9-12 所示的【输出】对话框中定义输出语句时，需要指定两件事：

① 明确输出项，并以怎样的效果输出？

② 是否需要在输出结束时输出一个换行符？

可以在【输出】对话框中使用“+”号运算符将字符串与多个值构成一个输出语句，使得输出效果具有人性化。但其中的字符串需要用双引号（""）括起来（引号不会显示在输出窗口中），在图 9-12 中：

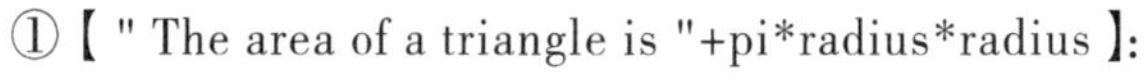
①【" The area of a triangle is "+pi*radius*radius】:

在主控台显示的结果为“The area of a triangle is 28.2743”，显然可读性较好。

② 选中【End current line】复选框。

说明以后的输出内容将从新的一行开始显示。

9.3.7　Raptor 中的注释

Raptor 像其他编程语言一样允许对程序添加注释。添加的注释不会被执行，也对计算机毫无影响，但如果注释得当，可使程序更容易被他人理解。

要对某个语句添加注释，可右击该语句，在弹出的快捷菜单中选择【注释】命令（或选定语句后，【编辑】→【注释】），弹出【注释】对话框。然后在【输入注释】文本框中输入注释内容，单击【完成】按钮即可。可以使用中文进行注释，如图 9-10 所示。

9.4　Raptor 控制结构

控制结构用于确定程序中语句的执行顺序。编程最重要的工作之一就是控制语句执行的流程。例如，跳过某些语句去执行其他语句；当条件为真时重复执行某些语句。

9.4.1　顺序结构

顺序结构是最简单的程序结构，本质上就是把每个语句按特定的顺序排列（见图 9-10）。执行顺序结构的程序时，从 Start 语句开始，按顺序执行到 End 语句结束。如图 9-13 所示，表示程序执行时需要用户从键盘输入半径值，然后从主控台输出圆面积的计算结果，它是一个很简单的顺序结构程序。箭头连接的语句描绘了执行的流程。

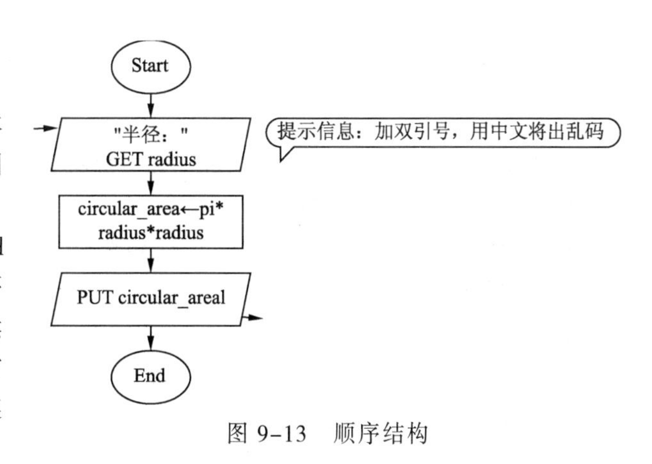

图 9-13　顺序结构

顺序结构是一种“默认”的控制结构，程序执行时流程图中的每个语句执行后会自动指向下一个。

9.4.2 选择结构

由于问题的复杂性，程序员仅仅使用顺序控制是无法开发针对现实世界问题解决方案的程序的，现实世界的问题都包括了确定下一步应该怎么做的“条件”。通常，程序需要根据数据的一定条件来决定是否应该执行某些语句。

例如，“如果下雨，出门就要带雨伞。”这儿的“条件”指的是下雨，它将确定人的某个行为（带雨伞出门）是否应该执行。

Raptor 中的选择结构用一个菱形符号表示，用“Yes/No”表示对条件的判断结果，以及判断后程序语句执行的指向，如图 9-14 所示。当把选择符号拖动到编辑区并双击，弹出图 9-15 所示的【选择】对话框。可在【输入选择条件】文本框中输入判断的条件。

程序执行图 9-14 所示的选择结构时，如果判断结果是“Yes”，则执行左侧分支；如果判断结果是“No”，则执行右侧分支。图中的 Statement 2a 或 Statement 2b 都有可能执行到，但绝不会二者都被同时执行。

另外，选择控制语句的任何一个路径上可以是空语句，也可以是多条语句。如果两个路径都同时为空或包含的语句完全相同都是不合时宜的，因为无论程序执行哪个选择分支对运行的结果都没有影响。

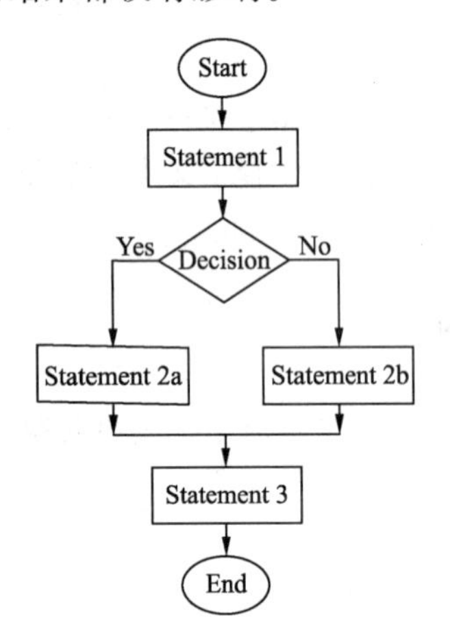

图 9-14　选择结构

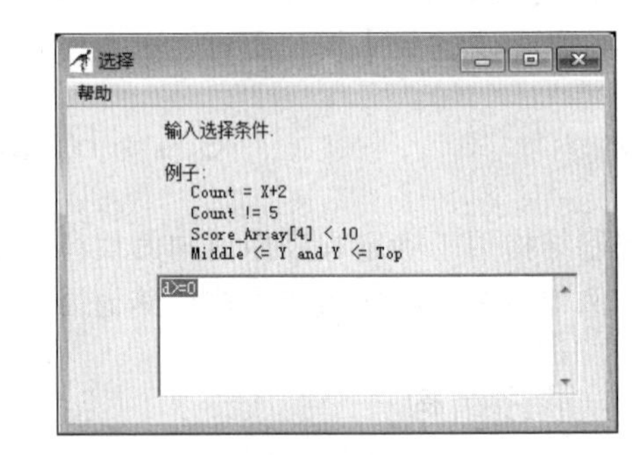

图 9-15　【选择】对话框

判断条件是一组值（常量或变量）和运算符的结合，为了构建有效的判断条件。需要了解判断条件运算的“优先顺序”：

函数→小括号→幂计算（^、**）→计算乘除→计算加减→关系运算→Not 逻辑运算→And 逻辑运算→Xor（异或）逻辑运算→Or 逻辑运算。

注意：

① 关系运算符必须针对两个相同的数据类型值进行比较。例如，3 == 4 或"Tom" == "Suny"是有效比较，而 2 = "two"是无效的。

② 逻辑运算符 And、Or、Xor 必须对两个布尔值进行运算，结果为布尔值；Not（非运

算）必须对单个布尔值运算。

1．简单的选择结构程序举例

【例 9-2】若规定学生成绩≥60 为及格。现在请判断给出的学生成绩是否及格，学生成绩由键盘录入。

解：若用 grade 表示学生成绩，其流程图如图 9-16 所示。

运行程序两次，分别输入 70 和 55，结果如图 9-17 所示。

【例 9-3】求解一元二次方程 $ax^2+bx+c=0$ 的根，a、b、c 由键盘录入。

解：方程的根由 b^2-4ac 决定。当 $b^2-4ac\geqslant 0$ 时，方程有两个实根；当 $b^2-4ac<0$ 时，方程有两个虚根。流程图如图 9-18 所示。

① 当 a=2、b=5、c=−3 时；

② 当 a=3、b=2、c=1 时。

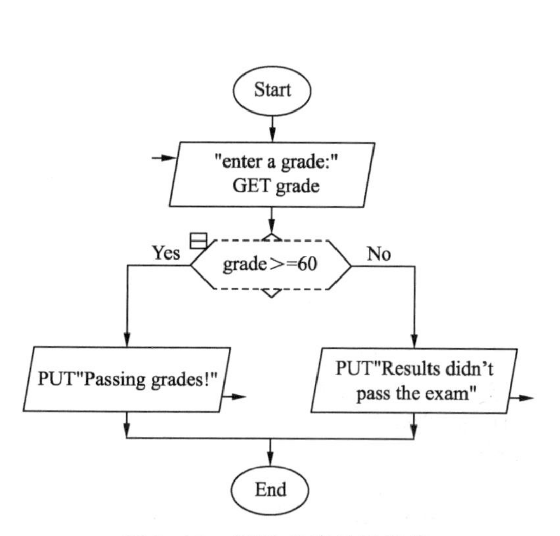

图 9-16　判断成绩是否及格

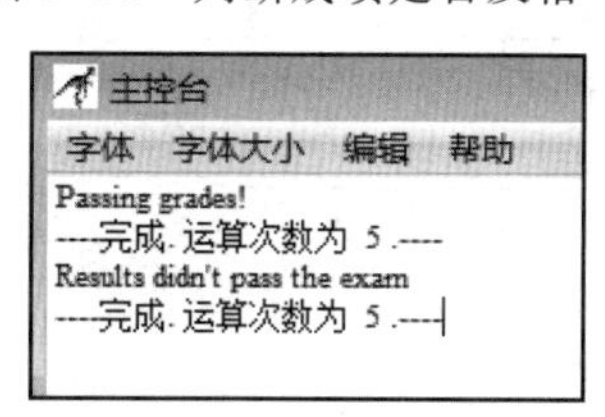

图 9-17　运行结果

Start
求一元二次方程的根
"please input a"
GET a
"please input b"
GET b
"please input c"
GET c
d←b*b−4*a*c
Yes
d>=0
No
x1←−b/(2*a)+sqrt(d)/(2*a)
x2←−b/(2*a)−sqrt(d)/(2*a)
x1←−b+"+"+sqrt(abs(d))'i'
x2←−b+"−"+sqrt(abs(d))'i'
PUT"xl="+x1+"x2="+x2
End

图 9-18　一元二次方程的求根程序

程序运行了两次，其结果如图 9-19 所示。

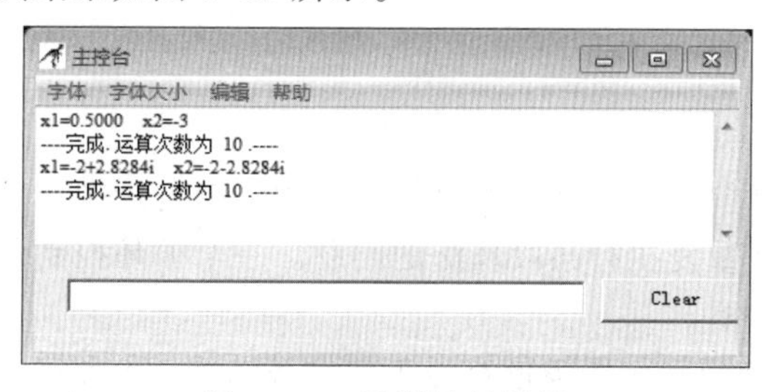

图 9-19　程序运行结果

2．级联选择控制

如果需要做出的判断有两个以上的选择，则需要多个选择控制语句才能完成，多个选择控制语句形成嵌套结构。

【例 9-4】将学生成绩转化成用等级表示。成绩（grade）与等级 A，B，C，D，F 的对应关系如下：

Grade≥90————————A

80≤Grade<90————— B

70≤Grade<80————— C

60≤Grade<70————— D

Grade<60———————— F

解：程序流程图如图 9-20 所示。

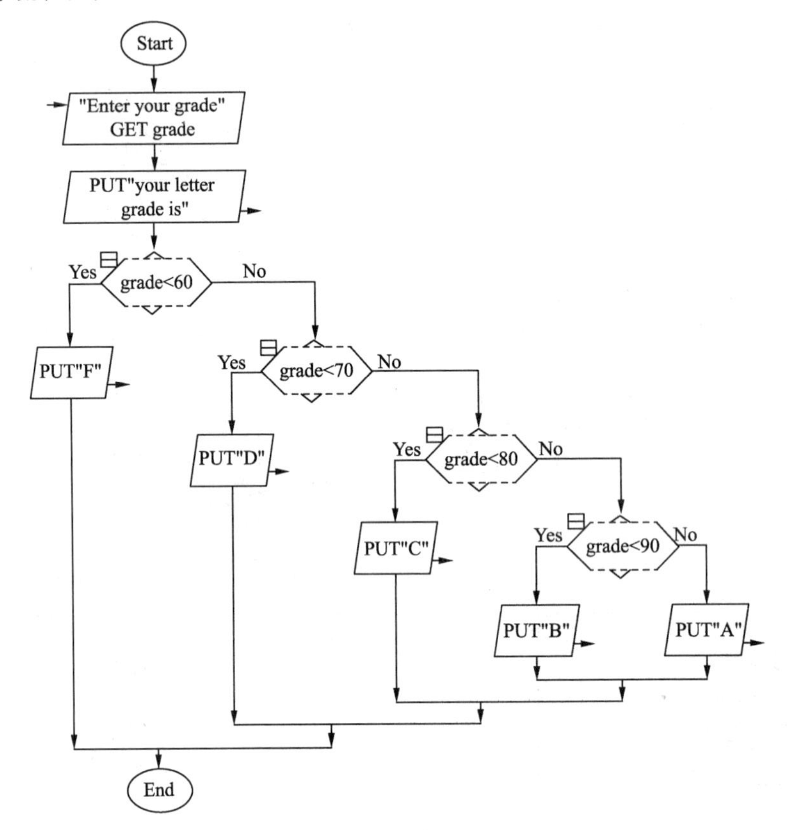

图 9-20　程序流程图

9.4.3　循环结构

循环结构是程序设计中最能发挥计算机特长的程序结构。循环结构可以减少源程序重复书写的工作量，用来描述重复执行某段算法的问题。一个循环控制语句允许重复执行若干个语句，直到给定条件变为真。

在 Raptor 中用一个椭圆和一个菱形符号表示循环结构。菱形符号用于控制循环执行的次数。在程序执行过程中，如果菱形符号中表达式的结果为“No”，则执行“No”的路径分支，将重复执行循环体，直到菱形符号中表达式的结果为“Yes”。要重复执行的语句可以放在菱形符号上方或下方。循环结构流程图如图 9-21 所示。

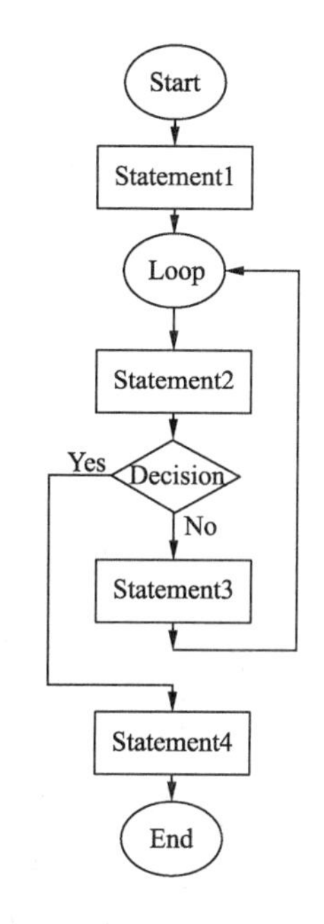

图 9-21　循环控制结构

下面对图中重要语句进行说明：

① Statement1 语句在循环开始之前执行。

② Statement2 语句至少要被执行一次。因为该语句处在条件判断之前。

③ 如果条件判断的结果为“Yes”，则循环终止，执行 Statement4 语句，程序执行结束；如果条件判断的结果为“No”，则执行循环体 Statement3 语句（块）后控制返回到 Loop 语句，再重新开始循环。Statement2 语句至少保证被执行一次。而 Statement3 语句可以一次也不被执行。

④ Statement2 语句可以去掉，或者 Statement2 可以由多个语句形成的语句块。同样，Statement3 语句可以删除或由多个语句取代。另外，在 Decision 条件语句的上方或下方可以是另一个循环语句。如果一个循环语句在另一个循环内出现，称为“嵌套循环”。

⑤ 如果 Decision 语句计算结果永远为“No”，就出现“死循环”。（这时，只能单击 Raptor 工具栏中的【停止】按钮手动停止程序）。因此，Decision 中的变量必须在循环体中被不断改变，从而使之最终可以运算得到“Yes”。

【例 9-5】 求 $\sum_{n-1}^{100} n$。

解： $\sum_{n-1}^{100} n=1+2+3+\cdots+100$，这里重要的是要发现“从 1 开始，后面一个数等于前面相邻的数加 1”这个规律。现在用 i 表示累加的项（i 的初值为 1），用 sum 表示累加的和（sum 的初值为 0）。i=1，2，3，……，100，只须重复执行 100 次 sum←sum+i，每次执行后 i 都自身加 1 即可。其程序流程图如图 9-22 所示。

程序运行结果为：

```
SUM=5050
----完成. 运算次数为  407 .----
```

【例 9-6】 用 Raptor 求解《算经》中著名的“百钱买百鸡” 问题：鸡翁一，值钱五，鸡母一，值钱三，鸡雏三，值钱一，百钱买百鸡，问翁、母、雏各几何？即是说公鸡一只值 5 钱，母鸡一只值 3 钱，小鸡 3 只值 1 钱，要用 100 钱买 100 只鸡，问公鸡、母鸡和小鸡各多少只？

解： 假设公鸡、母鸡和小鸡的只数分别为 x、y、z，由题意得方程如下：

$$\begin{cases} 5x+3y+\dfrac{z}{3}=100 \\ x+y+z=100 \end{cases}$$

这是一个不定方程，我们可以用穷举法来求解。

即在满足条件 $1\leqslant x<20$，$1\leqslant y<33$，$3\leqslant z<100$ 范围内，找出满足百钱买百鸡问题的解。

根据 Raptor 编程环境，画出的流程图如图 9-23 所示。

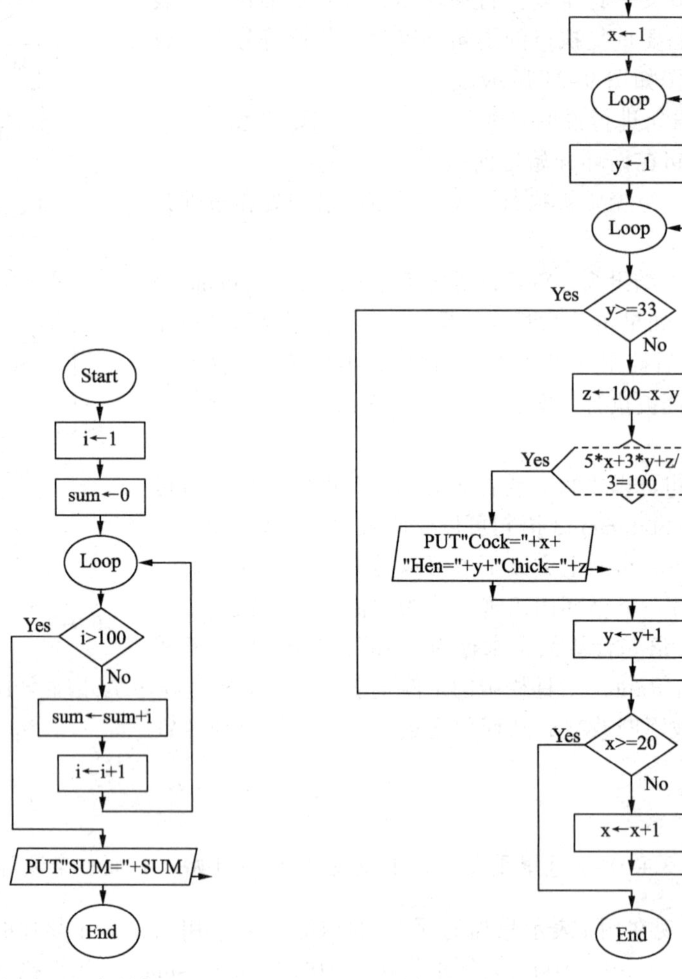

图 9-22　求累加流程图　　　　图 9-23　百钱买百鸡流程图

程序运行结果如下：

```
Cock=4    Hen=18    Chick=78
Cock=8    Hen=11    Chick=81
Cock=12   Hen=4     Chick=84
----完成. 运算次数为 3325 .----
```

9.5　子图与子程序

9.5.1　子图

子图是 Raptor 中特有的功能，相当于其他程序语言中用户定义的过程。通过子图可以简化 Raptor 程序设计工作，便于流程图进行有效管理。

创建一个子图的方法是：鼠标光标定位在 Raptor 编辑区的“main”标签上并右击，弹出图 9-24 所示的快捷菜单（“中级”模式下），选择【增加一个子图】命令，弹出“子图”对话框，按照提示为子图命名（子图名称中不能含中文字符），单击【确定】按钮。每个新创建的子图名称将在“main”子图选项卡右侧以标签形式显示。要编辑子图中的程序，只需单击子图名称标签即可切换到相应的编辑窗口。

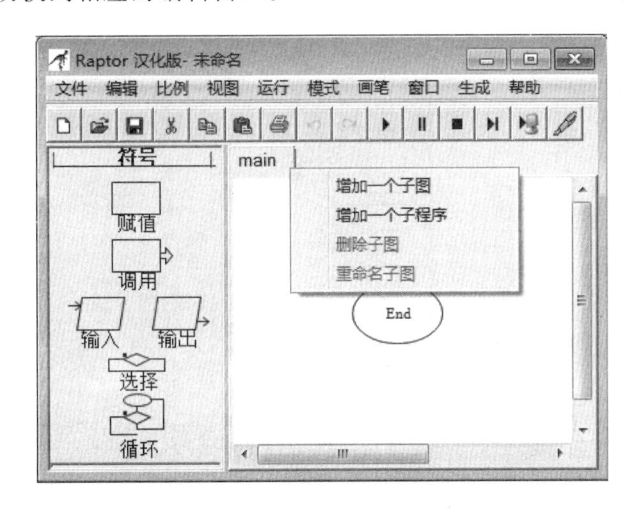

图 9-24　子图和子程序添加菜单

一个程序开始执行时，它总是首先从“main”子图的“start”符号开始。其他子图都只有被调用时才执行。如果编制程序中需要调用子图，就需要在相应位置插入一个调用语句并在【调用】对话框中输入子图名称。子图可以被“main”中的程序调用，也可以被其他子图或自身调用。子图不带任何参数，用户也不能给子图传递任何参数，子图也不会返回任何值。

运行含有调用子图的程序时，程序先从“main”子图的“start”开始执行，当遇到调用子图语句，程序就转向去执行子图中的程序，从子图中的“start”开始，直到其“End”语句结束，程序才返回到调用语句的下一语句继续执行，直到执行“main”子图中的“End”后结束。

Raptor 中所有的变量都是全局变量，一个变量的值可以在一个子图中被改变，然后再在其他子图中使用。

子图可以用来将程序划分成不同的指令集合，可以把一个复杂程序划分为若干子图，使得程序更小更简单。消除程序中的重复代码，使程序结构简明是子图的优点之一。

【例 9-7】用子图实现输出如下图形效果。

```
* * * * * * * *
 + + + + + +
 How are you!
 + + + + + +
* * * * * * * *
```

解：只需创建三个子图，并在“main”子图中用调用语句调用它们。一个子图完成输出一行“*”号的功能；另一个子图完成输出信息“How are you!”的功能；第三个子图完成输出一行“+”号的功能，如图 9-25 所示。

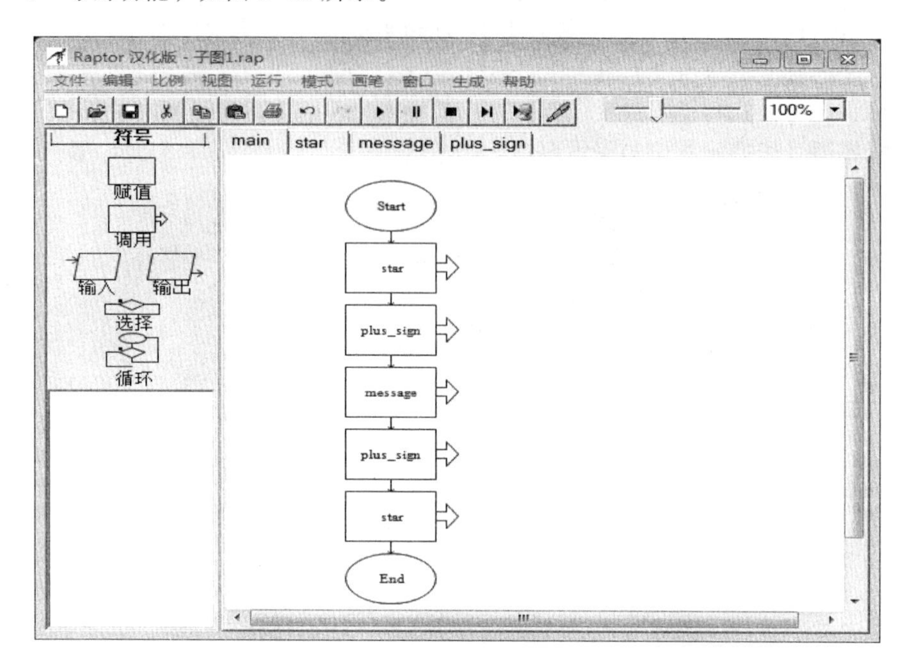

（a）“main”子图

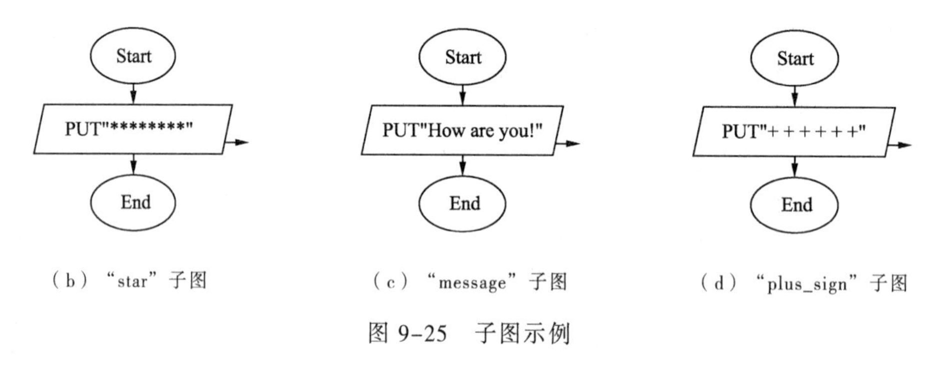

（b）“star”子图　　（c）“message”子图　　（d）“plus_sign”子图

图 9-25　子图示例

程序运行结果如下：

```
* * * * * * * *
 + + + + + +
 How are you!
 + + + + + +
* * * * * * * *
----完成. 运算次数为  22 .----
```

9.5.2 子程序

虽然使用子图的程序一般很短，用户容易理解，但它不带参数也不会返回值，而子程序可以带有参数值。

子程序的创建与创建子图的方法一样，只不过创建子程序时在弹出的对话框中，需要用户确定自己的子程序名以及各个参数名。创建子程序的具体方法是：

右击“main”标签，在弹出的快捷菜单中选择【子程序】命令，弹出如图 9-26 所示的对话框。输入名称及参数符号后，单击【确定】按钮。

下面进一步在创建的 dr_gr 子程序中调用一个画圆过程和一个画矩形的过程，其流程图如图 9-27 所示。

图 9-26　创建子程序

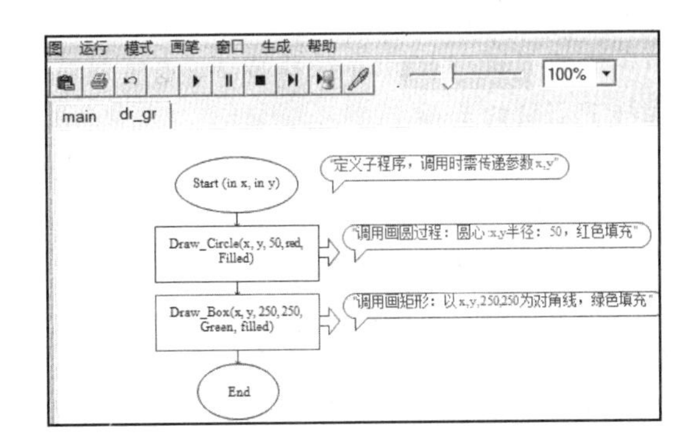

图 9-27　子程序流程图

下面在主程序“main”中设计调用子程序 dr_gr 的流程图，如图 9-28 所示。程序运行结果如图 9-29 所示。

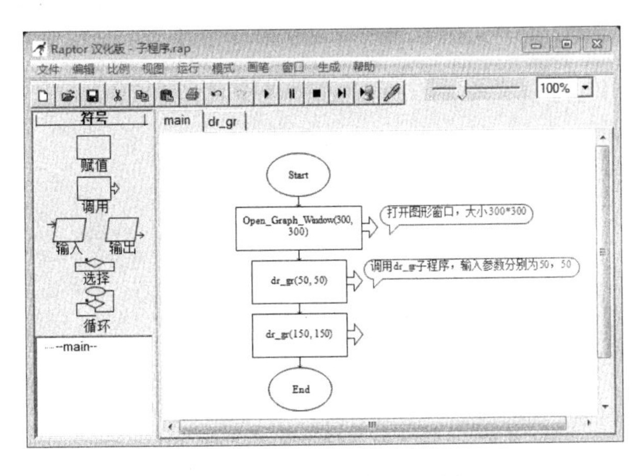

图 9-28　主程序流程图

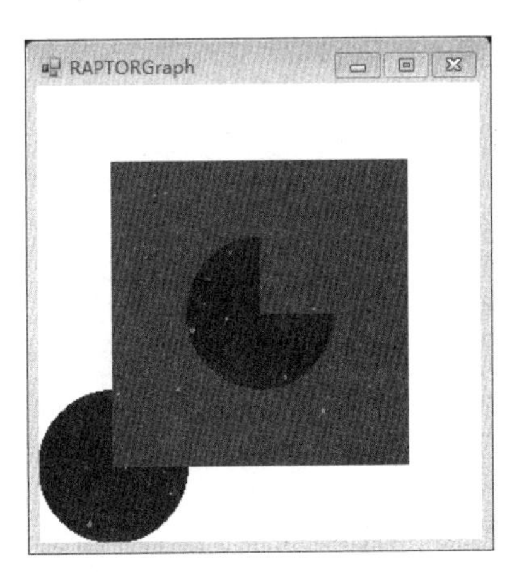

图 9-29　程序运行结果

一个子程序与子图相似之处在于它们都是各自独立的，可以通过各自的名称调用执行的指令集合。但子程序更加灵活，因为每次被调用时，可以提供不同的初始值。这是通过使用参数（Parameter）实现的。一个子程序的参数是在其被调用时赋予参数变量一个初始值，该值在子程序终止时可以发生变化。当一个子程序创建时，必须包含一个子程序的名称以及参数定义。如果一个子程序中包括两个以上的参数，则在调用子程序语句中，参数初始值的顺序必须始终匹配子程序定义中的参数顺序。

子程序的主要特点是，各自有其自己独特的变量。如果有两个子程序都包含一个名为 X 的变量，则各自的变量 X 都有自己不同的内存位置，因而一个子程序中的 X 值的变化并不会影响到其他子程序中 X 的变量值。如果执行一个包含子程序的 Raptor 程序，可以看到新的变量出现在 Raptor 的变量显示区域。这些新的变量将被列在它们所属子程序名称下。

小　结

本章主要介绍了程序设计的相关基础知识，不同层次的编程语言。特别介绍了针对计算机初学者的可视化 Raptor 编程语言。本章内容将为深入学习计算机算法设计和使用高级语言编程打下坚实的基础。

所谓程序，是指能够实现某一功能的一系列指令集合。程序设计的步骤一般是：分析问题、设计算法、编写程序、运行程序并分析结果、编写程序文档。目前比较流行的程序设计方法有：面向过程或面向对象的程序设计方法。面向过程的程序设计有三种基本结构：顺序结构、选择结构、循环结构。按照“自顶向下，逐步求精和模块化”的设计原则。面向对象的基本概念有：对象、类、封装、继承、消息、多态性等。

使用 Raptor 设计的程序和算法可以直接转换成 C++、C#、Java 等高级语言程序。Raptor 有七种不同的图形符号，分别代表一种不同的语句类型。Raptor 的常量有 pi、e、yes 和 no。Raptor 的赋值语句是用来定义变量并给变量赋值的。Raptor 在程序运行时使用输入语句来接收用户输入的数据。Raptor 使用调用语句调用其内置的子程序，或调用用户自定义的子图或子程序。Raptor 使用输出语句输出程序结果，可在输出语句中使用“+”号构造个性化输出的字符串格式。

第 10 章　IT 新技术

学习目标

1. 了解物联网技术的基础知识，了解物联网技术的定义、关键技术、用途。

2. 了解大数据的基础知识，了解大数据的定义、特征及意义。

3. 了解云计算的基础知识，了解云计算的概念、结构以及应用，会使用互联网应用提供商提供的云平台。

4. 了解移动互联网技术的基础知识，了解移动互联网的概念、特点及应用，会使用手机等移动终端连入移动互联网进行网上冲浪。

10.1　物联网技术

有这样一个场景：上班族小明早上外出之前，见天空晴朗无云，为保持家中空气清新，将窗帘拉开，窗户打开，以便透气；但天有不测之风云，将近中午，雷雨大作，于是小明拿起手机，打开互联网应用，通过网络控制家中关闭按钮关好窗户以防家中物品被雨淋湿。上述场景的实现所需的一种技术就是下面要介绍的物联网技术，通过物联网技术，我们就可以通过网络远程控制智能家居等。

10.1.1　物联网定义

通过上面的场景描述，可以对物联网有一个初步认识，下面进一步从专业技术上来阐述什么是物联网。为实现上述场景，小明需要在其家中安装智能家居控制系统，在每个家具所在处安装相应无线传感设备，这些传感设备将把设备数据传给局部网络控制中心，并通过局部网络控制中心将数据传入互联网，然后通过互联网将数据传入移动控制终端；移动控制终端通过互联网将指令传给局部网络控制中心，局部网络控制中心再将信息传给无线传感设备，无线传感设备接到指令后智能控制家居，以达到远程控制家居的目的。具体如图 10-1 所示。

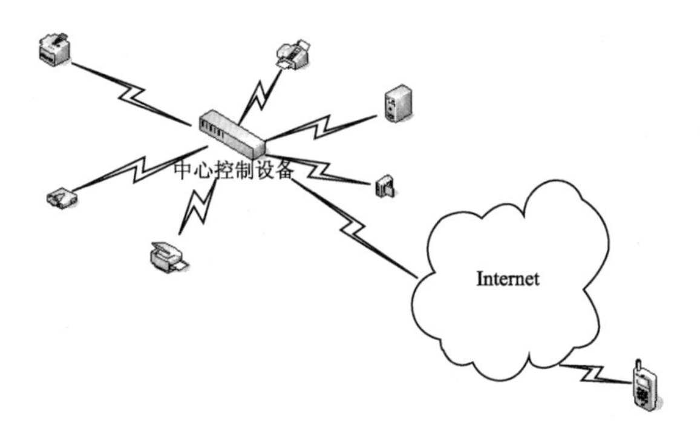

图 10-1　物联网实现智能家居远程控制示意图

通过物联网来实现远程控制智能家居的实例不难得出物联网的定义，一般看来，可以将物联网看作利用互联网络和无线传感网络等通信技术将传感器、控制器、各种设备和物体通过网络互连方式连接在一起，以实现物物相连的高度信息化通信的网络。

10.1.2 物联网的关键技术

从上面的定义可知，物联网主要有底层物理控制设备、无线传感网络技术以及互联网技术三项关键技术。

1. 底层物理控制设备

主要有无线传感器、控制器、RFID 技术、嵌入式系统技术等技术，它们的主要目的是在物理设备的层面上采集数据和控制设备。

2. 无线传感网络技术

无线传感网络位于物联网的中间，主要用于中转底层物理控制设备采集的数据，组成一个局部的传感网络。

3. 互联网技术

互联网技术位于物联网的最高层，用于处理从局部网络采集的数据，使得物物相连的网络实现全球共享通信的目的。

10.1.3 物联网用途

上述分析的智能家居技术只是物联网技术的一项应用，物联网技术的用途非常广泛，还可用于智能交通、环境保护、公共安全、智能消防、老人护理、情报搜集等多个领域。总体上说，物联网把传感器或控制器嵌入到家具、公共设施等各种物体中，然后采用传感网络与互联网络整合，从而实现人类社会与物理系统的高度融合，使得人们能够更合理地利用资源，达到高智能、高效率、高利用率地使物理系统为人类社会服务。

10.2 大 数 据

随着信息技术爆炸式的发展，数据的存储量越来越大。例如，1 GB 的存储量即可存储70万字的小说（如《红楼梦》）700部。这说明信息时代发展到现在已进入大数据时代。下面从大数据的定义、特征及价值和意义来介绍这门新的IT技术。

10.2.1 大数据的基本概念

大数据（Big Data）是指数据大到无法在常规时间内使用普通工具软件进行处理的数据集合；需要采用新的处理方法才能从海量数据中获取有用的信息。

大数据不仅指数据信息量庞大，更重要的是要从海量数据中提取出有价值的信息。也就是说，大数据好比是资源，而在大数据时代，我们要能对资源进行加工，并通过这样的加工使得数据能为我们服务。例如，通过对大数据的分析，得出企业发展的决策，从而决定企业的发展方向。

10.2.2　大数据的特征

一般数据当拥有数量大、多样化、快速化、复杂性高以及价值密度低等特性后，才能称为大数据。

数量大（Volume）：指数据的数量大到不能用常规的方法去处理，需要对这些数据进行加工处理才能获取有用信息。数据量大是大数据作为资源的主要特征之一。

多样化（Variety）：指数据类型的多样性，在信息资源高度发达的当代，数据类型的多样发展是信息资源的另一重要表征。

快速化（Velocity）：有两层含义，一是指数据日新月异的变化速度快，快到不能用常规的方法去测量；二是指提取数据的速度快，即人们从大数据资源中获取有用价值所需耗费的时间复杂度低。

复杂性高（Complexity）：是指数据的来源渠道多，且关系复杂，使得采用常规软件无法对数据进行分析。

价值密度低（Value）：大数据因其数据的海量性，使得其资源价值密度降低，这也是大数据与精确数据的重要区别。

10.2.3　大数据的价值与意义

在当今信息高速发展的社会，人们对信息的需求量越来越大，信息成为人们密不可分的资源，而且这个资源的数量越来越大，从而使得大数据这个术语进入千家万户。阿里巴巴的创始人马云在其卸任 CEO 时的演讲中提到未来的时代为大数据时代。

有人将大数据比作实物资源。而对于实物资源，一般不仅仅指其数量大，更重要的是对人们要有价值。对于没价值的东西，人们也不会花费人力物力去开采它。大数据的价值主要体现在如下几个方面：

① 对于企业来说，大数据技术可以帮助它从大量消费者中精准找到自己的忠实客户；对于个人而言，可根据大数据分析来确定自己的职业规划。

② 改变了人们的思维和行为方式，人们不再局限于对知识的积累，而是如何从浩瀚的信息资源中获取所需知识。例如，当某人需要给 Word 文档设置段落行距时，只需在百度中输入“Word 行距”，按【Enter】键后，即可获取“Word 行距”相关信息。

③ 在大数据时代，人们可以通过大数据技术对各行各业的发展进行分析指导，从而完成其服务转型而做到与时俱进。但因大数据的价值密度低，使得其分析方法不再通过常规手段来获得，这正是大数据作为一项当代重要信息技术被人们提上议程的重要原因。

10.2.4　大数据的应用与发展趋势

大数据技术目前在国内外已有大量应用。在国外，洛杉矶警察局和加利福尼亚大学合作利用大数据预测犯罪的发生；统计学家内特·西尔弗利用大数据预测 2012 美国选举结果；麻省理工学院利用手机定位数据和交通数据建立城市规划。在国内，各省的大数据平台逐渐建成，并进入各行各业为人们服务。

大数据技术的未来发展趋势主要有如下几个方面：

1. 数据作为资源的实力将越来越强

大数据作为资源的实力将会越来越得到企业和社会的高度重视，从而成为人们相互争夺的新焦点。在实物资源时代，谁拥有资源就拥有一切；而在信息时代的今天，谁拥有数据就拥有了一切。

2. 数据的合理管理将是一项非常重要而谨慎对待的技术

这是由于大数据因其海量特性、多样性和复杂性而使其管理技术越来越复杂。另外，以大数据为中心的信息时代，必将使得数据的隐私管理尤为重要。例如，要分析人们通信消费的情况，其分析者就必须获得消费者比较隐私的信息，从而可能会触犯其隐私权。因此，大数据平台的隐私管理技术的发展将是一项重中之重的关键技术。

3. 大数据系统与其他系统的高度复合

首先，大数据系统将和互联网、物联网、云平台等信息系统高度融合而不分彼此；此外，它将和公路网、电网、水网等实物系统复合，以达到数据无处不在，数据资源即实物资源。业内有人将大数据系统称为数据生态系统，即该系统中的各个参与元素构成一个紧密复合的数据生态系统。

10.3 云 计 算

10.3.1 云计算概述

云计算（Cloud Computing）出现的目的是整合互联网中的资源，使其能更好地为用户服务。换言之，让用户感到从互联网获取资源和服务就好像自来水的龙头拧开即可获得水一样，用户只需要一个终端设备（无须安装任何服务和资源）即可从云平台获得服务和资源。这样，云平台中的服务就好像天上的云一样，用户可以很方便灵活地随意存取使用。

对于云计算的定义，业内有不同的说法。例如，维基百科中定义如下：它是一种自由的虚拟资源，通过互联网为用户提供服务的计算模式，用户不需要知道其基础设施如何；ENISA（欧洲网络与信息安全局）指出：“云计算是一种按需分配的服务模型，它基于虚拟技术与分布计算技术，它的架构包括6个特性，即高度抽象化的资源、几乎即时的可伸缩和灵活性、几乎即时的供应、共享的资源、伴随着按需付款的按需服务、可编程的管理。”

10.3.2 云计算的特点

云计算中的数据与服务分布在大量的分布式计算机上，而不是存储在本地计算机或远程中的某台服务器上。云计算将服务和资源放在云平台之上，用户根据需求访问服务或资源。对于云计算的特点众说不一，但普遍认为超大规模、虚拟化、高可靠性、通用性强、扩展性高、按需服务和费用廉价等为云计算的鲜明特点。

1. 超大规模

云计算中“云”的规模极大，例如，Google公司的云平台就拥有100多万台服务器，而一般的企业私有云也有数百上千台服务器。因此，云平台中的“云”能够给用户提供足够的服务能力。

2. 虚拟化

云计算的用户可在任意位置使用终端从“云”中获取资源或服务，而无须知道服务或资源的具体位置在何处。例如，用户使用手机就可以获得如超级计算这样的高端服务。

3. 高可靠性

目前，云平台都由实力强大的网络服务提供商构建（如百度等），这些公司采用大量计算节点、大量数据容错副本来保障服务的高可靠性。因此，从某种意义上说，使用云平台中的服务比使用本地的服务还要可靠。

4. 通用性

云计算以互联网为依托，因此它不会针对特定的服务或应用。即使在同一个云平台中，也能支持不同类型的应用或服务运行。

5. 扩展性高

云平台具有很高的可扩展性，即云平台可以动态伸缩，它能够根据用户的需求而扩展其服务或运用。

6. 按需服务

云平台就像是一个庞大的资源池，你可以根据其需要购买资源或服务。云的使用就像平常对自来水、电等公共设施的使用一样，你使用多少，给你计费多少。

7. 费用廉价

云平台的构建者一般采用大量极其廉价的节点构成云，并采用集中式管理云上的资源或服务，从而降低管理成本；另外云平台中的服务通用性使其资源的利用率非常高，使得用户可以使用极低的费用获得高效的服务，甚至有些云服务提供商还为普通用户提供免费服务来对其进行推广。

总之，云计算改变了人们的生活方式，使得人们对信息资源的获得越来越方便，这对信息化社会的进一步发展具有重要而深远的意义。

10.3.3　云平台的运用

目前很多云服务提供商为了推广其云平台，提供免费的云服务。下面以使用百度云中的免费服务为例，来介绍云平台的使用方法。

1. 百度云用户注册

（1）进入百度云首页

打开 IE 浏览器，在地址栏中输入“http://yun.baidu.com/?ref=PPZQ”，进入百度云的首页，如图 10-2 所示。

（2）注册百度账号

在图 10-2 中单击【立击注册百度账号】按钮，即进入【注册百度账号】页面，在页面中按要求填写相关注册信息后，单击【注册】按钮即可，如图 10-3 所示。

图 10-2　百度云首页

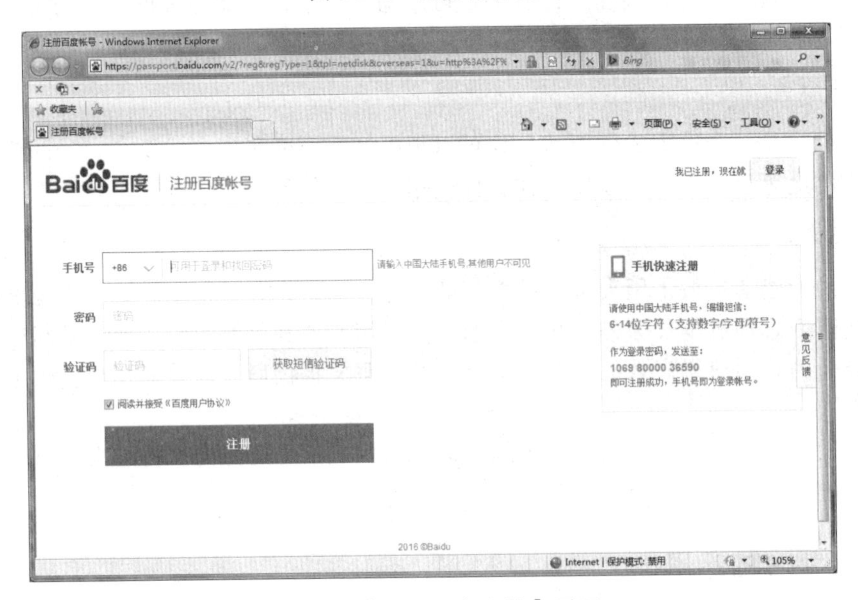

图 10-3 【注册百度账号】页面

2. 百度云的运用

百度云提供了各种各样的免费服务，下面就以如何使用其“网盘”为例来介绍百度云的使用方法。

（1）登录百度云平台

在百度云首页中输入用户名和密码，单击【登录】按钮，进入百度云主页，如图 10-4 所示。

（2）进入百度网盘

在百度云主页中单击顶部导航条或左部列表中的“网盘”，即可进入百度网盘，如图 10-5 所示。

图 10-4　百度云主页

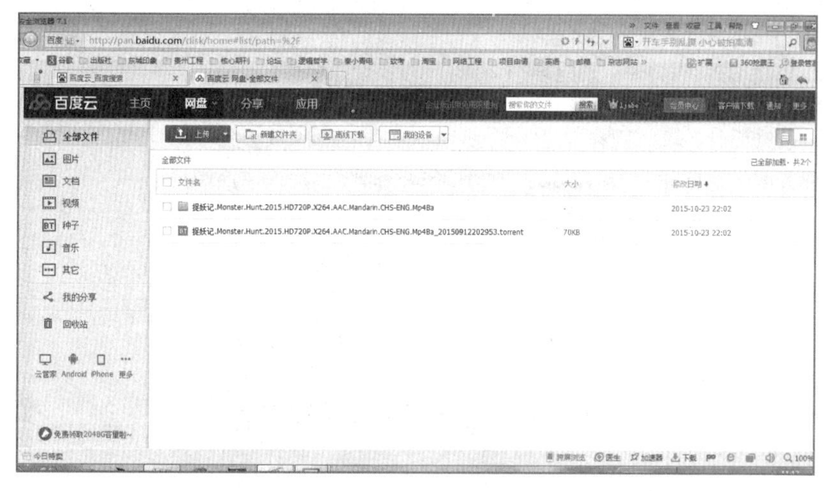

图 10-5　百度网盘

（3）将文件或文件夹上传到百度网盘

在百度网盘中单击【上传】下拉按钮，打开的下拉菜单中有【上传文件】和【上传文件夹】两个命令，选择【上传文件】命令，弹出【打开】对话框，然后在本地磁盘中选择需上传的文件后，单击【打开】按钮即可，如图 10-6 所示。

图 10-6　上传文件到百度网盘

（4）将百度网盘中的文件下载到本地磁盘

选择需要下载的文件，单击【下载】按钮，如图 10-7 所示。

图 10-7　单击【下载】按钮

弹出【新建下载任务】对话框，选择存储路径和给文件重命名后（可按默认），单击【下载】按钮即可，如图 10-8 所示。

图 10-8　【新建下载任务】对话框

10.4　移动互联网技术

10.4.1　移动互联网技术概述

随着移动通信技术和互联网技术的不断发展，使得人们获取信息资源的方式产生了重大变革。这一变革催发的一项新技术就是移动互联网技术。

通俗点讲，也就是采用手机等移动终端设备联入互联网获取资源和服务的一种信息技术。特别是现在 4G 时代的到来和移动通信终端设备的价格低廉，使得移动互联网的发展达到了质的飞跃。

对于移动互联网技术（Mobile Internet Technology，MIT）的定义，业内有不同的说法，但一般都认为移动互联网是通过智能移动终端，采用移动无线通信的方式获取互联网中的业务和服务的一种新型信息技术。

移动互联网技术包括移动终端、软件和应用三个层面。移动终端目前包括智能手机、平板电脑等可以进行移动通信的设备。移动通信软件包括操作系统、移动 APP、移动安全软件等。目前手机操作系统的主要代表是苹果公司的 IOS 和兼容型非常好的安卓操作系统。移动 APP 是在移动通信设备上能上互联网的应用系统，随着相关设备及技术的飞速发展，移动 APP 的开发技术具有非常好的前景。移动安全软件用于给移动通信设备提供安全服务。目前移动安全问题是所有信息技术中的首要解决的问题。应用层是指在移动APP的基础上提供的各种游戏类、学习类、商务财经类等不同应用与服务。

10.4.2 移动互联网技术的应用领域

目前移动互联网已经是一个全国性的以移动通信为技术核心的，可同时提供语音、数据、图像和多媒体等高质量服务的基础网络，是国家信息化建设的重要组成部分。同时该技术已经成为人们日常生活及工作之必需，它的主要应用领域包括通信、资讯、娱乐、移动电子商务等。

1. 通信服务

传统的移动通信服务主要是使用手机等通信设备进行语音通话。当进入移动互联网时代，手机等通信设备除了能进行语音通话以外，还可以使用QQ、微信等通信方式与好友进行文字、语音和视频交流。

2. 资讯服务

新闻定制是资讯服务最有代表意义的一种服务。对于像搜狐、新浪这样的网络内容提供商而言，其新闻、短信的成本几乎为零，它们可以提供国内各种媒体资讯，涉及股票、天气、保险、电商等各个领域。

3. 娱乐

娱乐和网上冲浪是人们通过移动通信设备连入互联网的必备需求。每个智能手机用户都可以保存各种各样的手机APP以备在休息时连网娱乐。例如，在车站内、在餐桌旁、甚至在睡觉前，都有人拿着手机去获取相关娱乐服务而乐此不疲。

4. 移动电商服务

随着智能手机的普及，人们进行电商的阵地已经从PC扩展到移动智能手机，各个电子商务提供商都已兼容了移动互联网市场。即能从PC上网进行的电子交易几乎都可在智能通信设备上完成。例如，可在手机上逛淘宝、看唯品会、美团订餐以及开微商店来实现自己的职业梦想。

10.4.3 移动互联网接入技术

移动互联网的接入技术实质上就是如何让智能通信终端（如智能手机）连入互联网的方法，目前主要有采用移动通信网络连入和使用Wi-Fi连入两种方法。

采用移动通信网络连入的方法就是指通过手机自身的移动网络连入互联网，用户只需将“设置”中的“移动数据”打开即可上网。不过，这种方式一般是按网络流量进行计费，用户最好采用定制套餐的方式获取服务。

采用Wi-Fi的连入方式是要确保在你的移动终端周围存在无线局域网（WLAN），当用户点击手机中的“WLAN”按钮，搜索附近的Wi-Fi热点，输入密码，即可接入互联网。但这种方式仅在热点作用范围内才可上网，因此，不能适用于大距离范围的移动。

小　结

本章从当前流行的IT新技术出发，主要介绍了物联网技术、大数据、云计算和移动互联网技术的相关基础知识和其应用领域。通过对物联网技术的学习，我们可以获得通过物联网能够将物理实体实现物物相连、物人相连；通过对大数据的学习，我们能够认识到信息时代的当今就是大数据时代；通过对云计算的学习，我们能够感觉到信息资源的获取与公共实物资源的获取一样方便；而移动互联网技术则是智能移动通信设备普及的今天的重要信息技术。

第 11 章　计算思维基础

学习目标

1. 理解计算与自动计算、人计算与机器计算，计算学科与计算科学等相关概念。

2. 了解从古到今，从算盘到计算机，计算思维的演变过程。

3. 了解应用计算机解决具体问题的过程，从而理解构造性算法和从抽象到自动化的计算思维。

4. 了解计算思维的本质、特征及应用，理解生活中一些具体问题解决的特定算法或普适性算法。

11.1　计算思维的演变过程

计算思维的演变过程取决于计算工具（或机器）的产生、变革及发展，即工具决定着思维。

11.1.1　从国内计算工具看计算思维的演变

管会生教授认为，计算思维最集中的体现和最典型的特征，就是完备的计算系统必须是软硬件结合的系统，不管是计算机或是手机都是这样。例如，中国唐末盛行的珠算就是这样的计算系统：算盘即硬件，珠算口诀即软件。国内计算思维的形成及演变如图 11-1 所示，下面分别进行简单陈述。

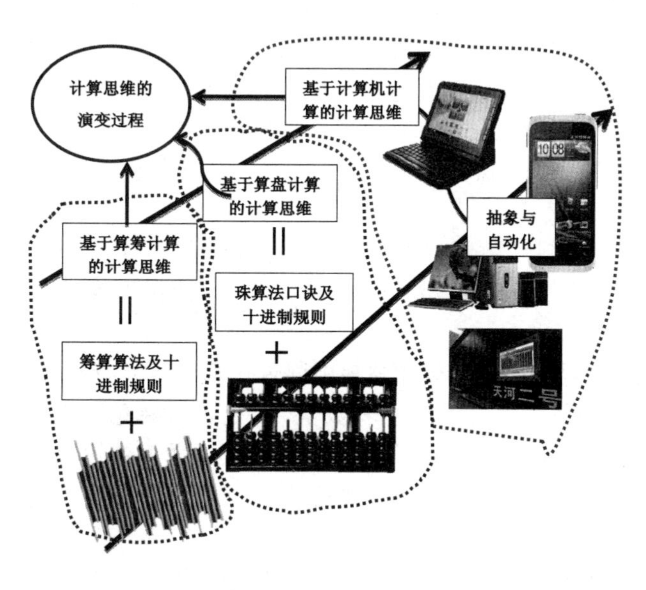

图 11-1　从计算工具到计算思维的演变过程

1. 算筹

算筹是一根根同样长短和粗细的小棍子。据史料推测，算筹最晚出现在我国春秋晚期战国初年，在算盘发明推广之前，它一直是我国最重要的计算工具。算筹计算的规则称为筹算规则，计算时，可将棍子摆成纵式与横式两种形式，按照纵横相间的原则来表示自然数，可进行加、减、乘、除、开方及其他代数计算，中国关于计算的古书中记载有算筹的计数法则。《孙子算经》有“凡算之法，先识其位，一纵十横，百立千僵，千十相望，万百相当”;《夏阳侯算经》有“满六以上，五在上方，六不积算，五不单张”。公元 1 世纪的《九章算术》已阐明了负数的运算规则。中国古代数学家祖冲之借助算筹计算出了圆周率的值介于 3.1415926 和 3.1415927 之间，这一结果比西方早一千年；中国古代天文学家也用算筹计算总结出精密的天文历法。为方便负数计算，算筹演进为红黑两种，红筹表示正数，黑筹表示负数。这种运算工具和运算方法，在当时世界上处于绝对的领先地位。例如，印度在公元 7 世纪才提到负数，欧洲到 17 世纪才出现有关负数论述的著作。

2. 十进制数

中国古代十进位制的算筹记数法，是世界数学史上一个伟大的创举。例如，古罗马的数字系统没有位值制，如要记稍大一点的数目就相当困难；古美洲玛雅人虽然用位值制，但用的是 20 进位；古巴比伦人用的是 60 进位。无论是 20 进位或是 60 进位，所用的数码相对较多，都使得记数和运算远不如只用 10 个数码便可表示任意自然数的十进位制来得简捷方便。中国古代数学之所以在计算方面取得许多卓越的成就，在一定程度上应该归功于这一符合十进位制的算筹记数法。马克思在他的《数学手稿》一书中称十进位记数法为“最妙的发明之一”。

3. 算盘

在我国古代，为了满足计算的复杂性要求，人们在筹算的基础上发明了算盘。在东汉末年，数学家徐岳《数术纪遗》中就有“珠算控带四时，经纬三才。”的记载。15 世纪中期的《鲁班木经》中有制造算盘的规格。随着算盘的普及，有关算盘的著作也随之产生，广为流传的是明代程大位所编著的《算法统宗》，程大位在书中首次提出了开平方和开立方的珠算法。明朝后，算盘被传至日本、朝鲜，并在世界各地流传开来。珠算被称为我国“第五大发明”，至今仍在加减运算和教育启智领域发挥着电子计算机无法替代的作用。联合国教科文组织在阿塞拜疆共和国首都巴库通过，珠算正式成为人类非物质文化遗产。这也是我国第 30 项被列为非遗的项目。

算筹及算盘使用十进制计数法以及相应的算法口诀的广泛使用，体现了我国先民普遍具有古代计算思维的思想，而珠算法体现了我国古代计算思维的典型特征——计算“算法化”。

1974 年，我国著名数学家吴文俊在整理中国古代算法时，特别对我国古算程序化的计算思想留下深刻的印象。他认为：“中国古代数学，具有两大特色，一是它的构造性，二是它的机械化。”我国古代数学善于从实际问题出发、以解决问题为主旨，使用算筹算盘等古算工具和相应的计算规则（口诀），建立了以构造性和机械化为计算特色的算法体系，这刚好与西方欧几里得《几何原本》为代表的公理化演绎体系相对应。算筹算盘等计算工具和数学机械化算法口诀的广泛使用和不断发展，直接促进了具体问题数值化思想的形成。将问题数值化，就是将较为复杂的应用问题或理论方面的问题转化成可以计算的问题，再通过具体的数值计算加以解决。相对筹算而言，珠算将我国古代算法机械化特征表现得更加明显。我们知道珠算口诀具有押韵及朗朗上口的特点，演算时可随呼口诀并随拨结果，这就类似于现代电子计算机利用执行程序来进行运算的过程。因此吴文俊将算筹算盘称为“没有存储设备的简易计算机”。中国古代计算思维不但使中国的古代数学取得了具有世界历史意义的光辉成就，而且还提供了一种用计算方法来解决问题的思想和能力。

4. 现代计算工具

虽然近代中国的科学技术与西方国家相比较为滞后，但我国自从改革开放以后，经过几十年来的努力拼搏，IT 设备和技术被广泛应用和普及，形成了以计算机及网络为核心标志的信息文化社会。根据中国互联网协会 2016 年 1 月 6 日发布《2015 年中国互联网产业综述与 2016 年发展趋势报告》，截至 2015 年 11 月，我国手机上网用户数已超过 9.05 亿，月户均移动互联网接入流量突破 366.5 MB。根据报告，截至 2015 年 11 月，我国互联网宽带接入用户超 2.1 亿。

根据上述数据可以判定，我国部分中小学生及成年人已达到人手一机，而每户家庭已几乎具备一台上网的计算机（包括平板电脑）的标准。目前我国已成为世界上拥有手机及电脑数量最多的国家，并正在向 IT 强国迈进。

正如 1972 年图灵奖得主 Edsger Dii.kstra 所说：“我们所使用的工具影响着我们的思维方式和思维习惯，从而也深刻地影响着我们的思维能力。”由此我们可以预见未来，随着手机及计算机的普及及广泛应用，使用手机及计算机去解决问题的思维将会像人类说话或写字一样成为人人具有的极其普遍的思维方式。这种用手机及计算机去解决问题的思维，即计算思维。

在高科技领域，我国机械化自动计算程度已达到国际领先水平，在世界上已占一席之地。主要表现在以下几方面：

在巨型机发展上，在 2015 年 11 月 16 日公布的新一期全球超级计算机 500 强榜单中，中国“天河二号”超级计算机连续第六度称雄。“天河二号”的浮点运算速度为每秒 33.86 千万亿次，第二名为美国“泰坦”的浮点运算速度为每秒 17.59 千万亿次。第三名至第五名依次为美国“红杉”、日本“京”和美国“米拉”超级计算机。

超级计算机通常是指由数百数千甚至更多的处理器（机）组成的、能计算普通 PC 和服务器不能完成的大型复杂课题的计算机。目前超级计算机技术以美国两院院士、“世界超级涡轮式刀片计算机之父”陈世卿博士为首的专家团队回归祖国后研发出的超级计算机具有绝对的优势。我国现阶段超级计算机拥有量为 22 台（内地 19 台，香港特别行政区 1 台，台湾省 2 台），居世界第 5 位，就拥有量和运算速度在世界上处于领先地位，但就超级计算机的应用领域来说我们和美国、德国等发达国家还有较大差距。如今高性能计算应用已广泛部署在互联网大数据、工程计算、气象海洋、生命科学、石油物探等领域。

11.1.2 从国外计算机器的发展看计算思维的演变

西方工业革命推动了计算科学的发展，使人从手工计算中解脱出来，形成了机械化、自动化计算的计算思维，如图 11-2 所示。

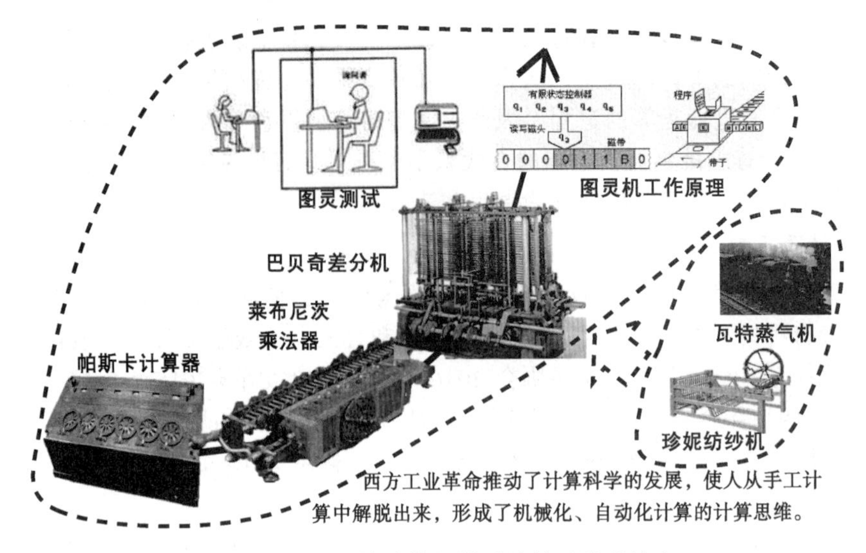

图 11-2　从国外计算机器看计算思维的演变

1．帕斯卡加法计算器

北京故宫珍藏着一个古色古香的红木矩形匣子，里面放着一个表层镀金、边角镶银的黄铜盒子，它就是世界上现存最完整、时间最早的计算器，发明它的人是法国数学家、物理学家 B·帕斯卡（B·Pascal，1623—1662）。帕斯卡计算器是有文字记载的、保存完整的世界上第一台机械式加法计算器。帕斯卡计算器是以它的发明人帕斯卡的名字命名的，发明它的时候帕斯卡只有 19 岁。帕斯卡生来就是一个体质孱弱的孩子，3 岁丧母，在父亲的精心照料和教育下长大。他的父亲 E·帕斯卡是一位数学家，其工作需要进行大量的数字计算，老帕斯卡整天长时间伏案疾书、全神贯注地计算，还要抽空照料小帕斯卡，非常劳累。父亲所做的一切都深深地印在小帕斯卡幼小的心灵里，他立志要用自己的力量帮助父亲，减轻父亲繁重的计算工作。

一天，工作到深夜的父亲走到小帕斯卡的床前，用手抚摸着他的前额，小帕斯卡突然睁开眼睛，急切地问："父亲，数学究竟是什么?"老帕斯卡透过儿子睁得大大的、充满好奇的眼睛，猜到这是个在他脑海里思考了很久的问题。他叹息了一声说："唉！孩子，数学是一门计算科学，而计算需要大量的持续不断的思考，过度紧张的思考会损害健康，你的身体不适合做计算工作。"

这次谈话强烈地震撼着帕斯卡的心灵，是呀！父亲被计算和思考弄得太累了，如果把这种"思考"移植到某种器具上，那么这种器具能不能像人一样计算呢?就像看家犬那样，把区分家里人和外人的"思考"交给它，它就可以为人类看家护院……对呀，想办法制造一个会"思考"的计算工具吧！于是他开始偷偷地学习数学，并从 10 岁起就开始寻找制造会"思考"的机器的途径。

寻找制造计算工具的途径，帕斯卡已经冥思苦想 10 个春秋并试验过了许多方法。把"思考"强行塞进一个金属盒子里谈何容易，关键是要解决怎样进位，何时进位的问题啊！如果能让它们在做加法时自动进位、做减法时自动借位，那么不就是相当于教会它们思考了吗！帕斯卡在这个关键问题上一遍一遍地想着，反复地设计着……终于在一天晚上，帕斯卡注意到座钟钟声敲响了 10 下后，时针就准确地指到 10 的位置上，使帕斯卡产生了"逢 10 进 1"

的灵感，即让低位齿轮转动 10 圈，高位齿轮恰好转动 1 圈，这不就是自动进位吗？

1642 年，世界上第一台机械式加法计算器在卢森堡宫诞生了，整个欧洲为之轰动。帕斯卡计算器表面有一排窗口，每个窗口下都有一个刻着 0～9 这 10 个数字的拨盘，拨盘通过盒子内部齿轮相互咬合，最右边的窗口代表个位，对应的齿轮转动 10 圈，紧挨近它的代表 10 位的齿轮才能转动一圈，依此类推。在进行加法运算时，每一拨盘都先拨“0”，这样每一窗口都显示“0”，然后拨被加数，再拨加数，窗口就显示出和数。在进行减法运算时，先要把计算器上面的金属直尺往前推，盖住上面的加法窗口，露出减法窗口，接着拨被减数，再拨减数，差值就自动显示在窗口上。

2. 莱布尼茨乘法器

戈特弗里德·威廉·莱布尼茨（Gottfried Wilhelm Leibniz，1646 年 7 月 1 日—1716 年 11 月 14 日），德意志哲学家、数学家，历史上少见的通才，被誉为十七世纪的亚里士多德。

1674 年，在法国物理学家马略特（Edme Mariotte, 1620—1684）的帮助下，制成了一架计算器，并将其呈交给巴黎科学院审查验收并当众演示，他设计的这种新型机器，由两部分组成：第一部分是固定的，用于加减法，与帕斯卡先前设计的加法机基本一致；第二部分用于乘除法，这部分是他专门设计的乘法器和除法器，由两排齿轮构成（被乘数轮与乘数轮）。这架计算机中的许多装置成为后来的技术标准，称为“莱布尼茨轮”。

莱布尼茨发明的机器叫“乘法器”，约 1 m 长，内部安装了一系列齿轮机构。莱布尼茨在计算器内增添了一种名叫“步进轮”的装置。步进轮是一个有 9 个齿的长圆柱体，9 个齿依次分布于圆柱表面；旁边另有一个小齿轮可以沿着轴向移动，以便逐次与步进轮啮合。每当小齿轮转动一圈，步进轮可根据它与小齿轮啮合的齿数，分别转动 1/10、2/10 圈……，直到 9/10 圈，这样一来，它就能够连续重复地做加减法，在转动手柄的过程中，使这种重复加减转变为乘除运算，计算结果可以最大达到 16 位。

莱布尼茨充分认识到了计算器的重要性，并指出这是十分有价值的，把计算的工作交给机器去做，可以使优秀的人才从繁重的计算中解脱出来。

莱布尼茨对计算机的贡献不仅在于乘法器，而且他还提出了二进制。虽然莱布尼茨的乘法器仍然采用十进制，但他率先为计算机的设计系统提出了二进制的运算法则，为计算机的现代发展奠定了坚实的基础。莱布尼茨认为二进制具有特殊的含义——它是连接哲学、神学与数学的重要枢纽。

这里需标注一下：有的资料认为，莱布尼茨在公元 1700 年左右，从一位友人送给他的中国“周易”（八卦）里受到启发，最终悟出了二进制数之真谛。但是郭书春在《古代世界数学泰斗刘徽》一书 461 页指出：“中国有所谓《周易》创造了二进制的说法，至于莱布尼茨受《周易》八卦的影响创造二进制并用于计算机的神话，更是广为流传。事实是，莱布尼茨先发明了二进制，后来才看到传教士带回的宋代学者重新编排的《周易》八卦，并发现八卦可以用他的二进制来解释。”梁宗巨著《数学历史典故》一书 14～18 页对这一历史公案有更加详尽考察。

3. 巴贝奇差分机

查尔斯·巴贝奇（Charles Babbage）生于 1791 年，卒于 1871 年，数学家、发明家、机械工程师。身处工业革命时代，受编织机的启迪，巴贝奇注意到在那个没有计算器和计算机的时代，很多计算最快的方式是用查表的方法来完成。但是靠人工制表不仅费时费力，而且难免会有计算错误、抄写错误、校对错误、印制错误等各式各样的问题。于是巴贝奇便开始对数学制表的机械化的研究。

差分机又称差分引擎（Difference Engine），是巴贝奇毕生的研究所在。准确地说，这是一台“多项式求值机”，只要将欲求值的一元多次方程式输入到机器里，机器每运转一轮，就能产生出一个值来。不妨以 $F(x) = x^2 +4$ 为例，差分引擎吐出来的结果，就会是 $F(1) = 5$，$F(2) = 8$，$F(3) = 13$，$F(4) =20$……直到系统停止为止。

差分机是如何计算出函数值的？下面分析其算法：

第一步，求出相等的阶差（值）：先算出 $F(2)$ 与 $F(1)$ 的值之间的差（8-5=3），称为第一阶差。如果这个值和 $F(3)$ 与 $F(2)$ 之间的差（13-8=5）不相等，就把这两个第一阶差再算一次差（5-3=2），称为第二阶差。由于这个例子的每个第二阶差都是 2，所以就不用再往下计算。

第二步，通过递推，求出 $F(N)$的值：如求 $F(4)$时，先将相等的阶差值（第二阶差值）2 加上上一阶差（$F(3)$与 $F(2)$之间的差）值 5，再加上 $F(3)$的值 13，便得到 $F(4) = 20$，依此类推，可求出其他 $F(N)$的值。

读者不难验证这个结论：一元一次方程式最多只会有第一阶差，一元二次方程式会到第二阶差，……一元 N 次方程式会到第 N 阶差。

一旦有了一个固定不变的差数后，就可以开始往前推算回去，经过不断重复类推，可依次求出接下来的每一个多项式的函数值。这种方法看似啰嗦重复，但这正是最适合机械自动计算了。

巴贝奇的差分机运用了堆栈、运算器及控制器等设计原理，可以在一定程度上变化计算规则，从而能自动处理不同函数的计算。

4．图灵机与图灵理论

英国数学家艾伦·麦席森·图灵（Alan Mathison Turing，1912 年 6 月 23 日—1954 年 6 月 7 日），因为提出了“图灵机”和“图灵测试”等抽象计算模型，被誉为“计算机科学的奠基人”“人工智能之父”。1966 年，美国计算机协会（ACM）设立了被喻为“计算机界诺贝尔奖”的“图灵奖”。一是为了纪念图灵对计算科学做出的巨大贡献，二是为奖励在计算机技术领域做出突出贡献的人。

（1）图灵机

1936 年，24 岁的图灵在论文《论数字计算在决断难题中的应用》里，提出了他著名的“图灵机”模型。它是一种自动机的数学模型，它有一条两端无限延长且被分为一个个小方格的纸带，一个有限状态控制器和一个在带子上可以左右移动的读/写磁头。磁带起着存储器的作用，每个小格子上可以书写一个给定字母表上的符号，也可为空白。控制器具有有限个内在状态（包括初始状态和终止状态），并通过内存里的操作程序，来驱动磁带左右移动和控制读/写头的操作。读/写磁头读出控制器正在访问的小格子上的符号，然后根据所处的状态和读取到的符号进行三种行动之一：左移一格；右移一格；印一个符号（也可以印空白，把原有符号抹掉）。图灵机工作的过程是符号逻辑推理过程，如果将磁带方格子上的符号视为数字，那么整个工作过程就可看作是数值计算过程。

图灵的这种“利用某种机器实现逻辑代码的执行，以模拟人类的各种计算和逻辑思维过程”的观点，成为后人设计实用计算机的思路来源，是当今各种计算机设备的理论基石。

（2）图灵测试

1950 年，图灵发表题为《机器能思考吗》的论文，提出了著名的“图灵测试”。图灵测试由计算机、被测试的人和主持试验的人组成。测试过程由主持人提问，计算机和被测试的人分别做出回答。被测人在回答问题时尽可能表明他是一个“真正的”人，而计算机也将尽可能逼真地模仿人的思维方式和思维过程。如果试验主持人听取他们各自的答案后，分辨不清哪个是人回答的，哪个是机器回答的，则可以认为该计算机具有了智能。

图灵测试的目的是测试一台机器是否达到了人工智能或人类感知的水平。图灵测试的意义在于评判一台机器是否能够成功地模仿人类。图灵测试推动了计算机人工智能的发展。

（3）可计算性理论

什么是计算？计算一般是指运用事先规定的规则，将一组数值按照人的要求变换为另一数值的过程。对某一类问题，如果能找到一组确定的规则，并按照这组规则，当给出这类问题中的任一具体问题后，就可以完全机械地在有限步内求出结果，则说这类问题是可计算的。这种规则就是算法，这类可计算问题又称为存在算法的问题。

20 世纪以前人们普遍认为，所有的问题都是可计算的，人们计算研究的目的就是找出算法来。但是 20 世纪初，人们开始发现有许多问题已经过长期研究，但仍然找不到算法，如希尔伯特第 10 问题、半群问题等。

用一般递归函数虽给出了可计算函数的严格数学定义，但在具体的计算过程中，就某一步运算而言，选用什么初始函数和基本运算仍有不确定性。为此图灵在他的《论可计算数及其在判定问题中的应用》论文中从一个全新的角度定义了可计算函数。他全面分析了人的计算过程，把计算归结为最简单、最基本、最确定的操作动作，从而用一种简单的方法来描述那种直观上具有机械性的基本计算程序，使任何机械的程序都可以归约为这些动作。这种简单的方法是以一个抽象自动机概念为基础的，其结果是：算法可计算函数就是这种自动机能计算的函数。这不仅给计算下了一个完全确定的定义，而且第一次把计算和自动机联系起来，对后世产生了巨大的影响，这种“自动机”后来被人们称为“图灵机”。

图灵对计算机的贡献不但巨大而且是多方面的。在第二次世界大战中，他不但从事密码破译工作，而且还秘密地进行电子计算机的设计和研制。以至于今天许多人仍然认为，很可能世界上第一台电子计算机不是 ENIAC，而是与图灵有关的，于 1943 年在英国为了密码破译而研制成功的 CO-LOSSUS（巨人）机。它用了 1 500 个电子管，采用光电管阅读器，利用穿孔纸带输入，并采用了电子管双稳态线路，执行计数、二进制算术及布尔代数逻辑运算。这台机器的设计采用了图灵提出的某些思想和概念。

战后，图灵任职于泰丁顿国家物理研究所（Teddington National Physical Laboratory），开始从事“自动计算机”（Automatic Computing Engine）的逻辑设计和具体研制工作。1946 年，图灵发表论文阐述存储程序计算机的设计。图灵的自动计算机与约翰·冯·诺伊曼（John von Neumann）的离散变量自动电子计算机都采用了二进制和“内存储存程序运行计算机”的原理。

11.2　人机求解思维比较分析

11.2.1　工具思维理论

随着计算机的发展，用外部机器模仿和实现人类智能活动的人工智能应用日益广泛，成为人脑的延伸。与此同时，计算机的发展普及及智能化应用，反过来又对人类的学习、工作及生活都产生了深远的影响，形成了计算机文化社会，并大大增强了人类的思维能力、认识能力、计算能力和解决问题的能力。

这正如 1972 年图灵奖得主 Edsger Dii.kstra 所说：“我们所使用的工具影响着我们的思维方式和思维习惯，从而也深刻地影响着我们的思维能力。”这是著名的“工具影响思维”的论点。计算思维就是相关学者在审视计算机科学所蕴含的思想和方法时被挖掘出来的，使得计算思维、理论思维（又称逻辑思维）和实验思维（又称实证思维）成为被人们普遍公认的不可或缺的三大科学思维。理论思维以数学学科为代表，以假设、抽象、推理及演绎为特征，训练人的逻辑推理能力，促进自然科学及社会科学的发展；实验思维以化学及物理学科为代表，以实验、观察、归纳和总结为特征，培养人的观察、思考及验证能力，揭示自然及社会客观现象和规律；计算思维以计算机学科为代表，以设计和构造为特征，以抽象模型、设计算法、构造系统进行大规模数据的自动计算来验证假设、研究和改造世界，促进社会发展。计算思维是计算时代的产物，是每个人都必须具备的一种思维和基本能力。随着信息社会的深入发展，计算机的应用无处不在，计算机已成为人人都必须掌握的基本工具。因此，人们必将越来越认识到计算思维的重要性。

11.2.2 人机计算比较分析

当前人们解决问题的计算形式可采用数学方法计算或机器计算。数学方法计算主要应用数学学科知识；机器计算以计算机执行程序来实现。

数学方法计算是通过建立相应的数学运算规则来进行的，而这些“运算规则”又是建立在相应的公理、法则、定义及定理之上。例如，三角形面积的计算公式来源于平行四边形的面积计算。下面以解一元方程为例，对数学方法计算和计算机计算进行算法分析比较研究，如表 11-1 所示。

表 11-1 数学方法计算与计算机计算算法比较

一元方程形式	用数学方法求解	用计算机求解
$ax+b=0$（$a\neq0$）	根据等式性质，解为 $x=-b/a$	从 $-n$ 到 n，产生 x 的每一个值，将其依次代入方程中，若其值使方程成立，则即为方程的解。只要计算机内存足够大，不受方程次数限制
$ax^2+bx+c=0$（$a\neq0$）	根据 b^2-4ac 的值判断，用求根公式 $x=\frac{-b\pm\sqrt{b^2-4ac}}{2a}$ 求解	
$ax^3+bx^2+cx=0$（$a\neq0$）	使用卡丹求根公式法求解	
$ax^4+bx^3+cx^2+dx+e=0$（$a\neq0$）	使用费拉里求根公式法求解	
$ax^5+bx^4+cx^3+dx^2+ex+f=0$（$a\neq0$）	由阿贝尔定理，当未知数次数 $n\geqslant5$ 时，方程不可能用根式求解	

在表 11-1 中用数学方法求解时，一元一次方程解法最简单，一元二次方程的解法也较容易，但一元三次方程特别是一元四方程的解法及求根公式就比较复杂了，并且当一元方程的次数大于或等于 5 次就不再存在方程解法的求根公式（阿贝尔定理）；而用计算机求解时，规则都一样且较简单，但计算量相对较大，并通常要进行重复计算。

正如哈尔滨工业大学的战德臣教授所指出，现实世界需要计算的问题很多，哪些问题可以自动计算，哪些问题可以在有限时间和有限空间内自动计算？由此出现了计算及计算复杂性问题。受到现实世界的各种思维模式的启发，寻找求解复杂问题的有效规则，就出现了算法及算法设计与分析问题。

利用计算机手段来求解问题的一般过程是：先把实际问题转化为数学问题，再将其离散为代数方程组（这是计算思维中的抽象）。然后建立其模型、设计其算法并通过编程实现，最后通过计算机运行求解（这是计算思维中的自动化）。

11.3　计算思维概念

人类自从拥有计算机以后，运用计算机实现了计算的自动化。人们用算法形式把问题解决的步骤和方法表示出来，并用计算机能够识别的规则抽象成符号化输入计算机，使计算机执行并得出结果，实质上计算机已成为人类思维的执行者。正由于人类有了计算机这个忠实的执行者，使得人类思维的内容及方式发生了变化，即解决问题的方式从人工解决的传统思维方式将逐渐演变为用计算机能够识别的思维方式，并让计算机知道做什么和如何做，使得问题解决方式变成了算法描述及程序编写的思维方式。目前人们已广泛地使用计算机去解决数学、化学、物理、经济、医疗、生物、军事、社会等各个方面的问题，从而推动了以计算机为工具解决问题的思维方式的极速发展，并且计算机与各门学科的交叉融合，已经形成了解决问题的一种普适性的思维方式——计算思维。

2006年3月，美国卡内基·梅隆大学计算机科学系主任周以真（Jeannette M. Wing）教授在美国计算机权威期刊《Communications of the ACM》杂志上撰文提出了计算思维（Computational Thinking）概念。周以真认为：计算思维是运用计算机科学的基础概念进行问题求解、系统设计，以及人类行为理解等涵盖计算机科学之广度的一系列思维活动。

周以真教授为了使人们更容易理解，又将计算思维概念更进一步地定义为：通过约简、嵌入、转化和仿真等方法，把一个看似困难的问题重新阐释成一个我们知道问题怎样解决的方法；它是一种递归思维，一种并行处理，一种把代码译成数据又能把数据译成代码，一种多维分析推广的类型检查方法；它是一种采用抽象和分解来控制庞杂的任务或进行巨大复杂系统设计的方法，是基于关注分离的方法；它是一种选择合适的方式去陈述一个问题，或对一个问题的相关方面建模使其易于处理的思维方法；它是按照预防、保护及通过冗余、容错、纠错的方式，并从最坏情况下进行系统恢复的一种思维方法；它是利用启发式推理寻求解答，也即在不确定情况下的规划、学习和调度的思维方法；它是利用海量数据来加快计算，在时间和空间之间，在处理能力和存储容量之间进行折中的思维方法。

可结合日常生活中的一些事例来理解计算思维。例如，当你去上课时，把需要的东西放进背包，这就是预置和缓存；当你弄丢东西时，你原路返回去寻找，这就是回推；在什么时候停止租用滑雪板而为自己买一副呢？这就是在线算法；在超市付账时，你应当去排哪个队呢？这就是多服务器系统的性能模型；为什么停电时你的电话仍然可用？这就是失败的无关性和设计的冗余性；完全自动的大众图灵测试如何区分计算机和人类，即CAPTCHA程序是怎样鉴别人类的？这就是充分利用求解人工智能难题之艰难来挫败计算代理程序。

计算思维是人们普适性的科学思维，我们可从下面几个方面（但不局限于这几个方面）去耐心思考、仔细口味，深入探索，从而更加容易地理解计算思维的内涵及本质：

① 计算思维是建立在计算过程的能力和限制之上，由人由机器执行。

计算方法和模型使我们敢于去处理那些原本无法由任何个人独自完成的问题求解和系统设计。计算思维直面机器智能的不解之谜：什么人类比计算机做得好？什么计算机比人类做得好？最基本的问题是：什么是可计算的？迄今为止我们对这些问题仍是一知半解。

② 计算思维是每个人的基本技能，不仅仅属于计算机科学家。

应当使每个孩子在培养解析能力时不仅掌握阅读、写作和算术（Reading, wRiting, and aRithmetic——3R），还要学会计算思维。正如印刷出版促进了 3R 的普及，计算和计算机也以类似的反馈促进了计算思维的传播。

③ 计算思维是运用计算机科学的基础概念去求解问题、设计系统和理解人类的行为。它包括了涵盖计算机科学之广度的一系列思维活动。

当我们必须求解一个特定的问题时，首先会问：解决这个问题有多么困难？怎样才是最佳的解决方法？计算机科学根据坚实的理论基础来准确回答这些问题。表述问题的难度就是工具的基本能力，必须考虑的因素包括机器的指令系统、资源约束和操作环境。

④ 为了有效地求解一个问题，我们可能要进一步问：一个近似解是否就够了，是否可以利用一下随机化。计算思维就是通过约简、嵌入、转化和仿真等方法，把一个看来困难的问题重新阐释成一个我们知道怎样解决的问题。

⑤ 计算思维是一种递归思维。

它是并行处理。是把代码译成数据又把数据译成代码。对于间接寻址和程序调用的方法，它既知道其威力又了解其代价。它评价一个程序时，不仅仅根据其准确性和效率，还有美学的考量，而对于系统的设计，还考虑简洁和优雅。

⑥ 抽象和分解。

它是选择合适的方式去陈述一个问题，或者是选择合适的方式对一个问题的相关方面建模使其易于处理。它使我们在不必理解每一个细节的情况下就能够安全地使用、调整和影响一个大型复杂系统的信息。计算思维是按照预防、保护及通过冗余、容错、纠错的方式从最坏情形恢复的一种思维。

11.4 计算思维的理解

计算思维虽然具有计算机的许多特征，但是计算思维本身并不是计算机的专属。实际上，即使没有计算机，计算思维也会逐步发展，甚至计算思维中有些内容与计算机没有关系。但是，正是由于计算机的出现，给计算思维的发展带来了根本性的变化。

11.4.1 计算思维的本质

计算工具影响着思维方式，思维方式体现了计算工具的特点。计算思维是基于计算模型（环境）和约束的问题求解。以计算机为计算工具求解问题，通常按以下 4 个步骤进行：

① 将具体问题进行抽象化描述并建模。

② 构造问题解决的算法。

③ 用代码实现算法。

④ 录入计算机并运行求解。

计算思维的本质是抽象与自动化。在计算思维中，计算是抽象的自动执行，计算确定合适的抽象，自动化则是使用计算机（可以是机器或人，或两者的组合）去解释执行该抽象。在上述 4 个步骤中，①和②属于计算思维内的抽象，目的是将问题及算法采取符号化的形式进行抽象，这与具体的计算机及编程语言无关；③和④属于计算思维中的自动化，这与具体的运行环境及具体的计算机语言有关。计算机软硬件系统将在不同的抽象层次上，提供问题求解的计算环境。计算思维能够将一个问题清晰、抽象地描述出来，并将问题的解决方案表示为一个信息处理的流程。它是一种用计算机解决问题的有效切入点角度。计算思维包含了数学思维和工程思维，而其最重要的思维模式就是抽象话语模式。

1. 抽象

计算思维中的抽象完全超越物理的时空观，并完全用符号来表示，其中，数字抽象只是一类特例。与数学和物理学科相比，计算思维中的抽象显得更为丰富，也更为复杂。数学抽象的最大特点是抛开现实事物的物理、化学和生物学等特性，而仅保留其量的关系和空间形式，而计算思维中的抽象却不仅仅如此。首先，抽象产生分层，计算思维在多个抽象层次上同时进行。层次之间定义完好的界面使建立更大、更为复杂的系统成为可能。其次，计算思维定义不同抽象层次之间的关系。

计算思维中的抽象化与数学（逻辑思维）的抽象化有不同的含义。计算思维的抽象化不仅表现为研究对象的形式化表示，也隐含这种表示应具备有限性、程序性和机械性。因此，计算思维表达结论的方式必须是一种有限的形式，而且语义必须是确定的，在理解上不会出现因人而异、因环境而异的歧义性；同时又必须是一种机械的方式，可以通过机械的步骤来实现。

抽象层次是计算思维中的一个重要概念，它使我们可以根据不同的抽象层次，进而有选择地忽视某些细节，最终控制系统的复杂性；在分析问题时，计算思维要求我们将注意力集中在感兴趣的抽象层次或其上下层；我们还应当了解各抽象层次之间的关系。计算思维中的抽象最终是要能够机械地一步步自动执行。为了确保机械的自动化，就需要在抽象的过程中进行精确和严格的符号标记和建模，同时也要求计算机系统或软件系统生产厂家能够向公众提供各种不同抽象层次之间的翻译工具。

2. 自动化

计算思维的思考方式是：使抽象层次及其关系机械化。机械化的可行性由精确和严格的符号和模型为保证。自动化意味着用“机器”去解释抽象化。这种“机器”可以是人，可以是计算机，也可以是人机结合体。当我们把这种“机器”当作人和计算机的结合体的话，我们可以进一步探究当人拥有计算机时的那种合为一体的数据处理能力。例如，人类在语法分析和图像阐释方面更胜于计算机；从另一方面来说，计算机在执行特定类型的指令方面要比人类快得多，处理的数据量也要比人类能够处理的大得多。

11.4.2　计算思维的特征

周以真教授将计算思维的特征从如下 5 方面进行描述，分别是：

1. 概念化，不是程序化

计算机科学不是计算机编程。像计算机科学家那样去思维意味着远远不止能为计算机编程，还要求能够在抽象的多个层次上思维。

2．根本的，不是刻板的技能

根本技能是每个人为了在现代社会中发挥职能所必须掌握的。刻板技能意味着机械地重复。

3．是人的，不是计算机的思维

计算思维是人类求解问题的一条途径，但决非要使人类像计算机那样思考。计算机枯燥且沉闷，人类聪颖且富有想象力。是人类赋予计算机激情。配置了计算设备，我们就能用自己的智慧去解决那些计算时代之前不敢尝试的问题，实现“只有想不到，没有做不到”的境界。计算机附给人类强大的计算能力，人类应该好好利用这种力量去解决各种需要大量计算的问题。

4．数学和工程思维的互补与融合

计算机科学在本质上源自数学思维，因为像所有的科学一样，它的形式化基础建筑于数学之上。计算机科学又从本质上源自工程思维，因为我们建造的是能够与实际世界互动的系统，基本计算设备的限制迫使计算机科学家必须计算性地思考，而不能只是数学性地思考。构建虚拟世界的自由使我们能够超越物理世界的各种系统。数学和工程思维的互补与融合很好地体现在抽象、理论和设计3个学科形态（或过程）上。

5．是思想,不是人造物

不只是我们生产的软硬件等人造物将以物理形式到处呈现并时时刻刻触及我们的生活，更重要的是计算的概念，这种概念被人们用于问题求解、日常生活的管理，以及与他人进行交流和互动中，而且面向所有的人，所有地方；当计算思维真正融入人类活动的整体以致不再表现为一种显式之哲学的时候，它就将成为现实。

最后强调一下，从计算思维的人机结合和算法思维视角，算法思维具有3个特征，即抽象性、构造性和数字化。随着问题复杂度的提高和问题规模的增大，计算工具将由单机变成网络，人们将需要使用系统化思维和网络化思维来解决问题，计算思维也将逐渐产生出系统化和网络化的特征。又由于人类的解题思维过程最终要通过虚拟的计算机去实现，因而计算思维又体现出虚拟化特征。

11.4.3 计算思维的应用领域

1．计算机+生物学

计算机科学许多领域渗透到生物信息学中的应用研究，包括数据库、数据挖掘、人工智能、算法、图形学、软件工程、并行计算和网络技术等都被用于生物计算的研究。从各种生物的DNA数据中挖掘DNA序列自身规律和DNA序列进化规律，可以帮助人们从分子层次上认识生命的本质及其进化规律。DNA序列实际上是一种用四种字母表达的“语言”，如图11-3所示。

2．计算机+脑科学

脑科学是研究人脑结构与功能的综合性学科，它以揭示人脑高级意识功能为宗旨，与心理学、人工智能、认知科学和创造学等有着交叉渗透。美国神经生理学家罗杰·斯佩里进行了裂脑实验，提出大脑两半球功能分工理论。他认为：大脑左右半球完全可以以不同的方式进行思维活动，左脑侧重于抽象思维，如逻辑抽象、演绎推理和语言表达等；右脑侧重于形象思维，如直觉情感、想象创新等。

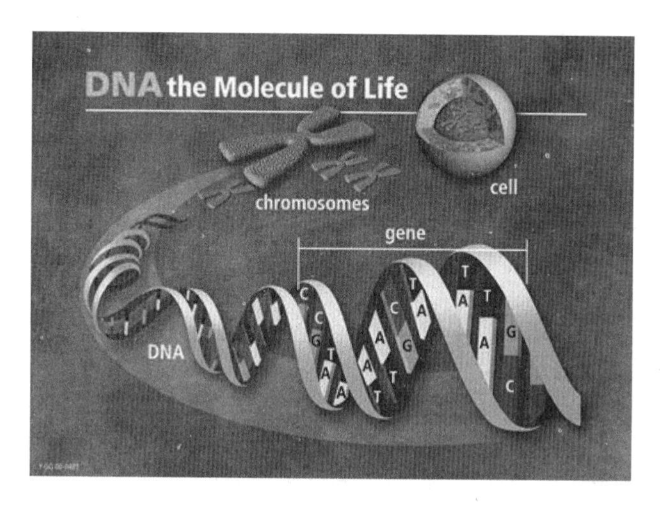

图 11-3　DNA 序列

3．计算机+化学

计算机科学在化学中的应用包括：化学中的数值计算、化学模拟、化学中的模式识别、化学数据库及检索、化学专家系统等。基于非结构网格和分区并行算法，为求解多组分化学反应流动守恒方程组开发了单程序多数据流形式的并行程序，对已有的预混可燃气体中高速飞行的弹丸的爆轰现象进行了有效的数值模拟。

4．计算机+经济学

计算博弈论正在改变人们的思维方式。

囚徒困境是博弈论专家设计的典型示例，但是囚徒困境博弈模型可以用来描述两家企业的价格大战等许多经济现象。

5．计算机+艺术

计算机艺术是科学与艺术相结合的一门新兴的交叉学科，它包括绘画、音乐、舞蹈、影视、广告、书法模拟、服装设计、图案设计、产品和建筑造型设计以及电子出版物等众多领域，如图 11-4 所示。

图 11-4　计算机绘画艺术作品

6. 计算机+其他领域

工程学（电子、土木、机械、航空航天等）:

计算高阶项可以提高精度，进而降低重量、减少浪费并节省制造成本；波音 777 飞机完全是采用计算机模拟测试的，没有经过风洞测试。

社会科学：

社交网络是 MySpace 和 YouTube 等发展壮大的原因之一；统计机器学习被用于推荐和声誉服务系统，例如 Netflix 和联名信用卡等。

地质学、天文学、数学、医学、法律、娱乐、体育等。

11.5 计算思维应用实例分析

11.5.1 计算思维的递归应用

递归算法是一种直接或者间接地调用自身算法的过程。在计算机编程中，使用递归算法往往使算法的描述简洁而且易于理解。递归作为一种算法在程序设计语言中被广泛应用，它通常把一个大型复杂的问题转化为一个与原问题相似但规模较小的问题来求解。递归策略只需少量的程序就可描述出解题过程所需要的多次重复计算，大大地减少了程序的代码量。递归算法的优点在于用有限的语句来定义对象的无限集合。递归一般需要有边界条件、递归前进段和递归返回段。当边界条件不满足时，递归前进；当边界条件满足时，递归返回。

递归是计算科学中一个重要的应用分支，递归算法是计算思维的重要组成部分之一。在现实生活及计算机应用领域中，许多问题都适合应用递归算法来解决。

1. 德罗斯特效应

下面通过德罗斯特效应（Droste effect）使读者从感性的角度对递归有一个认识；再通过汉诺塔问题的例子进一步从本质上理解递归。

德罗斯特效应（见图 11-5）是递归的一种视觉形式。图中人物手持的物体中有一幅其本人手持同一物体的小图片，并且小图片中还有更小的一幅其手持同一物体的图片，依此类推。据说如果盯着这些图像看得太久，可能会觉得自己越来越走到框架里面，甚至造成头晕、胸闷、脑子混乱等不同感受，这种神奇的效果称为“德罗斯特效应”。

图 11-5　德罗斯特效应

德罗斯特效应是指一张图片的某个部分与整张图片相同，如此产生无限循环。

2. 汉诺塔问题（Tower of Hanoi）

下面通过汉诺塔问题案例进一步介绍递归算法。

印度古老传说：在世界中心贝拿勒斯的圣庙里，一块黄铜板上插着三根宝石针 A、B 和 C（见图 11-6）。印度教的主神梵天在创造世界时，在其中一根针上从下到上地穿好了由大到小的 64 片金片，这就是所谓的汉诺塔问题。

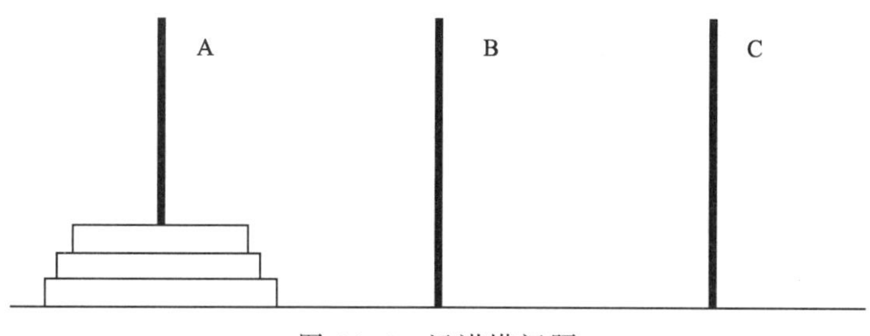

图 11-6　汉诺塔问题

不论白天黑夜，总有一个僧侣在按下面的法则移动这些金片：一次只移动一片，不管在哪根针上，小片必须在大片上面。

汉诺塔问题是目前介绍递归知识用得非常多的一个案例。它是一个典型的递归问题，通过计算不难发现，移动金片的次数 $f(n)$与宝石针上的金片个数 n 之间的关系为：

$$f(n)=2^n-1$$

不管这个传说的可信度有多大，如果仅考虑把 64 片金片，由一根针上移到另一根针上，并且始终保持上小下大的顺序。这需要多少次移动呢？这里需要使用递归算法。

假设有 n 片金片，移动次数是 $f(n)$

显然 $f(1)=1$，$f(2)=3$，$f(3)=7$，且 $f(k+1)=2*f(k)+1$

不难证明 $f(n)=2^n-1$

当 $n=64$ 时，$f(64)=2^{64}-1=18\ 446\ 744\ 073\ 709\ 551\ 615$ 次

如果每秒移动一次，共需多长时间呢？

一年有 31 536 000 秒，则

18 446 744 073 709 551 615/31 536 000=5 849 亿年

这样的问题在现实中几乎是无法实现的，但我们可以借用计算机的超高速，在计算机中模拟实现。由此可见，借助现代计算机超强的计算能力，有效地利用计算思维，就能解决之前人类望而却步的很多大规模计算问题。

11.5.2　分治法算法应用举例

国王的婚姻

这是一个很有意思的故事：一个酷爱数学的年轻国王向邻国一位聪明美丽的公主求婚，公主出了这样一道题：求出 48 770 428 433 377 171 的一个真因子。若国王能在一天之内求出答案，公主便接受他的求婚。国王回去后立即开始逐个数地进行计算，他从早到晚共算了 3 万多个数，最终还是没有结果。国王向公主求情，公主告知 223 092 827 是其中的一个真因子，并说，我再给你一次机会，如果还求不出来，你只好做我的证婚人了。国王立即回国并向时任宰相的大数学家求教，大数学家在仔细地思考后认为，这个数为 17 位，且最小的一个真因子不会超过 9 位。于是他给国王出了一个主意，按自然数的顺序给全国的老百姓每人编一个号发下去，等公主给出数目后立即将它们通报全国，让每个老百姓用自己的编号去除这个数，除尽了立即上报赏金万两。最后国王用这个办法求婚成功。实际上这是一个求大数真因子的问题，由于数字很大，国王一个人采用顺序算法求解，其时间消耗非常大。当然，如果国王生活在拥有超高速计算能力的计算机的现在，这个问题就不是什

么难题了，而在当时，国王只有通过将可能的数字分发给百姓，才能在有限的时间内求取结果。该方法增加了空间复杂度，但大大降低了时间的消耗，这就是非常典型的分治法，将复杂的问题分而治之，这也是我们面临很多复杂问题时经常会采用的解决方法，这种方法也可作为并行的思想看待，而这种思想在计算机中的应用比比皆是，如现在 CPU 的发展就是如此。这些思想方法和思维能力是一通百通的，也是如今计算机基础教学中真正希望学生能够掌握的。

童话说明：

① 国王本人计算（串行算法，时间复杂性）

② 全国百姓计算（并行算法，空间复杂性）

11.6 计算思维学习要点及方法

战德臣教授是资深的计算思维专家，他把多年来对计算思维的研究绘制成了一棵树，通过这棵树概括了学生需要掌握哪些“计算思维”，被称为计算之树。图中带有圆圈的即是所谓的计算思维（见图 11-7）。这些思维对于大学生创造性思维形成非常重要。可能大家并不能马上理解这些思维，但要记住——这些思维是计算学科中经典的计算思维。这些思维不仅仅对大家学习计算机相关的知识很重要，对大家在日常工作生活中也会有帮助——利用计算思维求解社会/生活问题。这些思维，不仅在本门课程中学习，其实在很多计算机类的课程中，其背后都是这些思维在起作用。随着你对计算学科认识得越深入，你越会感觉到这些思维的价值。

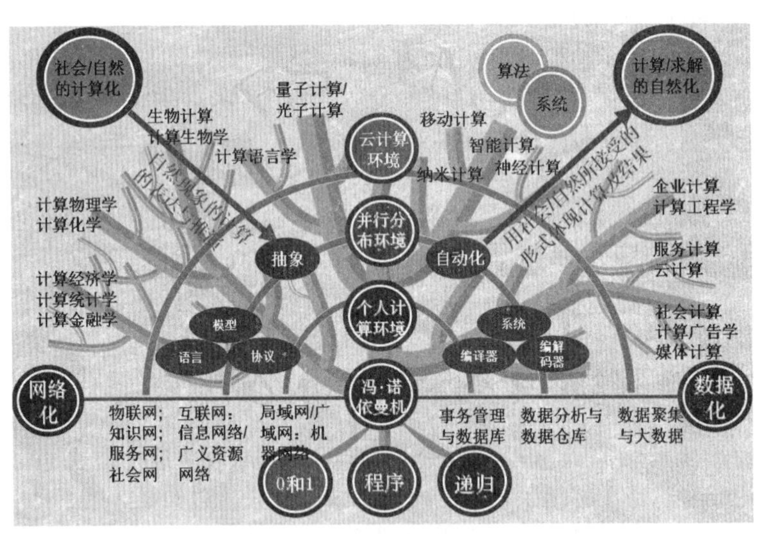

图 11-7　战德臣-计算之树

小　结

本章主要以计算思维为主线，介绍计算思维的形成过程以及计算思维的概念、本质、特征及应用。

计算思维与理论思维、实验思维构成三大科学思维。理论思维以数学学科为代表，以假设、抽象、推理及演绎为特征，训练人的逻辑推理能力，促进自然科学及社会科学的发展；实验思维以化学及物理学科为代表，以实验、观察、归纳和总结为特征，培养人的观察、思考及验证能力，揭示自然及社会客观现象和规律；计算思维以计算机学科为代表，以设计和构造为特征，以抽象模型、设计算法、构造系统进行大规模数据的自动计算来验证假设、研究和改造世界，促进社会发展。计算思维是计算时代的产物，是每个人都必须具备的一种思维和基本能力。随着信息社会的深入发展，计算机的应用无处不在，计算机已成为人人都必须掌握的基本工具。因此，人们将越来越认识到计算思维的重要性。

参 考 文 献

[1] 贾宗福，齐景嘉，周屹，等. 新编大学计算机基础教程[M]. 3 版. 北京：中国铁道出版社，2014.

[2] 张小梅，栗铂峰. 大学计算机基础[M]. 北京：北京邮电大学出版社，2013.

[3] 张小梅，栗铂峰. 大学计算机基础实践教程[M]. 北京：北京邮电大学出版社，2013.

[4] 何胜利，等. Access 2010 数据库应用技术教程[M]. 3 版. 北京：中国铁道出版社，2013.

[5] 陈国良. 大学计算机：计算思维视角[M]. 2 版. 北京：高等教育出版社，2014.

[6] 管会生，杨建磊. 从中国“古算”到“图灵机”：看不同历史时期“计算思维”的演变[J]. 计算机教育，2012 (11).

[7] 吴文俊. 秦九韶与数书九章[M]. 北京：北京师范大学出版社, 1987.

[8] 吴文俊. 吴文俊文集[M]. 济南：山东教育出版社, 1986.

[9] JEANNETTE M W. Computational Thinking. Communications of the ACM，2006，49(3).

[10] 何钦铭，陆汉权，冯博琴. 计算机基础教学的核心任务是计算思维能力的培养[J]. 中国大学教学，2010(9).

[11] 战德臣，聂兰顺. 大学计算机：计算与信息素养[M]. 2 版. 北京：高等教育出版社，2014.